普通高等教育系列教材

Altium Designer 20 原理图与 PCB 设计教程

张利国　主编
高　静　刘彦昌　副主编
芮法成　张　鹏　参编

机 械 工 业 出 版 社

本书以 Altium Designer 20 为平台，讲解了电路设计的方法和技巧。全书共9章，主要包括 Altium Designer 概述、原理图设计、绘制原理图元器件、原理图设计进阶、印制电路板（PCB）设计、电路板设计进阶、创建元器件封装和集成库、信号完整性分析、原理图与 PCB 综合设计实战，并配有相关实例、实验及习题。

本书的编写思路是“结合实例，由浅入深，抓住重点，掌握技巧，灵活运用”。书中以典型实例进行知识点破解，讲解模式为“知识点介绍、实例操作、重点强调、难点解答”，以印制电路板设计流程来安排知识结构，并配以视频同步讲解；以典型电子产品单元电路的分析、设计、规划为手段，以便学生掌握 PCB 的设计、规划技巧等基本技能。本书讲解深入浅出，抓住了读者在设计中常涉及的问题和工程应用难题进行阐述，可作为电子、通信、自动化、计算机类专业课程的教材，也适合从事电路设计工作的技术人员和电路设计爱好者作为入门和提高学习的参考用书。

本书配有授课电子课件、源文件，需要的教师可登录 www. cmpedu. com 免费注册，审核通过后下载，或联系编辑索取（微信：15910938545，电话：010-88379739）。

图书在版编目（CIP）数据

Altium Designer 20 原理图与 PCB 设计教程/张利国主编．—北京：机械工业出版社，2022. 12（2025. 1 重印）
普通高等教育系列教材
ISBN 978-7-111-71882-6

Ⅰ. ①A…　Ⅱ. ①张…　Ⅲ. ①印刷电路-计算机辅助设计-应用软件-高等学校-教材　Ⅳ. ①TN410. 2

中国版本图书馆 CIP 数据核字（2022）第 198029 号

机械工业出版社（北京市百万庄大街 22 号　邮政编码 100037）
策划编辑：胡　静　　　责任编辑：胡　静　郝建伟
责任校对：梁　静　刘雅娜　　责任印制：郜　敏

三河市宏达印刷有限公司印刷

2025 年 1 月第 1 版 · 第 5 次印刷
184mm×260mm · 17 印张 · 443 千字
标准书号：ISBN 978-7-111-71882-6
定价：69. 90 元

电话服务
客服电话：010-88361066
　　　　　010-88379833
　　　　　010-68326294

网络服务
机　工　官　网：www. cmpbook. com
机　工　官　博：weibo. com/cmp1952
金　　书　　网：www. golden-book. com
机工教育服务网：www. cmpedu. com

前　　言

科技兴则民族兴，科技强则国家强。党的二十大报告指出，必须坚持科技是第一生产力、人才是第一资源、创新是第一动力，开辟发展新领域新赛道，不断塑造发展新动能新优势。

随着电子产品规模和集成度的提高，对印制电路板（Printed Circuit Board，PCB）设计的要求也越来越高。面对结构精巧、功能复杂的电子产品设计，人们总是希望提高效率、缩短设计周期，同时还要从信号传输、电源供应、电磁兼容等几个方面提高 PCB 性能，以保证系统可以稳定可靠地工作。Altium Designer 作为主流的 EDA 工具，在高速、高密度 PCB 的设计和分析方面提供了一系列解决方案，帮助用户提高效率，保障性能。Altium Designer 继承了 Protel 系列软件在板级设计上的易学易用性，功能包括了层次化的原理图设计、高效的 PCB 交互式布线器、在线的规则检查、全新的更人性化的视图功能、强大的设计复用能力和方便快捷的加工文件输出，还提供了丰富的、提高设计效率的新功能。

Altium Designer 20 显著地提高了用户体验和效率，利用时尚界面使设计流程流线化，界面风格优势明显，同时实现了性能优化。64 位体系结构和多线程的结合使 PCB 设计具有更好的稳定性、更快的速度和更强的功能。互联的多板装配，时尚的用户界面体验，强大的 PCB 设计，快速、高质量的布线，实时的 BOM 管理和简化的 PCB 文档处理流程，这些均体现了软件的现代感，同时还考虑了用户的使用体验。

本书以 Altium Designer 20 为平台，介绍了电路原理图设计、印制电路板设计等方面的内容。全书共 9 章，第 1 章介绍了 Altium Designer 相关知识和软件安装方法；第 2 章根据原理图编辑的一般流程介绍了原理图设计的操作方法；第 3 章介绍了原理图中几类常用元器件的制作方法及其元器件库的使用；第 4 章针对复杂电路设计介绍了层次式原理图绘制方法，并根据实际应用介绍了原理图绘制的后期处理；第 5 章介绍了 PCB 设计基础、PCB 自动布线设计和手动修改；第 6 章介绍了 PCB 布线技巧、编辑技巧及后期处理；第 7 章介绍了创建元器件封装和集成库；第 8 章介绍了信号完整性分析；第 9 章是原理图与 PCB 综合设计实战，总结了电路板设计的两个实例，包含原理图和电路板设计中的多数知识点。在本书所使用的软件环境中，部分图片中的固有元器件符号、名称与国家标准不一致，读者可自行查阅相关国家标准及资料。

本书讲解模式为“知识点介绍、实例操作、重点强调、难点解答”，按照“结合实例，由浅入深，抓住重点，掌握技巧，灵活运用”的思路编写。书中讲解的知识点采用结合实例的方法，打破程式化的讲解思路，有利于理解；注重软件基础知识与基础操作；对于原理图与 PCB 绘制中的常用操作与使用方法进行重点讲解；原理图及 PCB 的绘制与编辑技巧是提高成图质量和成图速度的保障；软件的使用也需要不断的练习与经验的总结。书中知识点的讲解都渗透着编者对软件使用经验的总结，帮助读者将掌握的软件使用能力灵活地运用到工程实践当中。

本书由张利国主编，并完成全书的统稿。其中，第 1 章由张鹏编写，第 2～5 章由张利国编写，第 6 章由高静编写，第 7 章和第 8 章由芮法成编写，第 9 章和附录由刘彦昌编写。在本书编写过程中，得到了多方的大力支持与帮助，在此一并表示感谢。

由于编者水平有限，书中难免有不妥之处，恳请读者批评指正。

编　者

目　录

第1章　Altium Designer 概述

Altium Designer 是原 Protel 软件开发商 Altium 公司推出的一体化的电子产品开发系统，主要运行在 Windows 操作系统。这套软件是原理图设计、电路仿真、PCB 绘制编辑、拓扑逻辑自动布线、信号完整性分析和设计输出等技术的完美融合，为设计者提供了全新的设计解决方案，使设计者可以轻松地进行电路设计，熟练使用 Altium Designer 必将使电路设计的质量和效率大大提高。

1.1　Altium Designer 简介

Altium Designer 全面继承了包括 Protel 99 SE、Protel DXP 在内的先前一系列版本的功能和优点，还增加了许多改进和高端功能。该平台拓宽了板级设计的传统界面，全面集成了 FPGA 设计功能和 SOPC 设计实现功能，从而允许工程设计人员将系统设计中的 FPGA 与 PCB 设计及嵌入式设计集成在一起，因此 Altium Designer 对计算机的系统需求也比先前的版本要高一些。

1.1.1 Altium Designer 发展历史

Altium Designer 是 Altium 公司继 Protel 系列产品 Tango（1985）、Protel For DOS（1988）、Protel For Windows、Protel 98、Protel 99、Protel 99 SE、Protel DXP、Protel DXP 2004 之后推出的印制电路板高端设计软件。

Protel 产品家族的渊源最早可以追溯到 1985 年，当时的 ACCEL Technologies Inc 推出了第一个应用于电子线路设计的软件包 Tango；1988 年，ACCEL Technologies Inc 更名为 Protel Technology，推出了 Protel For DOS 软件作为 Tango 的升级版本，自此陆续推出系列 Protel 软件。1998 年，Protel 公司推出了 Protel 98 针对 Microsoft Windows NT/95/98 的全套 32 位设计组件，Protel 98 首次将 5 种核心 EDA 工具［包括原理图输入、可编程逻辑器件（PLD）设计、仿真、板卡设计和自动布线］集成于一体。

进入 21 世纪，Protel 公司整合了数家电路设计软件公司，正式更名为 Altium。2002 年，Altium 公司推出了 Protel DXP，集成了更多工具，使用更方便，功能更强大。

2006 年，Altium 发布了 Altium Designer 6.0，是世界上首个原生 3D PCB 设计软件。Altium Designer 6.0 成功推出后，经过 Altium Designer 6.3、Altium Designer 6.6、Altium Designer 6.7、Altium Designer 6.8、Altium Designer 6.9、Altium Designer Summer 08、Altium Designer Winter 09、Altium Designer Summer 09 等版本升级；2011 年，Altium Designer 10 推出，它提供了一个强大的高集成度的板级设计发布过程，可以验证并将设计和制造数据进行打包，这些操作只需要一键操作即可完成，从而避免了人为交互中可能出现的错误。2013 年，Altium Designer 14 推出，关注 PCB 核心设计技术，并进一步夯实了 Altium 在原生 3D PCB 设计系统领域的领先地

位。Altium Designer 已支持软性和软/硬复合设计，将原理图捕获、3D PCB 布线、分析及可编程设计等功能集成到单一的一体化解决方案中。2016 年，Altium Designer 16 推出，它更新、扩展了 Altium Designer 平台，包括多个增强 PCB 设计生产效率与设计自动化的全新特性，从而使工程师能够在更短的时间内零差错地实现更复杂的 PCB 设计。

2018 年，软件改版升级，实现了前所未有的性能优化，Altium Designer 18 显著地提高了用户体验和效率，64 位体系结构与多线程的结合使 PCB 设计具有更好的稳定性、更快的速度和更强的功能。之后每年版本升级一次形成惯例，体现了 Altium 公司全新的产品开发理念，更加贴近电子设计师的应用需求，也更加符合未来电子设计发展的要求。

1.1.2 Altium Designer 主要功能及特点

1. 主要功能

(1) 电路原理图设计

Altium Designer 的电路原理图设计系统由原理图编辑器（SCH）、原理图元器件库编辑器（SCHLib）和各种文本编辑器组成，该系统的主要功能如下。

- 绘制、修改和编辑电路原理图。
- 更新和修改电路图元器件及元器件库。
- 查看和编辑电路图元器件库相关的各种报表。

(2) 印制电路板设计

印制电路板（Printed Circuit Board，PCB）是一种重要的电子部件，是所有电子元器件的支撑体，也是电子元器件电气连接的提供者。由于 PCB 是采用电子印刷术制作的，因此也被称为“印刷”电路板。Altium Designer 的印制电路板设计系统由印制电路板编辑器（PCB）、元器件封装编辑器（PCBLib）和电路板组件管理器组成。该系统的主要功能如下。

- 绘制、修改和编辑印制电路板。
- 更新和修改元器件封装及封装库。
- 管理电路板组件及生成印制电路板报表。

(3) 电路模拟仿真

Altium Designer 的电路模拟仿真系统包含一个数字/模拟信号仿真器，可提供连续的数字信号和模拟信号，以便对电路原理图进行信号模拟仿真，从而验证其正确性和可行性。

(4) FPGA 及逻辑器件

Altium Designer 的编程逻辑设计系统包含了一个有语法功能的文本编辑器和一个波形编辑器，可以对逻辑电路进行分析和综合，观察信号的波形。利用 PLD 系统可以最大限度地精简逻辑部件，使数字电路设计达到最简化。

(5) 嵌入式软件设计功能

完整的嵌入式软件开发环境，包括编辑器、编译器、生成器、连接器和调试器。

- 专业的编码环境。
- 独立于处理器的 Viper C-编译器。
- 目标代码的自由移植。
- 完整的源代码级调试。

(6) 3D PCB 设计

凭借其突出的 3D 设计能力，提供一流的三维 PCB 设计平台。Altium Designer PCB 编辑器也支持导入机械外壳，与板上所有元器件的精确 3D 模型一起，实现精确的 3D 违规检测。PCB 的设计越来越复杂，密度越来越高，借助 3D 功能洞察多层板内部可以帮助工程师避免很多不易察觉的错误。在进行电子产品的机电一体化设计时，Altium Designer 对于 STEP 格式的 3D 模型的支持及导入/导出，极大地方便了 ECAD-MCAD 的无缝协作。

（7）高级信号完整性分析

Altium Designer 的信号完整性分析系统提供了一个精确的信号完整性模拟器，可用来分析 PCB 设计、检查电路设计参数、实验超调量、实现阻抗和信号谐波要求等。此外，使用 Altium Designer 还可以进行设计规则检查、生成元器件清单、生成数控钻床用的钻孔定位文件、生成阻焊层文件、生成印制字符层文件等。

2. 功能特点

（1）统一的设计环境

运用精简统一的界面，使设计过程的各个阶段都保持在最高效的状态。在相同的直观设计环境中，可以轻松完成原理图与 PCB 设计的切换。

（2）交互式与指导性布线

运用高性能的指导性布线技术，严格遵从设计约束条件，在短时间内进行最高质量的 PCB 布线，实时清楚地观察设计对象和布线之间的间隙边界。

（3）动态覆铜

运用动态覆铜，节省自定义多边形覆铜的时间。通过便捷的编辑模式，增/减覆铜及自定义覆铜边界，轻松修改覆铜形状。

（4）自动化高速设计工具

具有背钻孔和自动化的长度规则配置、例如，用于 DDR3 和 USB3.0 等，使用先进技术的信号对及信号分组，轻松规划和约束高速设计。

（5）强大的原生 3D PCB 编辑与软硬结合板支持

通过原生 3D PCB 编辑和间隙检查，设计柔性板及刚柔结合板，保证在第二次安装时即可与机械外壳匹配。凭借刚柔结合板的覆盖层支持，轻松定义折叠线和电路板柔性部分。

（6）无缝 ECAD/MCAD 协作

通过原生 3D PCB 编辑和间距检查，确保电路板和机械外壳一次便可完美匹配。支持软硬结合板盖层，在软硬结合电路中轻松定义折叠线和选择材料。

（7）灵活的设计变量

通过灵活的设计变量选项，在原始设计创建派生时节约大量时间。利用元器件变更和特定版本调整，可以轻松地创建和调换多个设计版本。

（8）自动化设计复用工具

自动化设计复用工具可轻松复用可信的设计资料，包括现有电路、元器件库和焊盘与过孔库模板，为新项目提供一个良好的开端。

（9）自动发布管理与集成的版本控制

对所有需要的文档使用集中和受控的发布系统，确保电路板首次制造便准确无误。凭借集成版本控制，准确掌握设计更改和时间。凭借详细的更改日志和评论，轻松检入/检出中央资源库的文件。

（10）Draftsman 集成的文档处理工作流程

通过一系列集成于 Draftsman 中的强大文件整理工具，节省创建和更新制造装配文件的时间。

（11）综合库管理工具

通过强大的库管理选项，轻松复用可靠的元器件和设计数据。从统一集中的设计数据源中，将现有元器件、原理图和焊盘与过孔库模板添加至项目中。

（12）PCB 元器件参数

自动将完整的元器件参数从原理图传递到 PCB 设计中。基于特定的部件参数，定义特定的设计规则范围，将设计意图传达给制造商。

（13）完全自定义的设计规则与约束

创建先进的设计规则，以便与特定的制造指南完全兼容。直观简化的设计规则查询编辑器，可轻松组织查询关系。

1.1.3 Altium Designer 版本解析

Altium Designer 在发展变化的过程中变得越来越华丽，华丽的界面和 3D PCB 效果，越来越丰富的功能。当然，华丽的代价是软件版本迭代的速度越来越快，每次都是重新发布新版本，而且软件占用的资源也越来越庞大，Layout 布线时对系统的资源占用也越来越严重，卡顿就不可避免。此问题在版本更迭中逐渐被解决，Altium Designer 设计者所体验的电路设计再也不只是像 Protel 99 的简单实用，或者只适合设计简单以及中端的电路板。Alitum Designer 一直在往高速、高密度、软硬结合、团队协同、ECAD/MCAD 协同等复杂 PCB 设计的方向上发展。

从单板到多板、软硬结合板的设计，从低频到高速，从 FPGA 逻辑设计一直到强大的 3D PCB 设计功能，Altium Designer 的功能日趋丰富。随着元器件技术的改进和产品高性能的需求，高速信号设计也日益常见。Altium Designer 对高速设计也提供了越来越多强有力的支持，其中，包含多个网络和系列元器件的信号路径可被定义为扩展信号（也称为 xSignals，可以作为高速设计规则的目标对象）。器件本身造成的信号延迟通常称为引脚/封装延迟，现在可在整个 xSignals 长度中体现这种延迟。智能 xSignals 向导可根据用户指示迅速检测和定义大量的 xSignals，通过启发式的操作指示，为 DDR3/DDR4 接口标准及其他接口类型创建 xSignals。Altium Designer 对差分对的等长匹配的改进，提高了差分对之间和差分对内部的长度匹配速度和精度。

从 Alitum Designer 16 开始，Altium 与知名的三维电磁仿真软件公司 CST 合作，将 CST 的场解器整合到 Alitum Designer 中，使 Alitum Designer 具备了信号完整性/电源完整性仿真功能，向高端 EDA 软件看齐。从 Alitum Designer 17 开始，Alitum Designer 加入了 64 位系统的支持，同时，增强型交互式布线工具、先进的层堆管理、新的元器件搜索面板、Active BOM 等新特性都非常好用。

在增加新的高级功能的同时，Alitum Designer 也引入了很多问题，运行也占用了很多计算机的资源，这也是开发人员在功能开发和使用体验中不断努力做出提升的主要方向。对比 Alitum Designer 19 来说，Alitum Designer 20 的布线和修线效率明显提高了许多。Alitum Designer 20 还带来了若干新的改进，主要如下。

1）交互式布线的改进："推挤"功能的改进可对复杂的高密度互连板进行布线，即使是简单的 PCB，与之前的版本相比，设计时间也可缩短 20%以上。

2）新的针对高速 PCB 优化的布线功能：支持 DDR3/4/5、100 GBit 以太网和 SerDes PCIe 4.0/5.0 的高密度和高速板的设计。

3）多板组件设计：利用 ActiveBOM 功能，实现 BOM 搜索、BOM 规则检查和在线元器件选择，还能导出 3D PDF 文档。

4）全新的高压设计功能：对于需要进行高压设计的应用场景，Alitum Designer 20 提供了新的爬电设计规则，有助于在整个 PCB 表面保持高压间隙，防止电源和混合信号设计的电弧隐患。

1.2 Altium Designer 20 的安装

本书所介绍的软件版本为 Altium Designer 20，软件的版本随时间不断更新，功能也在不断强化，但其基本使用和功能操作是保持不变的，所以对于多数设计者选择现行运行稳定、通用的版本即可。在正常安装的前提下需要进行激活操作，软件的功能才能够被使用。

1.2.1 安装 Altium Designer 20

Altium Designer 是基于 Windows 的应用程序，同多数软件安装相同，都需要进行用户的安装设置，安装过程只需根据向导提示进行相关设置即可，具体安装步骤如下。

1）采用硬盘安装。运行 AltiumDesigner20Setup. exe，打开 Altium Designer 20 安装向导，弹出欢迎界面，如图 1-1 所示，提示此向导将进行 Altium Designer 安装。

2）单击“Next”按钮，进入版权协议界面，选择安装语言“English”，同时选择同意用户协议，即选中“I accept the agreement”选项，如图 1-2 所示。

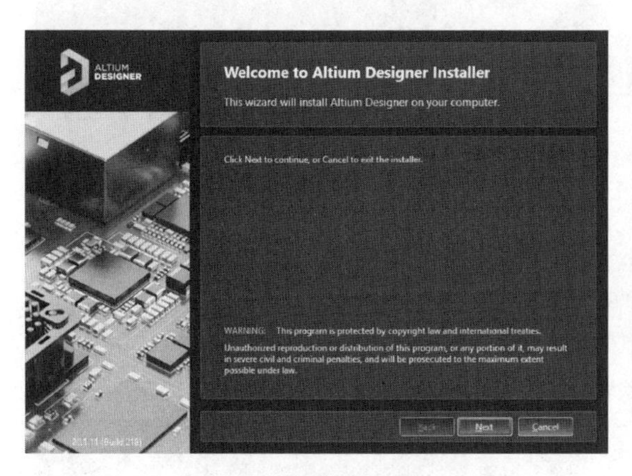

图 1-1 安装欢迎界面

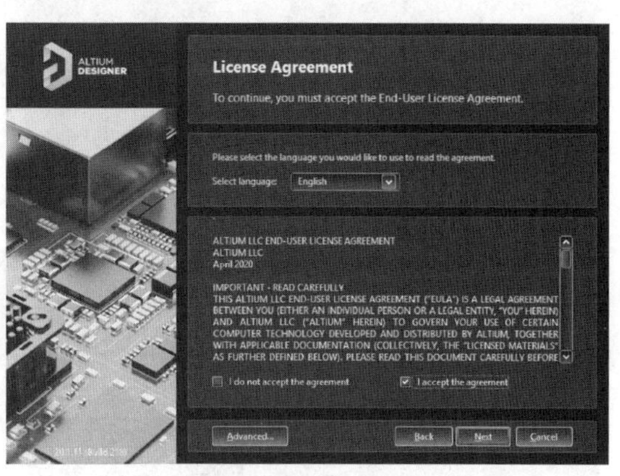

图 1-2 用户协议界面

3）单击“Next”按钮，进入软件安装选择界面，用户可以选择安装“PCB Design”“Soft Design”和“PCB and Soft Design”，同时注意选择仿真组件“Mixed simulation”和“MIXetrix”，如图 1-3 所示。

4）单击“Next”按钮，进入安装目录界面，设置软件的安装目录，两个路径选择分别是安装主程序路径和放置设计样例、元器件库文件、模板文件的路径。用户可根据计算机存储空间情况和个人习惯来设置，默认路径为 C 盘，也可修改为 D 盘，如图 1-4 所示。

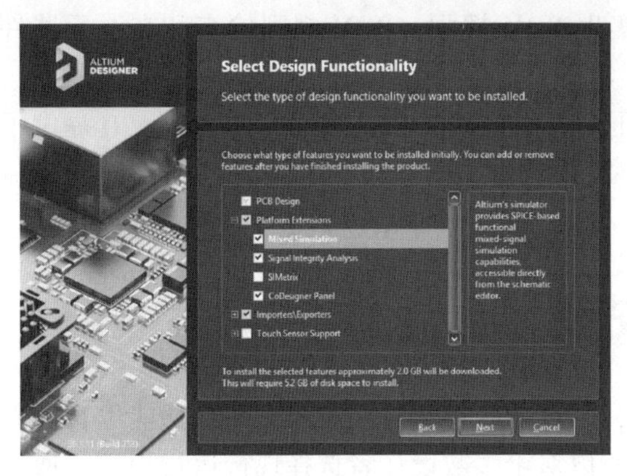

图 1-3　选择安装软件内容

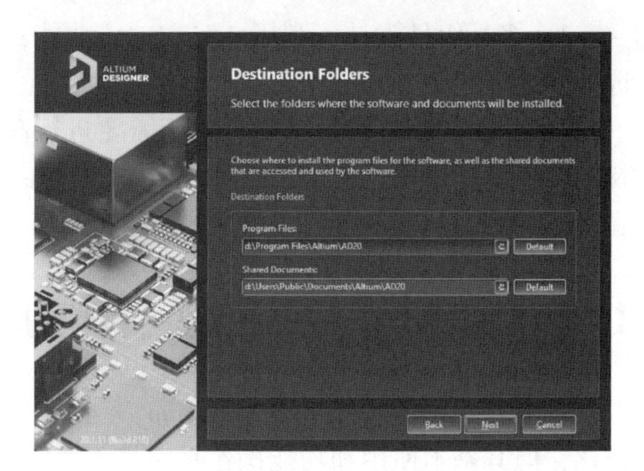

图 1-4　选择目标路径

5）单击“Next”按钮，进入客户体验改善计划界面，选中“Yes, I want to participate”选项，如图 1-5 所示。单击“Next”按钮，进入准备安装界面，如图 1-6 所示。

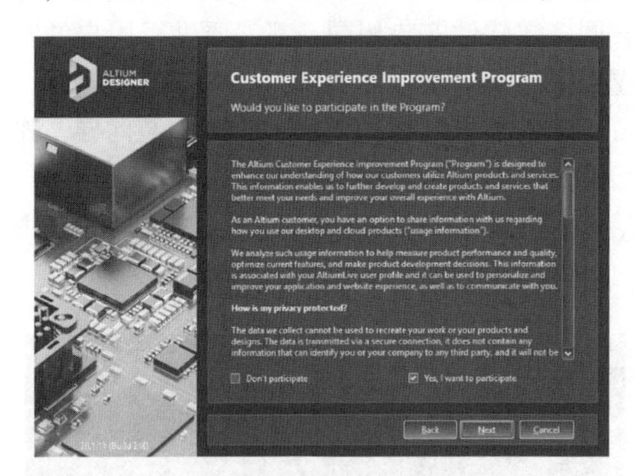

图 1-5　客户体验改善计划界面

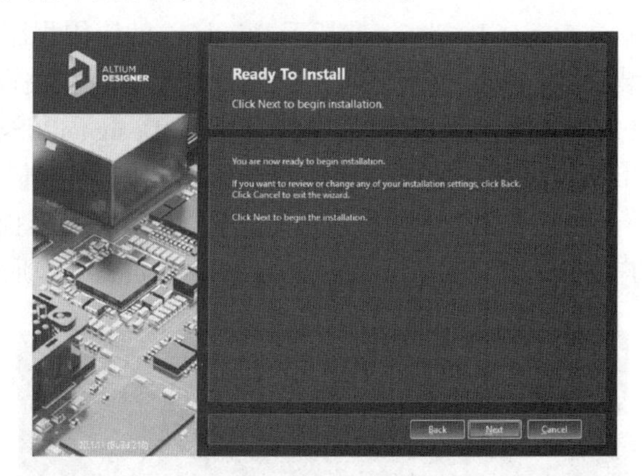

图 1-6　准备安装界面

6）单击“Next”按钮，系统开始复制文件，滚动条显示安装进度，如图 1-7 所示。

7）几分钟后，系统出现如图 1-8 所示的安装完成界面。单击“Finish”按钮结束安装。

图 1-7　安装进度界面

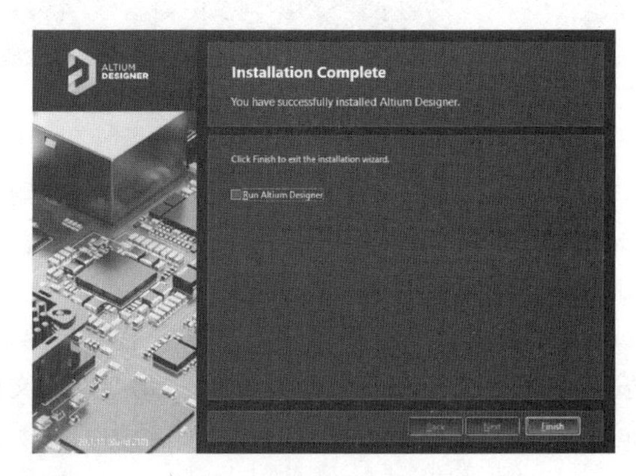

图 1-8　安装完成界面

1.2.2 启动 Altium Designer 20

顺利安装 Altium Designer 20 后，系统会在 Windows“开始”菜单栏中加入程序项，同时在桌面上建立 Altium Designer 20 的快捷方式。

1）在“开始”菜单中找到 Altium Designer 图标 Altium Designer，单击该图标，或者在桌面上双击快捷方式图标，即可初次启动 Altium Designer 20。

2）第一次启动后，所用软件的名称、激活码等参数都显示在“Available License-No license”选项组中。同时显示“Not connected to private license server. You are not using any license.”，提示用户尚未使用有效许可激活软件，如图 1-9 所示。同时，图中也显示了软件的多种激活方式。

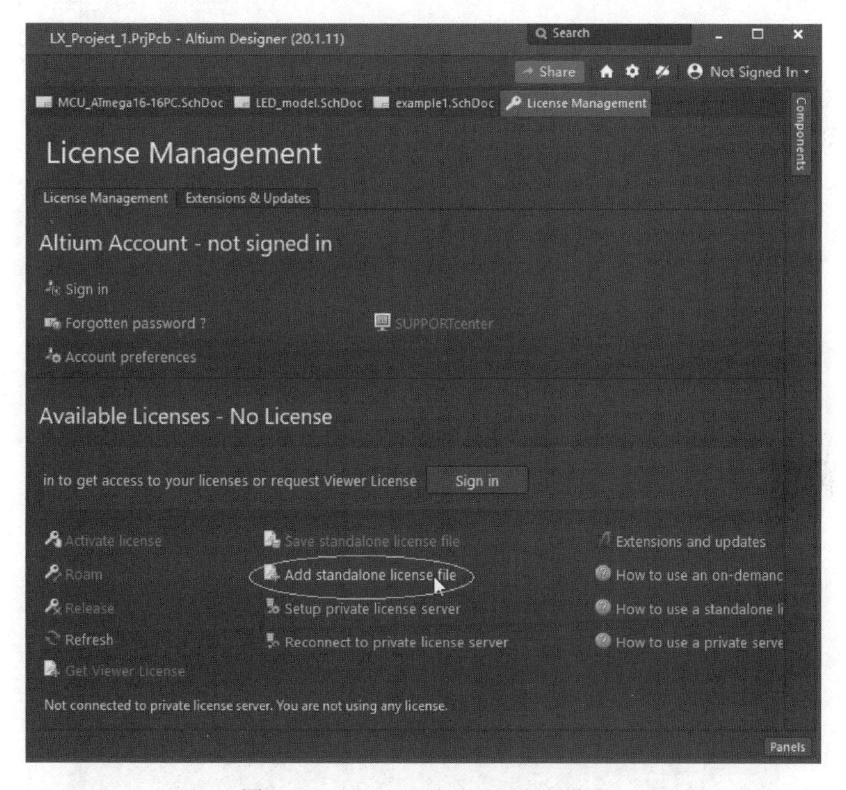

图 1-9 “License Management”界面

3）单击“Add standalone license file”链接，在弹出的“打开”对话框中选择授权文件，如图 1-10 所示。

4）根据系统提示，用户获得有效许可，软件被激活，如图 1-11 所示。

5）单击“Save standalone license file”链接，在打开的对话框中选择合适路径，备份一个单机许可证文件。

至此，即可使用 Altium Designer 20 了。

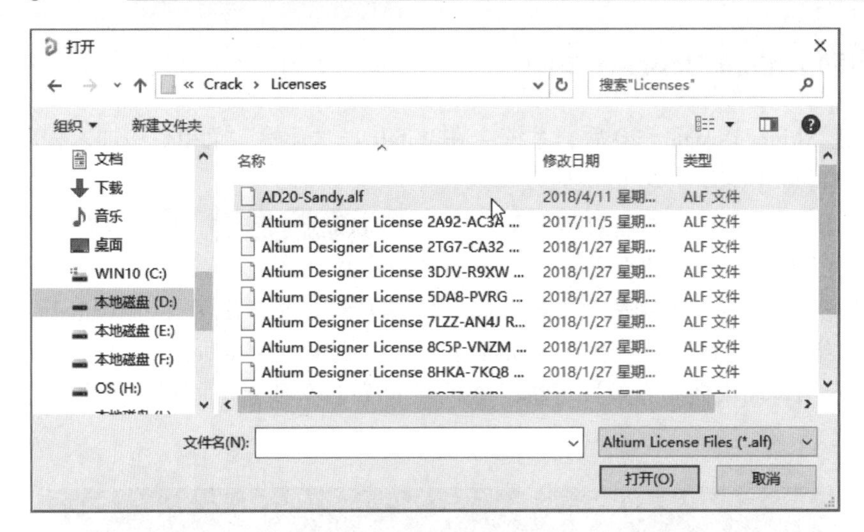

图 1-10　选择授权文件

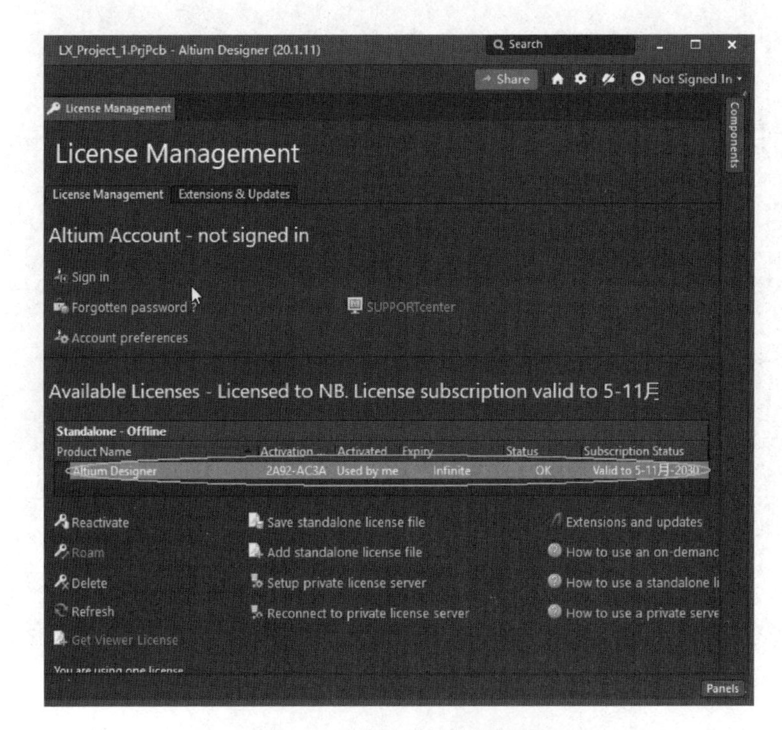

图 1-11　激活后的软件界面

1.3　习题

简答题

1）简述 Altium Designer 版本发展过程。

2）简述 Altium Designer 主要功能及特点。

3）简述 Altium Designer 20 安装过程。

第 2 章　原理图设计

Altium Designer 20 系统具有强大的集成开发环境，能够解决电路设计中遇到的绝大多数问题。Altium Designer 20 系统的一体化应用环境，使得从原理图设计到单面 PCB、双面 PCB 乃至多层 PCB 设计，从电路仿真到复杂 FPGA 设计均可得以实现。本章内容主要介绍基本原理图设计的方法，进行原理图设计时，需要了解原理图的设计环境、原理图文件的存储环境、元器件的查找及原理图的绘制、原理图编辑等操作。

2.1　工程文件的创建

工程文件的创建

在进行电路应用设计时，一个电子应用将涉及大量不同类型的文件，例如，原理图文件、PCB 文件、各种报表文件等，如何有效地管理这些文件将是一件比较复杂的事情。Altium Designer 20 提供了项目管理功能对文件进行管理，将与一个应用设计有关的多个文件包含在一个项目中，而多个具有相似特征的项目则被包含在一个设计工作区中。用户的设计是以项目为单元的，在设计原理图前需要进行新建项目、设置项目选项等操作，好的项目设置会使设计的结构清晰明确，便于项目参与者理解。本节将介绍 Altium Designer 20 中的项目管理操作。

2.1.1　创建新设计工作区和项目

Altium Designer 20 启动后会自动新建一个默认名为 Project Group 1. DsnWrk 的设计工作区，设计者可直接在该默认设计工作区下创建项目，也可以自己新建设计工作区。

1. 创建设计工作区

1）双击桌面上的 Altium Designer 20 图标，启动 Altium Designer 20。

2）执行“File”→“New”→“Design Project Group”命令，创建默认名称为“Project Group 1. DsnWrk”的设计工作区，如图 2-1 所示。

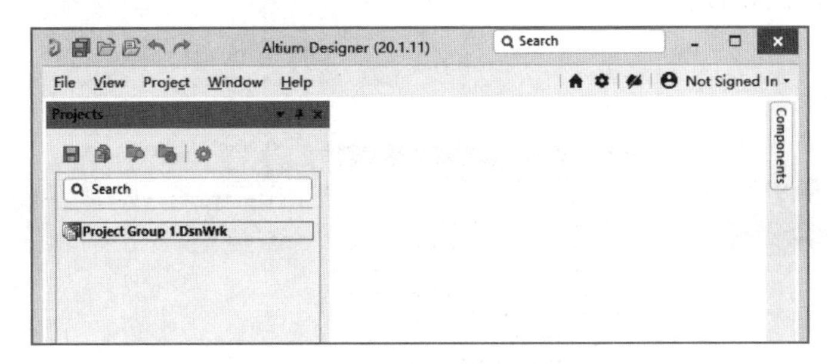

图 2-1　新建设计工作区

3）执行“File”→“Save Project Group As”命令，如图 2-2 所示；或者右击图 2-1 中的

"Projects"工作面板中所创建的设计工作区名称，打开图 2-3 所示的快捷菜单，选择"Save Project Group As"命令，打开图 2-4 所示的"Save[Project Group 1. DsnWrk]As"对话框。

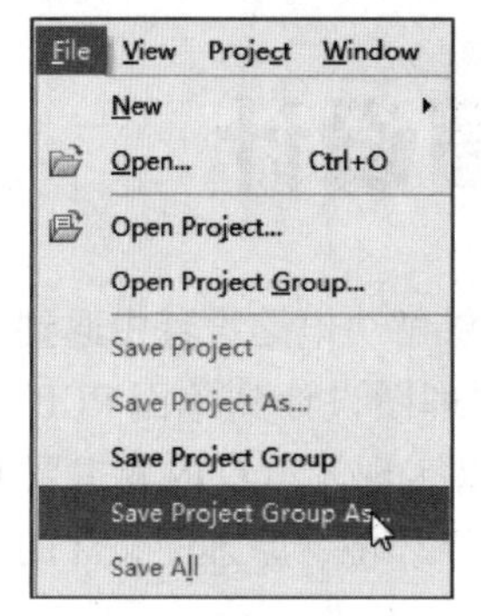

图 2-2　保存设计工作区菜单命令

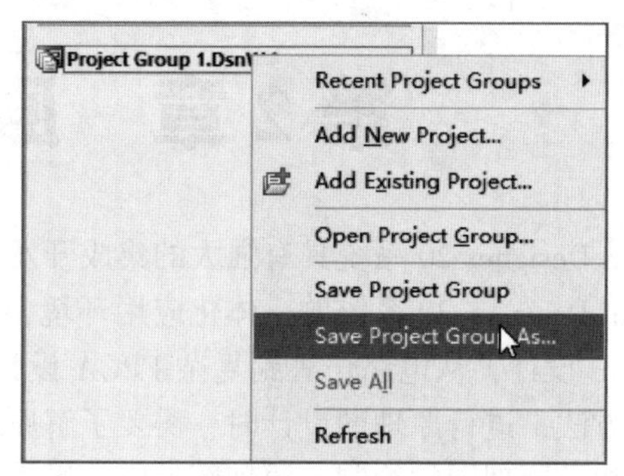

图 2-3　保存设计工作区右键菜单命令

图 2-4　"Save[Project Group 1. DsnWrk]As"对话框

4）在"Save[Project Group 1. DsnWrk]As"对话框的"文件名"文本框内，输入设计工作区名称，本例中输入"jiaoxue1"，然后设置设计工作区文件的保存路径，单击"保存"按钮，将新建的设计工作区更名为"jiaoxue1. DsnWrk"，并且保存该设计工作区文件。

2. 新建 PCB 项目

接下来在该设计工作区内，添加 PCB 项目，其步骤如下。

1）执行"File"→"New"→"Project"命令，或者右击"jiaoxue1. DsnWrk"，在弹出的快捷菜单中选择"Add New Project"命令，进入"Create Project"对话框，如图 2-5 所示，设置项目名称和项目存储路径。

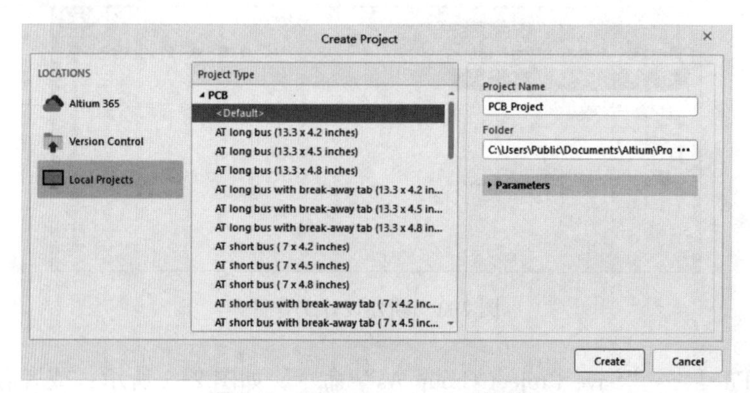

图 2-5　"Create Project"对话框

2）单击“Creat”按钮，新建一个默认名称为“PCB_Project. PrjPcb”的空白 PCB 项目，如图 2-6 所示。

3）执行“File”→“Save Project As”命令，或者单击“Projects”工作面板中的“Project”按钮，然后在弹出的菜单中选择“Save Project As”命令，即会打开“Save［PCB_Project. PrjPcb］As”对话框，如图 2-7 所示。

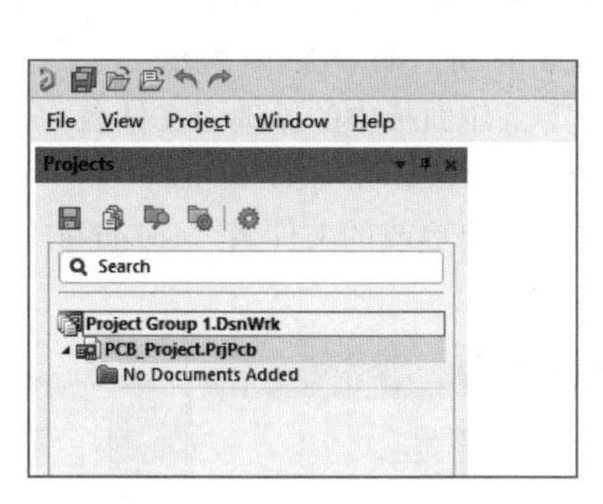

图 2-6　新建 PCB 项目

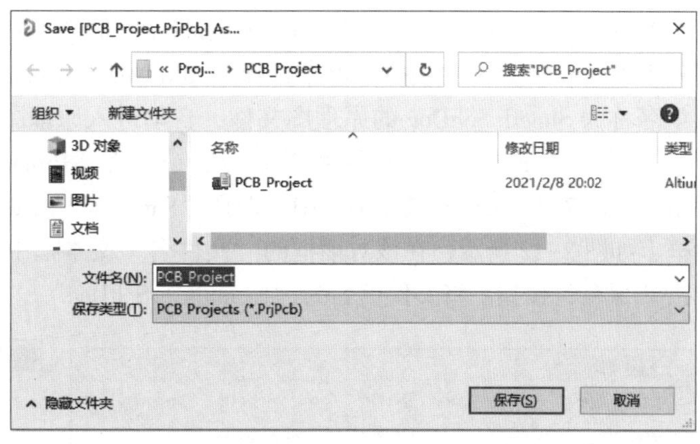

图 2-7　“Save［PCB_Project. PrjPcb］As”对话框

4）在“Save［PCB_Project. PrjPcb］As”对话框的“文件名”文本框中输入用户自定义项目文件名“Second _ Project”，单击“保存”按钮，将新建的 PCB 项目名“Second _ Project. PrjPcb”。

5）执行“File”→“Save Project Group”命令，保存当前设计工作区的修改。

3. 添加已有项目

Altium Designer 允许用户在设计工作区下，添加已存在的项目文件，步骤如下。

1）启动 Altium Designer，在“Projects”工作面板中选择名为“jiaoxue1. DsnWrk”的设计工作区。

2）右击“jiaoxue1. DsnWrk”，在弹出的快捷菜单中选择“Add Existing Project”命令，打开“Open Project”对话框，如图 2-8 所示。

3）在“Open Project”对话框中选择需要添加到设计工作区中的项目文件名，然后单击“Open”按钮，即可将所选择的项目添加到设计工作区中，如图 2-9 所示。

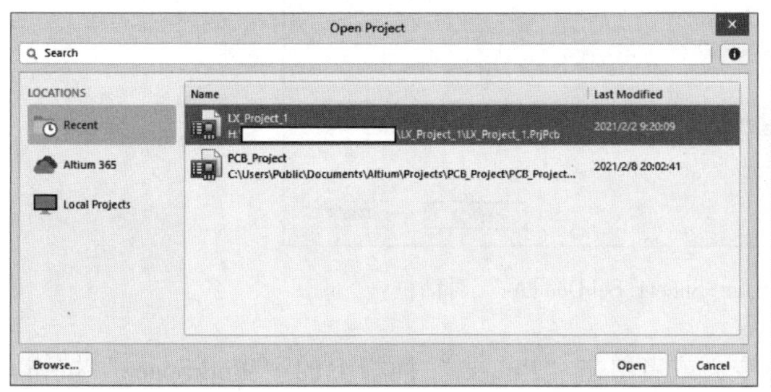

图 2-8　选择项目

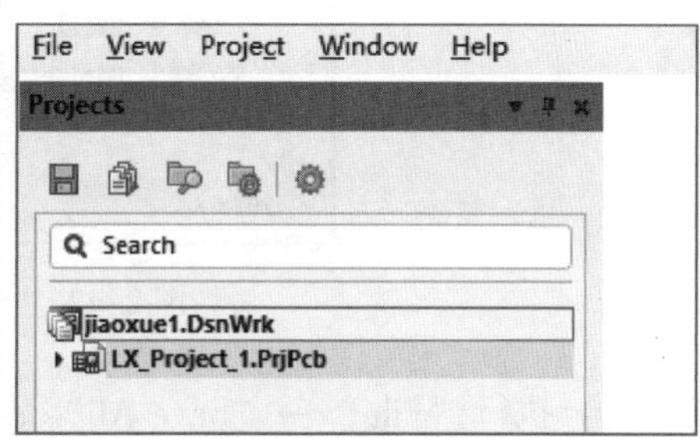

图 2-9　添加项目

4）执行“File”→“Save Project Group”命令，保存当前设计工作区的修改。

2.1.2 创建原理图文件

1. 新建原理图

【例 2-1】在项目中新建原理图设计文件。

1）启动 Altium Designer，在“Projects”工作面板中选择一个项目。

2）执行“File”→“New”→“Schematic”命令；或者在“Projects”工作面板中的项目文件上右击，在弹出的快捷菜单中选择“Add New to Project”→“Schematic”命令。新建一个默认名称为 Sheetl. SchDoc 的原理图文件，自动进入原理图编辑界面，如图 2-10 所示。

3）执行“File”→“Save As”命令；或者在“Projects”工作面板中的原理图文件名称上右击，在图 2-11 所示的快捷菜单中，选择“Save As”命令。打开“Save[Sheet1. SchDoc]As”对话框，如图 2-12 所示，在该对话框的“文件名”文本框中输入需要更改的文件名“Example1”，单击“保存”按钮。将文件更名为“Example1. SchDoc”。

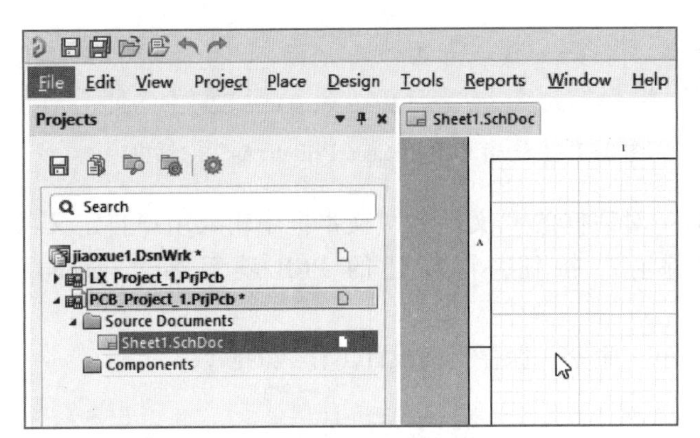

图 2-10 新建原理图文件

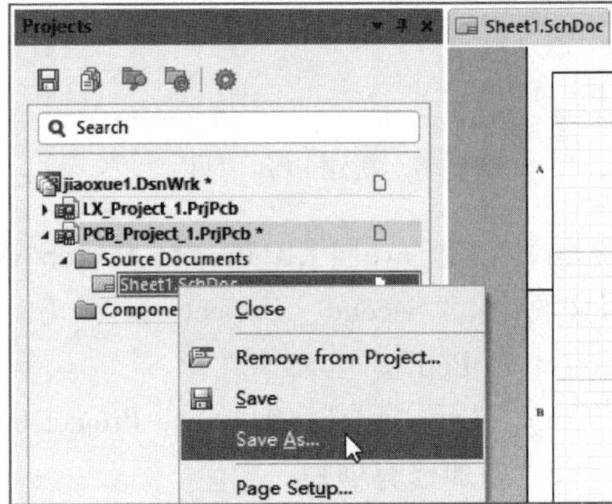

图 2-11 原理图保存

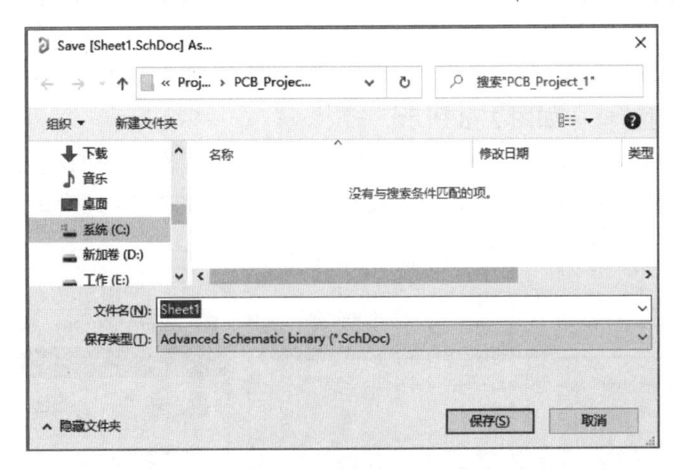

图 2-12 “Save[Sheet1. SchDoc]As”对话框

4）执行“File”→“Save All”命令，或者单击“Project”面板上的“WorkSpace”按钮，在弹出的菜单中选择“Save All”命令，即可自动保存当前设计工作区下所有的更改。

2. 文件保存提示

在 Altium Designer 中，用户的项目操作均在内存中进行，即新建的文件或者项目，在被用户保存前，都储存在内存中，Altium Designer不会将这些文件自动写到磁盘上。因此，如果设计者在新建项目文件后关闭该项目时未保存文件，那么这个文件将会自动从内存中释放。为防止出现误操作，Altium Designer提供了文件更改提醒功能，如果用户对设计工作区、项目或者文件进行了修改，在“Projects”面板上当前设计工作区名称和当前项目名称后都会出现“*”，如图2-13所示，表示该设计工作区和项目都已更改，但是未被保存，以此提醒用户保存。

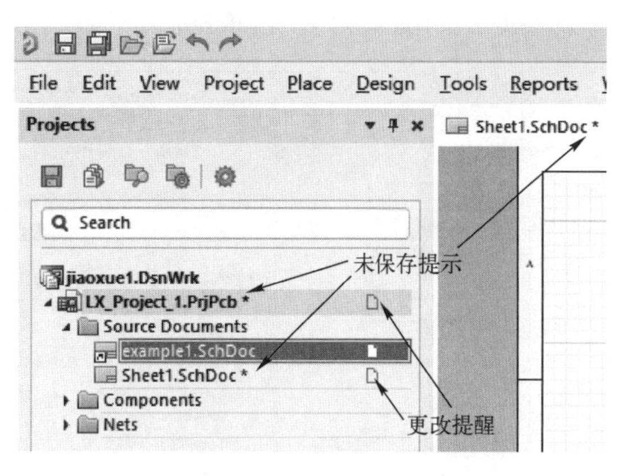

图2-13　更改提醒功能

用户在未保存对项目文件的更改的情况下，单击Altium Designer程序窗口右上角的“关闭”按钮☒时，会打开图2-14所示的“Confirm Save for（2）Modified Documents”对话框，提醒用户选择应该保存的对项目文件的更改，该对话框名称中的“(2)”表示有两个文档已被更改，需要保存。

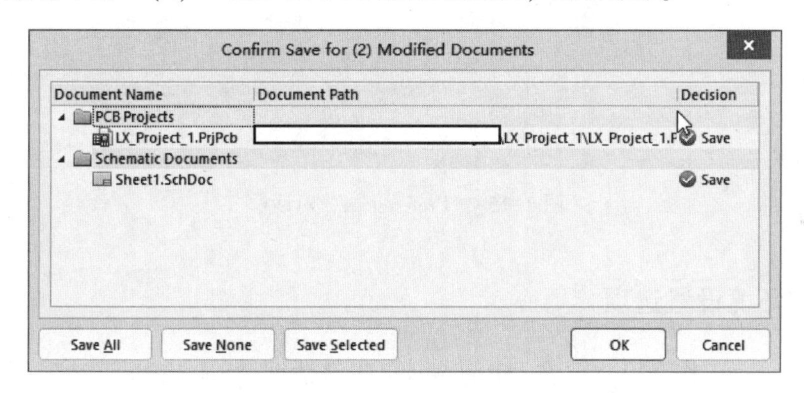

图2-14　“Confirm Save for（2）Modified Documents”对话框

在“Confirm Save for（2）Modified Documents”对话框中，“Save All”按钮用于设置保存对话框中列出的所有文件，“Save None”按钮用于设置不保存对话框中列出的所有文件，“Save Selected”用于设置保存用户选择的文件，通过设置文件名称右侧的“Decision”栏，用户可以设置该文件是否需要被保存，Save表示保存对应文件，☒Don't Save表示不保存对应文件。单击“OK”按钮，系统即会自动保存选中的文件，退出Altium Designer软件。

2.2　原理图编辑环境

原理图编辑环境

Altium Designer的原理图绘制模块为用户提供了灵活的工作环境设置选项，这些选项和参数主要集中在“Preferences”对话框内的“Schematic”选项内，通过对这些选项和参数的合理设置，可以使原理图绘制模块更能满足用户的操作习惯，有效提高绘图效率。具体设置的方法如下。

1）启动Altium Designer，打开上一节中创建的设计工作区，系统会自动打开设计工作区中的项目，进入原理图编辑界面，打开名称为“Example. SchDoc”的空白原理图。

2）执行“Tools”→“Preferences”命令，打开图 2-15 所示的“Preferences”对话框。

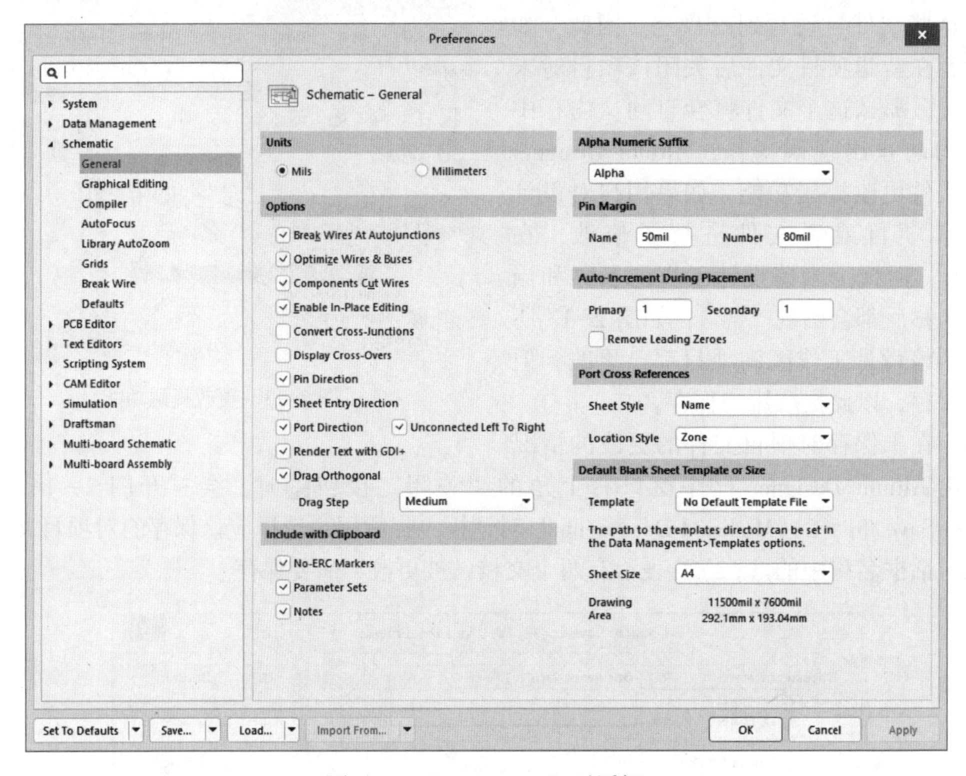

图 2-15 “Preferences”对话框

2.2.1 工作环境设置选项

Altium Designer 工作环境主要在“Preferences”对话框“Schematic”选项下的“General”选项卡内设置，具体选项如下。

（1）“Units”选项组

- Mils：原理图尺寸单位为英制尺寸。
- Millimeters：原理图尺寸单位为公制尺寸。

（2）“Options”选项组

- Break Wires At Autojunctions：现有的连线段将在插入自动连接点的位置被分成两部分。例如，在制作 T 形接点时，垂直线段将被分成两段，每段一侧。在禁用此选项的情况下，线段将在交汇处保持不间断。
- Optimize Wires & Buses：用于设置自动优化连线，系统将自动删掉多余的或重复的连线，并且可以避免各种电气连线和非电气连线的重叠。
- Components Cut Wires：用于设置元器件自动断开导线功能，该选项只有在“Optimize Wires & Buses”复选框已被选中的情况下才被激活。选中此复选框后，将一个元器件布置到一根连续导线上，使这个元器件的两个引脚同时与导线相连，则该元器件两个引脚间的导线段将被切除。如果未选中该选项，系统不会自动切除连线夹在元器件引脚中间的部分。
- Enable In-Place Editing：用于设置在原理图中直接编辑文本，选中该选项后，用户可通过在原理图中的文本上单击或使用快捷键〈F2〉，直接进入文本编辑框，修改文本内容；若未选中该选项，则必须在文本所在图元对象的“Component Properties”对话框中修改文本内容。建议选中该选项。

- Convert Cross-Junctions：用于设置在所有的连线交叉处添加连接点符号，使交叉的连线导通。在两条 T 形节点（见图 2-16a）处再连接一条导线形成十字交叉时，系统自动生成两个相邻的节点，如图 2-16b 所示。

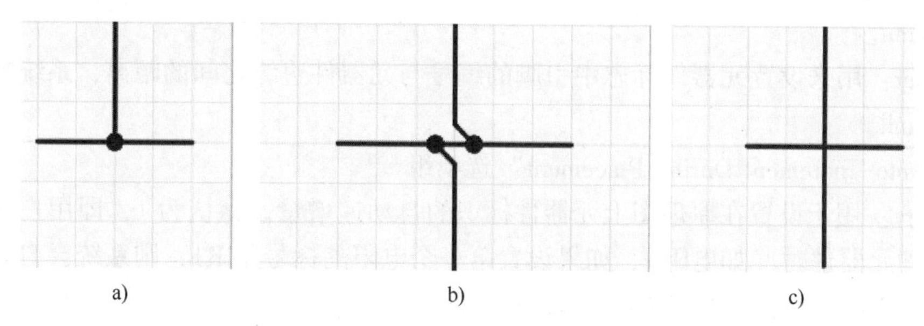

图 2-16 “Convert Cross-Junction”选项
a）T 形节点 b）选中此选项 c）不选此选项

- Display Cross-Overs：选中该选项后，系统会采用横跨符号表示交叉而不导通的连线。
- Pin Direction：用于显示引脚上的信号流向。选中该选项后，原理图中定义了信号流向的引脚将会通过三角箭头的方式显示该信号的流向。这样能避免原理图中元器件引脚间信号流向矛盾的错误出现。
- Sheet Entry Direction：用于在层次化的原理图设计中，显示图纸连接端口的信号流向，选中该选项后，原理图中的图纸连接端口将通过箭头的方式显示该端口的信号流向。这样能避免原理图中电路模块间信号流向矛盾的错误出现。
- Port Direction：用于显示连接端口的信号流向，选中该选项后，电路端口将通过箭头的方式显示该端口的信号流向。这样能避免原理图中信号流向矛盾的错误出现。
- Unconnected Left To Right：用于连接的端口方向设置，该复选项只有在 Port Direction 复选项选中后才有效，选中该复选项后，系统将自动把未连接的端口方向设置为从左指向右。
- Render Text with GDI+：采用 GDI 渲染系统字体。
- Drag Orthogonal：用于设置当用户在保持元器件原有电气连接的情况下，移动元器件位置时，系统自动调整导线保持直角；若未勾选该复选框，则与元器件相连接导线可成任意角度。

（3）“Include with Clipboard”选项组

“Include with Clipboard”选项组主要用来设置使用剪贴板或打印时的属性。使用剪贴板进行复制操作或打印时，将包含所选选项。

（4）“Alpha Numeric Suffix”选项组

“Alpha Numeric Suffix”选项组由两个选项组成，主要用来设置集成的多单元器件的通道标识后缀的类型。所谓多单元器件是指一个器件内集成多个功能单元，例如，运放 LM358 就集成了两个独立的运算放大器单元，是一个两单元运放器件；或者一些大规模芯片，由于引脚众多，通常也将其引脚分类，用多个单元来表示，以降低原理图的复杂程度。绘制电路原理图时，常常将这些芯片内部的独立单元分开使用，为便于区别各单元，通常用元器件标识号+后缀的形式来标注其中某个部分。

- Alpha：用于设置采用英文字母组为各单元的后缀，如 U:A，U:B。
- Numeric：用于设置采用数字作为各单元的后缀，如 U:1，U:2。

（5）“Pin Margin”选项组

- Name：用来设置元器件标志中引脚名称与元器件符号边缘之间的距离，系统默认该间距为 50 mil。
- Number：用来设置元器件标志中引脚的编号与元器件边缘之间的距离，系统默认该间距为 80 mil。

（6）“Auto-Increment During Placement”选项组

- Primary：用于设置在原理图上元器件标识的自动递增量。默认为 1，即用户在连续放置同一种元器件时（如电阻），如果设置第一个电阻的标号是 R1，则系统会自动在接下来布置的电阻上标注 R2、R3……的元器件标号。
- Secondary：用来设定在创建原理图符号时，在添加引脚过程中，引脚序号的递增量，默认为 1。

（7）“Port Cross References”选项组

- Sheet Style：用于设置原理图类型。
- Location Style：用于设置移动类型。

（8）“Default Blank Sheet Template or Size”选项组

“Default Blank Sheet Template or Size”选项组的下拉列表用来设置默认空白文档的尺寸大小，默认为 A4，用户可在下拉列表中选择其他的标准尺寸。

2.2.2 设置图形编辑环境参数

图形编辑环境的参数设置通过“Graphical Editing”选项来实现，如图 2-17 所示。该选项卡主要对原理图编辑中的图像编辑属性进行设置，如鼠标指针类型、栅格、后退或重复操作次数等。

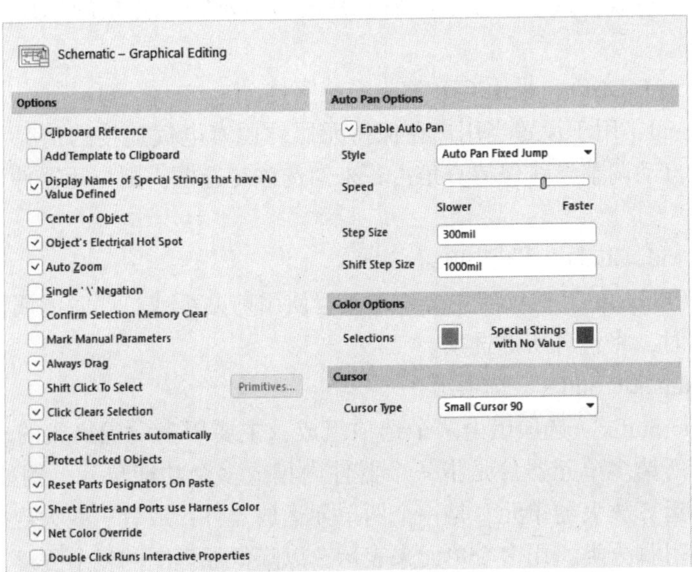

图 2-17 “Graphical Editing”选项卡

（1）“Options”选项组

- Clipboard Reference：用于设置在剪贴板中使用的参考点，选中该项后，当用户在进行复制和剪切操作时，系统会要求用户设置指定参考点。
- Add Template to Clipboard：用于设置剪切板中是否包含模板内容。选中该选项后，用户进行复制或剪切操作时，会将当前文档所使用的模板的相关内容一起复制到剪切板中。若未选中该选项，用户可以直接复制原理图。
- Display Names of Special Strings that have No Value Defined：选中该选项可在没有定义值时显示默认值。
- Center of Object：选中该选项后，当使用鼠标调整元器件位置时，将自动跳到元器件的参考点上或对象的中心处。若不选中该选项，则移动对象时鼠标指针将自动滑到元器件的电气节点上。
- Object's Electrical Hot Spot：用于设置元器件的电气热点作为操作的基准点，当选中该选项后，使用鼠标调整元器件位置时，以元器件离鼠标指针位置最近的热点（一般是元器件的引脚末端）为基准点。
- Auto Zoom：选中该复选项后，当选中某元器件时，系统会自动调整视图显示比例，以最佳比例显示所选择的图元对象。
- Single '\' Negation：用于设置在编辑原理图符号时，以'\'字符作为引脚名取反的符号，选中该选项后，在引脚名前添加'\'符号后，引脚名上方就显示代表反值信号有效的短横杠。
- Confirm Selection Memory Clear：用于设置在清除选择存储器时，显示确认消息框。若选中该选项，当用户单击“存储器选择”对话框的“Clear”按钮，欲清除选择存储器时，将显示“确认”对话框。若未选中该选项，在清除选择存储器的内容时，将不会出现“确认”对话框，直接进行清除。建议选中该选项，这样可以防止由于疏忽而删掉已选存储器。
- Mark Manual Parameters：当用一个点来显示参数时，这个点表示自动定位已经被关闭，并且这些参数被移动或旋转。选中此选项，显示此点。
- Always Drag：用于设置在移动具有电气意义的图元对象位置时，将保持操作对象的电气连接状态，系统自动调节连接导线的长度。
- Shift Click To Select：用于指定需要在按住〈Shift〉键，然后单击才能选中的操作对象。选中该选项后，该选项右侧的“Primitives”按钮被激活，单击“Primitives”按钮，打开“Must Hold Shift To Select”对话框。在该对话框内的列表中选中图元对象类型对应的“Use Shift”栏，所有在“Must Hold Shift To Select”对话框中选中的图元对象类型都需要按住〈Shift〉键，然后单击才能被选中。
- Click Clears Selection：用于设置通过单击原理图编辑窗口内的任意位置来清除其他对象的选中状态。若未选中该选项，单击原理图编辑窗口内已选中对象以外的任意位置，只会增加已选取的对象，无法清除其他对象的选中状态。
- Place Sheet Entries automatically：可以在页面符号之间相互连接时自动放上图纸入口Sheet Entries。
- Protect Locked Objects：用于保护（不可选中）处于锁定状态的对象。
- Reset Parts Designators On Paste：用于从一个原理图复制元器件到新的原理图中，重置元器件编号。

- Sheet Entries and Ports use Harness Color：用于设定图纸入口和端口是否使用和 Harness 相同的颜色设置。
- Net Color Override：设置布线网络叠层的颜色显示。
- Double Click Runs Interactive Properties：选中该选项，可在双击放置的对象时打开对象的属性面板；不选中该选项，双击放置的对象打开“模式”对话框。

（2）“Auto Pan Options”选项组

“Auto Pan Options”选项组主要用于设置系统的视图自动移动功能。视图自动移动是指在工作区无法完全显示当前的整幅图纸时，通过调整鼠标位置，调整视图显示的图纸区域，以便用户能在显示比例不变的情况下对图纸的其他部分进行编辑。

1）“Style”下拉列表，用于设置视图自动移动的模式，该下拉列表中共有 3 个选项。

- Auto Pan Off：取消视图自动移动功能。
- Auto Pan Fixed Jump：按照“Step Size”文本框和“Shift Step Size”文本框内的设置值进行视图的自动移动。
- Auto Pan ReCenter：每次都将鼠标指针的位置设置为下一视图的中心位置，使鼠标指针永远保持在视图的中心。

2）“Speed”滑块用于设定自动摇景的移动速度。滑块位置越靠右，自动摇景速度越快，速度设置一定要适中。速度设置得过大，视图的移动速度太快，视图位置就难以准确确定；速度设置得过小，视图调整花费时间增加，降低了操作效率。

3）“Step Size”文本框用于设置视图每帧移动的步距。系统默认值为 30，即每帧移动 30 个像素点数。该选项数值越大，图纸移动速度越快，但移动过程的跳动也越大，视图位置调整的精确程度越低。

4）“Shift Step Size”文本框用于设置当按下〈Shift〉键时，每帧视图移动的距离。系统默认值为 100，即按下〈Shift〉键，每次移动 100 个像素点数。建议“Shift Step Size”选项所设数值应与“Step Size”选项所设数值有较大的差别，以便用两种操作方式实现精确移动与快速移动。

（3）“Color Options”选项组

“Color Options”选项组用于设定有关对象的颜色属性。

（4）“Cursor”选项组

“Cursor”选项组用于定义鼠标指针的显示类型及可视栅格的类型。

- Large Cursor 90：将鼠标指针设置为由水平线和垂直线组成的 90°大鼠标指针。
- Small Cursor 90：将鼠标指针设置为由水平线和垂直线组成的 90°小鼠标指针。
- Small Cursor 45：将鼠标指针设置为由 45°线组成的小鼠标指针。
- Tiny Cursor 45：将鼠标指针设置为由 45°线组成的更短更小的鼠标指针。

2.2.3 设置原理图图样参数

进行原理图设计编辑，首先要进行图样参数设置。图样参数是用来确定与图样有关的参数，如图样尺寸与方向、边框、标题栏、字体等，为正式的电路原理图设计做好准备。

在原理图编辑环境下双击边框，或者单击右下角“Panels”按钮，在弹出的菜单中选择“Properties”选项，屏幕上将打开图 2-18 所示的“Document Options”属性面板，可以在这个对话框中进行图纸参数的设置。

1. 常规设置

(1) 图纸采用单位设置

“Units”选项下有两种单位标准供选择，“mm”为公制单位，“mils”为英制单位，如图2-18所示。

(2) 图纸栅格的设置

图纸栅格的设置选项有多项，具体如图2-18所示。这几项设置的说明如下。

- Visible Grid（可视栅格）：用来设置可视栅格的尺寸。可视栅格的设定只决定图样上实际显示的栅格的距离，不影响鼠标指针的移动。如当设定“Visible Grid”为“100 mil”时，图样上实际显示的每个栅格的边长为100个长度单位。
- Snap Grid（鼠标指针移动距离）：可以改变鼠标指针的移动间距。“Snap Grid”设定主要决定鼠标指针位移的步长，即鼠标指针在移动过程中，以设定为基本单位做跳移，单位是mil（密耳，1000密耳=1英寸=25.4毫米）。

当设定“Snap Grid”=100 mil时，十字鼠标指针在移动时，均以100个长度单位为基础。此设置的目的是使设计者在画图过程中更加方便地对准目标和引脚。

※划重点：

锁定栅格和可视栅格的设定是相互独立的，两者不互相影响。

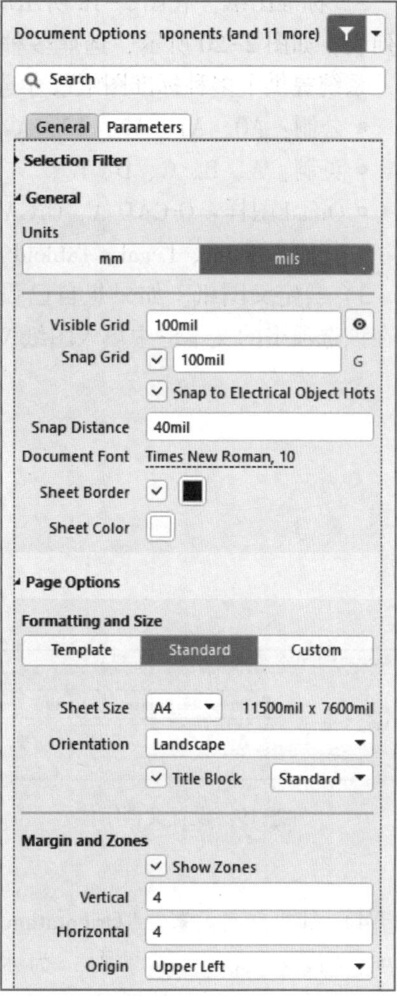

图2-18 “Document Options”属性面板

- Snap to Electrical Object Hotspots（电气节点）：如果选中此复选框，则系统在连接导线时，当找到最接近的节点时，就会把十字鼠标指针自动移到此节点上，并在该节点上显示一个红色“×”。
- Snap Distance：设置电气节点捕捉范围，以箭头鼠标指针为圆心，以“Snap Distance”文本中的设置值为半径，自动向四周搜索电气节点。

(3) 文档字体的设置

在图2-18所示的属性面板中单击“Document Font”按钮，弹出字体设置对话框，如图2-19所示。设计者可以在此处设置原理图文档的字体、字形、大小和效果。

(4) 图纸和边框颜色设置

- Sheet Border：设置是否显示图纸的边框，一般选中，默认颜色为黑色。
- Sheet Color：用来设置图纸的颜色，其中共有239种颜色供选择，默认设置为米色。

2. 图纸尺寸的设置

图2-18的“Page Options”选项组可设置原理图图纸的尺寸大小。格式和大小包括3种：Template（图纸模板）、Standard（标准图纸）、Custom（自定义图纸）。

1) 图纸模板。“Template”选项可根据软件自带模板和用户自定义模板选择图纸。

2）标准图纸。在图 2-18 所示属性面板中，单击“Standard”选项卡中“Sheet Size”的下拉列表，如图 2-20 所示，选择多种标准尺寸的图纸，系统默认图纸尺寸为 A4。为方便设计者，系统提供了多种标准图纸尺寸选项。

- 公制：A0、A1、A2、A3、A4。
- 英制：A、B、C、D、E。
- Orcad 图样：OrCAD A、OrCAD B、OrCAD C、OrCAD D、OrCAD E。
- 其他：Letter、Legal、Tabloid。

3）自定义图纸。如果想自己设置图纸的大小，选中“Custom”选项，如图 2-21 所示，并在该选项组的文本框中填入图纸 Width（宽）和 Height（高）的数值。

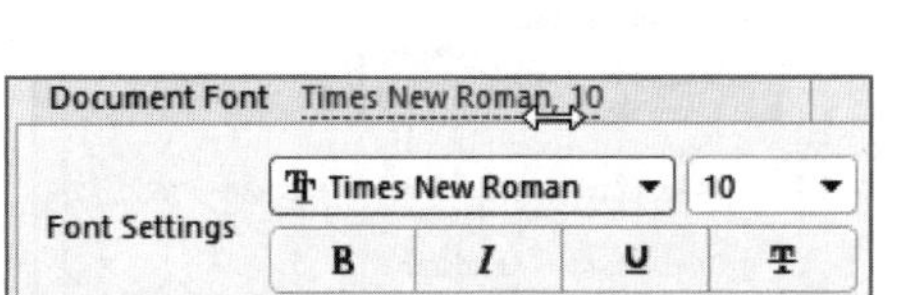
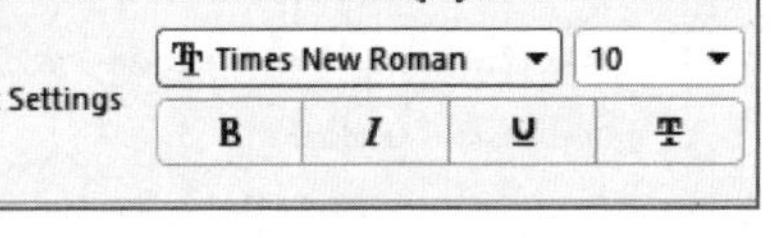

图 2-19　设置文档字体

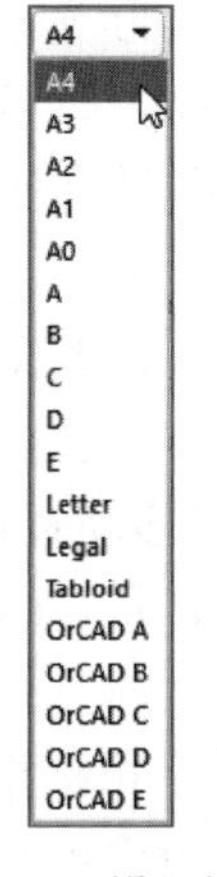

图 2-20　设置图纸标准尺寸

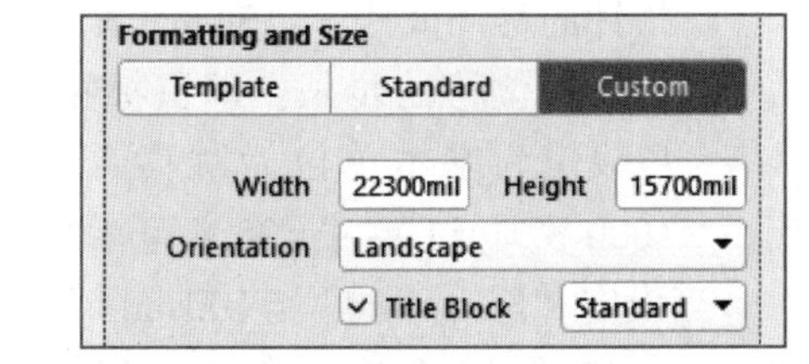

图 2-21　设置图纸自定义尺寸

4）图纸方向设置。“Orientation”（方向）选项用于图纸的方向设置。图 2-18 所示有两个选项：“Landscape”(风景画）为水平放置，“Portrait”(肖像画）为竖直放置。一般选择“Landscape”，即水平放置。

5）图纸标题栏的设置。“Title Block”（标题块）选项用于设置图纸的标题，如图 2-18 所示。它有两个选项：“Standard”（标准模式）和“ANSI”（美国国家标准协会模式）。

3. 图纸边框与区域

图 2-22 所示的“Margin and Zones”是用于设置图纸边框的选项。

- Show Zones：设置是否显示图纸边框中的参考坐标，一般选中。
- Vertical：设置边框垂直方向分区个数。
- Horizontal：设置边框水平方向分区个数。
- Origin：设置分区起始位置，其中的选项“Upper Left”为顶端居左，“Bottom Right”为底端居右。
- Margin Width：设置边框的宽度。

4. 图纸属性设置

在图 2-18 中，打开“Parameters”选项卡，如图 2-23 所示。该选项卡是一个列表窗口，在列表窗口内可设置文档的有关变量，如设计公司名称与地址、图样的编号及图样的总数、文件的标题名称与日期等。具有这些参数的对象可以是一个元器件、元器件的引脚或端口、原理图的符号、PCB 指令或参数集，每个参数均具有可编辑的名称和值。

单击“Add”按钮，在“Parameters”栏将添加新的变量，可对新变量的名称及数值进行编辑操作；为“删除”按钮，可用于删除相关变量。

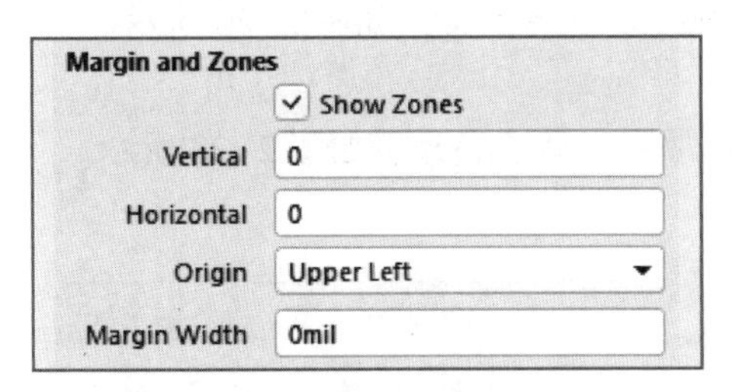

图 2-22　设置图纸边框与区域

图 2-23　设置图纸参数选项

2.2.4 原理图绘图环境

原理图设计界面包括 4 部分，分别是主菜单、主工具栏、工作面板和原理图工作窗口。

1. 主菜单

原理图主菜单如图 2-24 所示。

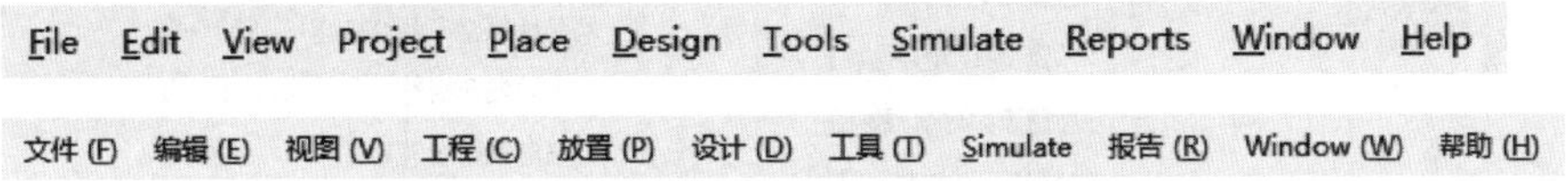

File　Edit　View　Project　Place　Design　Tools　Simulate　Reports　Window　Help

文件 (F)　编辑 (E)　视图 (V)　工程 (C)　放置 (P)　设计 (D)　工具 (T)　Simulate　报告 (R)　Window (W)　帮助 (H)

图 2-24　原理图主菜单

- File：主要用于文本操作，包括新建、打开、保存等功能。
- Edit：用于完成各种编辑操作，包括撤销/恢复、选取/取消对象选取、复制、粘贴、剪切、移动、排列、查找文本等功能。
- View：用于视图操作。
- Project：用于完成工程相关操作，包括新建工程、打开工程、关闭工程、增加工程、删除工程等操作。
- Place：用于放置原理图中各种电气元器件符号和注释符号。
- Design：用于对元器件库进行操作，生成网络表、层次原理图设计等操作。
- Tools：为设计者提供各种工具，包括元器件快速定位、原理图元器件编号注释等。

主菜单还包括“Simulate”菜单、“Reports”菜单、“Window”菜单和“Help”菜单，以上菜单的具体应用，将在后面章节的例子中进行详细讲解。

2. 主工具栏

Altium Designer 的工具栏有原理图标准工具栏、布线工具栏、应用工具栏和混合仿真工具栏。

（1）“Schematic Standard”（原理图标准）工具栏

提供了常用文件操作、视图操作和编辑操作，如图 2-25 所示，将鼠标指针放置在按钮上会显示该按钮的对应功能。

图 2-25　原理图标准工具栏

（2）“Wiring”（布线）工具栏

列出了建立原理图所需要的导线、总线、连接端口等工具，如图 2-26 所示。

（3）“Utilities”（应用）工具栏

列出了常用工具列表，如图 2-27 所示。其常用工具条展开后如图 2-28 所示。

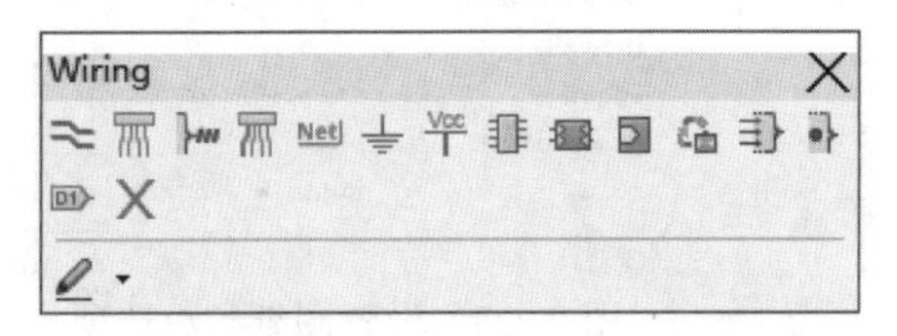

图 2-26　布线工具栏

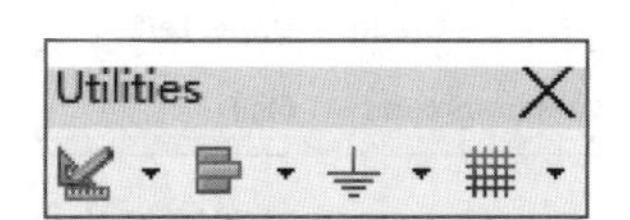

图 2-27　应用工具栏

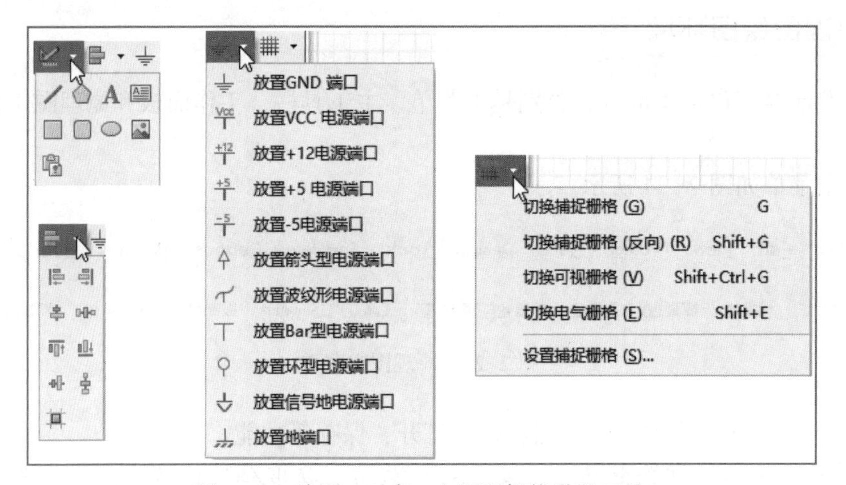

图 2-28　绘图、对齐、电源和栅格设置工具

3. 工作面板

原理图设计中常用到的工作面板有如下 3 个。

（1）“Projects”面板

“Projects”面板中列出了当前工程的文件列表及所有文件，如图 2-29 所示。在该面板中提供了所有有关工程的功能，可以打开、关闭和新建各种文件，还可在工程中导入文件等。

（2）“Components”面板

在“Components”面板中可以浏览当前加载的元器件库，而且通过该面板还可以在原理图上放置元器件，如图 2-30 所示。

（3）“Navigator”面板

“Navigator”面板在分析和编译原理图后能够提供原理图的所有信息，通常用于检查原理图，如图 2-31 所示。

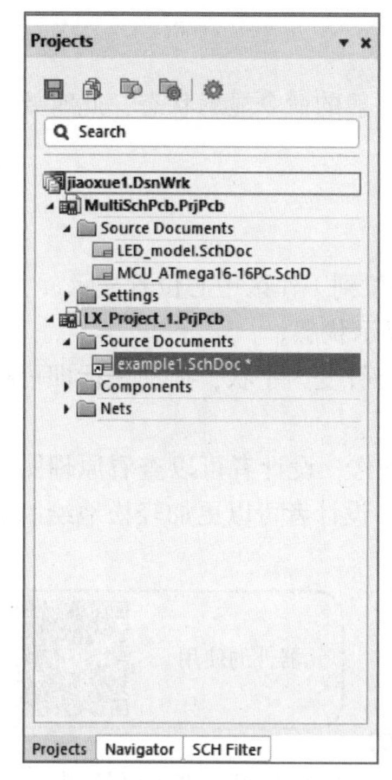

图 2-29 “Projects” 面板

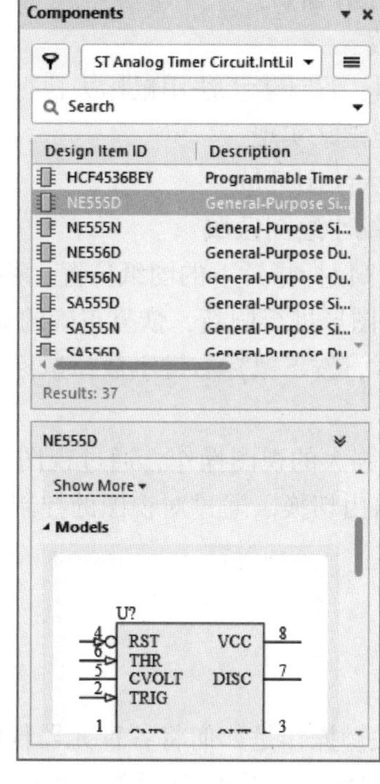

图 2-30 “Components” 面板

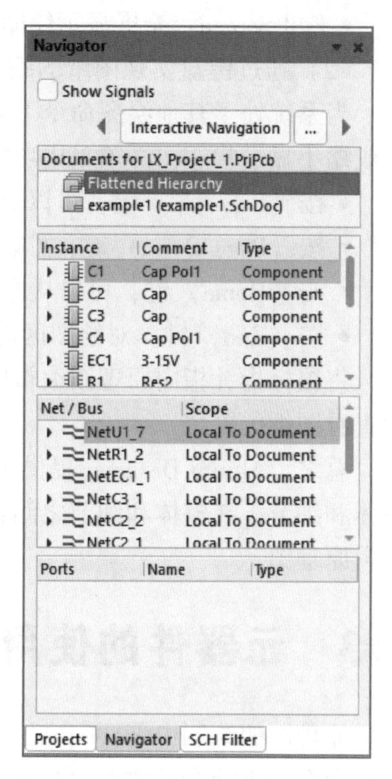

图 2-31 “Navigator” 面板

4. 原理图工作窗口

设计者在原理图工作窗口绘制原理图的过程中，需要经常查看整张原理图或只看某一个部分，所以要经常改变显示状态，缩小或放大绘图区。原理图设计系统中的“View”菜单可以对原理图进行视图操作。

（1）通过菜单放大或缩小图纸显示

Altium Designer 提供了“View”菜单来控制图形区域的放大与缩小，“View”菜单如图 2-32 所示。

下面介绍菜单中的主要命令及其功能。

- Fit Document：该命令把整张原理图缩放在窗口中，可以用来查看整张原理图。
- Fit All Objects：该命令使绘图区中的图形填满工作窗口。
- Area：该命令放大显示用户设定的区域。这种方式是通过确定用户选定区域中对角线上两个角的位置，来确定需要进行放大的区域。首先执行此菜单命令，然后移动十字鼠标指针到目标的左上角位置，再拖动鼠标，将鼠标指针移动到目标的右下角适当位置，单击加以确认，即可放大所框选的区域。

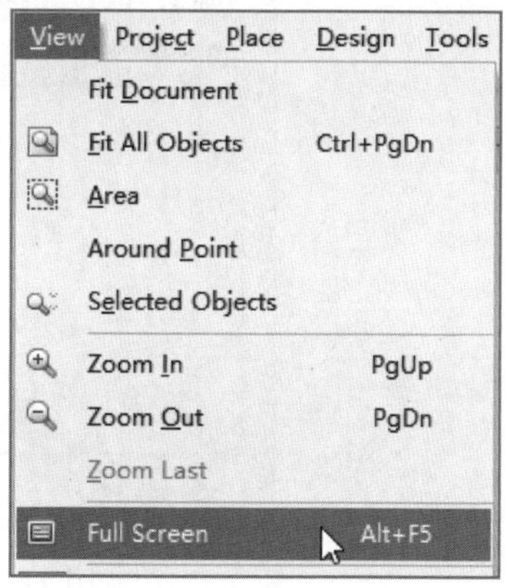

图 2-32 “View” 菜单

- Around Point：该命令要用鼠标选择一个区域，指向要放大范围的中心，按左键确定一中心，再移动鼠标展开此范围，单击即完成定义，并将该范围放大至工作窗口。

- Selected Objects：该命令可以放大所选择的对象。
- Full Screen：全屏显示绘图工作窗口。

（2）通过键盘实现图纸的缩放

当系统处于其他绘图命令下时，设计者无法用鼠标去执行一般的命令显示状态，此时要放大或缩小显示状态，必须采用功能键来实现。

- 按〈Page Up〉键，可以放大绘图区域。
- 按〈Page Down〉键，可以缩小绘图区域。
- 按〈Home〉键，可以从原来鼠标指针下的图纸位置，移位到工作区中心位置显示。
- 按〈End〉键，对绘图区的图形进行刷新，恢复正确的显示状态。

将鼠标指针指向原理图编辑区，按下鼠标右键不放，鼠标指针变为手状，拖动鼠标即可移动查看图纸位置。

总之，Altium Designer 提供了强大的视图操作，通过视图操作，设计者可以查看原理图的整体和细节，在整体和细节之间自由切换。通过对视图的控制，设计者可以更加轻松地绘制和编辑原理图。

2.3 元器件的使用

元器件的使用

原理图的绘制中需要完成的关键操作是如何将各种元器件的原理图符号进行合理放置。Altium Designer 需要对元器件所在的库进行加载，然后利用菜单命令、工具栏或者使用“Component”面板放置元器件。

2.3.1 元器件库的加载

单击图 2-30 中的≡按钮，在弹出的菜单中选中“File-based Libraries Preferences”选项，系统将弹出图 2-33 所示的“Available File-based Libraries”对话框，其中有 3 个选项卡。

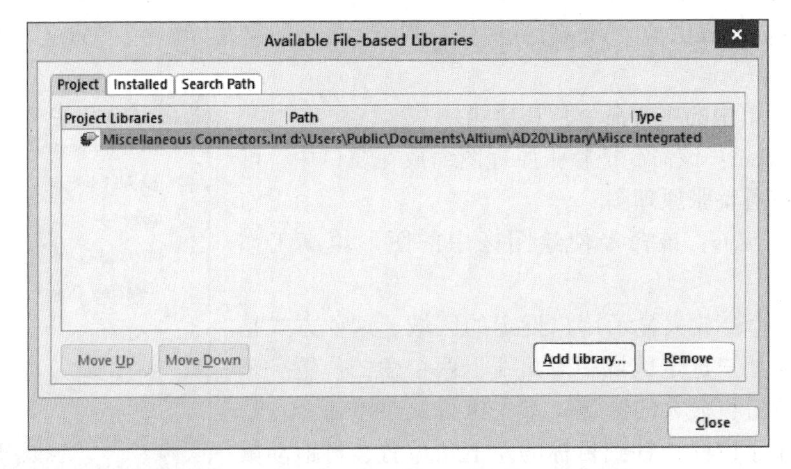

图 2-33 “Available File-based Libraries”对话框

1）“Project”选项卡如图 2-33 所示，显示与当前项目相关联的元器件库。在该选项卡中单击“Add Library”按钮，即可打开“打开”对话框，从中选择要向当前工程中添加的元器件库，如图 2-34 所示。

图 2-34 “打开”对话框

添加元器件库的默认路径为 Altium Designer 安装目录下 Library 文件夹的路径，文件夹中按照厂家的顺序给出了元器件的集成库，用户可以从中选择自己想要安装的元器件库，然后单击“打开”按钮，就可以把元器件库添加到当前工程中。在该选项卡中选中已经存在的文件夹，然后单击“Remove”按钮，就可以把该元器件库从当前工程项目中删除。

2）“Installed”选项卡显示当前开发环境已经安装的元器件库。在该选项卡中显示的已装载元器件库可以被开发环境中的任何工程项目所使用，如图 2-35 所示。

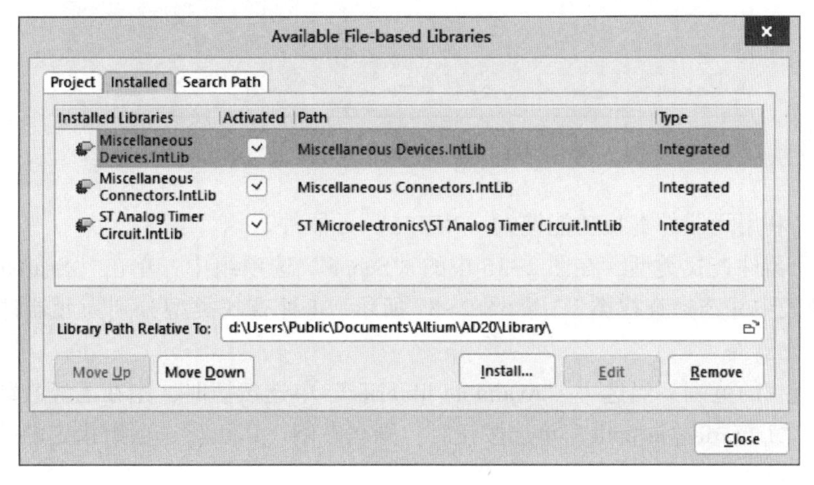

图 2-35 “Installed”选项卡

- 使用“Move Up”和“Move Down”按钮，可以把列表中已选中的元器件库上移或下移，以改变其在元器件库管理器中的显示顺序。
- 在列表中选中某个元器件库后，单击“Remove”按钮就可以将该元器件库从当前开发环境移除。
- 想要添加一个新的元器件库，则单击“Install”按钮，系统将弹出图 2-34 所示的“打开”对话框。用户可以从中寻找自己想加载的元器件库，然后单击“打开”按钮，就可以把元器件库添加到当前开发环境中了。

3）“Search Path”选项卡用于设置元器件库的搜索路径。

2.3.2 元器件的查找与放置

1. 元器件的查找

元器件库管理器为设计者提供了查找元器件的工具。单击图 2-30 中的≡按钮，在弹出的菜单中选择“File-based Libraries Search”选项，系统弹出图 2-36 所示的“File-based Libraries Search”对话框，或执行“Tools”→“Find Component”命令也可弹出该对话框。在该对话框中，可以设定查找对象及查找范围，查找的对象为包含在 *.IntLib 文件中的元器件。

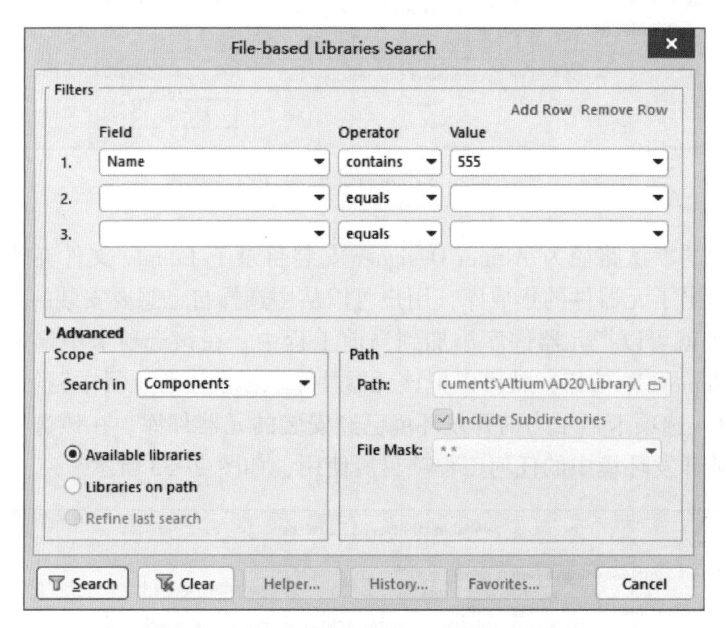

图 2-36 “File-based Libraries Search”对话框

【例 2-2】利用元器件查找功能搜索“NE555”元器件。

1）设置元器件查找类型，在图 2-36 中的“Scope”选项组中，单击“Search in”下拉按钮，在下拉列表中并选择查找类型，如图 2-37 所示。4 种查找类型分别为元器件、封装、3D 模式和数据库元器件。

2）设置查找的范围。当选中“Available libraries”单选按钮时，则在已经装载的元器件库中查找；选中“Libraries on path”单选按钮时，则在右侧“Path”选项组指定的路径中进行查找，如图 2-38 所示。

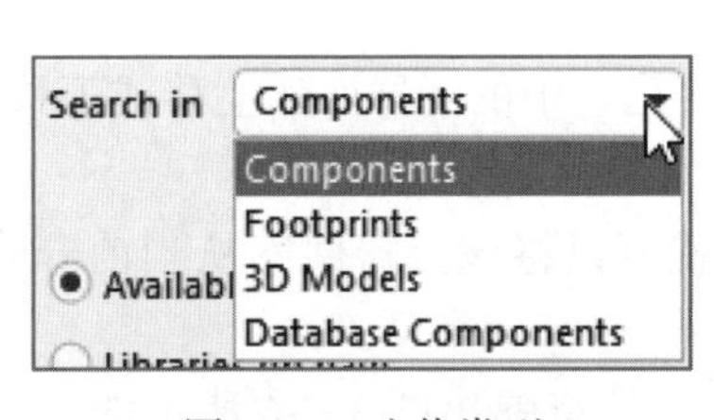

图 2-37 查找类型

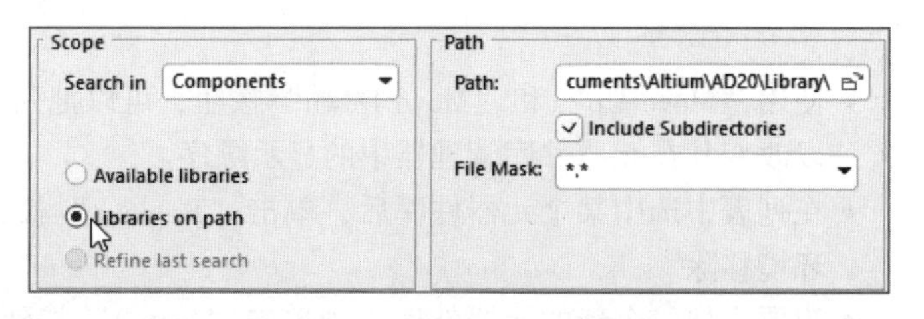

图 2-38 在指定路径下查找元器件

3）“Path”选项组用来设定查找对象的路径，该选项组的设置只有在选中“Libraries on path”单选按钮时有效。其中，“Path”选项设置查找的目录；选中“Include Subdirectories”

复选框，则包含在指定目录中的子目录也进行查找；“File Mask”可以设定查找对象的文件匹配域，*.*表示匹配任何字符串。

4）为了查找某个元器件，在“Filters”选项组的“Value”文本框中输入元器件名称，如图 2-39 所示，单击“Search”按钮则开始搜索，找到所需的元器件后，查找结果如图 2-40 所示。

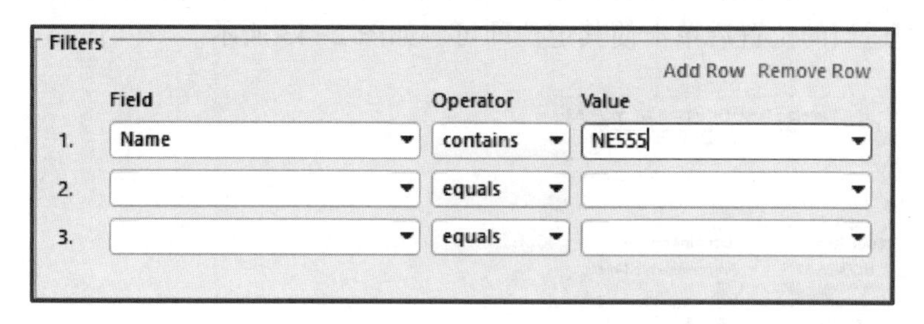

图 2-39　输入查找条件

从搜索结果中可以看到相关元器件及其所在的元器件库。可以将元器件所在的元器件库直接装载到元器件库管理器中以便继续使用；也可以直接使用该元器件而不装载其所在的元器件库。

※划重点：查询小技巧

如果不确定元器件的完整名称，可只填写查找的部分名称进行模糊搜索，图 2-39 中的“Operator”选项选择“contains”，“Value”文本框中输入“555”的查找结果，如图 2-41 所示。

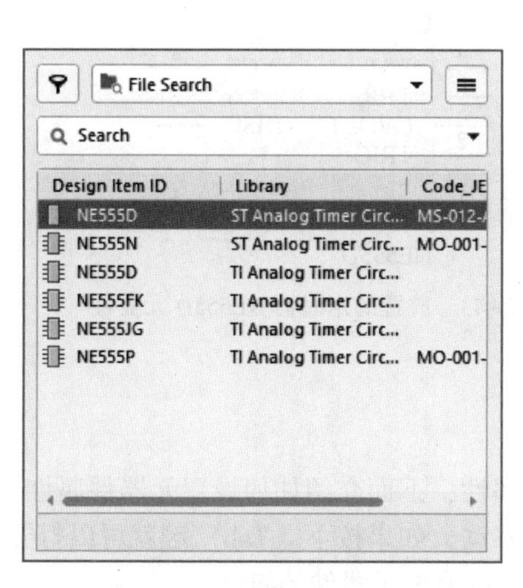

图 2-40　元器件查找结果

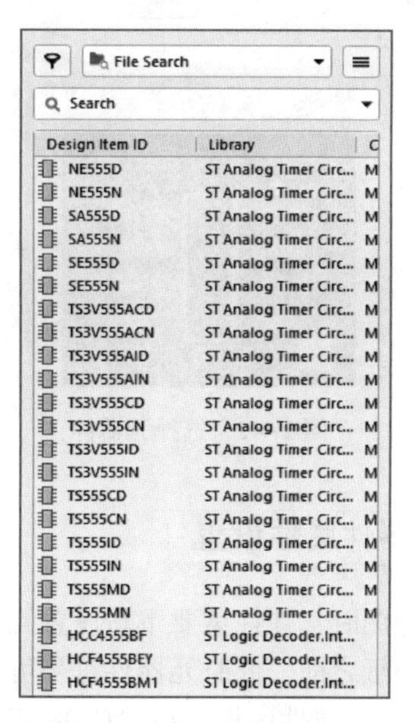

图 2-41　模糊搜索结果

2. 元器件的放置

【例 2-3】NE555D 元器件的放置。

下面以放置一个 555 定时器电路为例，说明从元器件库管理面板中选取一个元器件并进行放置的过程。

1）执行“Place”→“Part”命令或直接单击连线工具栏中的按钮，即可打开“Components”面板，如图2-42所示。

2）在“Components”面板的“Libraries”下拉列表框中选择“ST Analog Timer Circuit.IntLib”选项，然后在元器件列表框中选择NE555D。

3）直接拖拽或双击选定的NE555D，此时屏幕上会出现一个随鼠标指针移动的元器件图形，将它移动到适当的位置后单击使其定位即可，如图2-43所示。

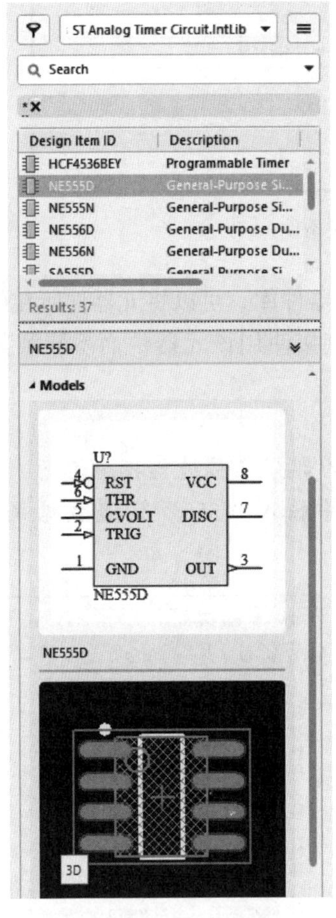

图2-42　选择元器件

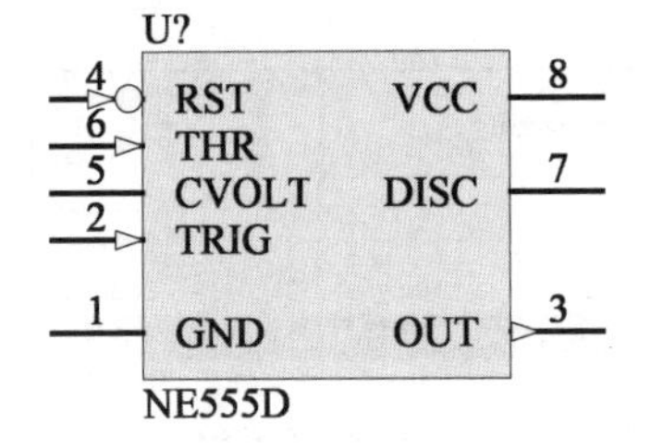

图2-43　放置的定时器NE555D元器件

2.3.3 元器件属性设置

绘制原理图时，往往需要重新设置元器件的属性，下面介绍如何设置元器件属性。在将元器件放置在图纸之前，此时元器件符号可随鼠标移动，如果按下〈Tab〉键就可以打开图2-44的“Component”属性面板，在“General”选项组可编辑元器件的属性。

如果已经将元器件放置在图纸上，要更改元器件的属性，可以通过3种方式打开图2-44所示的对话框。

- 直接双击元器件。
- 单击选中元器件，再按〈Tab〉键。
- 右击元器件，在弹出的快捷菜单中选择“Properties”选项。

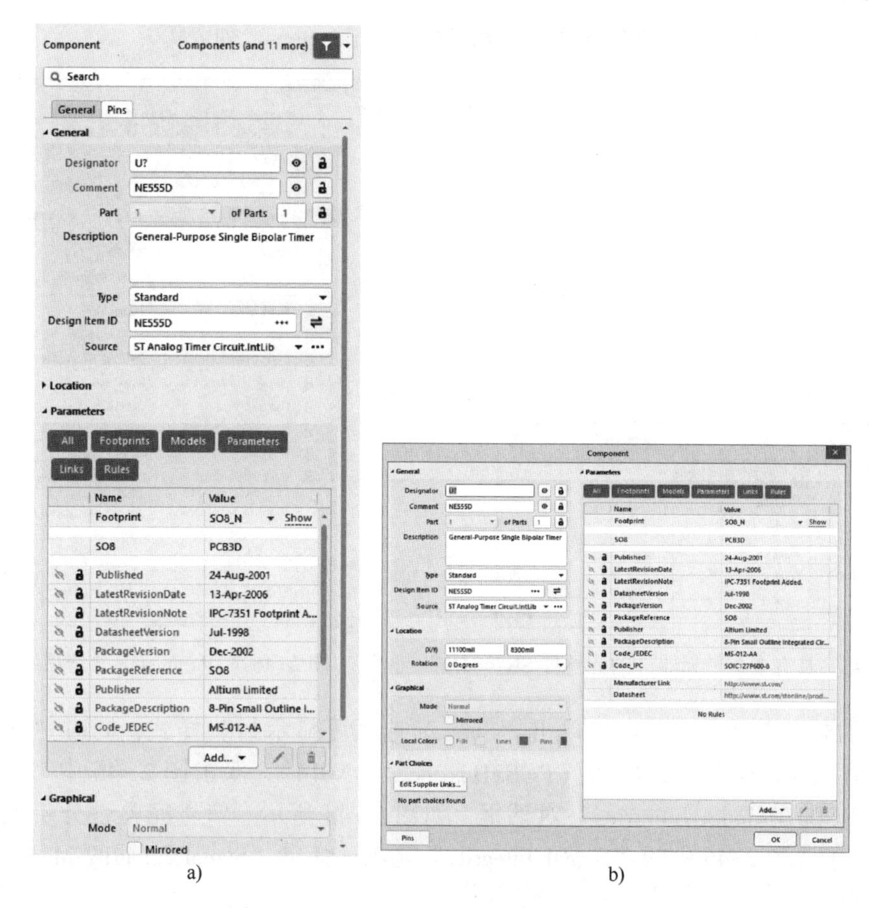

图 2-44 “Component” 属性面板和对话框

a）属性面板 b）对话框

1. 元器件基本属性设置

1）在“General”选项组包括以下选项。

- Designator：元器件在原理图中的序号，若为，可以显示该序号；为则不显示。
- Comment：该文本框可设置元器件的注释，如前面放置的元器件注释为 NE555D，可以选择或者直接输入元器件的注释。若为，则可以显示该注释；为则不显示。
- Part of Parts：对于有多个相同的子元器件组成的元器件，由于组成部分一般相同，如 Texas Instruments（德州仪器）SN7404N 具有 6 个相同的子元器件，一般以 A、B、C、D、E 和 F 来表示，此时可以通过对应的选项来设定，如图 2-45 所示。
- Description：元器件的描述信息。
- Type：元器件类型。
- Design Item ID：元器件的 ID 值。
- Source：元器件所在库文件名。

2）“Location”选项组显示了当前元器件的图形信息，包括图形位置和旋转角度。

- 设计者可以修改 X、Y 位置坐标，移动元器件位置。
- “Rotation”下拉列表框可以设定元器件的旋转角度，以旋转当前编辑的元器件。

3）图 2-46 所示为元器件“SN7404N”的“Parameters”选项组，该选项组是用于选择元器件的封装（Footprints）、模型（Models）和参数（Parameters）列表等。

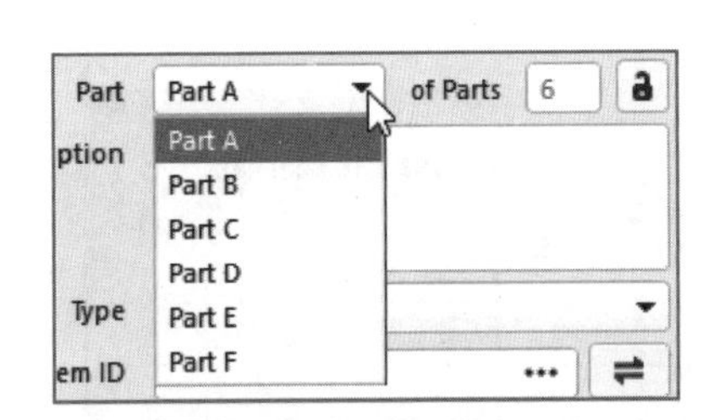

图 2-45　具有多个子元器件的元器件 SN7404N

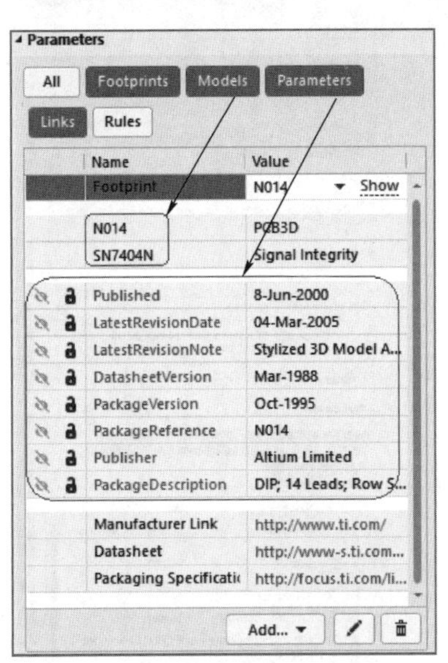

图 2-46　“Parameters”选项组

元器件的封装名为“N014”，单击“Show”选项可显示封装样式，同时“Show”变为“Hide”，如图 2-47 所示。3D 模型（PCB3D）名为“N014”，双击图 2-46 中“PCB3D”选项，弹出“PCB3D Model Libraries”对话框，如图 2-48 所示。信号完整性分析模型名称为“SN7404N”，双击图 2-46 中的“Signal Integrity”选项，弹出“Signal Integrity Model”对话框，如图 2-49 所示。

“Parameters”为元器件参数列表，其中包括一些与元器件特性相关的参数，设计者也可以添加新的参数和规则。如果选中了某个参数左侧的 ⊙ ，则会在图形上显示该参数的值。

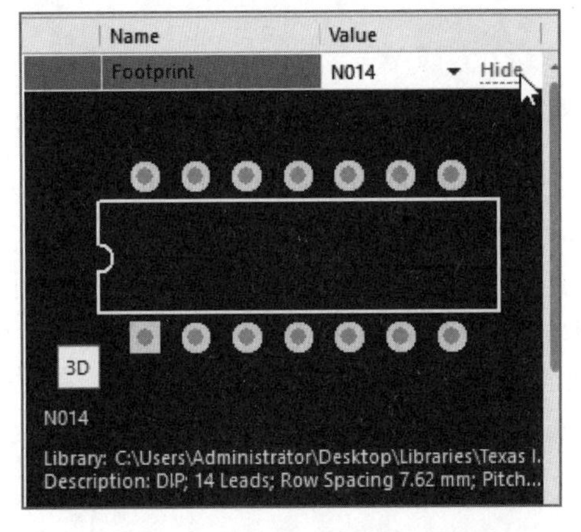

图 2-47　“SN7404N”的封装“N014”

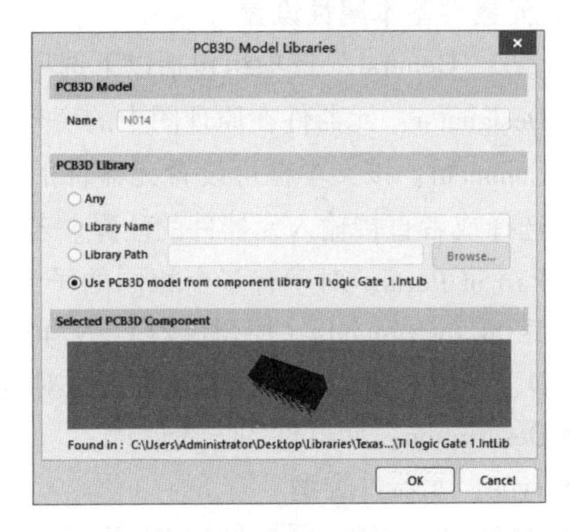

图 2-48　“PCB3D Model Libraries”对话框

4）“Graphical”选项组显示了当前元器件的图形信息，包括填充颜色、线条颜色、引脚颜色，以及是否镜像处理等，如图 2-50 所示。

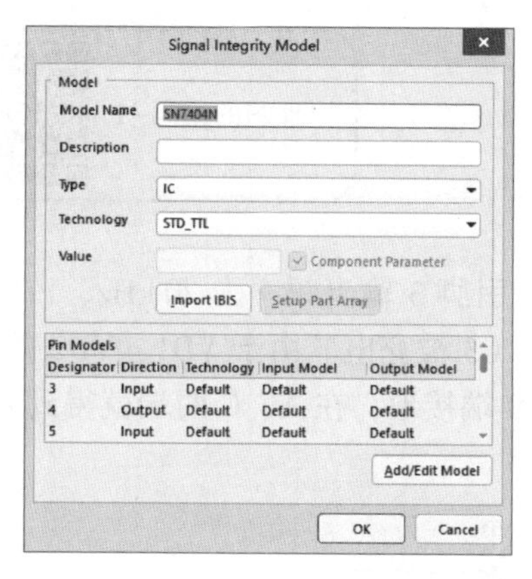

图 2-49 “Signal Integrity Model”对话框

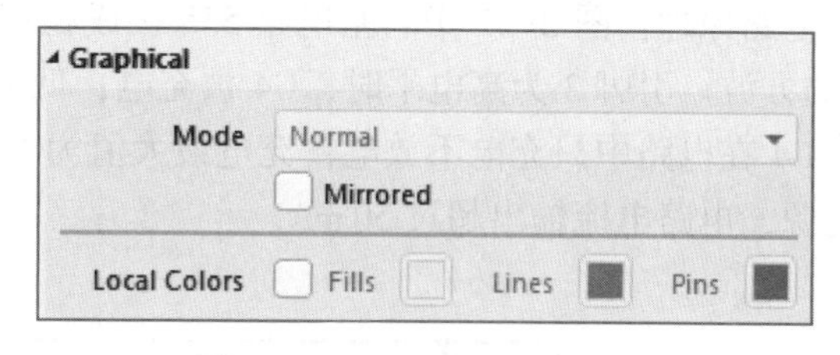

图 2-50 “Graphical”选项组

- 选中“Mirrored”复选框，则将元器件镜像处理。
- 选中“Local Colors”选项，可以显示颜色操作，即进行填充颜色、线条颜色、引脚颜色的设置。

2. 添加封装属性

1）在图 2-46 所示的“Parameters”选项组中，单击“Add”按钮，在下拉列表中选择“Footprint”选项，系统将弹出图 2-51 所示的“PCB Model”对话框，在该对话框中可以设置 PCB 封装的属性。

2）在“Name”文本框中可以输入封装名“dip-8”，在“Description”文本框可以输入封装的描述。

3）单击“Browse”按钮，系统弹出图 2-52 所示的“Browse Libraries”对话框，此时可以选择封装类型，然后单击“OK”按钮即可。

4）如果当前没有装载需要的元器件封装库，还可以单击图 2-52 中的 ··· 按钮装载一个元器件库，或单击“Find”按钮查找要装载的元器件库。

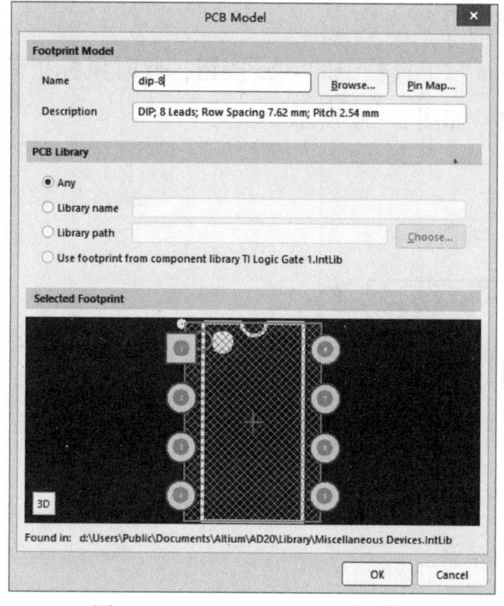

图 2-51 “PCB Model”对话框

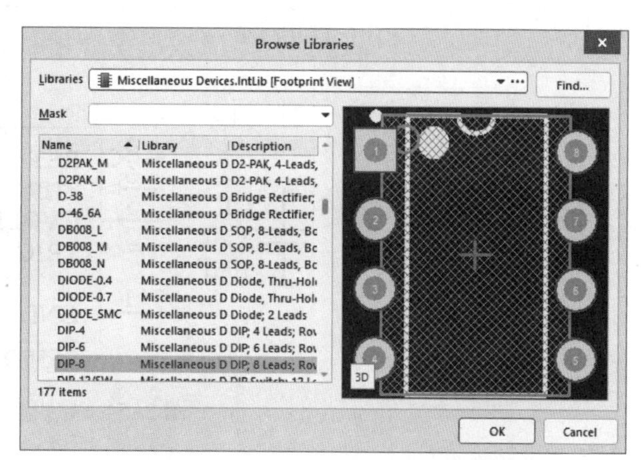

图 2-52 “Browse Libraries”对话框

2.4 原理图的绘制

绘制图 2-53 所示的单电源变双电源电路。

电路原理：图 2-53 中时基电路 555 接成稳态电路，引脚 3 输出频率为 20 kHz、占空比为 1∶1的方波。引脚 3 为高电平时，C4 被充电；低电平时，C3 被充电。由于 VD1、VD2 的存在，C3、C4 在电路中只充电不放电，充电最大值为 EC，将 B 端接地，在 A、C 两端就得到±EC 的双电源，电路电流输出超过 50 mA。

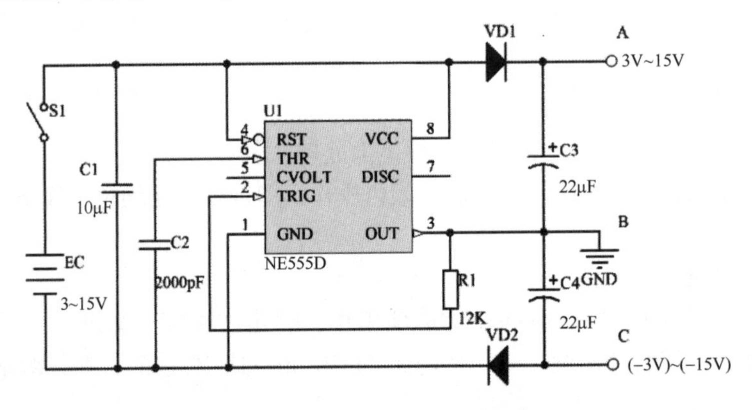

图 2-53　单电源变双电源电路

2.4.1 导线的绘制

导线是电气连接中最基本的组成单位，单张原理图上的任何电气连接都可以通过导线建立，下面通过原理图中两个引脚——NE555D 的引脚 4 与电容 C1 的连接为例，说明导线的绘制步骤。

【例 2-4】 实现图 2-53 所示单电源变双电源电路的导线连接。

1）执行“Place”→“Wire”命令或单击“Wiring”工具栏中的 按钮，此时鼠标指针变成了十字形状，并附加一个叉号显示在工作窗口中，如图 2-54 所示。

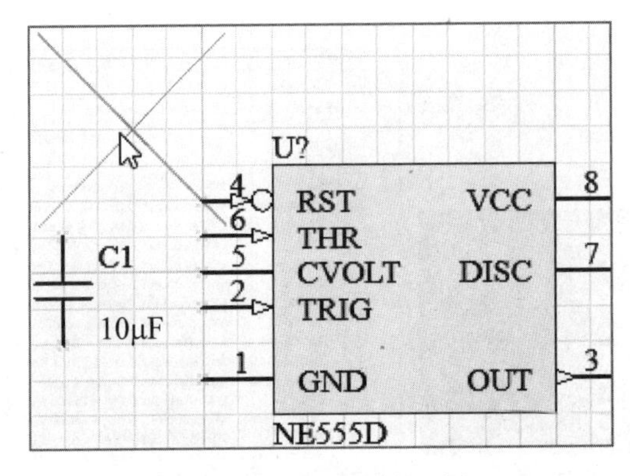

图 2-54　导线连接示例

2）系统进入连线状态，将鼠标指针移到电容C1的第1引脚，会自动出现一个默认蓝色“×”，单击确定导线的起点，如图2-55a所示。然后开始绘制导线。

3）移动鼠标拖动导线线头，在转折点处单击确定，每次转折都需要单击，如图2-55b所示。

4）当到达导线的末端时，再次单击确定导线的终点即完成，如图2-55c所示。当一条导线绘制完成后，整条导线的颜色变为蓝色，如图2-55d所示。

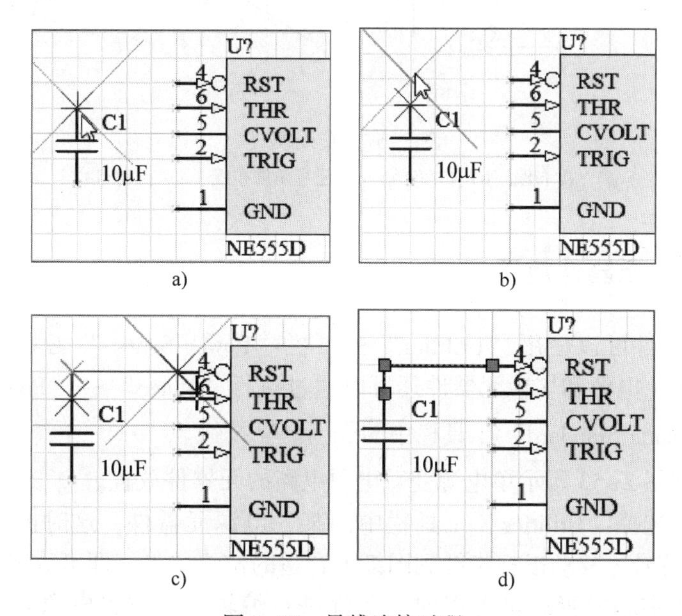

图2-55　导线连接过程
a）确定连线起点　b）确定连线折点　c）确定连线终点　d）连线完毕

5）绘制完一条导线后，系统仍然处于绘制导线命令状态。将鼠标指针移动到新的位置后，重复1）~4）的操作，可以继续绘制其他导线。

6）如果对某条导线的样式不满意，如导线宽度、颜色等，设计者可以双击该条导线，此时将出现“Wire”属性面板，如图2-56所示。可以在此属性面板中重新设置导线的线宽和颜色等。

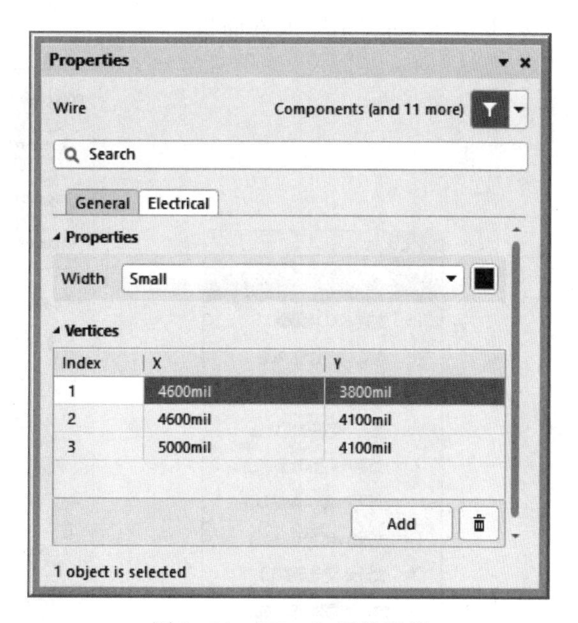

图2-56　“Wire”属性面板

※划重点：导线布线模式切换

Altium Designer 20提供了4种导线模式：90°布线、45°布线、任意角度布线和自动布线，如图2-57所示。在绘制导线过程中，按下〈Shift+Space〉键可以在各种模式间循环切换。当切换到：90°布线模式（或45°布线模式）时，按〈Space〉键可以进一步确定是以 90°（或 45°）线段开始，还是以 90°（或 45°）线段结束。当使用〈Shift+Space〉键切换导线到任意布线模式（或自动布线模式）时，再按〈Space〉键可以在任意布线模式与自动布线模式间切换。

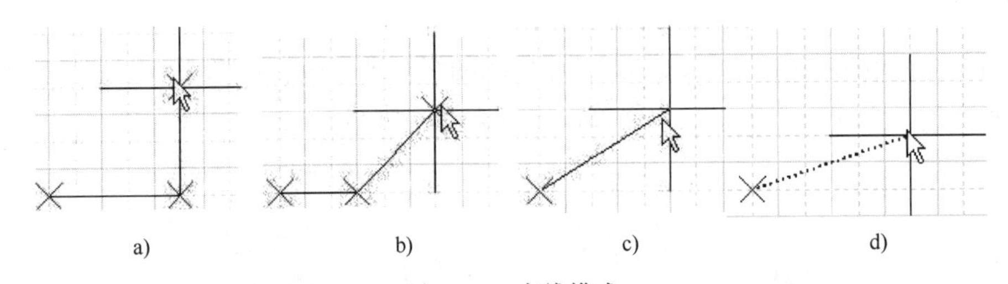

图 2-57　布线模式

a）90°布线　b）45°布线　c）任意角度布线　d）自动布线

2.4.2 电源/接地元器件放置

电源和接地元器件可以使用“Utilities”工具栏“Power Sourse”工具上对应的命令来选取，如图 2-58 所示。电源和接地元器件还可以通过执行“Place”→“Power Port”命令来调用，或单击“Schematic Standard”工具栏中的 VCC 和 接地 按钮。

【例 2-5】实现图 2-53 所示单电源变双电源电路的元器件放置。

1）根据需要可选择“Utilities”工具栏中的某一电源元器件，这时鼠标指针变为十字形状，并拖动该图形符号，移动鼠标指针到图纸上合适的位置单击，即可放置该元器件。

2）在放置过程中和放置后都可以对其属性进行编辑。在放置电源元器件的过程中，按〈Tab〉键，将会出现图 2-59 所示的“Power Port”属性面板。对于已放置了的电源元器件，在该元器件上双击，或在该元器件上右击，在弹出的快捷菜单中选择“Properties”命令，也可以打开“Power Port”属性面板。

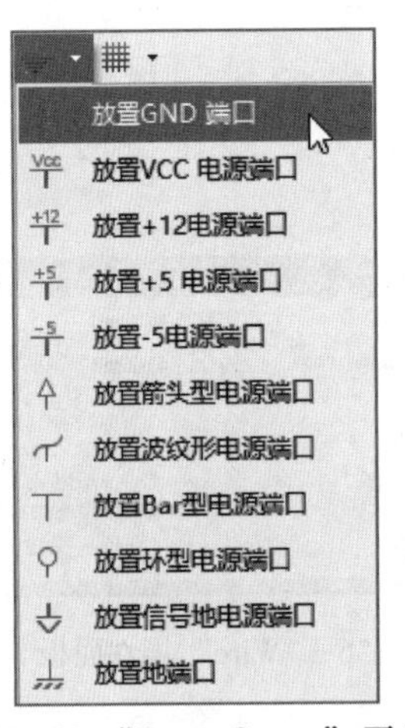

图 2-58　“Power Sourse”工具

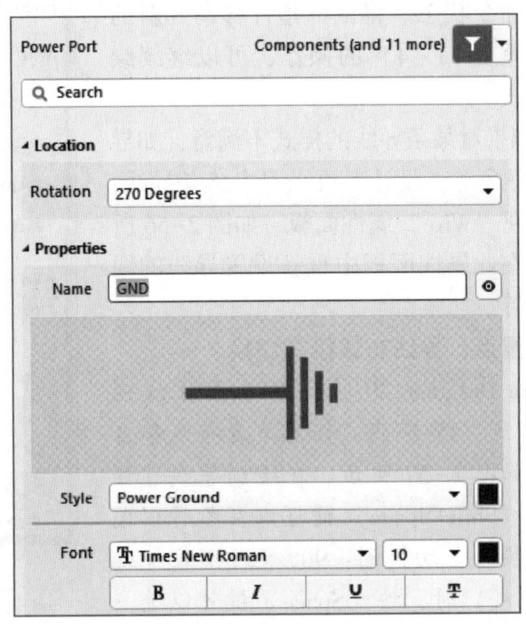

图 2-59　“Power Port”属性面板

3）在“Power Port”属性面板中可以编辑电源元器件属性，在“Name”文本框可修改电源元器件的网络名称；在“Rotation”下拉列表框中选择旋转角度，如图2-60所示；在“Style”下拉列表框中选择符号样式，如图2-61所示。

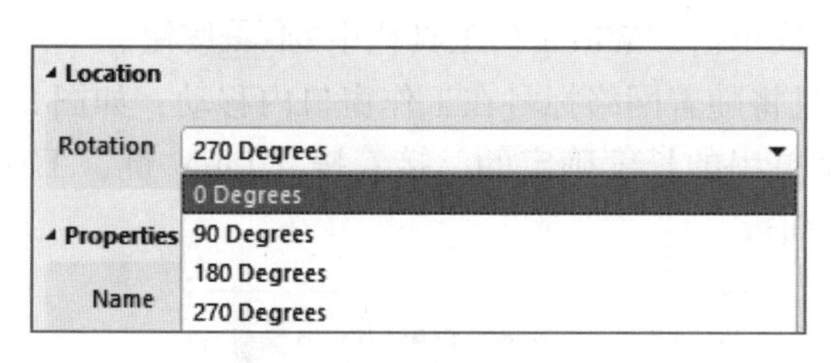

图2-60　选择旋转角度

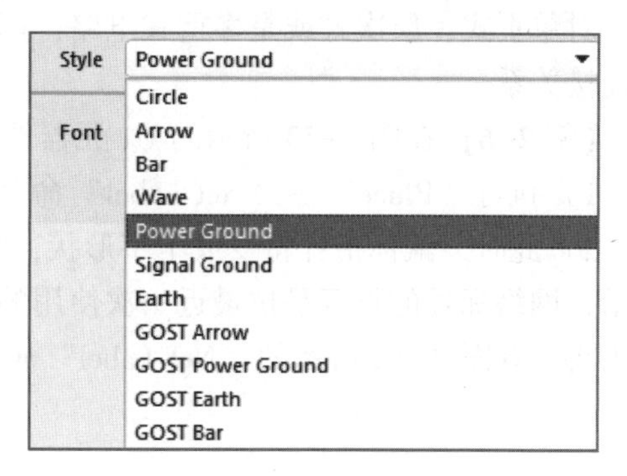

图2-61　选择符号样式

4）分别放置3个电源元器件，第1个“Name”设置为“GND”，“Style”设置为“Power Ground”；第2个“Name”设置为“3 V～15 V”，“Style”设置为“Circle”；第3个“Name”设置为“(-3 V)～(-15 V)”，“Style”设置为“Circle”；放置电源符号并进行连线，如图2-62所示。

※划重点：电源元器件连接关系的确定。

在工程应用中，电源和接地都有特定的符号形式，要按照通用的符号形式选择电源和接地符号的“Style”。而在原理图中是根据网络名称确定连接，图2-63所示的3个电源符号，若在同一个原理图中出现就被认为是连接在一起的。

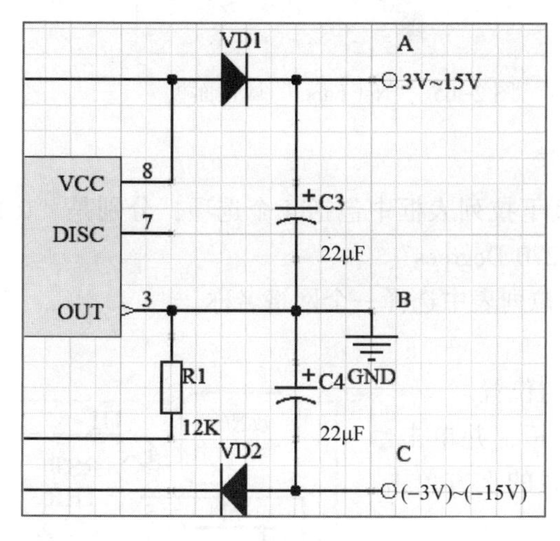

图2-62　放置电源符号

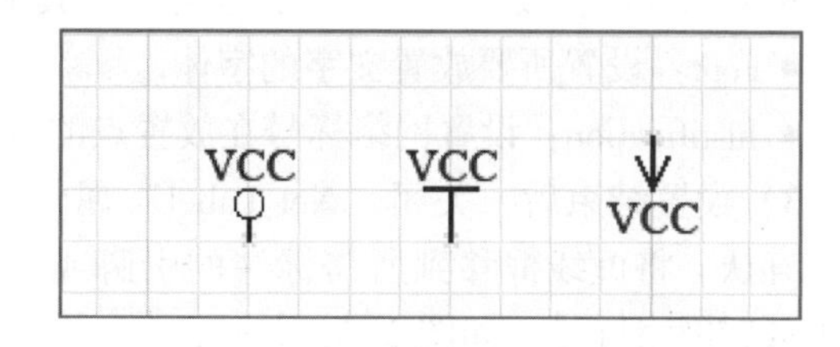

图2-63　相同连接的电源元器件

2.4.3 网络标号的放置

在原理图上，网络标号将被应用在元器件引脚、导线、电源/接地符号等具有电气特性的对象上，用于描述被应用对象所在的网络。

网络标号是实际电气连接导线的序号，它可代替有形导线，可使原理图变得整洁美观。具有相同网络标号的导线，不管在原理图上是否通过导线连接在一起，都被看作同一个连接。因此它多用于层次式电路或多重式电路的各个模块电路之间的连接，这个功能在印制电路板布线时十分重要。

对单页式、层次式或是多重式电路，都可以使用网络标号来定义某些网络，使它们具有电气连接关系。

【例 2-6】 在图 2-53 所示的 U1 元器件引脚 5 设置网络标号。

1）执行“Place”→“Net Label”命令，或单击“Wiring”工具栏中的Net按钮。

2）此时，鼠标指针将变成十字形状，并且将随着网络标号在工作窗口内移动，如图 2-64 所示，网络标号的长度是按最近一次使用的字符串的长度确定的。接着按〈Tab〉键，工作窗口内将出现图 2-65 所示的“Net Label”属性面板。

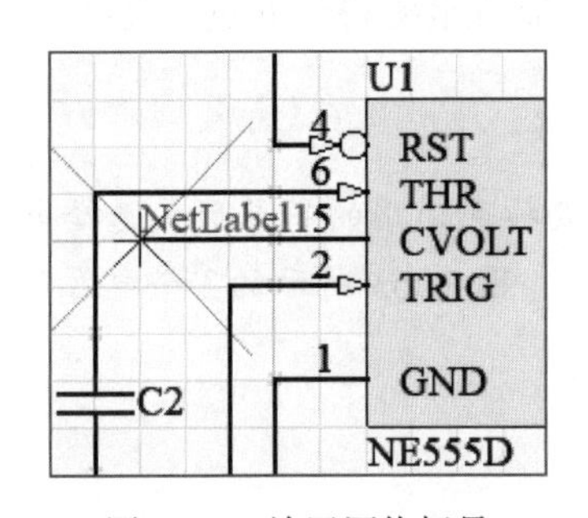

图 2-64 放置网络标号

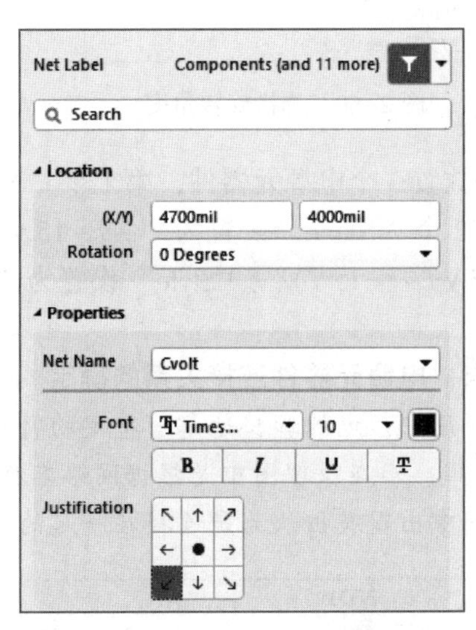

图 2-65 “Net Label”属性面板

“Net Label”属性面板中主要选项的功能如下。

- Rotation：设置网络名称放置的方向，在其下拉列表框中包括 4 个选项，分别是“0 Degrees”“90 Degrees”“180 Degrees”和“270 Degrees”。
- Net Name：设置网络名称，也可以在其下拉列表中选择一个网络名称。
- Font：设置所要放置文字的字体。
- Justification：设置网络标号在放置点的方向位置。

3）设置结束后，关闭“Net Label”属性面板，并单击按钮确认。将虚线框移到所需标注的引脚或连线的上方单击，即可放置网络标号，如图 2-66 所示。

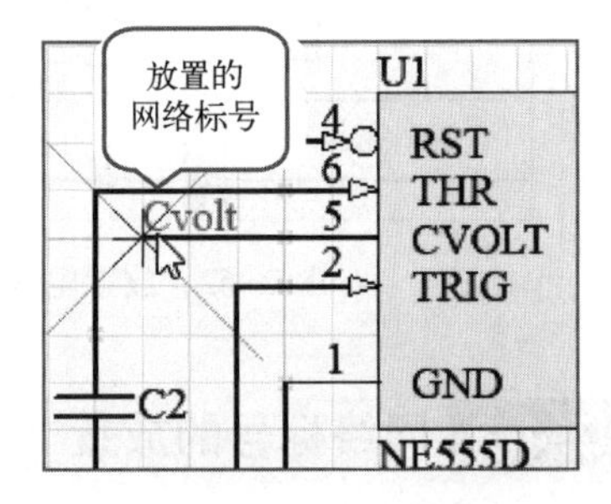

图 2-66 网络标号示例

4）右击或按〈Esc〉键，即可退出放置网络标号状态。

※划重点：网络标号放置的位置

1）网络标号要放置在元器件引脚引出导线上，不要直接放置在元器件引脚上。

2）网络标号名称采用英文输入法。

2.4.4 总线与总线分支的绘制

在绘制电路原理图的过程中，为提高原理图的可读性，此时可采用总线连接，这样可以减少连接导线的工作量，同时也可使原理图更加美观。

所谓总线就是用一条线来代表数条并行的导线。设计电路原理图的过程中，合理地设置总线可以缩短原理图的绘制过程，使原理图图样简洁明了。图 2-67 显示了导线连接与总线连接的对比，在第 1 处采用导线直接连接，而在第 2 处采用总线连接，两种电气连接方式各有优点，设计者应根据原理图的布局、直观展示，以及绘制图形的需要等多方面考虑选择使用哪种连接方式。

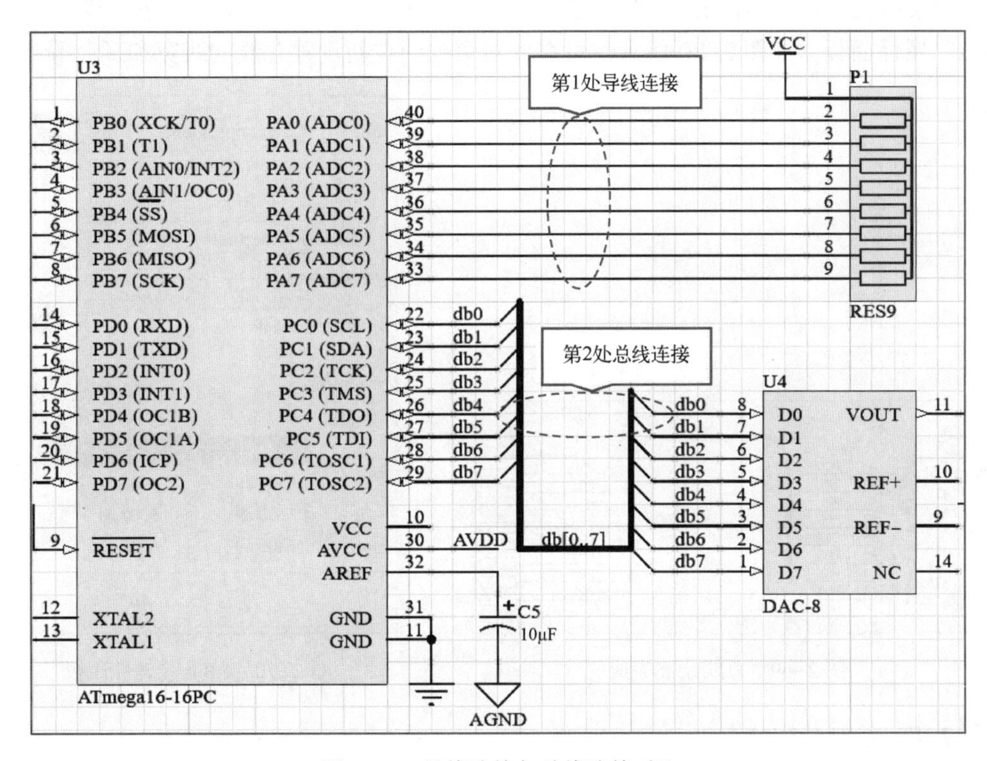

图 2-67　导线连接与总线连接对比

【例 2-7】绘制总线。

绘制总线之前需要对元器件引脚进行网络标号标注，标明电气连接，如图 2-68 所示。下面介绍绘制总线的步骤。

1）执行绘制总线的菜单命令“Place”→“Bus”，或单击“Wiring”工具栏中的按钮。

2）此时，鼠标指针将变成十字形状，系统进入绘制总线命令状态。与绘制导线的方法类似，将鼠标指针移到合适位置单击，确定总线的起点，然后开始绘制总线。

3）移动鼠标指针拖动总线线头，在转折位置单击以确定总线转折点的位置，每转折一次都需要单击一次。当导线的末端到达目标点，再次单击确定导线的终点。

4）右击或按〈Esc〉键，结束这条总线的绘制过程，如图 2-69 所示。

5）绘制完一条总线后，系统仍然处于绘制总线命令状态。此时右击或按〈Esc〉键，即

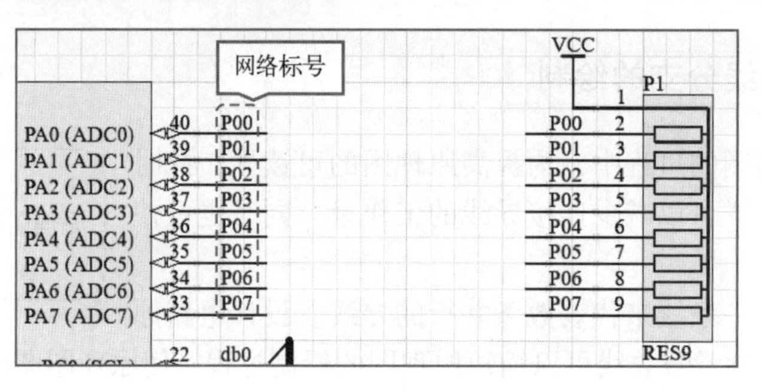

图 2-68　绘制总线前的网络标号

可退出绘制总线命令状态。

6）如果对某条总线的样式不满意，如总线宽度、颜色等，可以双击该条总线，此时将出现“Bus”属性面板，如图 2-70 所示。可在此对话框中重新设置总线的线宽和颜色等。

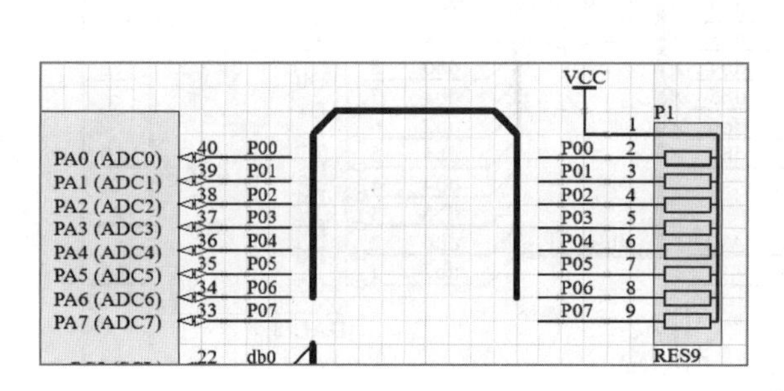

图 2-69　总线绘制完成

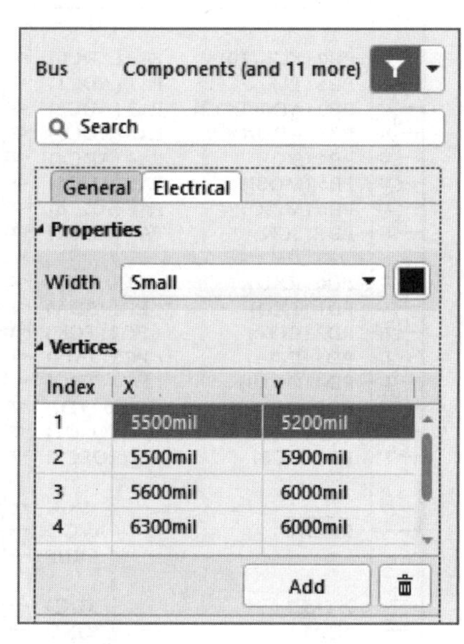

图 2-70　“Bus”属性面板

【例 2-8】绘制总线分支。

总线分支是单一导线进出总线的端点。导线与总线连接时必须使用总线分支，总线和总线分支没有任何的电气连接意义，只是让电路图看上去更有专业水平，因此电气连接功能要由网络标号来完成。绘制总线分支的步骤如下。

1）执行“Place”→“Bus Entry”命令，或单击“Wiring”工具栏中的“总线分支”按钮。

2）执行绘制总线分支命令后，鼠标指针变成十字形状，并有分支线悬浮在鼠标指针上。如果需要改变分支线的方向，仅需要按〈Space〉键即可。

3）移动鼠标指针到所要放置总线分支的位置，鼠标指针上出现两个十字叉，单击即可完成第一个总线分支的放置。依次可以放置所有的总线分支。

4）绘制完所有的总线分支后，右击或按〈Esc〉键退出绘制总线分支状态，鼠标指针由十字形状变成箭头。

在绘制总线分支状态下，按〈Tab〉键，将弹出“Bus Entry”属性面板，或者在退出绘制总线分支状态后，双击总线分支同样弹出“Bus Entry”属性面板，如图2-71所示。在“Bus Entry”属性面板中，可以设置颜色和线宽，“Start（X/Y）”“End（X/Y）”和“Size（X/Y）”3个选项一般不需要设置，采用默认设置即可。总线分支放置后，即可完成总线的绘制，放置好分支的总线如图2-72所示。

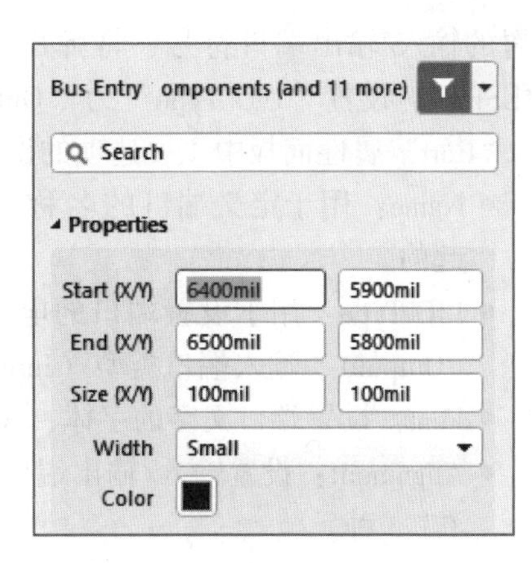

图2-71 “Bus Entry”属性面板

※划重点：总线分支不能用导线代替

1）总线分支不能用导线代替，图2-73中圈1中为导线绘制，圈2中为总线分支绘制，在图中总线分支绘制的有白点标记。

2）在总线分支和元器件引脚之间必须有一段导线连接。

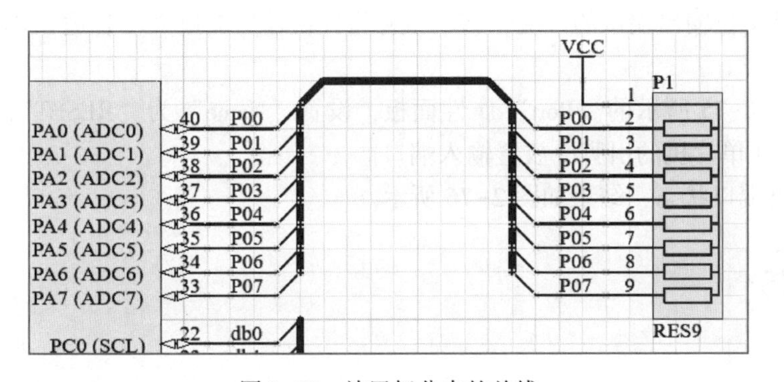

图2-72 放置好分支的总线

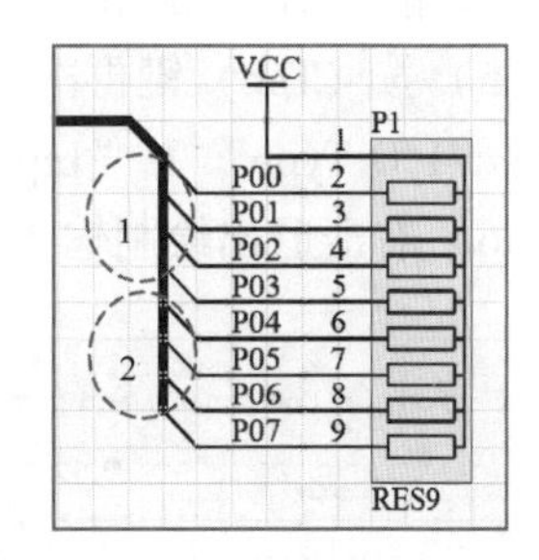

图2-73 导线与总线分支区别

2.4.5 输入/输出端口绘制

在设计电路原理图时，一个网络与另一个网络的电气连接有3种形式：通过实际导线连接；通过相同的网络名称实现两个网络之间的电气连接；相同网络名称的输入/输出端口（I/O端口），在电气意义上是连接的，输入/输出端口是层次原理图设计中不可缺少的组件。

【例2-9】图2-74中全选导线改用输入/输出端口实现连接。

绘制输入/输出端口的步骤如下。

1）执行“Place”→“Port”命令或单击“Wiring”工具栏中的 D1 按钮。

2）启动绘制输入/输出端口命令后，鼠标指针变成十字形状，同时一个输入/输出端口图标悬浮在鼠标指针上。

3）在放置输入/输出端口状态下，按〈Tab〉键，或者在退出放置输入/输出端口状态后，双击

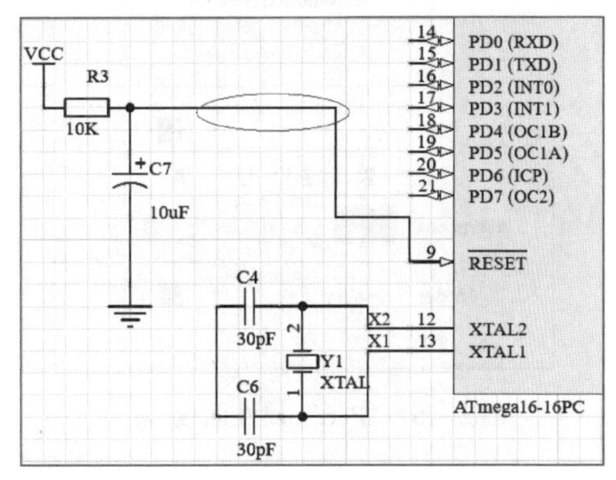

图2-74 单片机复位电路

放置的输入/输出端口符号，将弹出“Port”属性面板，如图 2-75 所示。设置“Name”为“RESET”，设置“I/O Type”为“Output”。

“Port”属性面板中主要选项的说明如下。

- Name：用于定义端口的名称，具有相同名称的 I/O 端口在电气意义上是连接在一起的。
- I/O Type：用于设置端口的电气特性，包括未确定类型（Unspecified）、输出端口类型（Output）、输入端口类型（Input）、双向端口类型（Bidirectional）4 种。
- Font：设置端口文字的字体、大小和颜色等。
- Alignment：设置输入/输出端口名称在端口符号中的位置，包括“居左”“居中”和“居右”3 种。
- Border：用于设置端口边框的类型和颜色。
- Fill：用于设置端口内的填充色。

4）移动鼠标指针到原理图复位电路的合适位置，在鼠标指针与导线相交处会出现“×”，表明实现了电气连接。单击即可定位输出端口的一端，移动鼠标指针使输出端口大小合适，单击完成输出端口的放置。

5）按〈Tab〉键再次进入图 2-75 所示的“Port”属性面板，设置“Name”为“RESET”，设置“I/O Type”为“Input”，在单片机的引脚 9 放置输入端口。

6）右击退出绘制输入/输出端口状态，结果如图 2-76 所示。

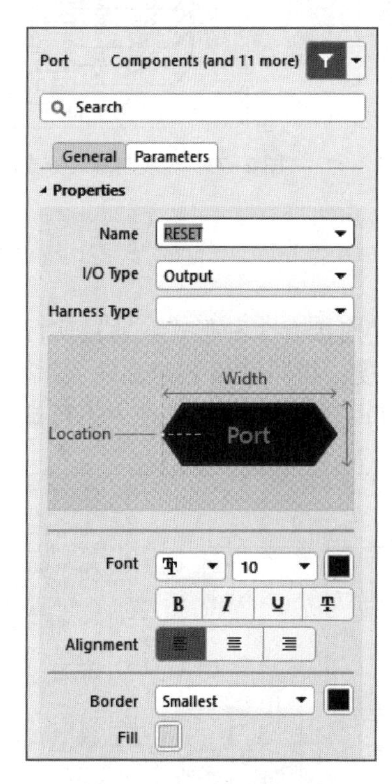

图 2-75 “Port”属性面板

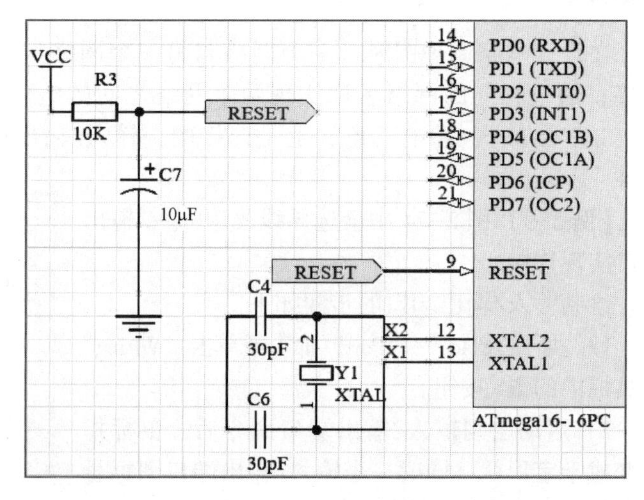

图 2-76 输入/输出端口实现的电气连接

2.4.6 放置信号线束

Altium Designer 20 可采用信号线束对导线和总线的连接进行扩展。可以将单条布线和总线汇集在一起进行连接，大大简化了原理图整体电气配线路径和设计的复杂性，使原理图可读性增强。信号线束的使用可配合输入/输出端口，在多个原理图之间建立连接。利用线束连接器将单条导线或总线配置到线束入口，线束通过线束入口的名称识别每一条导线或总线，从而建立起电气连接。

【例 2-10】 在单片机端口放置信号线束。

（1）放置线束连接器（Harness Connector）

1）执行“Place”→“Harness”→“Harness Connector”命令，或者单击“Wiring”工具栏中的按钮。鼠标指针变为十字形状，带有一个线束连接器符号，如图 2-77 所示。

2）移动鼠标指针到适当位置，单击确定连接器的初始位置。然后拖动鼠标使连接器的大小合适，再次单击既完成了线束连接器的放置。

3）双击放置的线束连接器或在放置状态下按〈Tab〉键，打开“Harness Connector”属性面板，如图 2-78 所示。在该属性面板中可设置线束连接器的相关属性，如初始位置、方向、边界颜色、填充颜色等。其中“Harness Type”文本框可设置线束连接器名称，如“port1”。

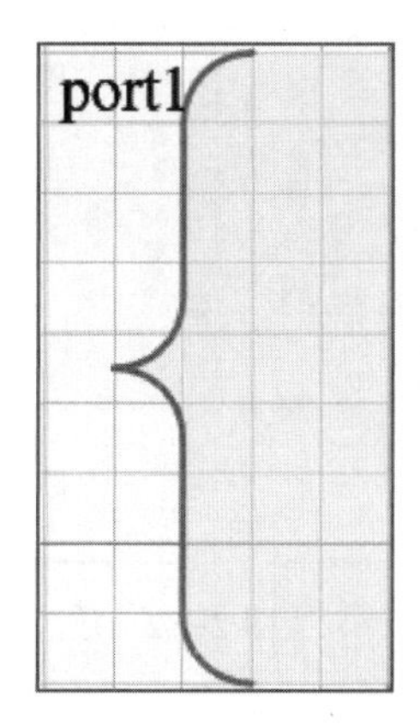

图 2-77　开始放置线束连接器

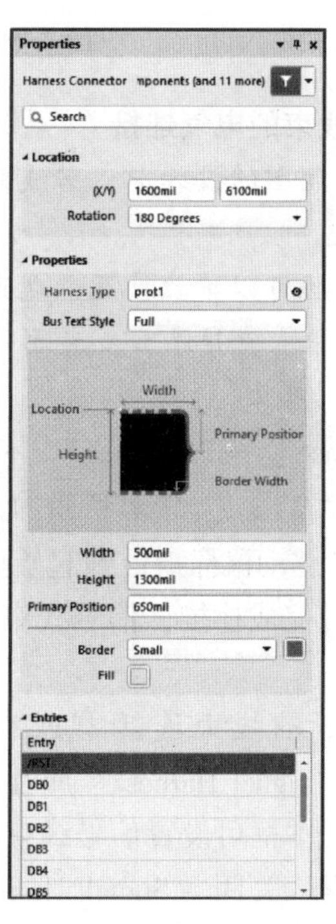

图 2-78　“Harness Connector”属性面板

4）设置完毕，关闭“Harness Connector”属性面板。

（2）放置线束入口

1）执行“Place”→“Harness”→“Harness Entry”命令，或者单击“Wiring”工具栏中的按钮。鼠标指针变为十字形状，带有一个线束入口符号，并附有初始顺序名。

2）移动鼠标指针到线束连接器，自动捕捉到电气连接，此时单击即可完成放置，根据需要可连续放置线束入口，如图 2-79 所示。该线束连接器将两条总线信号汇集在了一起，右击退出放置状态。

3）双击放置的线束连接器或在放置状态下按〈Tab〉键。打开“Harness Entry”属性面板，如图 2-80 所示。在“Harness Name”文本框输入线束入口名称，如“DB0”。也可以根据需要设置字体、字体大小和颜色等。

4）定义线束入口连接，对应单片机的端口，每个连接对应一个网络名称，如图 2-81 所示。设置完毕，关闭“Harness Entry”属性面板。

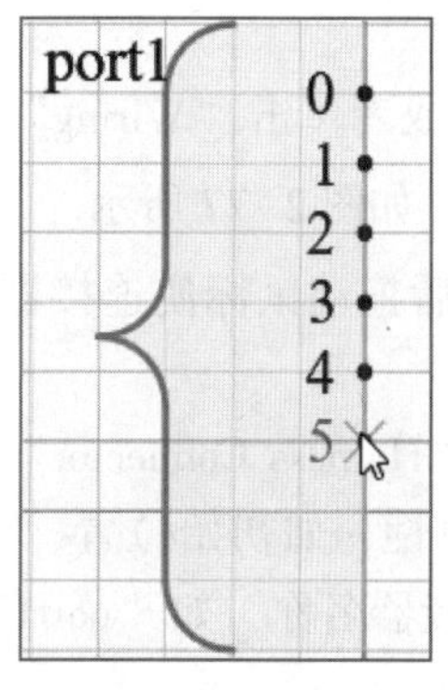

图 2-79　放置线束入口

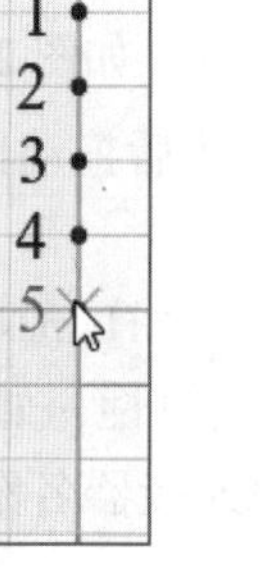

图 2-80　线束入口属性设置完成

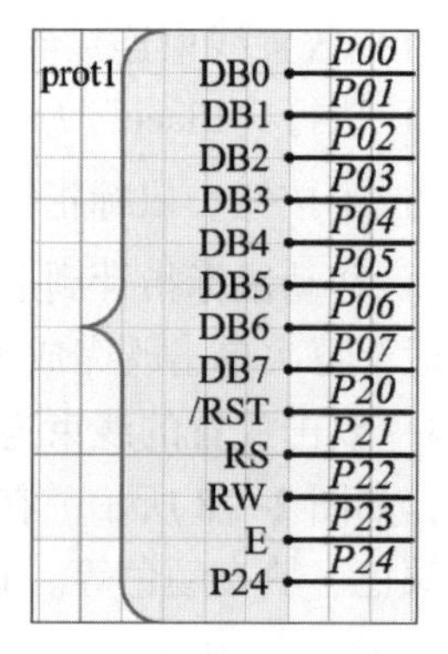

图 2-81　完成信号线束绘制

※划重点：线束的电气连接

1）在层次原理图的设计中，若线束连接器放置在不同的子原理图，则彼此之间的连通性通过线束类型实现。

2）线束入口既可以单独放置，也可以在图 2-78 所示的“Harness Connector”属性面板的“Entries”选项组中，直接添加或者删除线束入口。

（3）放置信号线束

1）执行“Place”→“Harness”→“Signal Harness”命令，或者单击“Wiring”工具栏中的按钮。鼠标指针变为十字形状，移动鼠标指针到起始点，如图 2-82 所示，移动鼠标指针完成连接，信号线束的绘制与导线的绘制一致。

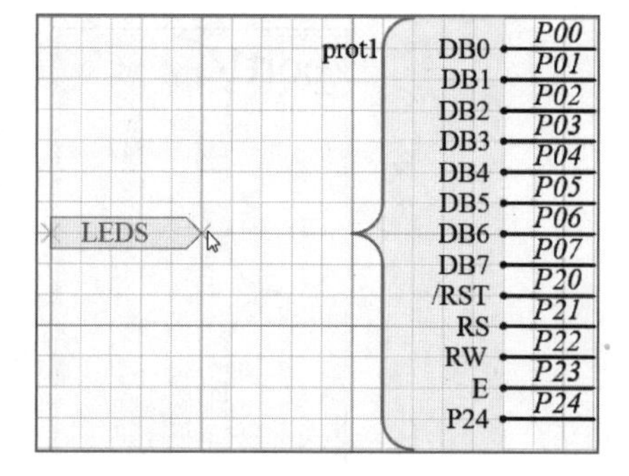

图 2-82　放置信号线束

2）双击放置的线束连接器或在放置状态下按〈Tab〉键，打开“Signal Harness”属性面板，如图 2-83 所示。“Width”文本框可设置信号线束宽度类型。

3）设置完毕，关闭“Signal Harness”属性面板。此时，信号线束如图 2-84 所示。

（4）放置预定义的线束连接器

1）执行“Place”→“Harness”→“Predefined Harness Connector”命令，打开“Place Predefined Harness Connector”对话框。在“Harness connectors”列表框中列出了当前工程中所有可用线束连接器，如图 2-85 所示。

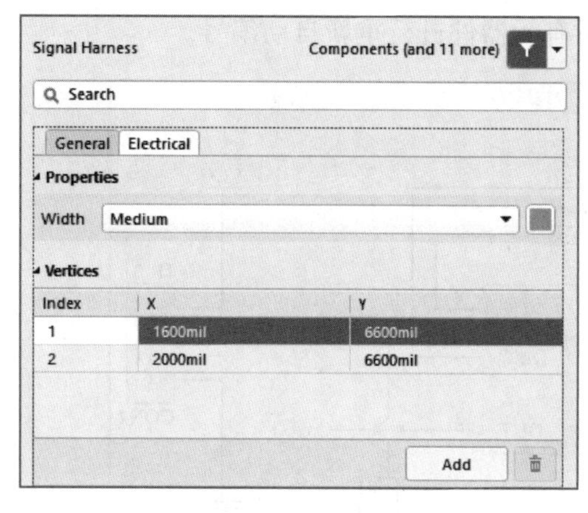

图 2-83 “Signal Harness” 属性面板

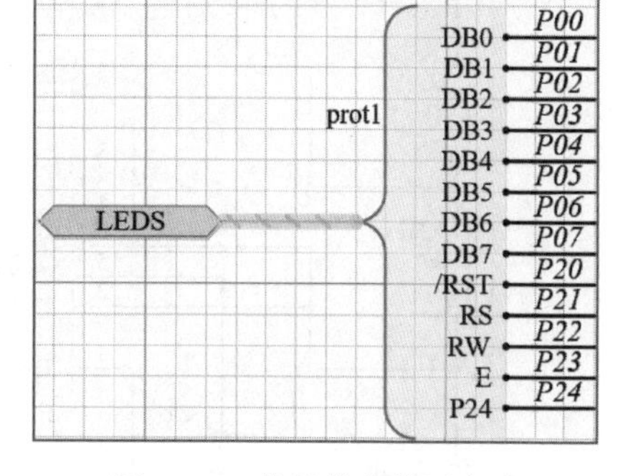

图 2-84 信号线束放置完成

2）选中其中一个线束连接器，在对话框的右侧可设置是否添加端口，是否添加信号线束以及是否分类线束入口等。

3）设置完毕，单击“OK”按钮关闭对话框。鼠标指针变为十字形状，带有一个定义好的线束连接器和端口，且线束入口分类显示如图 2-86 所示。

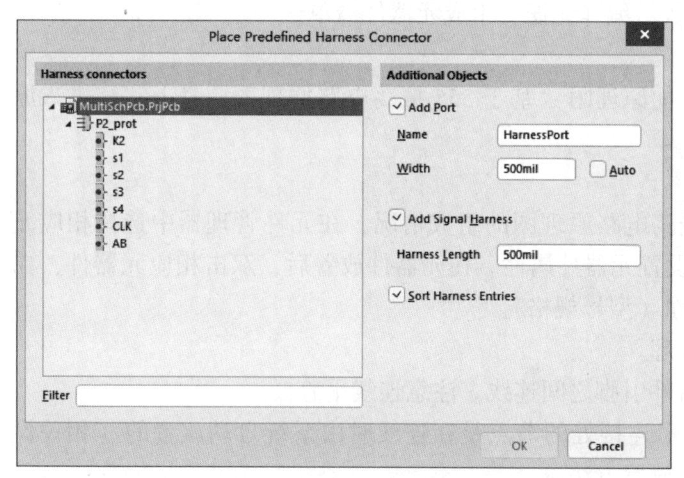

图 2-85 “Place Predefined Harness Connector” 对话框

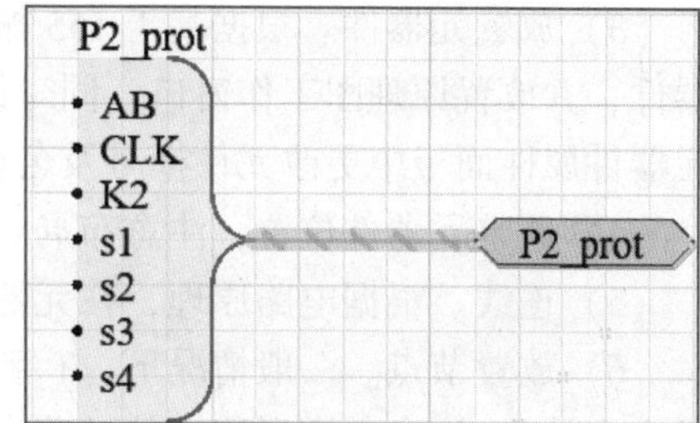

图 2-86 预定义的线束连接器

※划重点：预定义的线束连接器编辑

按〈Space〉键可调整放置方向，按〈X〉键可左右镜像翻转，按〈Y〉键可调整线束入口的显示顺序。

2.5 实例：绘制基于 555 的振荡电路原理图

1. 实例要求

1）新建原理图文件。放置集成库中的基本元器件，如电容、电阻、二极管等，并对所放置的元器件进行移动排列、自动标识等编辑操作。

2）绘制图 2-87 所示的电路原理图，对所有元器件进行重新自动编号。

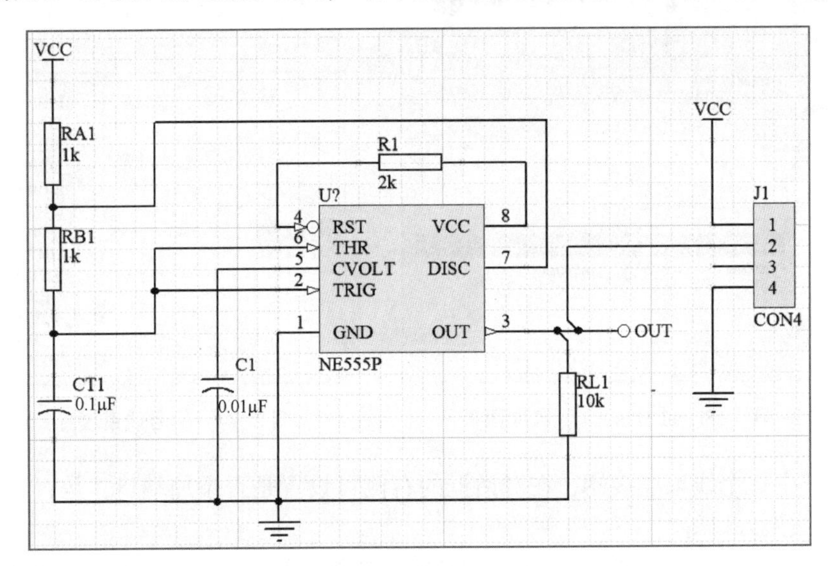

图 2-87　555 振荡电路原理图

3）按图 2-87 所示设置元器件参数，编译无误，生成元器件清单。

2. 实例操作步骤

1）启动软件，新建工程文件，添加原理图“基于 555 振荡电路原理图 . schdoc”，进入原理图编辑界面。

2）设置图纸，将图号设置为 A4。

3）放置元器件。根据基于 555 振荡电路原理图的组成情况，在元件管理器中选择相应元器件，并放置原理图工作窗口，同时设置元器件属性。在元器件放置后，双击相应元器件，在元器件属性面板中更改元件标号及名称（型号规格）。

4）调整元器件位置，注意布局合理。

5）连线。根据电路原理，在元器件引脚之间连线。注意连线平直。

6）放置节点。一般情况下，T 字形连接处的节点是在连线时由系统自动放置的（相关设置应有效）。注意十字形连接处的节点放置方法。

7）放置输入/输出点、电源、地，均使用“Power Objects”工具菜单即可画出。

8）电路的修饰及整理。在电路绘制基本完成以后，还需进行相关整理，使其更加规范整洁。

9）保存文件。

2.6　习题

1. 简答题

1）简述 Altium Designer 20 原理图编辑环境的主要组成。

2）简述原理图的设计步骤。

3）元器件查找过程中需要注意哪些问题？

4）原理图有几种电气连接方式？

5）原理图电气检测及编译的作用。

2. 选择题

1）在 Altium Designer 中设计新建电路的第一步是（　　）。

A. 放置电源符号　　B. 建立工程　　C. 放置元件　　D. 连接线路

2）电子设计自动化软件的英文缩写为（　　）。

A. CAE　　B. EDA　　C. CAD　　D. CAM

3）在 Altium Designer 中，电路原理图的扩展名为（　　）。

A. PrjPcb　　B. SchDoc　　C. PCBLib　　D. PCBDoc

4）在原理图工作窗口，若要放大显示比例，应（　　）。

A. 按〈Ctrl〉键后，再将鼠标往后移动

B. 按〈Page Down〉键

C. 执行“View”→“Zoom In”命令

D. 按住鼠标中间滚轮后，再将鼠标往前移动

5）元件放置时可以对元件的属性进行编辑，此时用到的快捷键是（　　）。

A. Tab　　B. Shift　　C. Ctrl　　D. Space

6）在“Projects”面板中，文件名后方出现“ * ”代表什么意思？（　　）

A. 没有任何意义　　B. 文件修改已经保存

C. 文件修改尚未保存　　D. 已执行 ECO 检查

7）在绘制电路原理图时，编辑元器件属性中，（　　）为元件序号。

A. LibRef　　B. Comment　　C. Footprint　　D. Designator

8）在原理图设计中，如果想移动元器件，并让连接该元器件的连线一起移动，可以在按（　　）键的同时，用鼠标拖动该元件。

A. Alt　　B. Tab　　C. Ctrl　　D. Shift

9）在绘制电路原理图时，编辑电路对象的属性中，（　　）不是地线的符号。

A. Power Ground　　B. EARTH

C. Bar　　D. Signal Ground

10）绘制原理图时，使用 Line 线与 Wire 线的区别是（　　）。

A. Line 线具有电气特性，Wire 线不具有电气特性

B. Line 线不具有电气特性，Wire 线具有电气特性

C. Line 线与 Wire 线皆具有电气特性

D. 以上都不是

第 3 章　绘制原理图元器件

原理图元器件是组成原理图必不可少的部分，Altium Designer 20 提供了丰富的原理图元器件库，这些元器件库中存放的元器件可以满足一般原理图设计的要求。但是，随着电子技术的发展，新元器件的不断出现，在实际项目中，仍有部分元器件在库中没有收录或库中的元器件与实际元器件存在一定的差异。这时，就要根据实际元器件的电气特性和外形去创建需要的原理图元器件。

3.1　原理图元器件库

原理图元器件库

原理图元器件库是指元器件的电气性能图形符号，没有外形要求。本节主要了解元器件库编辑器环境及工具的使用，以及原理图库文件的创建和编辑。元器件的原理图符号本身并没有任何实际上的意义，只是一种代表了引脚电气分布关系的符号。因此，同一个元件的原理图符号可以具有多种形式，只要保证其所包含的引脚信息正确即可。但是，为了便于交流和统一管理，用户在设计原理图符号时，也应该尽量符合标准的要求，以便与系统库文件中所提供的库元件原理图符号做到形式与结构上的统一。

3.1.1 元器件库编辑器的启动

启动元器件编辑器的步骤如下。

1）执行“File”→“New”→“Project”→“PCB Project”命令，创建一个 PCB 项目文档，命名为 Mylib. PrjPcb。

2）执行“File”→“New”→“Library”→“Schematic Library”命令，创建一个原理图元器件库文档，另存为“Myuse. SchLib”，进入原理图元器件库编辑器工作界面，如图 3-1 所示。

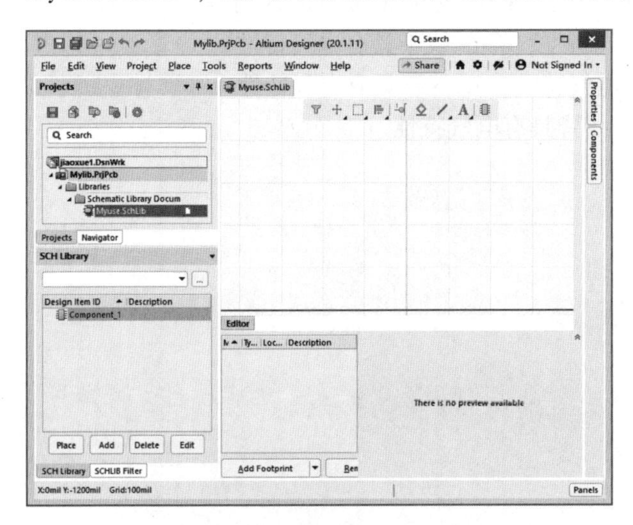

图 3-1　原理图元器件库编辑器工作界面

3.1.2 元器件库编辑管理器

单击“SCH Library”选项卡，就可以看到元器件库编辑管理器，如图3-2所示。

“SCH Library”面板的第一行为空白文本框，用于筛选元器件。当在该文本框输入元器件名的开头字符时，在元器件列表中将会显示以这些字符开头的元器件，如图3-2中的“NE”。

元器件列表主要是查找、选择及选用元器件。当打开一个元器件库时，元器件列表就会列出本元器件库内所有元器件的名称。要选用元器件，将鼠标指针移动到该元器件名称上，然后单击“Place”按钮即可；或者直接双击某个元器件名称，也可以取出该元器件。

1. 按钮功能

- Place：将所选元器件放置到原理图中。单击该按钮后，系统自动切换到原理图设计界面，同时原理图元器件库编辑器退到后台运行。
- Add：将指定的元器件名称添加到该元器件库中，单击该按钮后，弹出图3-3所示的“New Component”对话框。输入指定的元器件名称，单击“OK”按钮即可将指定的元器件添加到元器件库。

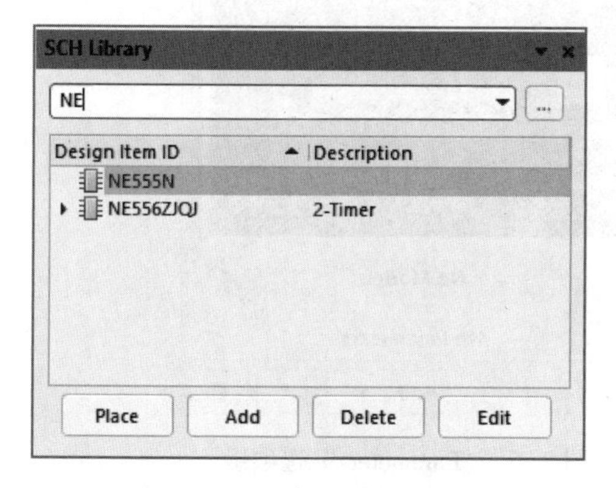

图3-2 元器件库编辑管理器

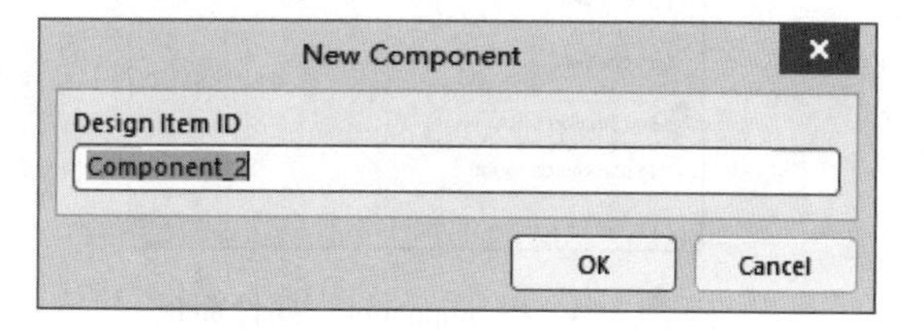

图3-3 “New Component”对话框

- Delete：用于删除选定的元器件。
- Edit：单击该按钮后系统将打开“Component”属性面板，如图3-4所示，此时可以设置元器件的相关属性。

2. 元器件属性设置

“Component”属性面板有5个选项组，分别是General、Location、Parameters、Graphical和Part Choices。

1）General：主要用来设置元器件编号（Designator）和元器件名称（Comment）。

2）Location：用于设置元器件的定位和方向。

3）Parameters：用于选择元器件的封装（Footprints）、模型（Models）和参数（Parameters）列表等，在2.3.3节中已经介绍，不再赘述。单击相应“Add”按钮，可添加元器件封装或者元器件模型（Models），如图3-5所示。

4）Graphical：用于设置元器件镜像模式和元器件对象颜色。

5）Part Choices：用于设置元器件供应商链接。

※划重点：

编译过程出现的所添加的Footprints或Models必须在Project libraries或Installed libraries中

包含，例如，R-8_L 包含在库 D:\Program Files (x86)\ Altium\ Alitum Designer 20\ Library\Analog Devices\AD Amplifier Buffer. IntLib 中。

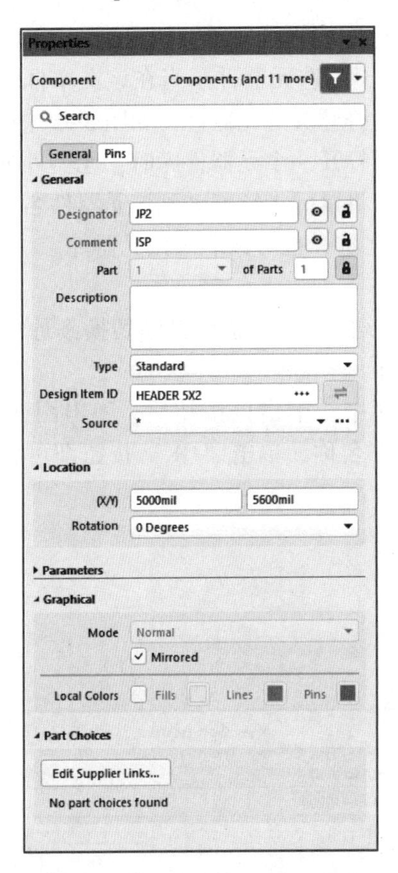

图 3-4 “Component”属性面板

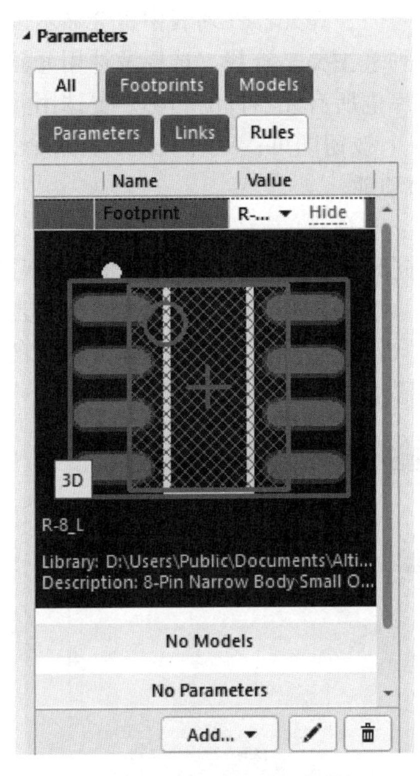

图 3-5 “Parameters”选项组

3.1.3 元器件库编辑器工具

1. 绘图工具

执行“View”→“Toolbars”→“Utilities”命令，显示“Utilities”工具栏，单击“Utilities”工具栏中的按钮，弹出图 3-6 所示的绘图工具栏，其中各按钮的功能见表 3-1。绘图工具栏中的命令也可以从“Place”菜单中直接选取。

表 3-1 绘图工具功能

按 钮	功 能	按 钮	功 能
	(Line) 绘制直线		(Bezier) 绘制曲线
	(Elliptical Arc) 绘制椭圆弧		(Polygon) 绘制多边形
	(Text) 放置文字		(Hyperlink) 放置超链接
	(Text Frame) 放置文本框		(Component) 创建元器件
	(Part) 创建元器件的一个部分		(Rectangle) 绘制实心矩形
	(Round Rectangle) 绘制圆角矩形		(Ellipse) 绘制椭圆
	(Graphic) 放置图片		(Pin) 放置引脚

2. "IEEE" 工具栏

单击"Utilities"工具栏中的 按钮，得到图3-7所示的"IEEE"工具栏。"IEEE"工具栏中的命令也对应"Place"菜单中"IEEE Symbols"子菜单上的各命令，如图3-8所示，因此也可以从"Place"→"IEEE Symbols"下拉菜单中直接选取命令。

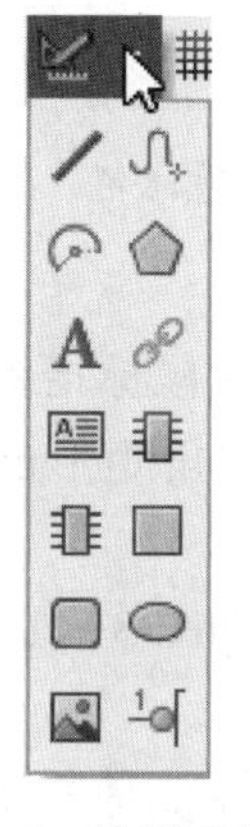

图3-6 绘图工具栏

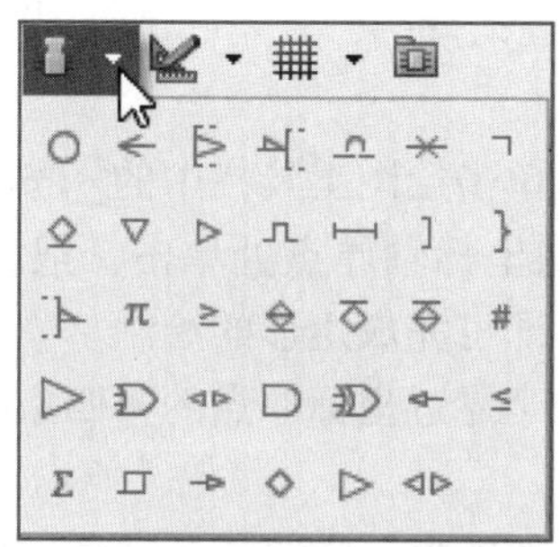

图3-7 "IEEE"工具栏

图3-8 "IEEE Symbols"菜单命令

3.2 创建简单元器件

创建简单元器件-1

在实际应用中，若要用到的元器件在自带的元器件库中找不到，这就需要自己绘制新元器件。

3.2.1 新建元器件符号

设计者可在一个已打开的库中执行"Tools"→"New Component"命令新建一个元器件。由于新建的库文件中通常已包含一个空的元器件图纸，因此一般只需要将"Component_1"重命名就可以开始设计元器件了。

【例3-1】 绘制新元器件NE555N。

下面以图3-9所示的时基集成电路NE555N为例，详细介绍绘制新元器件的方法。

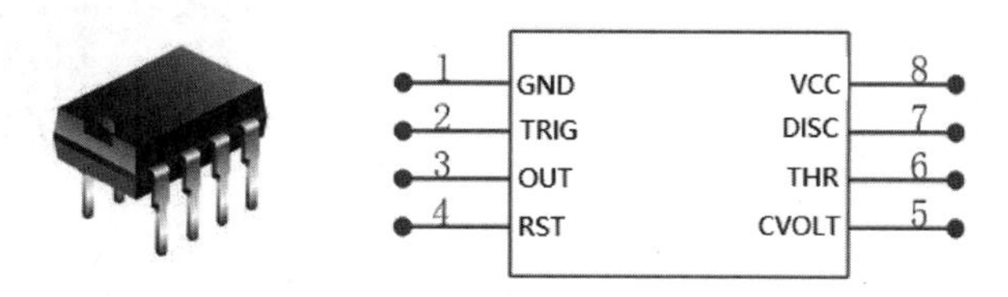

图3-9 NE555N元器件图

1. 元器件命名

1）在“Component”属性面板的“Design Item ID”文本框中输入一个新的、可唯一标识该元器件的名称，如图3-10所示，如“NE555N”。

2）如有必要，执行“Edit”→“Jump”→“Origin”命令，将设计图纸的原点定位到工作窗口的中心位置。检查窗口左下角的状态栏，确认鼠标指针已移动到原点位置。新的元器件将在原点周围生成，此时在图纸中心有一个十字线。一般在原点附近创建新的元器件，因为在以后放置该元器件时，系统会根据原点附近的电气热点定位该元器件。

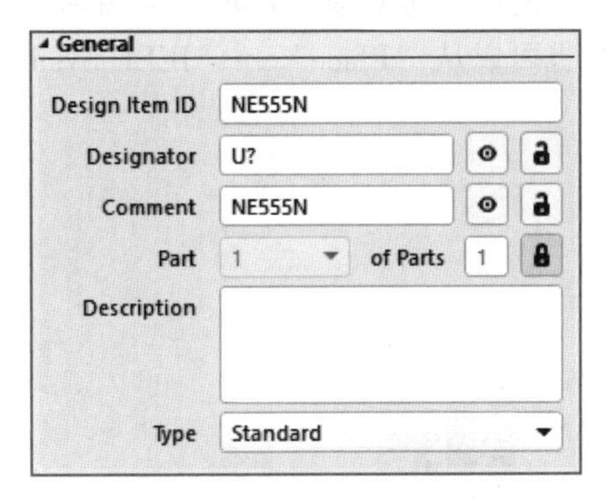

图3-10　元器件重命名

2. 绘制标识图

1）对于集成电路，由于内部结构较复杂，不可能用详细的标识图表达清楚，因此一般是画个矩形方框来代表。

2）执行“Place”→“Rectangle”命令或单击绘图工具栏中的□按钮，此时鼠标指针旁边会多出一个十字形状，将十字指针中心移动到坐标轴原点处单击，把它定为直角矩形的左上角，移动鼠标指针到矩形的右下角，再次单击即可完成矩形的绘制。

注意，所绘制的元器件符号图形一定要位于靠近坐标原点的第四象限内，如图3-11所示。

3. 放置引脚

元器件引脚必须真实地反映该元器件的电气特性，它是该元器件的固有属性，是该元器件制成时就已确定的，绝不可随意设置或更改。放置引脚的具体步骤如下。

1）执行“Place”→“Pin”命令或单击绘图工具栏中的按钮，鼠标指针处浮现引脚，带电气属性，其放置位置必须远离元器件主体，可视为电气节点。

2）在放置引脚之前，按〈Tab〉键打开“Pin”属性面板，如图3-12所示。如果在放置引脚之前先设置好各项参数，则放置引脚时，这些参数成为默认参数，连续放置引脚时，引脚的编号和引脚名称中的数字会自动增加。

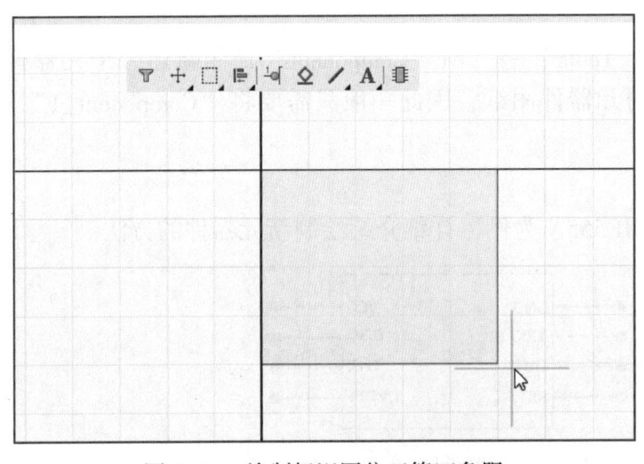

图3-11　绘制标识图位于第四象限

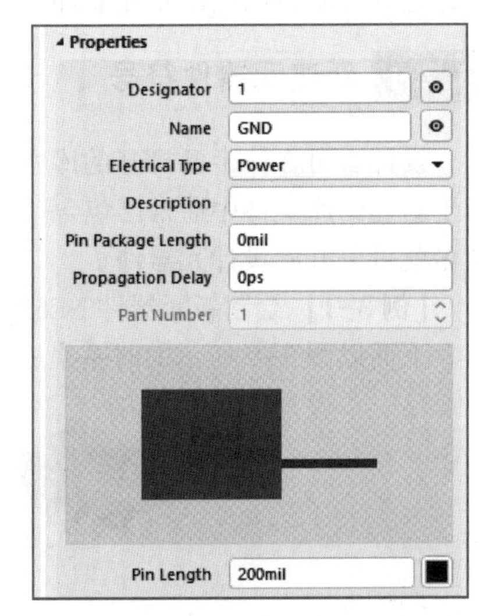

图3-12　“Pin”属性面板

3）在“Pin”属性面板的“Name”文本框输入引脚的名字“GND”，在“Designator”文本框中输入唯一（不重复）的引脚编号“1”。此外，如果想在放置元器件时，将引脚名和标识符设置为可见，则需选中 ◉ 按钮。

4）设置引脚电气类型（Electrical Type）。“Electrical Type”选项用于在原理图设计图纸中编译项目或分析原理图文档时检查电气连接是否正确。在本例“NE555N”中，引脚1的“Electrical Type”设置为“Power”。

5）设置引脚长度（所有引脚长度设置为200 mil），并单击“OK”按钮。

6）当引脚浮现在鼠标指针上时，设计者可按〈Space〉键以90°间隔逐级增加来旋转引脚。

【例3-2】 放置NE555N元器件的引脚4。

继续添加元器件的引脚4，在“Symbols”选项组中可以分别设置引脚的输入、输出符号，如图3-13所示。

- Inside：设置引脚在元器件内部的表示符号。
- Inside Edge：设置引脚在元器件内部的边框上的表示符号。
- Outside Edge：设置引脚在元器件外部的边框上的表示符号，引脚输入低电平有效标志，在“Pin”对话框的“Symbols”选项组，将“Outside Edge”设置为“Dot”，如图3-14所示，结果如图3-15所示。

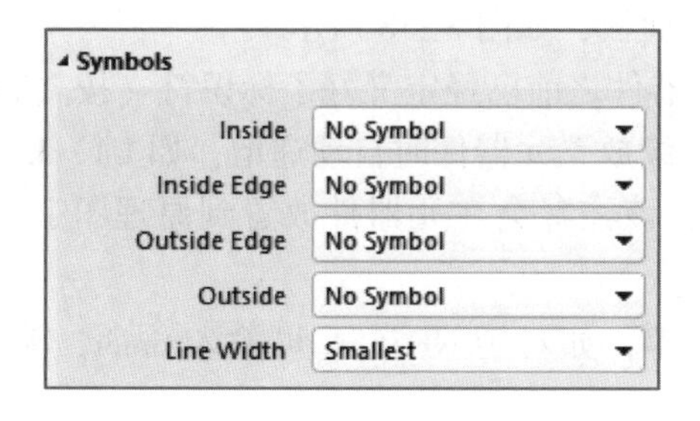

图3-13 “Symbols”选项组

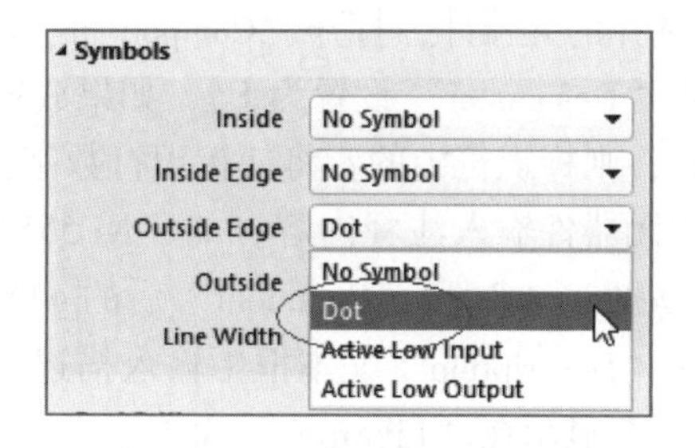

图3-14 “Outside Edge”选项

- Outside：设置引脚在元器件外部的表示符号。这些符号是标准的IEEE符号。此处将“Outside”设置为“Right Left Signal Flow”，如图3-16所示。

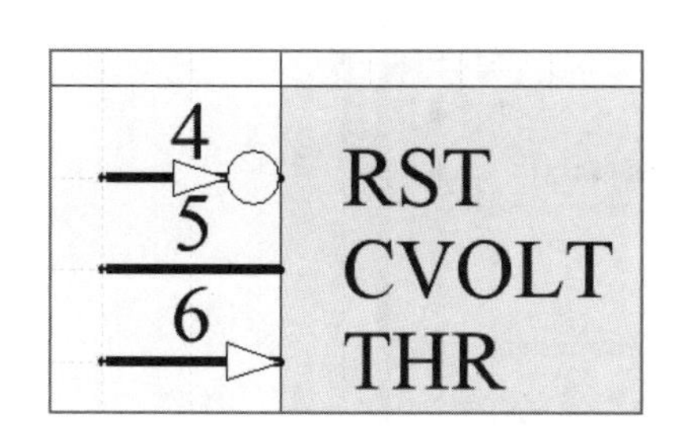

图3-15 引脚4符号设置

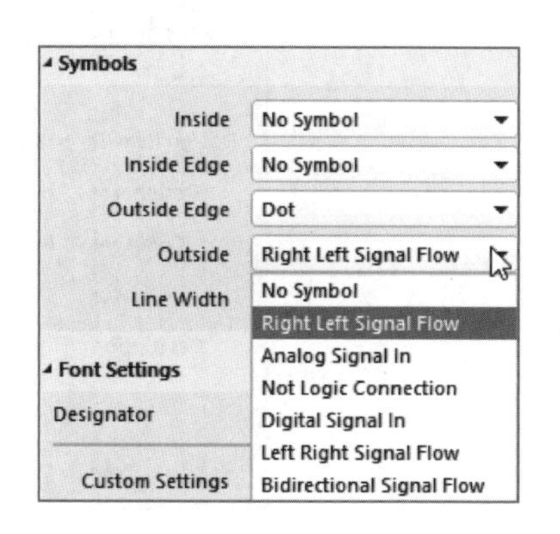

图3-16 “Outside”选项

继续添加元器件剩余引脚，确保引脚名、编号、符号和电气属性是正确的，完成元器件图绘制后，保存。

※划重点：

1）引脚只有其末端具有电气属性（也称 Hot End），只能使用末端来放置引脚。不具有电气属性的另一末端毗邻该引脚的名称。

2）引脚和标示图的绘制先后顺序，后绘制的对象将覆盖先绘制的对象。图 3-17 所示为后绘制的矩形标识将引脚名称覆盖。解决办法：可将所有引脚选中后剪切再粘贴。

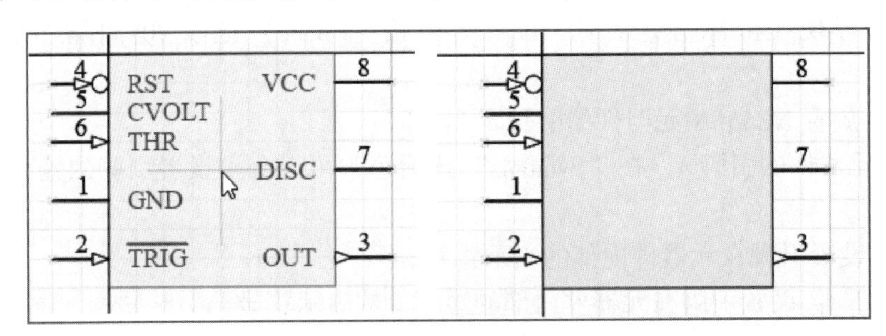

图 3-17　后绘制的矩形标识将引脚名称覆盖

4. 设置原理图元器件属性

在“SCH Library”面板的“Design Item ID”列表中选择元器件，单击“Edit”按钮，或者双击已选择的元器件，打开“Component”属性面板，如图 3-18 所示。

1）将“Designator”设置为 U?，如果放置元器件之前已经定义好了标识符（按〈Tab〉键进行编辑），则标识符中的?将使标识符数字在连续放置元器件时自动递增，如 U1、U2……

2）为元器件输入注释内容，如“NE555N”，该注释会在元器件放置到原理图上时显示。需要将“Designator”和“Comment”后的◉选中。

3）在“Description”文本框中输入描述字符串，如对于 NE555N 可输入 timer，该字符串在库搜索时会显示在“Libraries”面板上。

图 3-18　元器件属性设置

3.2.2 编辑元器件引脚

1. 添加引脚注意事项

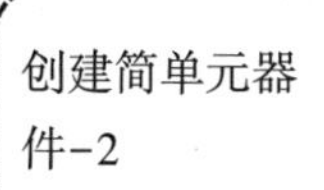

1）放置元器件引脚后，若想改变或设置其属性，可双击该引脚打开“Pin”对话框，如图 3-19 所示。可用同样的方法在“Inspector”面板中编辑多个引脚。

2）在字母后使用\(反斜线符号）表示引脚名中该字母带有上划线，如“T\R\I\G\”在元器件编辑环境中的显示如图 3-20 所示。

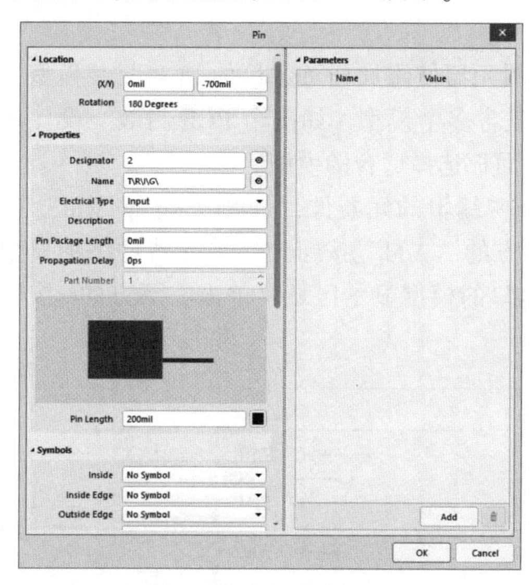

图 3-19 “Pin”对话框

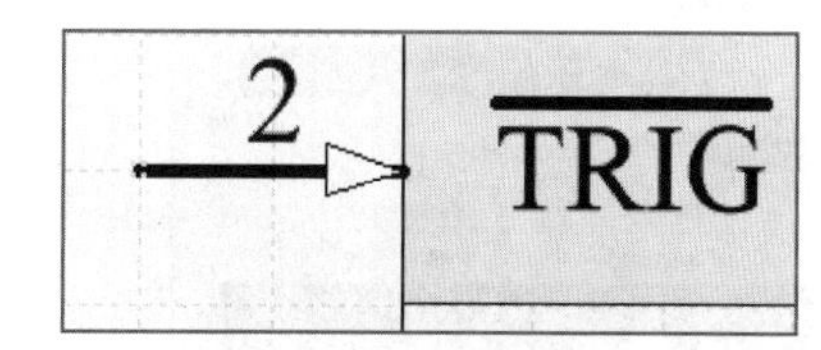

图 3-20 字母加上划线

2. 隐藏引脚操作

在“SCH Library”面板元器件列表中双击要编辑的元器件，打开“Component”对话框，选择“Pins”选项卡，如图 3-21 所示。单击 ✎ 按钮，打开图 3-22 所示“Component Pin Editor”对话框。

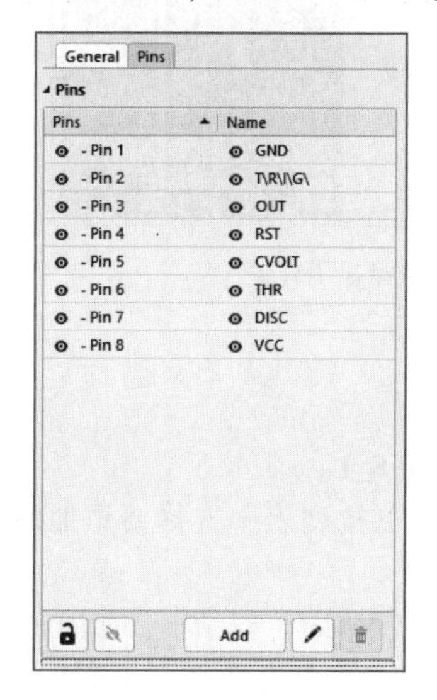

图 3-21 元器件引脚管理

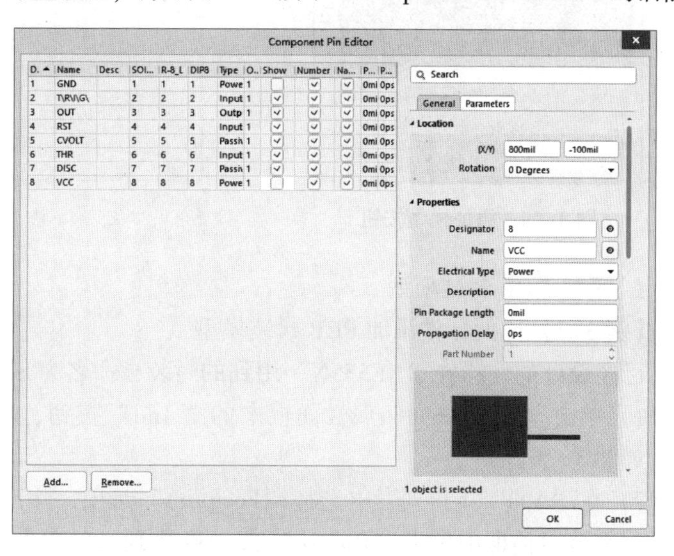

图 3-22 “Component Pin Editor”对话框

1）若要隐藏电源和接地引脚，可取消选中“Component Pin Editor”对话框中该引脚对应的“Show”复选框。当这些引脚被隐藏时，系统将自动将它们连接到电源和接地网络。例如，“GND”引脚被放置时将连接到“GND”网络。

2）执行“View”→“Show Hidden Pins”命令，可查看隐藏引脚或隐藏引脚的名称和编号，或在图3-21右击，在弹出的快捷菜单中选择“Show All Pins”选项，如图3-23所示。

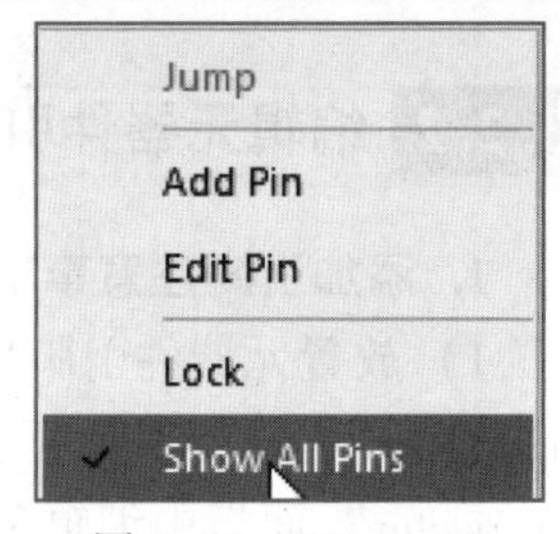

图3-23 “Show All Pins”选项

3.2.3 添加元器件符号模型

在Altium Designer 20中，可以为一个原理图元器件添加任意数目的PCB封装模型、仿真模型和信号完整性分析模型。如果一个元器件包含多个模型，如多个PCB封装，设计者可在放置元器件到原理图时通过“Component”属性面板选择适合的模型。

在“SCH Library”面板元器件列表中双击要编辑的元器件，打开“Component”属性面板，选择“General”选项卡，单击模型列表下方的“Add”按钮为当前元器件添加模型，如图3-24所示；也可以在原理图库编辑器工作窗口的模型显示区域，单击右下方的⌄按钮来显示模型，如图3-25所示。

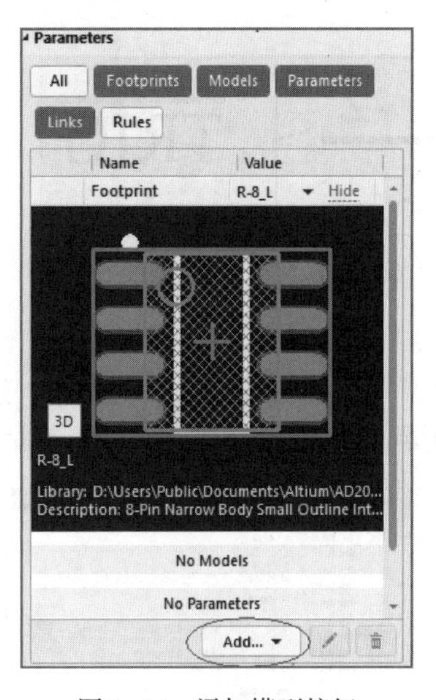

图3-24 添加模型按钮

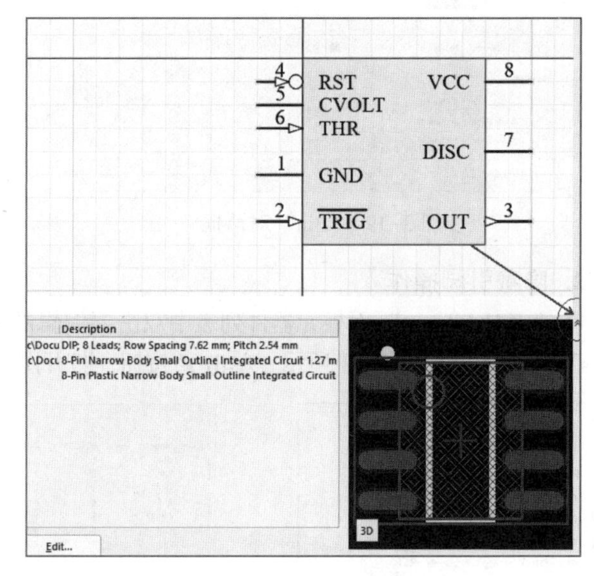

图3-25 模型显示开关

1. 添加PCB封装模型

【例3-3】向元器件添加PCB封装模型。

已经设计的元器件“NE555N”用到的封装被命名为SOIC150-8_L。

1）单击“Component”属性面板中的“Add”按钮，可以在下拉列表中选择要添加的模型，如图3-26所示。

2）在“Add”下拉列表中选择“Footprint”选项，弹出“PCB Model”对话框，如图3-27所示（在该对话框中单击“Browse”按钮可找到已经存在的模型，或者简单地写入模型的名字，稍后将在PCB库编辑器中创建这个模型）。

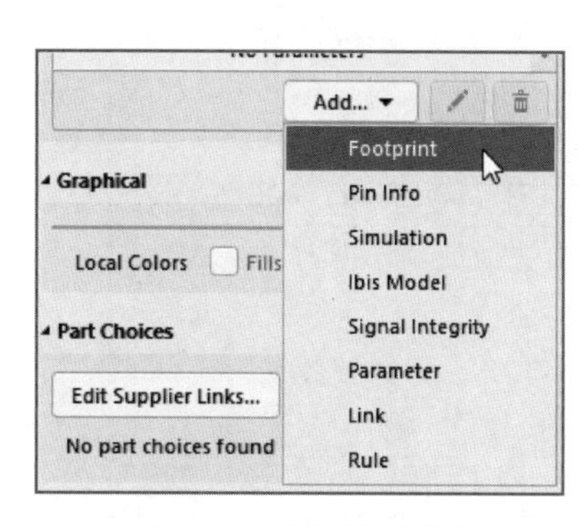

图 3-26　添加模型列表

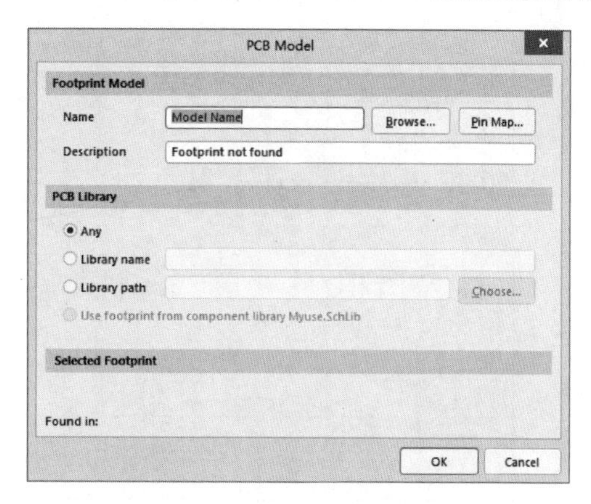

图 3-27　“PCB Model”对话框

3）单击图 3-27 中的“Browse”按钮，弹出“Browse Libraries”对话框，如图 3-28 所示，封装库默认在安装文件夹“D:\Users\Public\Documents\Altium\AD20\Library”中（具体路径以安装位置为准）。

4）在“Browse Libraries”对话框中，单击 ··· 设置搜索路径，然后单击“Find”按钮。

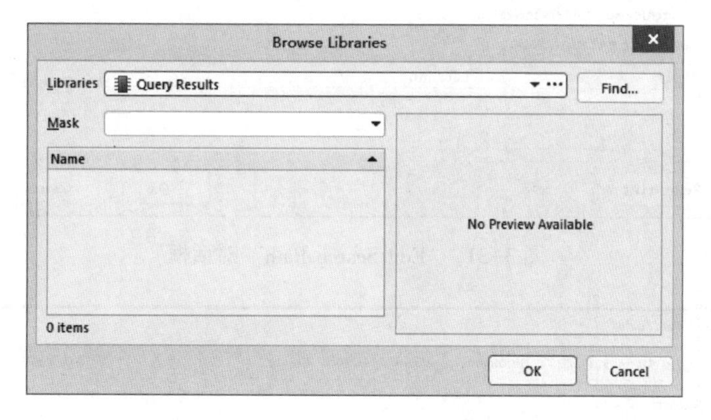

图 3-28　“Browse Libraries”对话框

弹出“Available File-based Libraries”对话框，如图 3-29 所示；单击“Paths”按钮，弹出“Options for PCB Project Mylib. PrjPcb”对话框，如图 3-30 所示；单击“Add”按钮，弹出“Edit Search Path”对话框，如图 3-31 所示；单击 ··· 设置搜索路径，如图 3-32 所示。

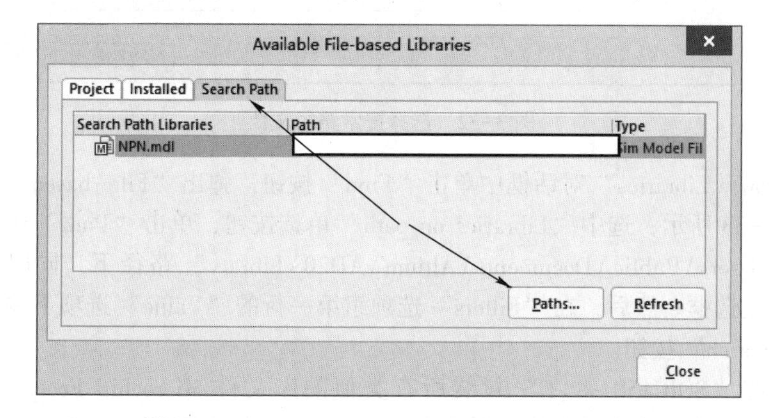

图 3-29　“Available File-based Libraries”对话框

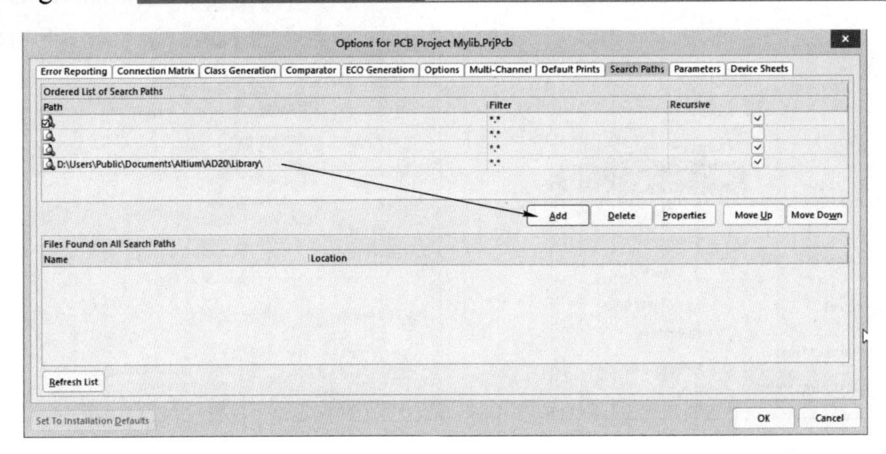

图 3-30 “Options for PCB Project Mylib. PrjPcb” 对话框

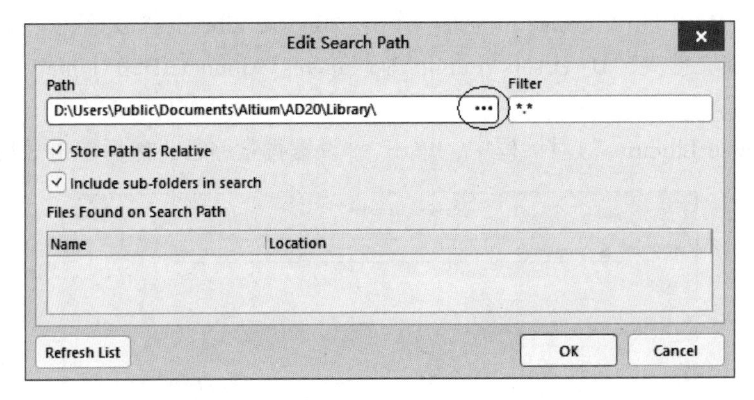

图 3-31 “Edit Search Path” 对话框

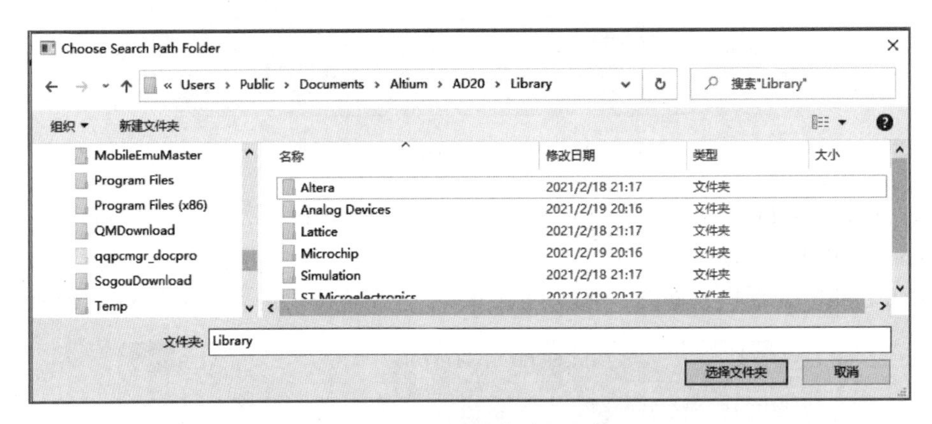

图 3-32 选择搜索路径文档

5）在“Browse Libraries”对话框中单击“Find”按钮，弹出“File-based Libraries Search”对话框，如图 3-33 所示，选中“Libraries on path”单选按钮，单击“Path”选项组中的按钮定位至“D:\Users\Public\Documents\Altium\AD20\Library”路径下，同时选中“Include Subdirectories”复选框。然后，在“Filters”选项组第一行的“Value”选项下输入“SOIC150-8_L”，单击“Search”按钮。

6）找到对应“SOIC150-8_L”封装所有类似的库文件 Microchip Footprints. PcbLib，如图 3-34 所示。如果确定找到了文件，则单击“Stop”按钮停止搜索。选择找到的封装文件后，单击“OK”按钮关闭该对话框，同时加载封装文件，结果如图 3-35 所示。

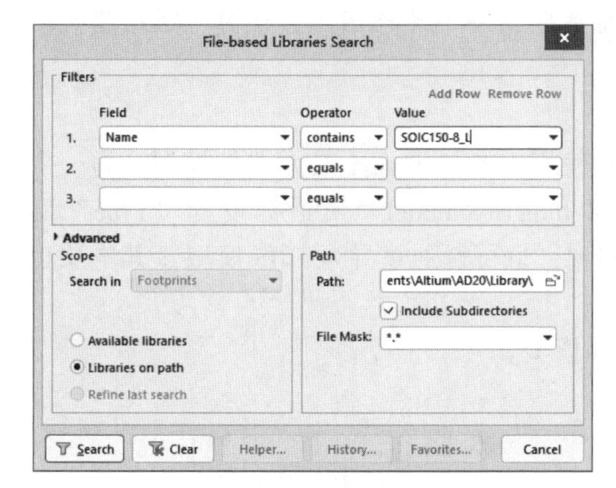

图 3-33　封装搜索对话框

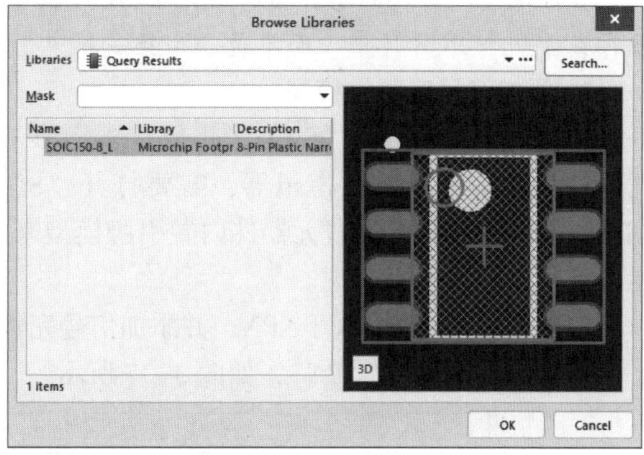

图 3-34　搜索结果

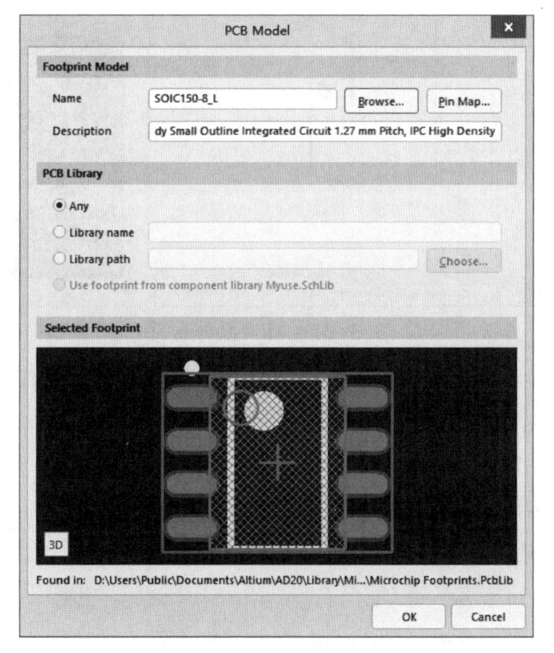

图 3-35　加载封装文件

7）单击“PCB Model”对话框中的“OK”按钮，向元器件加入“SOIC150-8_L”封装模型。此时，封装模型在“Component”属性面板的模型列表中显示，如图 3-36 所示。还可继续添加封装到元器件中。

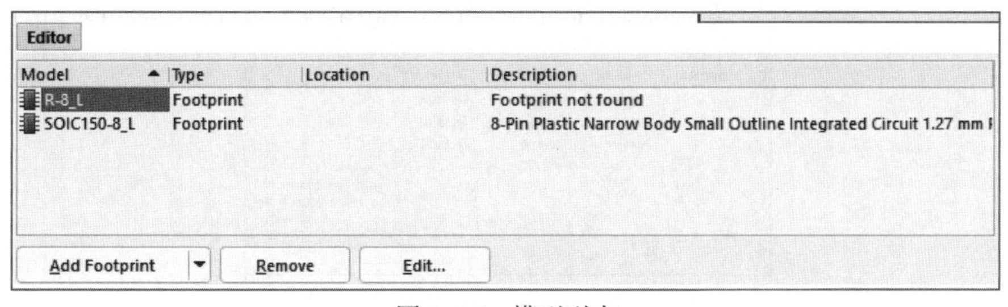

图 3-36　模型列表

※划重点：

在原理图库编辑器中，当将一个 PCB 封装模型关联到一个原理图元器件时，这个模型必须存在于一个 PCB 库中，而不是一个集成库中。

2. 添加信号完整性模型

信号完整性模拟器（Signal Integrity Simulator）使用引脚模型而不是元器件模型。为一个元器件配置信号完整性模拟器，需要打开“Signal Integrity Model”对话框设置“Type”和“Technology”选项，通过元器件内置引脚模型来实现，也可以通过导入 IBIS 模型（其本质也是设置引脚模型）来实现。

【例 3-4】 新建晶体管 NPN，并添加信号完整性模型。

1）新建元器件“NPN”，如图 3-37 所示。

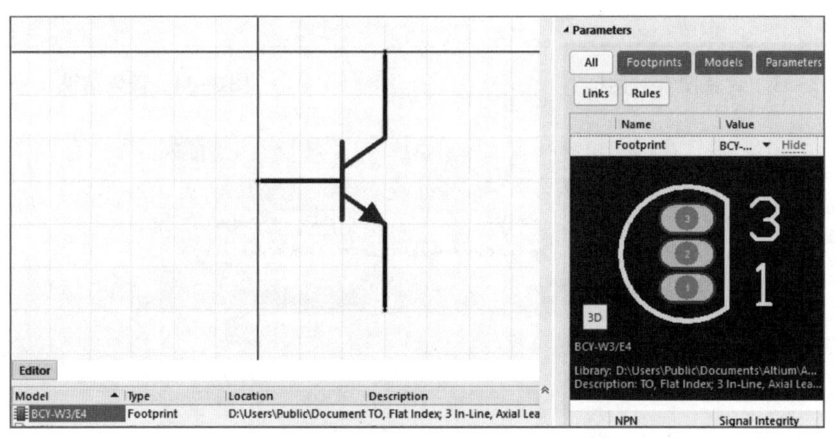

图 3-37　NPN 晶体管

2）添加“Signal Integrity”的步骤与添加“Footprint”类似，不同的是选择“Signal Integrity”选项后，显示“Signal Integrity Model”对话框。

3）如果使用导入 IBIS 文件的方法，需要在“Signal Integrity Model”对话框中单击“Import IBIS”按钮添加 ibs 文件。本例使用内置默认引脚模型方法，设置“Type”为“BJT”，输入适当的模型名称和描述内容（如 NPN），如图 3-38 所示。

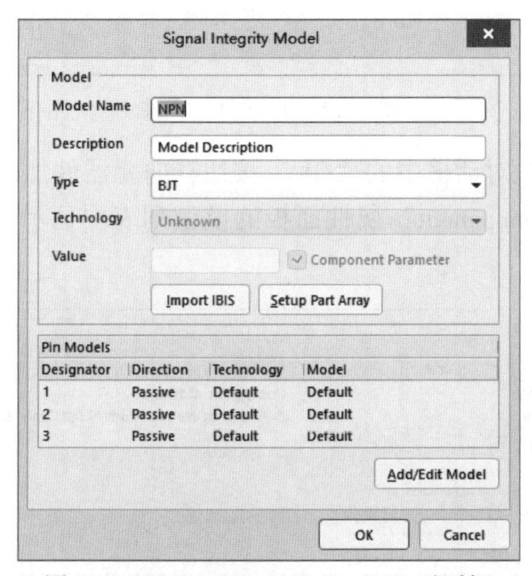

图 3-38　“Signal Integrity Model”对话框

4）单击“OK”按钮返回“Component”属性面板，将会在模型列表中看到模型已经被添加，如图3-39所示。

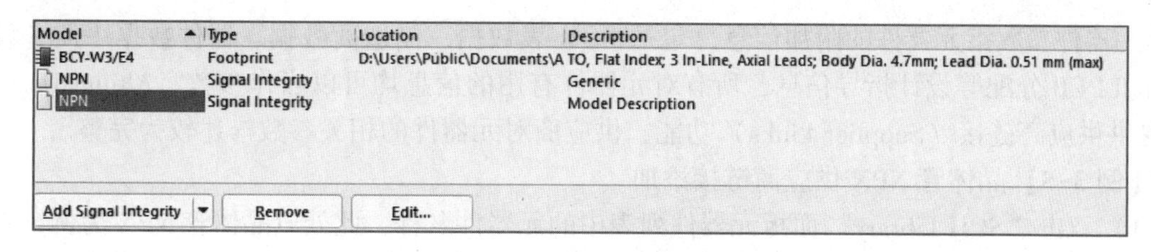

图3-39 信号完整性模型已添加

※划重点：

所添加的“Footprints”或“Models”必须是Project libraries或Installed libraries中包含的，例如，R-8_L包含在库D:\Program Files (x86)\Altium\AD20\Library\Analog Devices\AD Amplifier Buffer. IntLib中。

3. 添加模型向导

模型的来源可以是设计者自己建立的模型，也可以是使用Altium Designer库中现有的模型，或从芯片提供商网站下载相应的模型文件。

Altium Designer所提供的PCB封装模型在C:\Program Files\Altium Designer\Library\Pcb\目录下的各类PCB库中（.PcbLib文件）。一个PCB库中包含任意数目的PCB封装。

一般用于电路仿真的SPICE模型（.ckt和.mdl文件）包含在Altium Designer安装目录Library文件夹下的各类集成库中。如果设计者自己建立新元器件，一般需要通过该器件供应商获得SPICE模型，也可以执行“Tools”→“XSpice Model Wizard”命令，使用“XSpice Model Wizard”功能为元器件添加某些SPICE模型。

如要为多个被选中的元器件添加同一模型，可执行“Tools”→“Model Manager”命令打开“Model Manage”对话框，如图3-40所示。在该对话框中还可以预览和组织元器件模型。

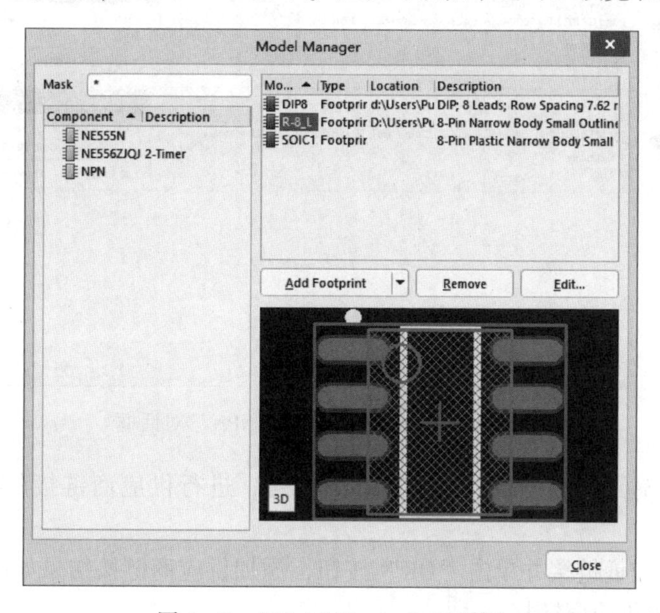

图3-40 “Model Manage”对话框

3.2.4 添加元器件参数

元器件参数指元器件的附加信息，包括 BOM 表数据、制造商数据、器件数据手册、设计规则和 PCB 分配等设计指导信息，所有对元器件有用的信息均可以当作参数。Altium Designer 20 提供供应商链接（Supplier Links）功能，供应商对元器件的相关参数描述较为完整。

【例 3-5】 晶体管 NPN 供应商链接添加。

1）双击“SCH Library”面板元器件列表中的元器件名称，此处以晶体管 NPN 为例，在打开的“Component”属性面板中展开“Part Choices”选项组，如图 3-41 所示。

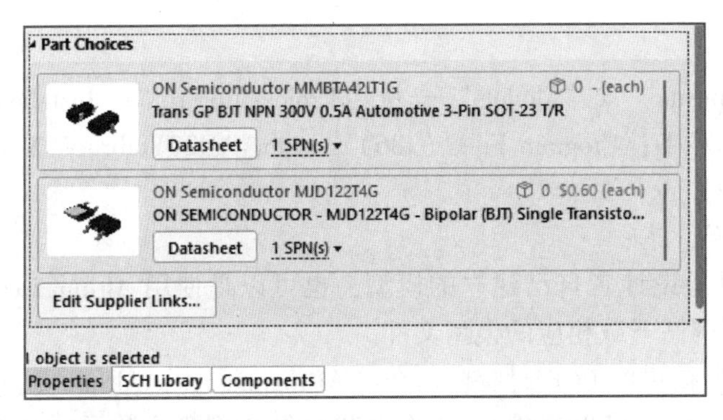

图 3-41 “Part Choices”选项组

2）单击“Edit Supplier Links”按钮，打开图 3-42 所示的“Supplier Links for NPN”对话框，单击“Add”按钮，打开“Add Supplier Links”对话框，添加供应商链接，如图 3-43 所示。

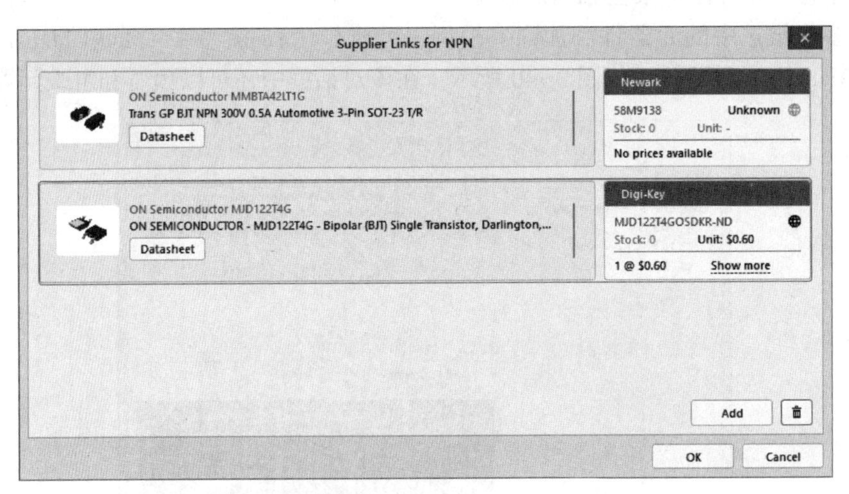

图 3-42 “Supplier Links for NPN”对话框

3）在搜索框中输入“NPN”，并按〈Enter〉键，进行供应商链接的搜索，搜索结果如图 3-43 所示。

4）选择一个供应商链接并单击“OK”按钮，添加供应商链接结果如图 3-44 所示。可根据搜索结果添加多个供应商链接。

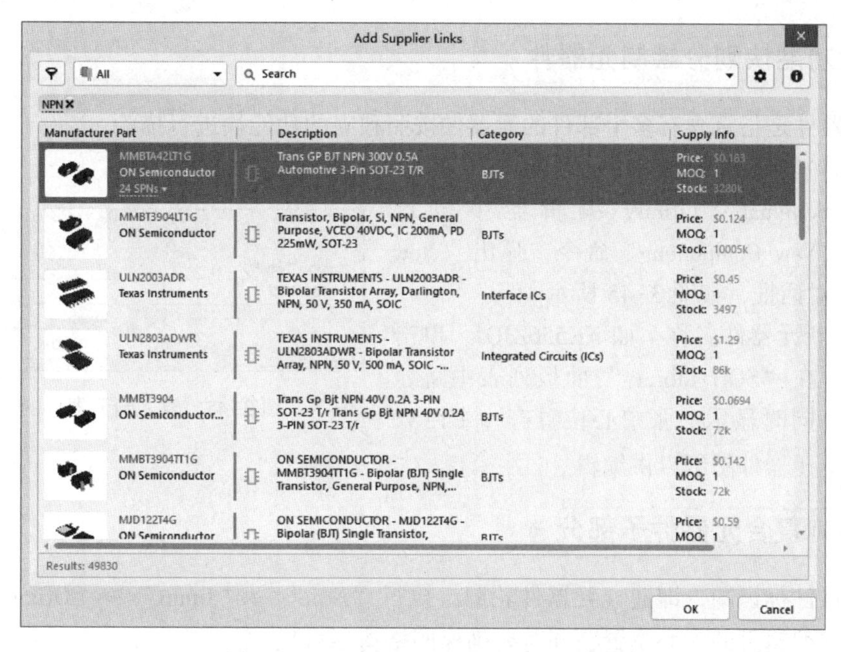

图 3-43 “Add Supplier Links”对话框

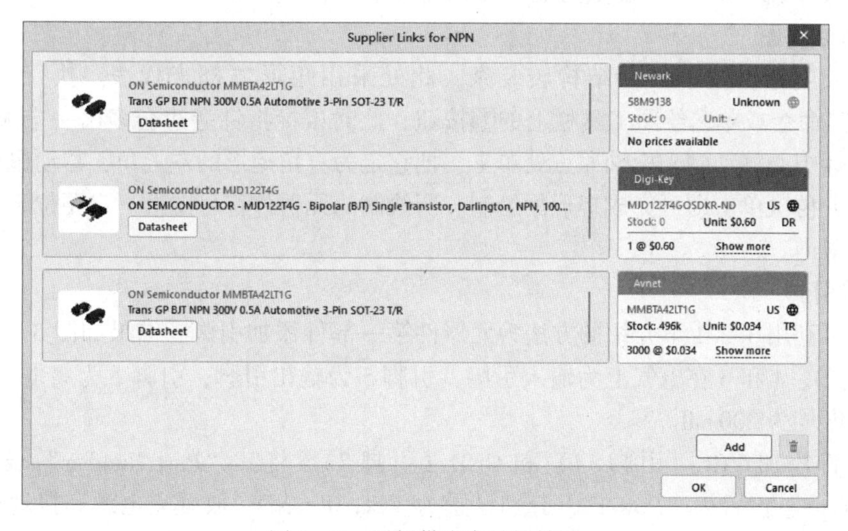

图 3-44 添加供应商链接结果

5）在“Component”属性面板的“Part Choices”选项组中即可看到添加的供应商信息。

3.3 创建含子部件的元器件

创建含子部件的元器件

在 3.2 节中介绍的是单一模型代表了元器件制造商所提供的全部物理意义上的信息（如封装）。但有时候，一个物理意义上的元器件只代表某一部件，其效果会更好。例如，定时器芯片 NE556，该芯片包括两个定时器，这两个定时器可以独立地被随意放置在原理图上的任意位置，此时将该芯片描述成两个独立的定时器部件，比将其描述成单一模型更方便实用。

3.3.1 按功能块划分绘制元器件

复合元器件是指将含有多个部件的元器件按照独立的功能块进行描绘。

【例 3-6】创建 NE556ZJQJ 定时器。

1）在 Schematic Library 编辑器中执行“Tools”→“New Component”命令，弹出“New Component”对话框，如图 3-45 所示。

2）输入新元器件名称，如 NE556ZJQJ，单击“OK”按钮，在“SCH Library”面板列表中将显示新文件名，同时显示一张中心位置有一个巨大十字准线的空元器件图纸以供编辑。

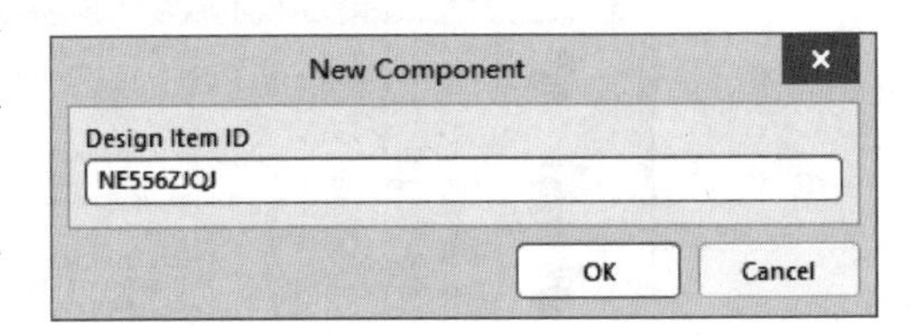

图 3-45　输入新元器件的名字

3.3.2 绘制复合元器件子部分

绘制元器件标识图，即建立元器件轮廓，执行“Edit”→“Jump”→“Origin”命令，使元器件原点在编辑页的中心位置，同时要确保网格清晰可见。

【例 3-7】绘制 NE556ZJQJ 定时器子部分（Part A）。

1. 绘制标识图

对于集成电路，由于内部结构较复杂，此处采用矩形方框来代表。执行“Place”→“Rectangle ”命令或单击绘图工具栏上的■按钮，此时鼠标指针旁边会多出一个大十字符号，将大十字指针中心移动到坐标轴原点处单击，把它定为直角矩形的左上角，移动鼠标指针到矩形的右下角，再次单击即可完成矩形的绘制。所绘制的元器件符号图形一定要位于靠近坐标原点的第四象限内。

2. 放置引脚

设计者可利用 3.2.1 节介绍的方法为元器件第一部件添加引脚，结果如图 3-46 所示。其中，引脚 2、3、4 和 6 在电气上为输入引脚，引脚 5 为输出引脚，引脚 1 为集电极开路引脚，所有引脚长度均为 200 mil。

为元器件添加 VCC（引脚 14）和 GND（引脚 7），将其“Part Number”设置为“1”，“Electrical Type”设置为“Power”，分别设置为 VCC 和 GND。放置完电源和接地引脚后，元器件子部件如图 3-47 所示，注意检查电源引脚是否在每一个部件中都有。

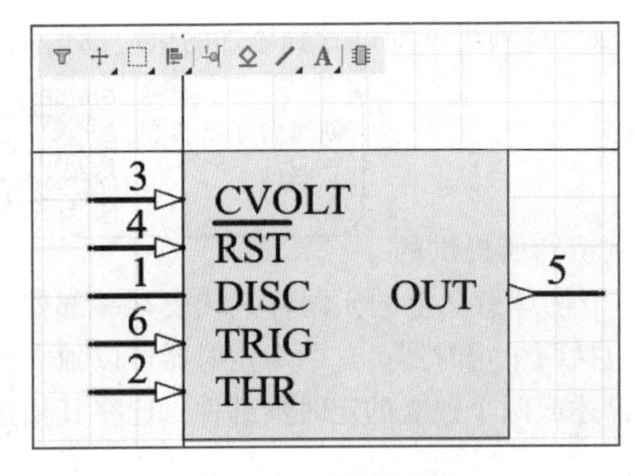

图 3-46　放置引脚

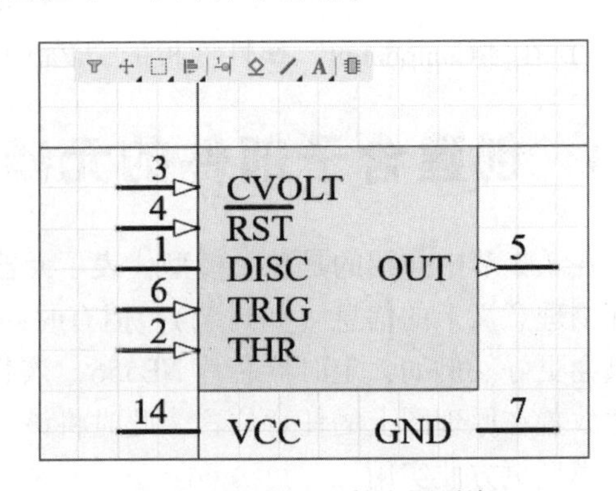

图 3-47　Part A 的电源引脚

3.3.3 新建复合元器件子部分

新建一个元器件子部件，可以利用第一个部件来建立第二个部件，不过需要修改引脚号。

【例 3-8】 新建 NE556ZJQJ 定时器子部分（Part B）。

1）执行“Edit”→“Select”→“All”命令，选择目标元器件。

2）执行“Edit”→“Copy”命令，将前面建立的 Part A 复制到剪贴板。

3）执行“Tools”→“New Part”命令，显示空白元器件页面，此时若在“SCH Library”面板元器件列表中单击元器件名左侧的▸按钮，将看到“SCH Library”面板元器件部件计数被更新，包括 Part A 和 Part B 两个部件，如图 3-48 所示。

4）进入 Part B 编辑窗口，执行“Edit”→“Paste”命令，鼠标指针处将显示元器件部件轮廓，以原点（黑色十字准线为原点）为参考点，将其作为部件 Part B 放置在页面的对应位置，如果位置没对应好，可以移动部件调整位置。

5）对 Part B 的引脚编号逐个进行修改。双击引脚在弹出的“Pin”对话框中修改引脚编号和名称，修改后的 Part B 如图 3-49 所示。

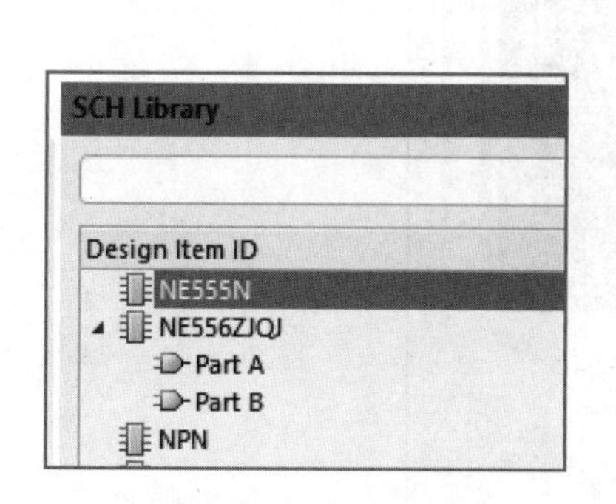

图 3-48 添加 Part B

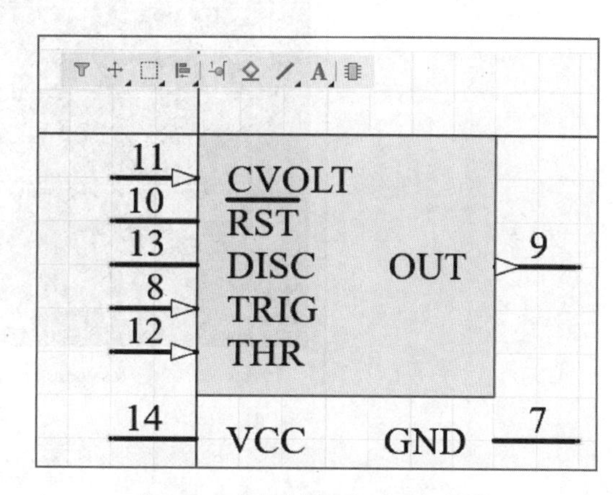

图 3-49 绘制完成 Part B 部件

3.3.4 设置复合元器件属性

通过元器件属性可以了解元器件的基本信息，下面介绍在绘制元器件时设置属性的方法，以 NE556ZJQJ 为例。

【例 3-9】 设置 NE556ZJQJ 的属性。

1）在“SCH Library”面板元器件列表中双击目标元器件，打开“Component”属性面板，如图 3-50 所示。设置“Designator”为“U?”，“Description”为“2-Timer”，并在“Models”列表中添加名为 DIP14 的封装。

2）添加封装模型“PDIP300-14”，此模型在“Microchip Footprints. pcblib”封装库中。

3）执行“File”→“Save”命令，保存该元器件。

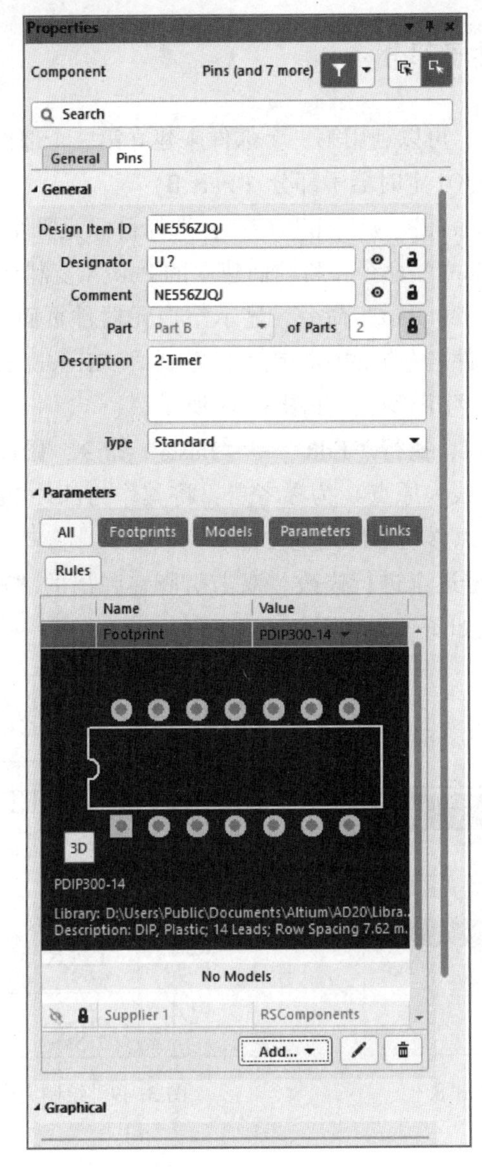

图 3-50　设置 NE556ZJQJ 的属性

3.4　创建元器件操作进阶

对于较复杂的集成芯片可以通过元器件生成向导来完成，从而加速元器件的生成过程。元器件创建后需要进行检查，尤其是复杂元器件。如果设计者创建的元器件使用后发生了修改，可通过原理图的同步更新功能实现已经使用元器件的同步更新。

3.4.1　利用向导创建元器件

【例 3-10】 利用向导创建元器件 TMS320LF2407A。

利用向导创建 DSP 元器件 TMS320LF2407A，其引脚布置如图 3-51 所示。该元器件共有 144 个引脚，均匀分布在 4 个方向，可利用原理图元器件库提供的元器件创建向导生成。

1. 创建步骤

1）执行“Tools”→“New Component”命令，新建一个元器件，命名为“TMS320LF2407A”。再执行“Tools”→“Symbol Wizard”命令，打开“Symbol Wizard”对话框，如图3-52所示。

2）在“Number of Pins”文本框中输入数目“144”，在“Layout Style”下拉列表框中选择“Quad side”选项。

3）按照图3-51所示，定义引脚名称，结果如图3-53所示。

4）单击图3-53右下角的“Place”按钮，完成元器件的生成，如图3-54所示。

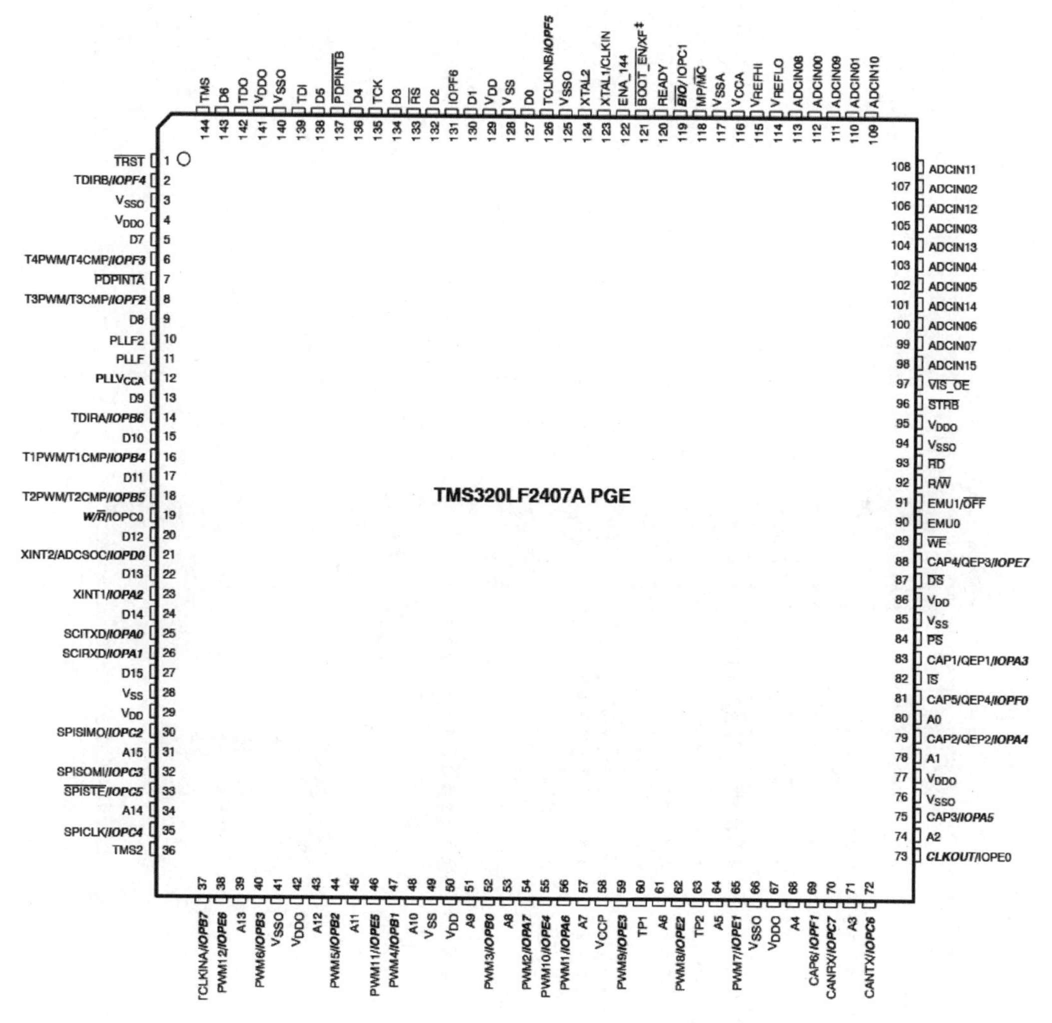

图3-51　TMS320LF2407A引脚布置图

2. “TMS320LF2407A”属性设置

1）在“SCH Library”面板元器件列表中双击目标元器件，打开“Component”属性面板。设置“Default Designator”为“U?”，“Comment”为“TMS320LF2407A”。

2）添加封装模型“SQFP20X20-144”，此模型在“IPC-SM-782 Section 11.2 SQFP_QFP-Square.PcbLib”封装库中。

3）执行“File”→“Save”命令保存该元器件。

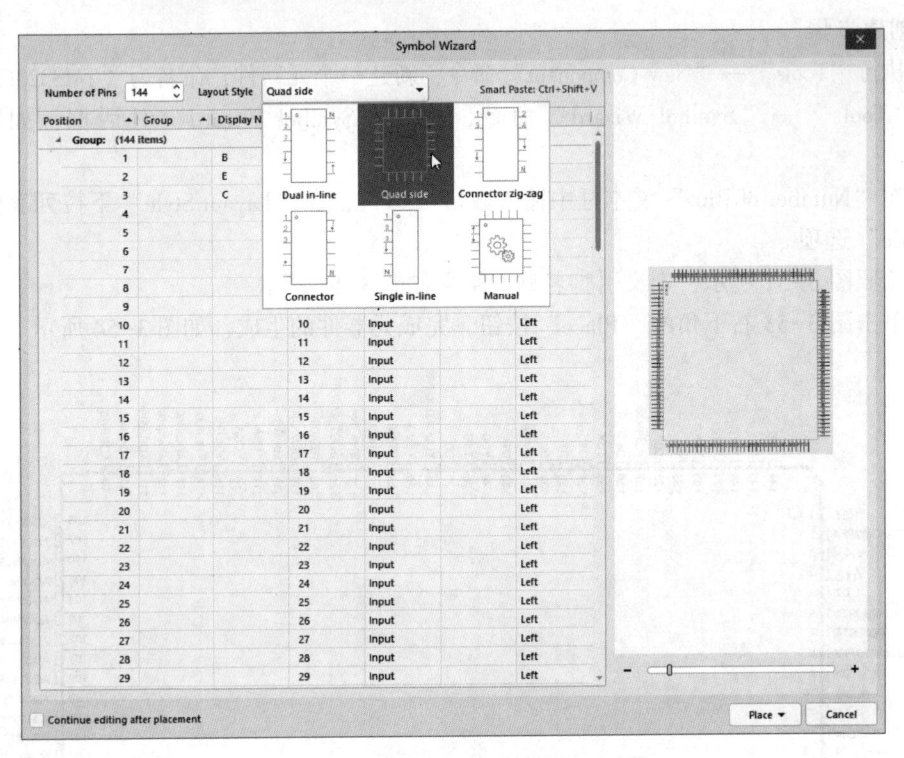

图 3-52　元器件生成向导

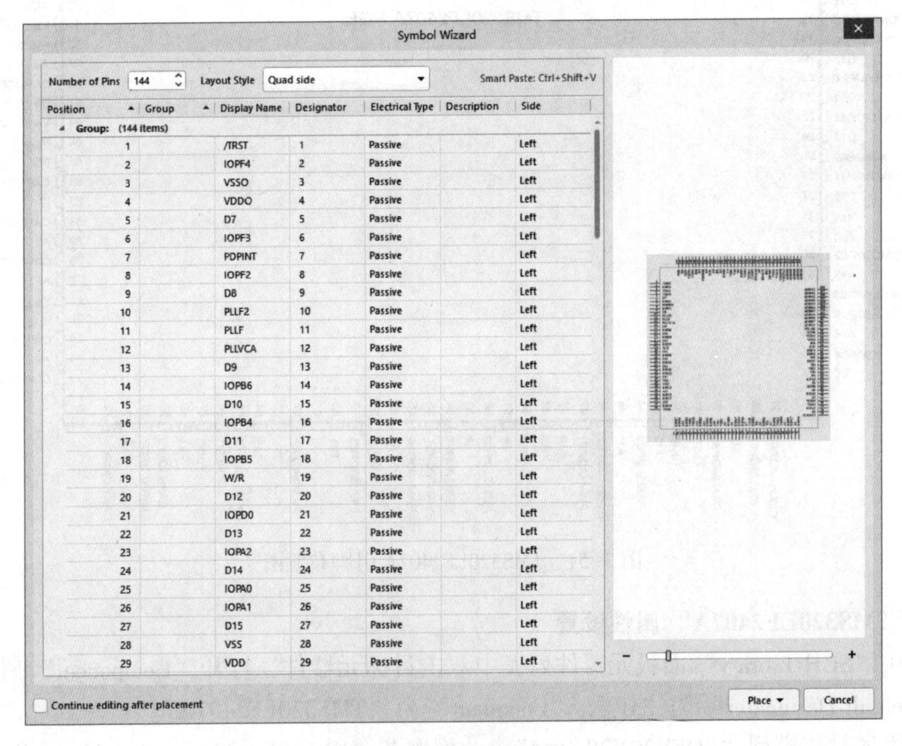

图 3-53　定义引脚名称

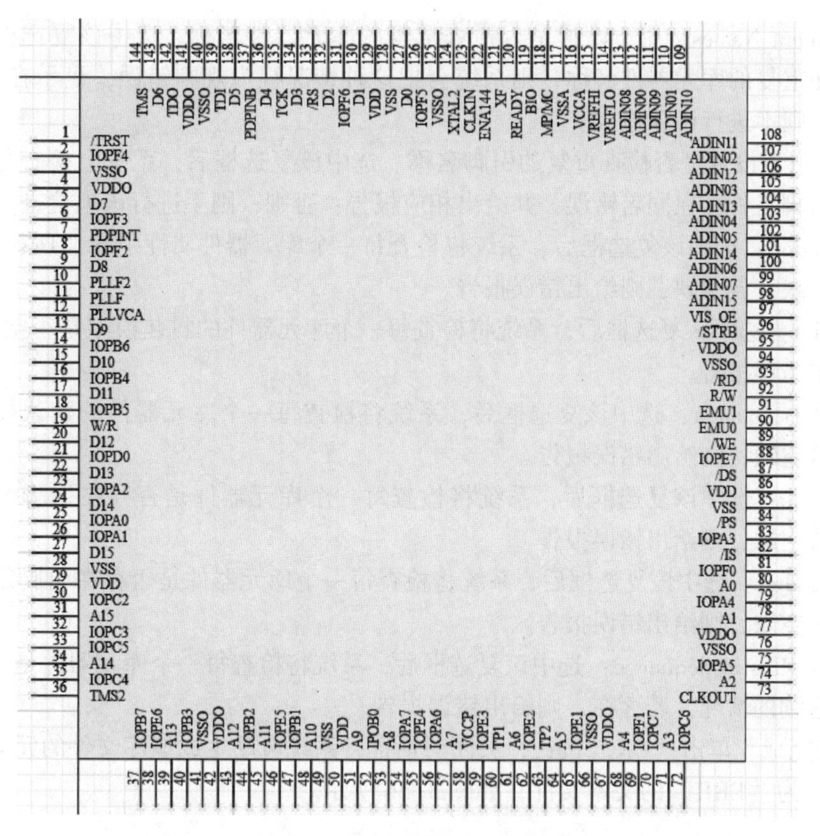

图 3-54　向导生成的 TMS320LF2407A

3.4.2 元器件的检查与报告

创建的元器件是否符合规范要求，可以通过 Altium Designer 的检查与报告功能来实现。

【例 3-11】 生成原理图库“Myuse. Schlib”的元器件规则检查报表。

1）打开原理图库“Myuse. Schlib”。

2）执行“Reports”→“Component Rule Check”命令，弹出“Library Component Rule Check”对话框，如图 3-55 所示。其中各选项的功能如下。

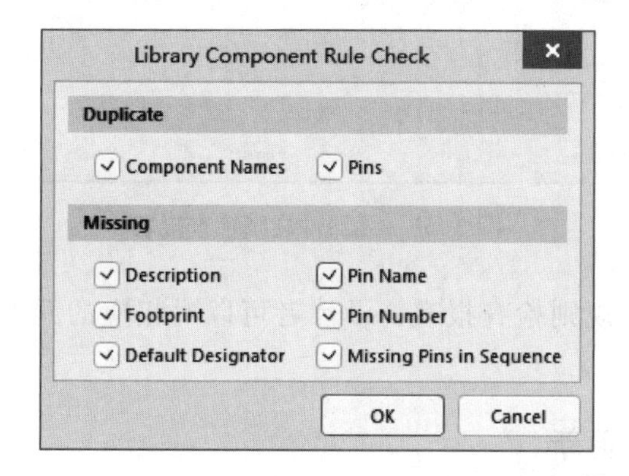

图 3-55　“Library Component Rule Check”对话框

- Component Names：用于设置是否检查重复的库元器件名称。选中该复选框后，如果库中存在重复的库元器件名称，则系统会把这种情况视为规则错误，显示在错误报表中；否则，则不进行该项检查。
- Pins：用于设置是否检查重复的引脚名称。选中该复选框后，系统会检查每一个库元器件的引脚是否存在同名错误，并给出相应报告；否则，则不进行该项检查。
- Description：选中该复选框后，系统将检查每一个库元器件属性中的“Description”选项是否空缺，若空缺，则给出错误报告。
- Footprint：选中该复选框后，系统将检查每一个库元器件的封装模型是否空缺，若空缺，则给出错误报告。
- Default Designator：选中该复选框后，系统将检查每一个库元器件的默认标识符是否空缺，若空缺，则给出错误报告。
- Pin Name：选中该复选框后，系统将检查每一个库元器件是否存在引脚名称空缺的情况，若空缺，则给出错误报告。
- Pin Number：选中该复选框后，系统将检查每一个库元器件是否存在引脚编号空缺的情况，若空缺，则给出错误报告。
- Missing Pins in Sequence：选中该复选框后，系统将检查每一个库元器件是否存在引脚编号不连续的情况，若存在，则给出错误报告。

3）设置完成，单击“OK”按钮，关闭对话框，系统自动生成该库文件的元器件规则检查报表，扩展名为“ERR”的文本文件，如图3-56所示。

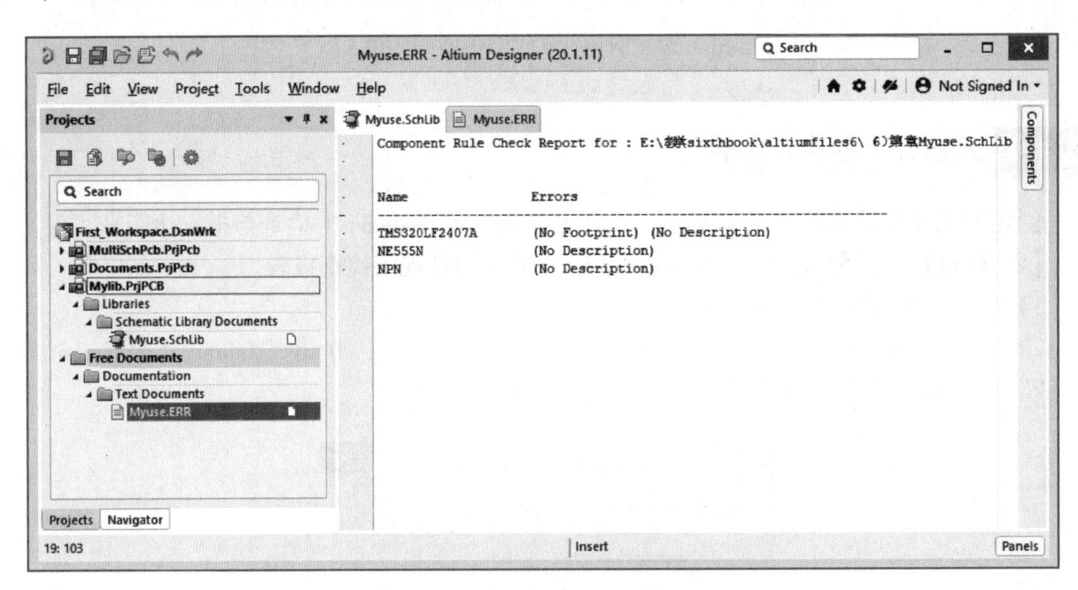

图3-56　元器件规则检查报表

根据所生成的元器件规则检查报表，设计者可以对相应的元器件进一步编辑、修改和完善。

3.4.3 原理图的同步更新

在原理图已经绘制完成后，可能存在已使用的自制元器件要修改的情况。一般先进行自制元器件的修改，然后在原理图中更新，如将原理图中的旧元器件删除，工作量较大又麻烦。此时，可利用系统提供的原理图元器件库和原理图之间的同步更新操作来实现已修改元器件的更新。

【例 3-12】 元器件 NE556ZJQJ 自动更新。

1）打开创建的原理图元器件库“Myuse. Schlib”，将元器件 NE556ZJQJ 放置在原理图中，如图 3-57 所示。

2）进入 NE556ZJQJ 元器件编辑状态，将该元器件引脚 7 和引脚 14 移动位置，保存元器件到元器件库。

3）在元器件编辑管理器中，执行“Tools”→“Update Schematics”命令，弹出图 3-58 所示的“Information”对话框，提示当前打开的原理图和原理图中该元器件的修改数量，单击“OK”按钮。更新后，原理图中的 NE556ZJQJ 如图 3-59 所示，实现了同步更新。

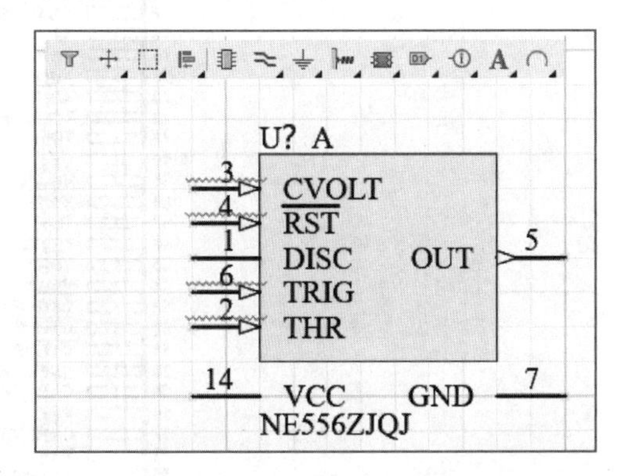

图 3-57　将 NE556ZJQJ 放置在原理图中

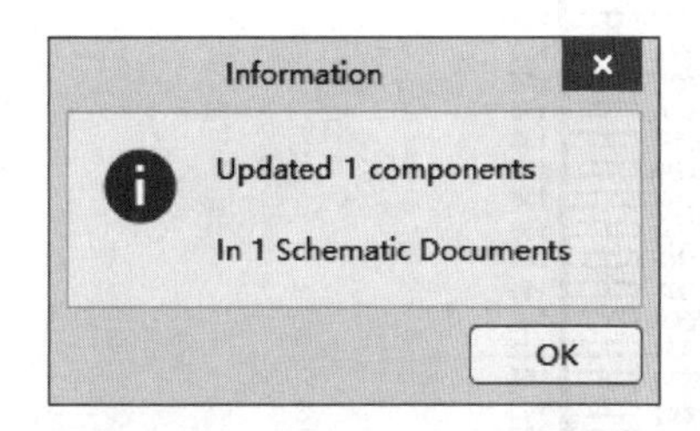

图 3-58　“Information”对话框

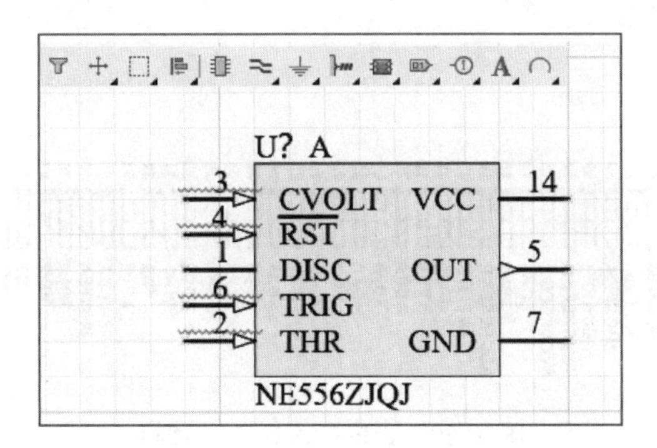

图 3-59　更新后原理图中的 NE556ZJQJ

3.5　实例：绘制 TMS320F2812 单片机元器件

1. 实例要求

1）新建原理图元器件库文件。

2）在原理图元器件库文件编辑器中，利用向导绘制图 3-60 所示的 TMS320F2812 单片机，并对其引脚进行属性设置。

3）设置 TMS320F2812 单片机属性。

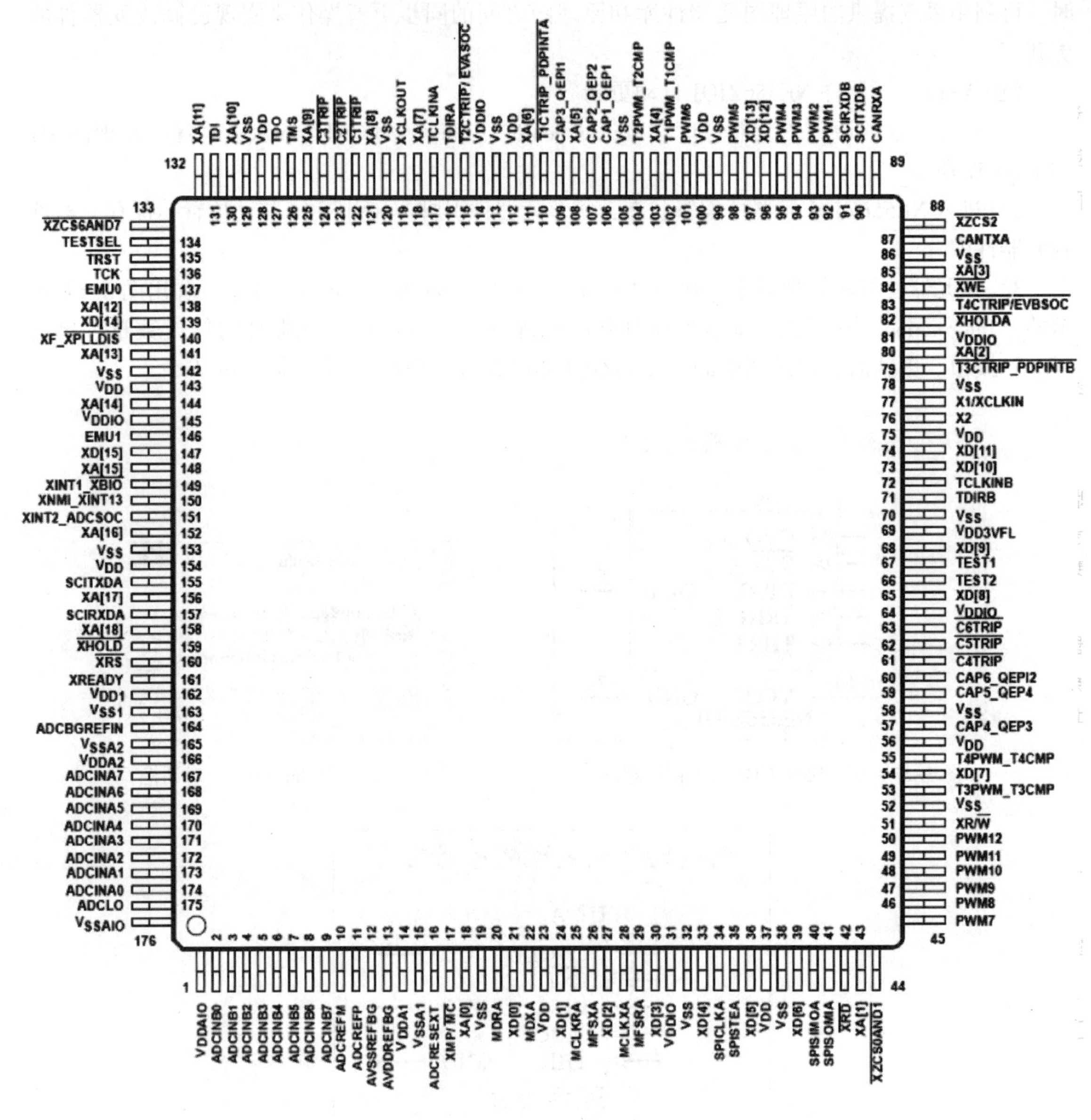

图 3-60　TMS320F2812 单片机

2. 实例操作步骤

1）启动软件，新建原理图元器件库文件，将新建的元器件库重命名为“TMS320F2812.SchLib”。

2）在原理图元器件库的编辑界面中，添加一个新的元器件，命名为“TMS320F2812”。

3）利用向导绘制元器件外框，如图 3-61 所示。

4）修改引脚属性，添加引脚名称。

5）设置 TMS320F2812 单片机的元器件属性。

6）保存文件。

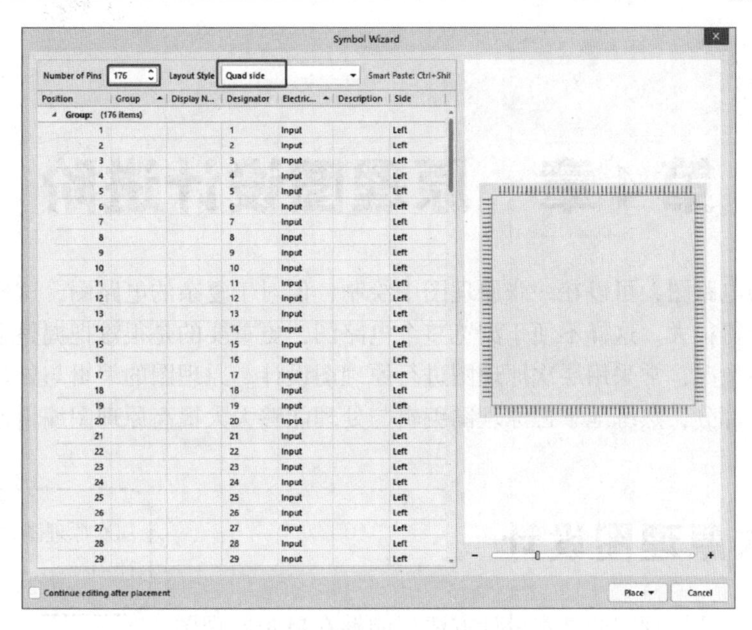

图 3-61　制作元器件向导

3.6　习题

1. 简答题

1）在原理图库文件的编辑过程中，创建自定义的元器件需要哪些步骤？

2）如何进行元器件电源脚的隐藏和连接网络设置？

3）在元器件库编辑界面创建一个元件符号，一般创建在图纸的什么位置？为什么？

2. 选择题

1）原理图元器件库编辑区的原点在（　　）。

A. 图纸左下角　　B. 图纸左上角　　C. 图纸中央　　D. 图纸右下角

2）原理图库文件的扩展名是（　　）。

A. * PrjPCB　　B. * PcbLib　　C. * SchLib　　D. * SchDoc

3）在放置元器件引脚时，要旋转引脚，应该（　　）。

A. 按〈Space〉键　　B. 按〈Ctrl+Space〉键　　C. 按〈Y〉键　　D. 按〈Ctrl+X〉键

4）原理图元器件库中编辑引脚，（　　）才能显示低电平有效的引脚名称（如$\overline{\text{TR}}$）。

A. 在每个字母后加上反斜杠（\）　　B. 在每个字母后加上底线（_）

C. 每个字母后加上负号（-）　　D. 在每个字母后加上斜线（/）

5）放置元器件引脚时，（　　）可以打开“Pin”属性面板。

A. 按〈Tab〉键　　B. 按〈Esc〉键　　C. 按〈PageUp〉键　　D. 按〈Shift〉键

6）要打开原理图库编辑器，应执行（　　）命令。

A. Schematic Library　　B. PCB　　C. Schematic　　D. PCB Project

7）要调整在放置或者移动“对象”移动的距离时，要修改（　　）。

A. Electrical Grid　　B. Visible Grid　　C. Snap Grid　　D. 以上皆可

第4章　原理图设计进阶

对于简单的电路图，可以在一张原理图中绘制，但对于复杂的电路图，这样做将导致原理图的图纸尺寸变得很大。这样不便于浏览整个电路图，更重要的是很难把握整个电路的结构和层次。针对这种情况，常采用层次原理图进行原理图设计。原理图的编辑与处理是电路原理图设计的重要组成部分，熟练地掌握原理图编辑与处理能够大大提高原理图编辑速度和原理图的质量。

4.1　层次原理图设计

层次原理图设计-1

前面章节学习了原理图的基本设计方法，能够在单张原理图上完成整个电路系统的绘制，这种方法比较适合电路规模小、逻辑结构比较简单的电路系统。对于比较复杂的电路系统，Altium Designer 提供了另外一种设计模式，即层次原理图设计。

4.1.1 层次原理图介绍

通常，在工程上首先对整个电路进行功能划分，设计一个系统总框图，在系统总框图中用若干方框图来表示功能单元。然后用导线、网络标签等来连接各个方框图，表明它们之间的电气连接关系，最后分别绘制各个方框图的电路。在层次原理图设计中，把系统总框图称为母图，组成系统总框图的若干方框图称为子图符号，它们代表的是子图，单独绘制的各个方框图电路称为子图。这样，在顶层电路中，设计者看到的只是一个个功能模块，可以很容易从宏观上把握整个电路图的结构。如果想进一步了解某个方框图的具体实现电路，可以直接单击该方框图，深入底层电路。这样就使复杂电路变成相对简单的几个模块，检查和修改也很方便。

为了使多个子原理图联合起来描述同一个工程项目，必须为这些子原理图建立某种关系。层次原理图母图正是表达了子图之间关系的一种原理图，如图4-1所示。从图中可以看出层次原理图母图是由方块电路图、方块电路端口及连线组成的。一个方块电路符号代表一张子原理图；方块电路上的端口，代表了子原理图中和其他子原理图相连接的接口。方块电路图之间通过导线相连，从而构成一个完整的电路图。下面介绍层次原理图中经常用到的概念。

1）子原理图：各个功能模块的部分原理图，用于封装功能电路模块。

2）原理图母图：各个子原理图之间电气连接关系的原理图。

3）方块电路图：子原理图的符号，位于层次原理图母图中，每个方块电路图都与特定的子原理图相对应。

4）方块电路端口：方块电路图所代表的下层子原理图与其他电路连接的端口。通常情况下，方块电路端口与和它同名的下层子原理图的I/O端口相连。

5）I/O端口：不同层次原理图之间的电气连接关系，一般位于子原理图中。I/O端口和网络标号的作用类似。

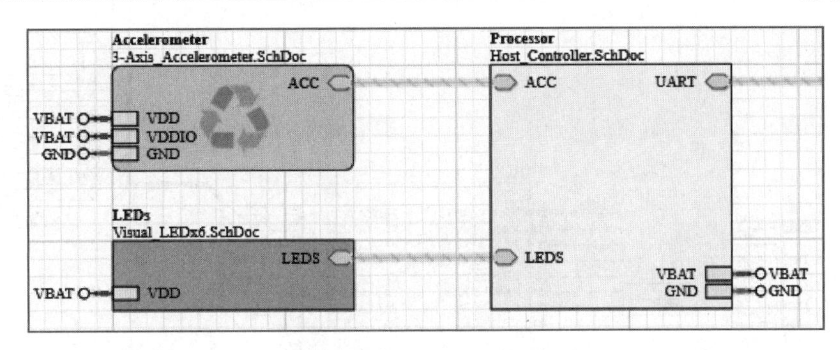

图4-1 层次原理图母图

4.1.2 自下而上的层次原理图设计

在层次原理图设计中，对于不同模块的不同组合，会有不同功能的电路系统，此时采用自下而上的层次原理图设计。设计者首先根据功能电路模块绘制好子原理图，然后由子原理图生成方块电路图。

【例4-1】 AVR单片机串口通信显示控制电路。

ATmega16是以Atmel高密度非易失性存储器技术生产的。片内ISP Flash允许程序存储器通过ISP串行接口或者通用编程器进行编程，也可以通过运行于AVR内核之中的引导程序进行编程。引导程序可以使用任意接口将应用程序下载到应用Flash存储区。在更新应用Flash存储区时引导Flash区的程序继续运行，实现了RWW操作。ATmega16是一个功能强大的单片机，为许多嵌入式控制应用提供了灵活而低成本的解决方案。本电路分为4个功能模块：主控电路、输入串口电路、输出显示电路和输出控制模块。

1. 绘制底层子原理图

1）执行“File”→“New”→“PCB Project”命令，建立新项目文件，另存为“Project_Chapter4-1. PrjPcb”。

2）执行“File”→“New”→“Schematic”命令，在新建的项目文件中新建4个原理图文件，分别另存为“MCU_ATmega16-16PC. SchDoc”“OutPut. SchDoc”“SeralPort. SchDoc”和“LED_model. SchDoc”，如图4-2所示。

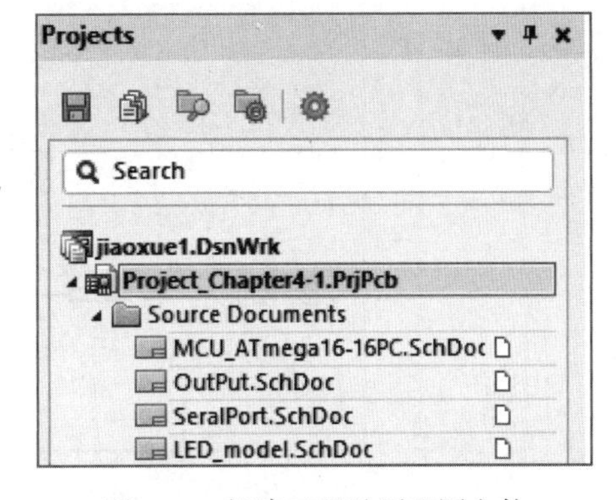

图4-2 新建工程及原理图文件

3）打开原理图文件“MCU_ATmega16-16PC. SchDoc”，进行原理图图纸参数的有关设置。本设计的主控芯片ATmega16-16PC可以在集成库“Atmel Microcontroller 8-Bit AVR. IntLib”中找到。

4）按照前面章节讲述的电路原理图绘制步骤，放置各种元器件，编辑相应属性，绘制导线进行电气连接。

5）在层次原理图设计中，常用的原理图之间的连接传递方式有两种，分别是端口和信号线束，分别在2.4.5节和2.4.6节讲述。完成的“MCU_ATmega16-16PC. SchDoc”子原理图如图4-3所示。

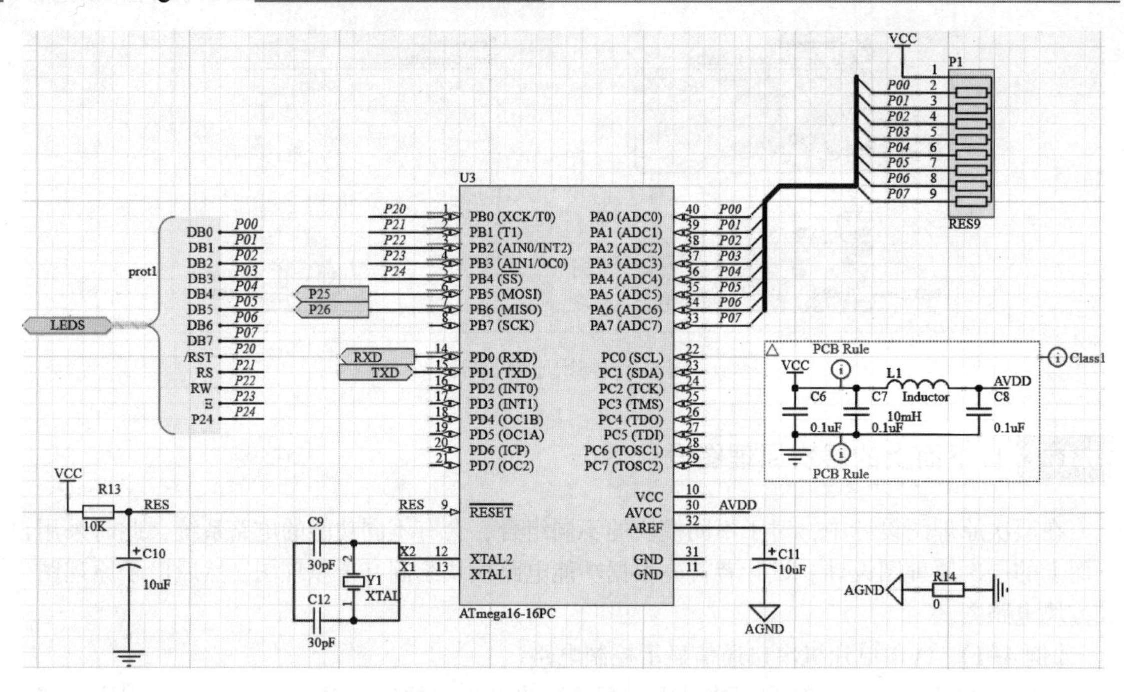

图 4-3　子原理图“MCU_ATmega16-16PC. SchDoc”

6）分别完成子原理图“OutPut. SchDoc”“SeralPort. SchDoc”和“LED_model. SchDoc”的绘制，结果如图 4-4~图 4-6 所示。

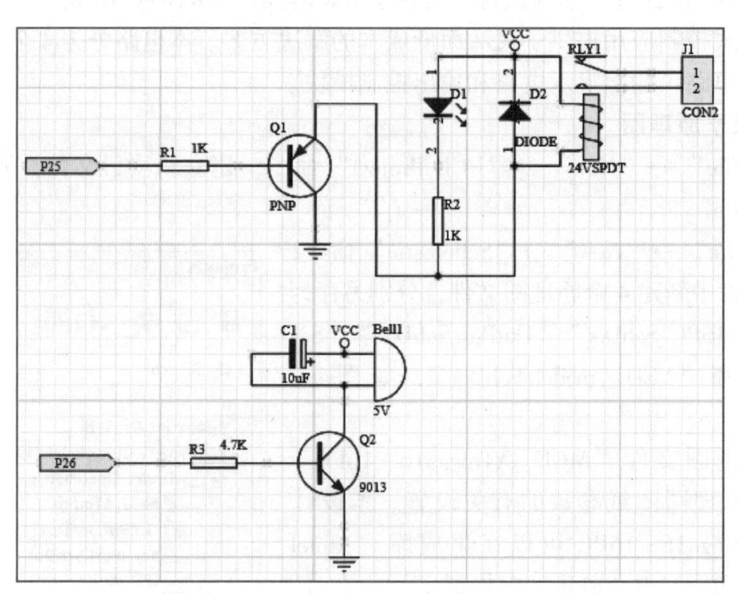

图 4-4　子原理图“OutPut. SchDoc”

2. 新建顶层原理图并生成图表符号

顶层原理图是层次式电路的母图，所有子图都以子图符号的形式出现在母图中。下面进行层次原理图母图的设计。

1）在“Project_Chapter4-1. PrjPcb”项目中新建一个名为“DowntoUp. SchDoc”的原理图文件，如图 4-7 所示。

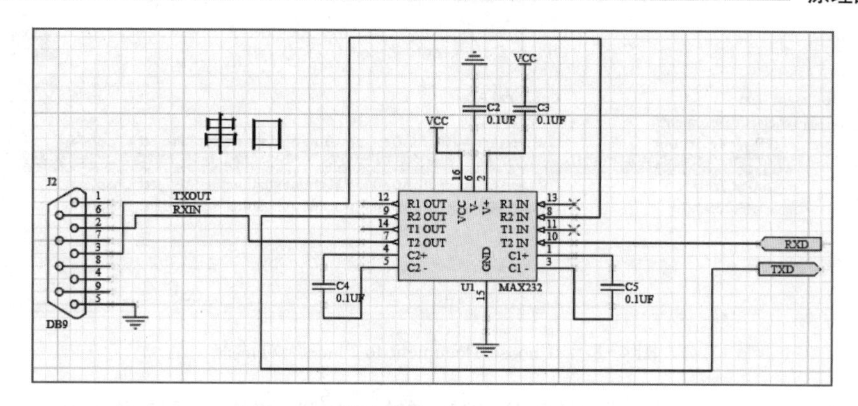

图 4-5　子原理图 “SeralPort. SchDoc”

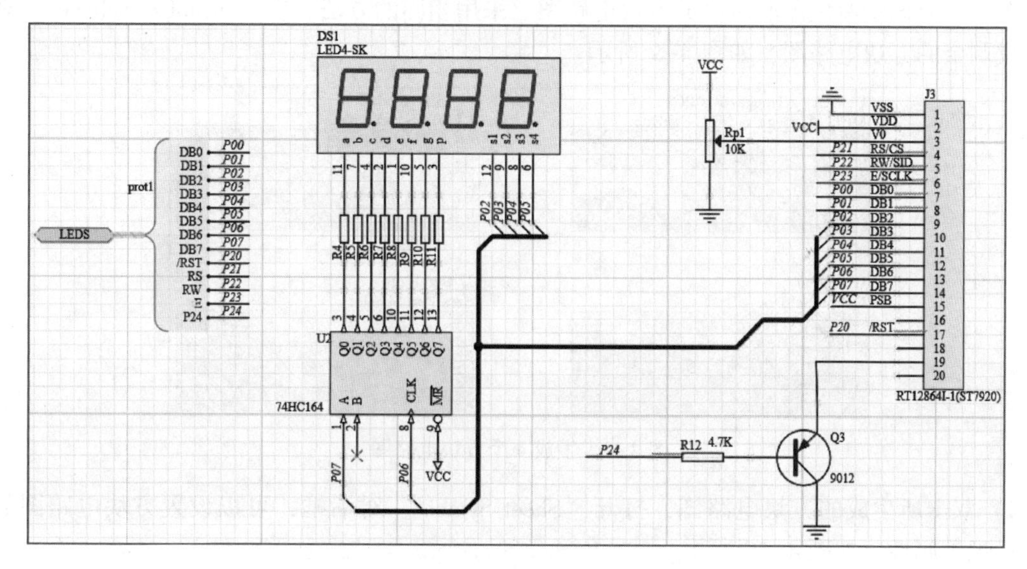

图 4-6　子原理图 “LED_model. SchDoc”

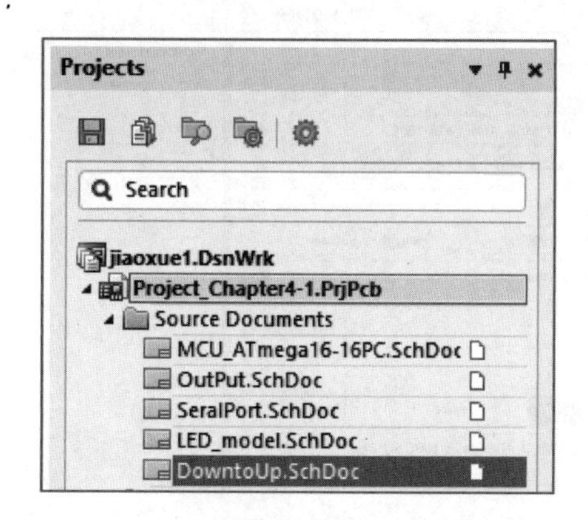

图 4-7　新建原理图 “DowntoUp. SchDoc”

2）在 DowntoUp. SchDoc 原理图工作界面执行 “Design” → “Create Sheet Symbol From Sheet” 命令，弹出图 4-8 所示的 “Choose Document to Place” 对话框。该对话框中列出了同一工程中的所有原理图文件（不包括当前的原理图），设计者可以选择其中的任何一个来生成图表符号。

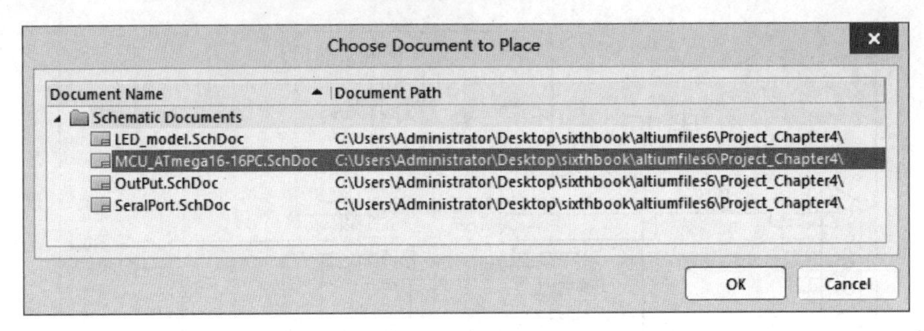

图 4-8 “Choose Document to Place”对话框

3）选中该对话框中的任一子原理图，然后单击“OK”按钮，系统将在 DowntoUp. SchDoc 原理图中生成该子原理图所对应的方块电路图。采用相同的方法，在 DowntoUp. SchDoc 原理图中生成剩余的方块电路图，如图 4-9 所示。

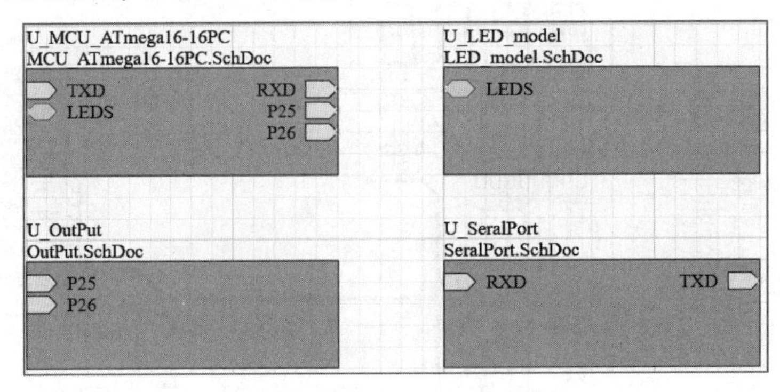

图 4-9 生成 4 个方块电路图

4）双击所生成的方块电路图，打开“Sheet Symbol”对话框，可以设置方块电路图的颜色、标识等属性，如图 4-10 所示。

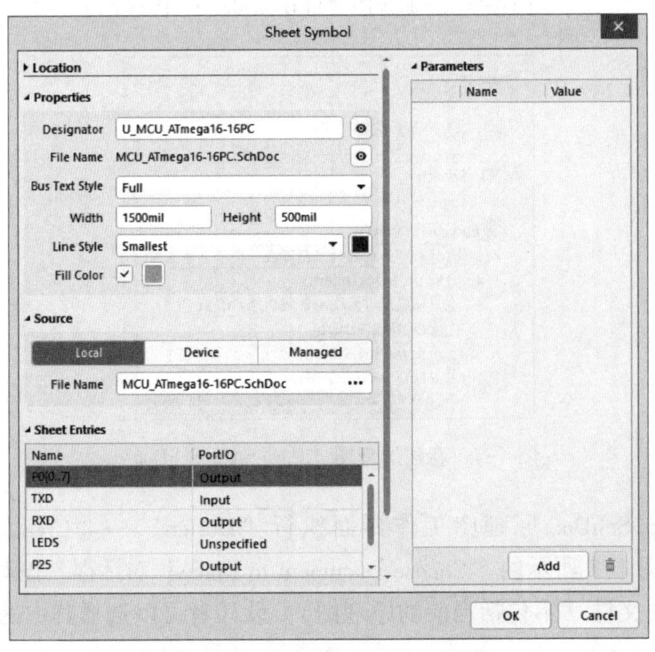

图 4-10 “Sheet Symbol”对话框

5）单击方块电路图，则在其边框会出现一些绿色的小方块。拖动这些小方块，可以改变方块电路图的形状和大小。还可以拖动方块电路端口到合适的位置，以便于连线，调整后的方块电路图和方块电路端口如图4-11所示。

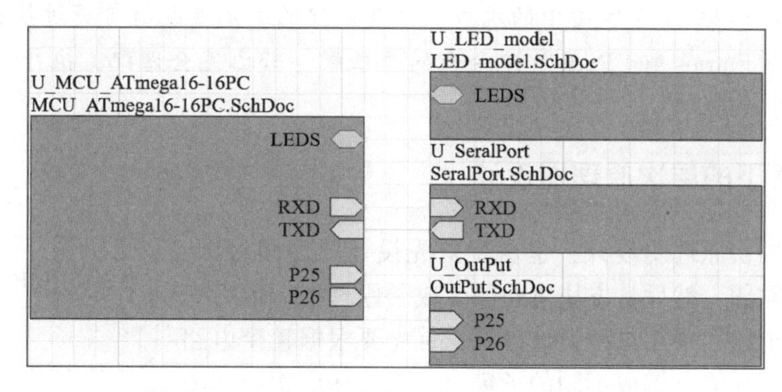

图4-11 调整后的方块电路图和方块电路端口

6）分别修改各个方块电路图和方块电路端口的属性，然后将方块电路之间具有电气连接关系的端口用导线或总线连接起来，就得到图4-12所示的原理图母图（顶层原理图）。

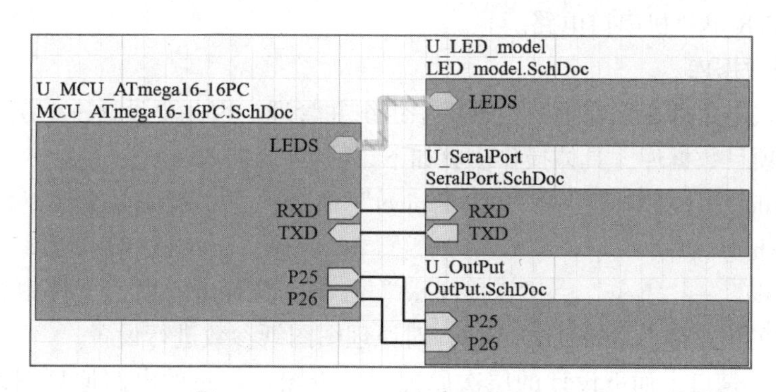

图4-12 原理图母图（顶层原理图）

7）编译“Project_Chapter4-1. PrjPcb”项目，结果如图4-13所示。

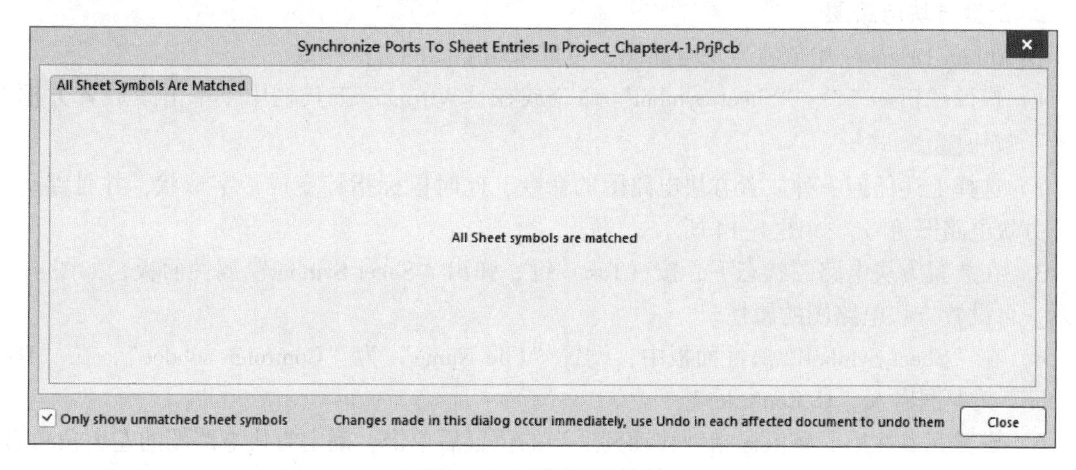

图4-13 项目编译结果

※划重点：

1）在各子原理图之间，信号线束的连接是通过信号线束的类型来确定的。在原理图母图中信号线束端口的连接一定要采用信号线束。

2）图纸入口与相应子原理图中的端口应该是匹配的。不匹配时可通过执行“Design”→“Synchronize Sheet Entries and Ports”命令来同步匹配。若已完全匹配，执行该命令后会出现图 4-13 所示的对话框。

4.1.3 自上而下的层次原理图设计

层次原理图设计-2

自上而下的层次原理图设计，也就是首先设计原理图母图，确定各个方块电路图，然后从方块电路图生成子原理图，最后完善子原理图中的电路，采用这种设计方法，首先要根据整个电路的结构，将其按照功能分解成不同的子模块。用户在层次原理图的母图中确定方块电路图的输入/输出端口，以及方块电路图之间的电气连接关系。再分别绘制层次原理图母图中各个方块电路图对应的子原理图。这样一层一层向下细化，最终完成整个项目原理图的设计。下面介绍具体的操作步骤。

【例 4-2】 AVR 单片机串口电路。

1. 创建项目数据库

所有的层次式电路都必须在项目数据库中组织并管理，因此要设计一个层次式电路，首要任务是创建一个项目数据库，具体操作步骤如下。

1）执行“File”→“New”→“PCB Project”命令，建立新项目文件，另存为“Project_Chapter4-2. PrjPcb”。

2）执行“File”→“New”→“Schematic”命令，在新建的项目文件中新建一个原理图文件，将原理图文件另存为 UptoDown. Sch，对原理图图纸参数进行设置。

UptoDown. Sch 是自上而下设计的层次原理图的母图。创建的电路原理图设计文件中的原理图母图是层次式电路的主图，所有子原理图都以方块电路图的形式出现在母图中。下面进行层次原理图母图的设计。

2. 放置方块电路图

在 Altium Designer 中放置方块电路图，可以采用下面的方法完成。

1）执行“Place”→“Sheet Symbol”命令或在“Wiring”工具栏中，单击“放置方框图符号”按钮。

2）选择上述任何一种放置方块电路图的命令，此时鼠标指针变成十字形状，并且浮动着一个方块电路图符号，如图 4-14 所示。

3）在放置方块电路图状态下，按〈Tab〉键，弹出“Sheet Symbol”属性面板，如图 4-15 所示，可设置方块电路图的属性。

4）在“Sheet Symbol”属性面板中，设置“File Name”为“Controler. schdoc”，在“Designator”文本框输入“U_Controler”。

5）设置完属性后，将鼠标指针移动到适当的位置后单击，确定方块电路图的左上角位置，然后拖动鼠标到适当的位置后单击，确定方块电路图的右下角位置。这样就定义了方块电路图的大小和位置，绘制出了一个名为“U_Controler”的方块电路图，如图 4-16 所示。

6）绘制完一个方块电路图后，系统仍处于放置方块电路图的命令状态下，设计者可用同样的方法放置另外两个方块电路图，文件名分别为“SerialPort2. SchDoc”和“LED_model2. SchDoc”。在“Designator”文本框分别输入“U_SeralPort2”和“U_LED_model2”。结果如图 4-17 所示。

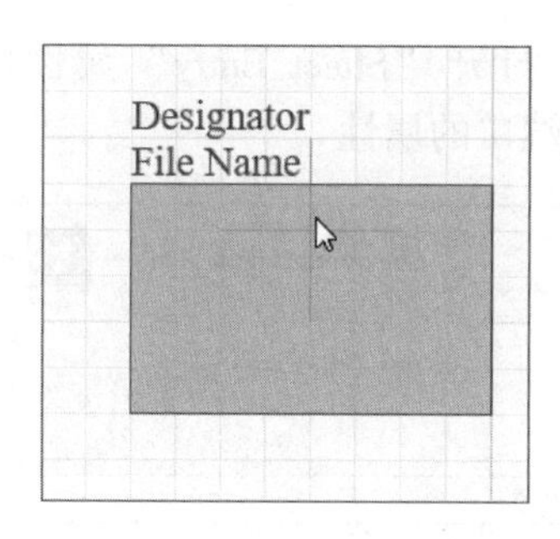

图 4-14　放置方块电路图符号

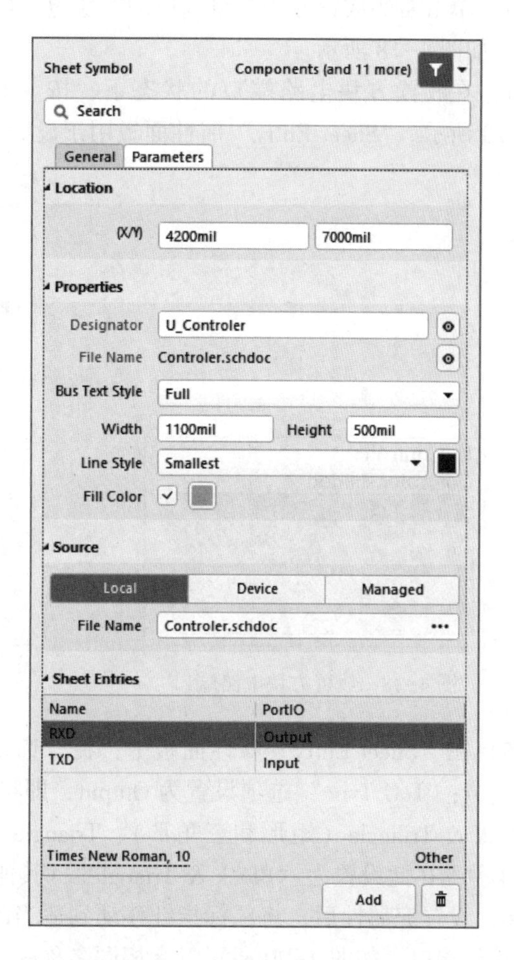

图 4-15　“Sheet Symbol”属性面板

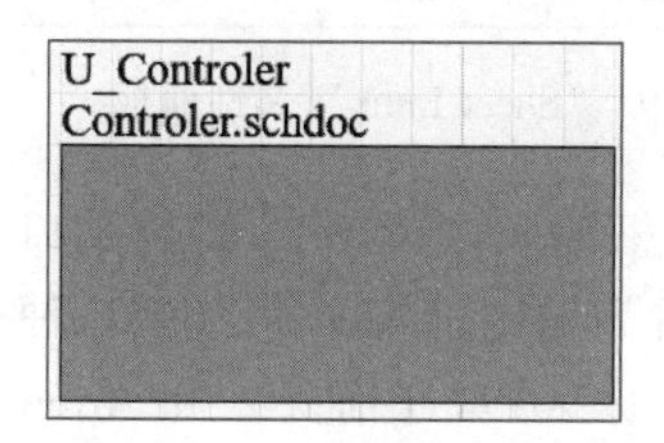

图 4-16　“U_Controler”方块电路图

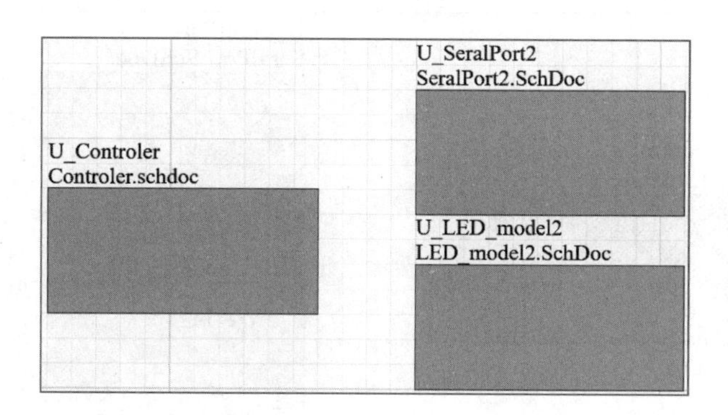

图 4-17　放置其他两个方块电路图

3. 放置方块电路端口

1）执行“Place”→“Add Sheet Entry”命令或在“Wiring”工具栏中单击“放置方块电路端口”按钮。

2）选择上述任何一种放置方块电路端口的命令，鼠标指针变成十字形状。

3）单击需要放置方块电路端口的方块电路图，鼠标指针处就会出现一个方块电路端口的符号，如图 4-18 所示。

4）在放置方块电路端口的状态下，按〈Tab〉键，打开“Sheet Entry”属性面板，如图 4-19 所示。“Sheet Entry”属性面板用于设置方块电路端口的属性。

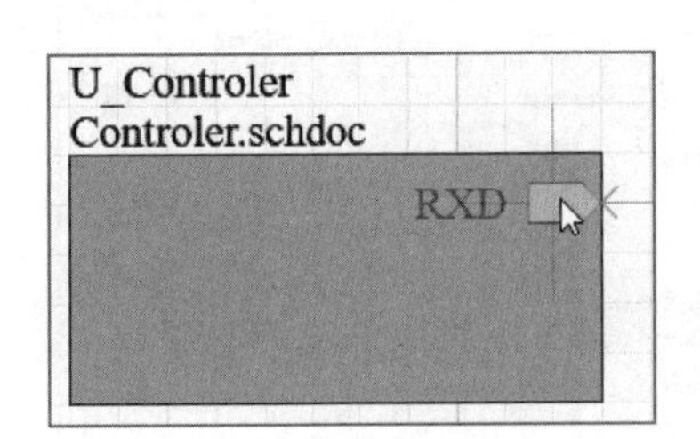

图 4-18 放置方块电路端口

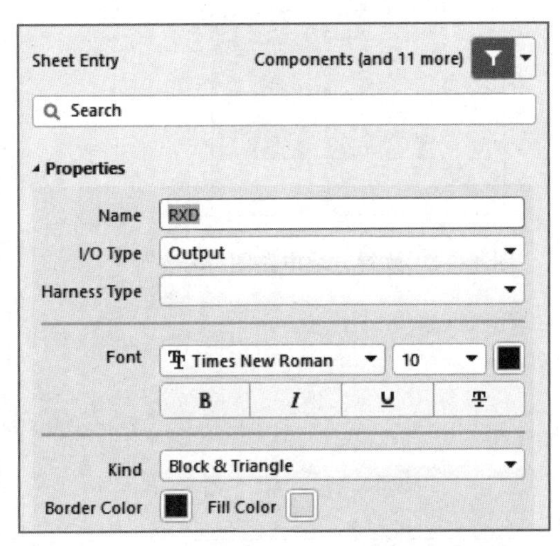

图 4-19 “Sheet Entry”属性面板

5）在“Sheet Entry”属性面板中，在“Name”文本框输入“RXD”，即将端口名设为读发送信号；“I/O Type”选项设置为 Output，即将端口设置为输出；“Kind”（端口种类）选项有 Block & Triangle（矩形和三角形）、Triangle（三角形）、Arrow（箭头）和 Arrow Tail（箭尾）4 种，在此设置为“Block & Triangle”，其他选项可自行设置。

6）设置完属性后，将鼠标指针移动到适当的位置，单击将其定位。根据实际电路的安排放置其他端口，如图 4-20 所示。有相同名称的端口才能相互连接，所以在不同的方块电路图上往往放置多个具有相同名称的端口，但端口属性可能不同。

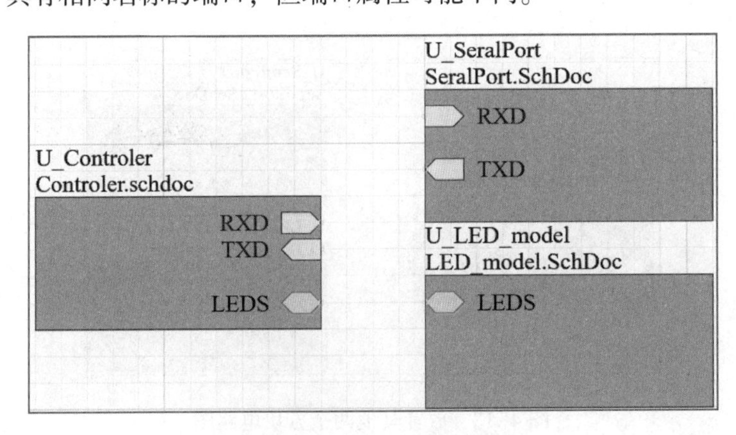

图 4-20 添加全部方块电路端口

7）放置完毕后，右击工作区或按〈Esc〉键，即可退出放置方块电路端口状态。如需修改已放置的方块电路端口，则双击需要修改的端口，即可打开“Sheet Entry”属性面板。

8）放置其他方框图及端口，确定电气连接关系，将电气关系上具有相连关系的端口用导线或信号线束连接在一起，这样就完成了层次原理图母图的设计，如图4-21所示。

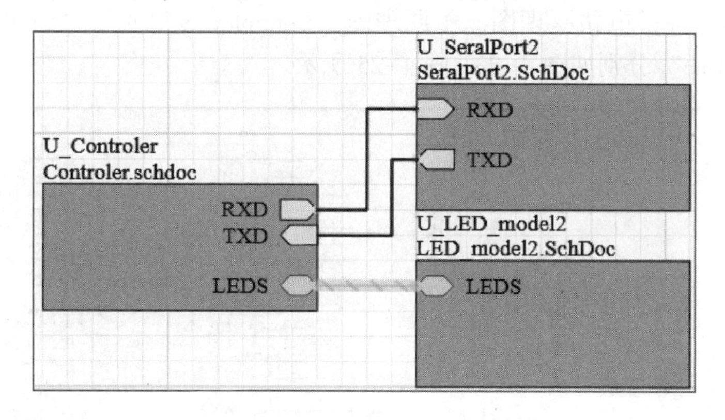

图4-21　绘制好的层次原理图母图

4. 由方块电路图创建子原理图的I/O端口

在采用自上而下方法设计层次原理图时，先建立方块电路图，再设计该方块电路图对应的原理图。而设计子原理图时，其I/O端口符号必须和方块电路图的I/O端口符号相对应。Altium Designer提供了一条捷径，即由方块电路图直接创建子原理图的端口符号。

1）执行“Design”→“Create Sheet From Symbol”命令。

2）执行该命令后，鼠标指针变成了十字形状，移动鼠标指针到某一方块电路图上单击，所产生的I/O端口的电气特性与方块电路图中的相同，即输出仍为输出。

3）系统自动生成一个文件名为Controler.SchDoc的原理图文件，并布置好I/O端口，如图4-22所示。

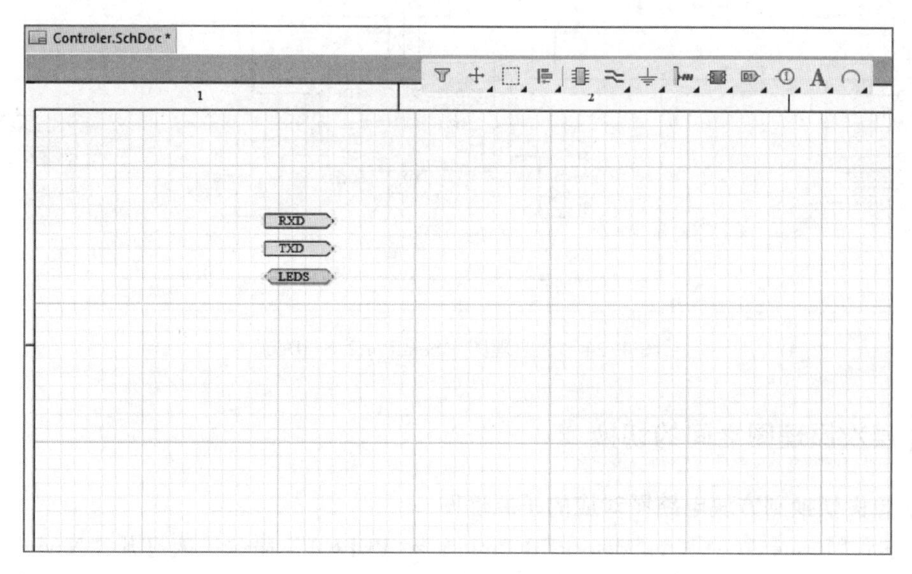

图4-22　由方块电路图创建的新原理图端口

4）按照同样的方法创建其他子原理图。

5. 子原理图具体化

生成的子原理图，已经有了现成的 I/O 端口，在确认了新的电路原理图上的 I/O 端口符号与对应的方块电路图的 I/O 端口符号完全一致后，设计者就可以按照该模块组成，放置元器件和连线，绘制出具体的电路原理图。子原理图“Controler. SchDoc”“SeralPort2. SchDoc”和“LED_model2. SchDoc”分别如图 4-23～图 4-25 所示。

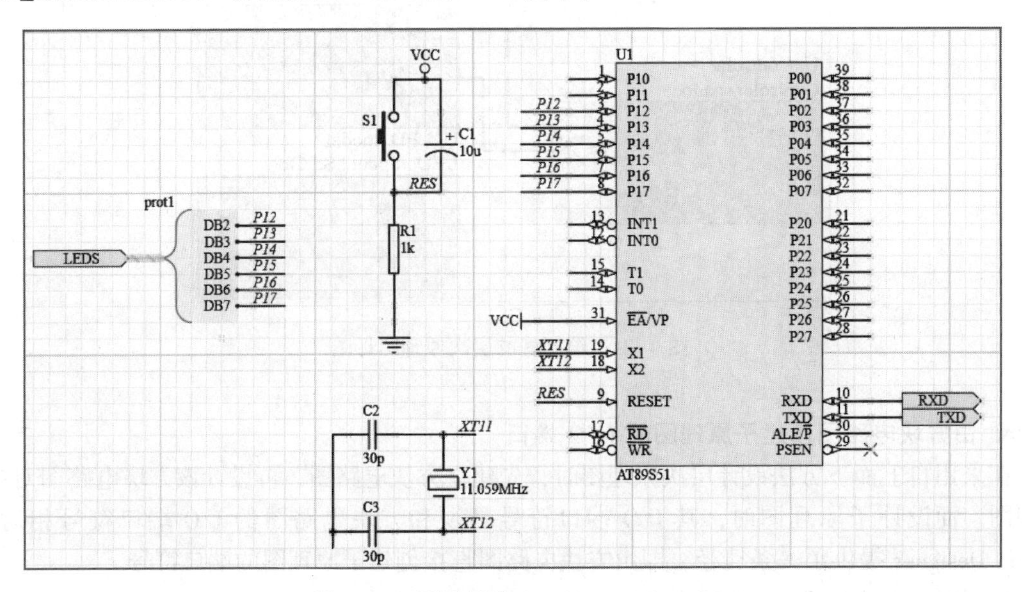

图 4-23　子原理图“Controler. SchDoc”

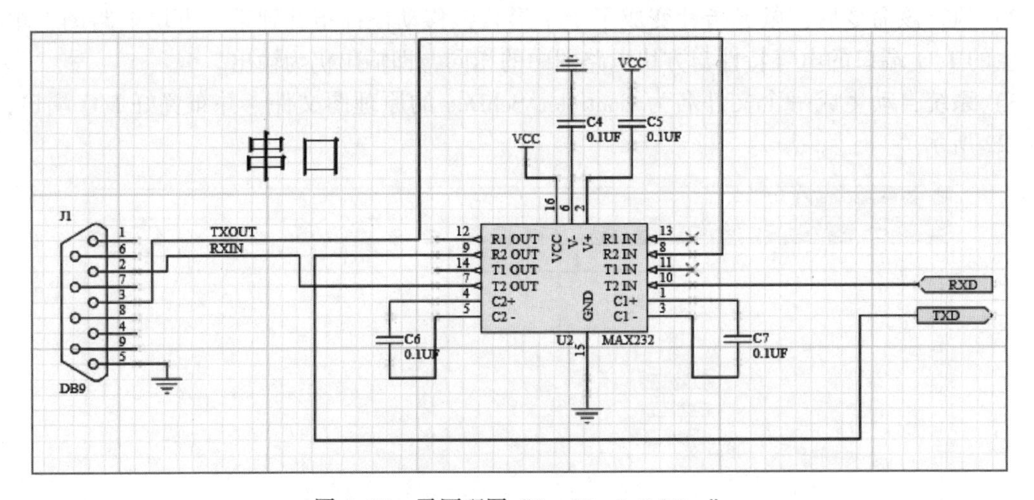

图 4-24　子原理图“SeralPort2. SchDoc”

4.1.4 层次原理图之间的切换

1. 从母图切换到方块电路图对应的子原理图

1）执行“Project”→“Validate PCB Project ＊. PrjPCB”命令，或打开“Navigator”面板并右击，在弹出的快捷菜单中选择“Validate Project”命令，执行编译操作。编译后的“Navigator”面板如图 4-26 所示，其中显示了各原理图的信息和层次原理图的结构。

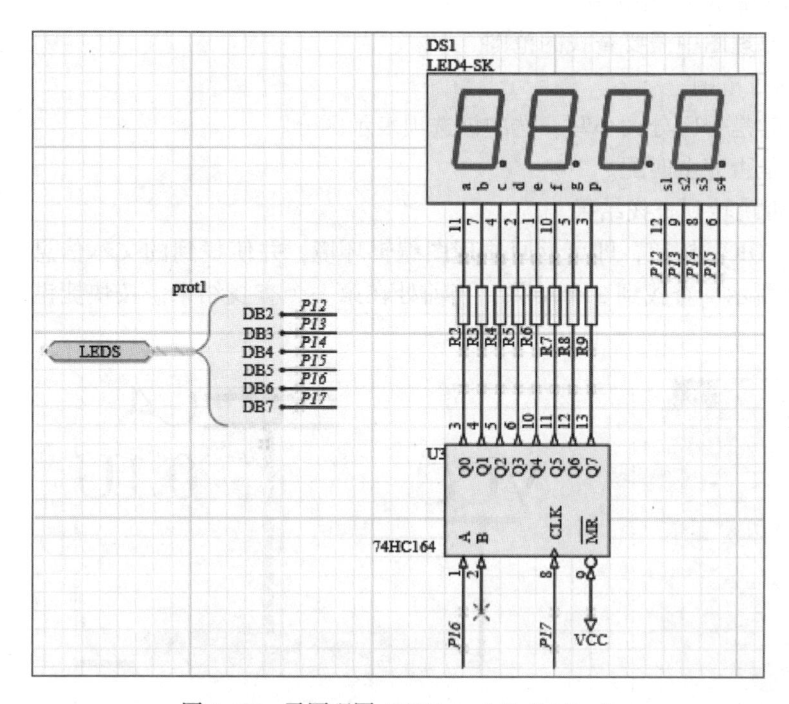

图4-25　子原理图“LED_model2. SchDoc”

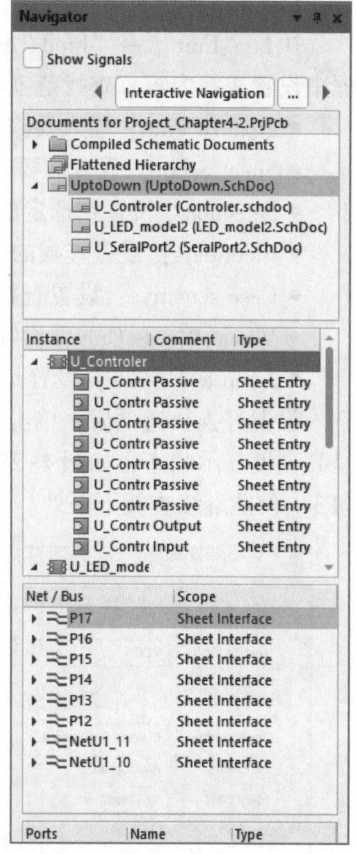

图4-26　编译后的“Navigator”面板

2）执行“Tools”→“Up/Down Hierarchy”命令或在“Navigator”面板中“Document For *. PrjPcb”列表中双击要进入的母图或者子原理图的文件名，即可快速切换到对应的原理图。

3）执行“Tools”→“Up/Down Hierarchy”命令后，鼠标指针变成十字形状。将鼠标指针移至母图中的方块电路图上单击，就可以完成切换。

2. 从子原理图切换到母图

1）执行“Tools”→“Up/Down Hierarchy”命令，或在“Navigator”面板中选择相应母图文件，即可从子原理图切换到母图。

2）执行“Tools”→“Up/Down Hierarchy”命令后，鼠标指针变成十字形状，移动鼠标指针到子原理图中任一元器件上单击，即可完成切换。

4.2　原理图后期处理

原理图后期处理 

原理图后期处理-扩展 

4.2.1　文本的查找与替换

Altium Designer 也具备文本的查找和替换功能。这项功能和 Word 等文字处理软件相同，能够对原理图中所有的文本和网络标号进行查找和替换操作。

【例 4-3】查找文本。

执行“Edit”→“Find Text”命令，弹出图 4-27 所示的“Find Text”对话框，在该对话框中设置查找内容、查找范围和查找方式后，即可进行查找。其中主要的选项如下。

- Text To Find：输入要查找的文本信息，可以使用通配符“*”和“?”。
- Sheet Scope：设置需要查找的原理图范围。
- Selection：设置在选定的原理图中需要查找的范围。
- Identifiers：设置查找的标号范围。
- Case sensitive：设置查找时是否区分大小写，选中该选项表示区分。
- Whole Words Only：设置是否完全匹配。
- Jump to Results：设置是否跳转到查找结果。

设置好查找选项后，单击“OK”按钮，即可返回原理图编辑环境，并使找到的文本信息呈高亮度显示状态，如图 4-28 所示，查找到 3 个结果，当前处在第一个查找结果。按快捷键〈F3〉便能继续查找下一处。

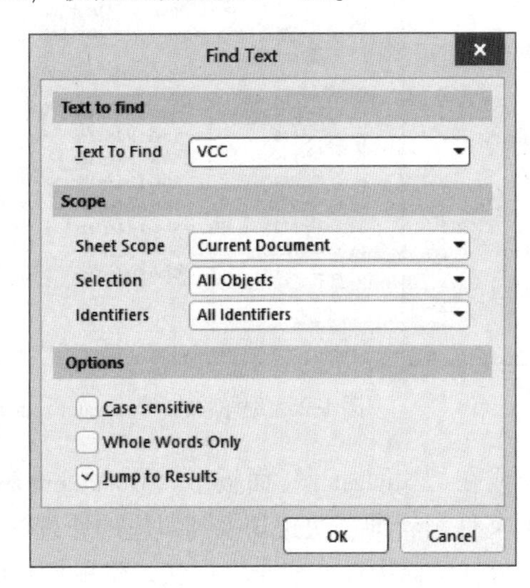

图 4-27 “Find Text”对话框

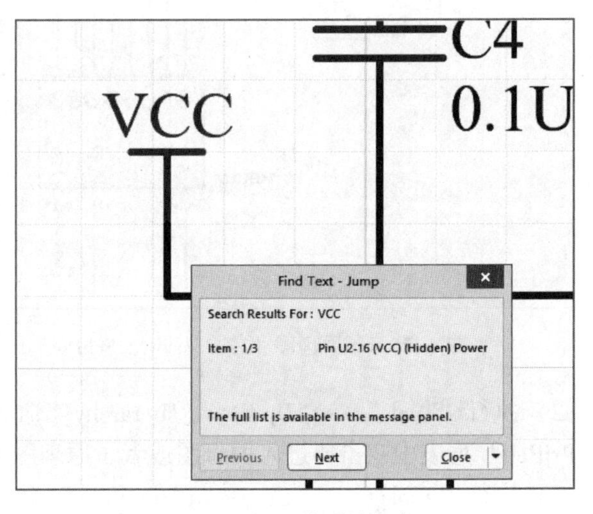

图 4-28 查找到的文本

单击“Close”按钮，进入图 4-29 所示的“Messages”窗口，双击条目可在查找结果中跳转。

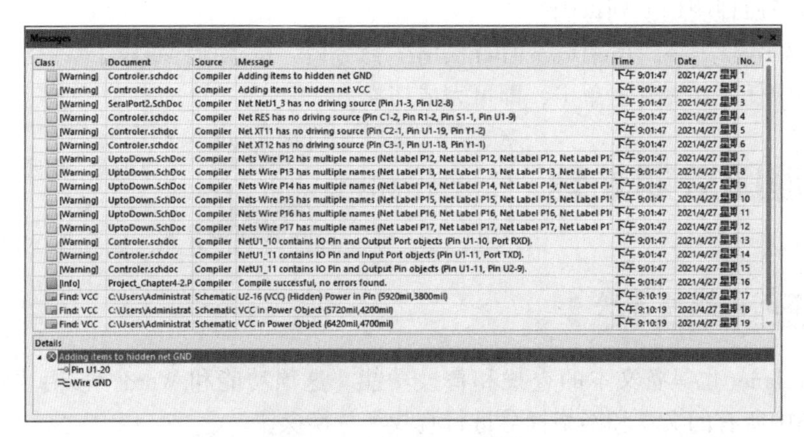

图 4-29 “Messages”窗口

【例 4-4】替换文本。

执行“Edit”→“Replace Text”命令，弹出图 4-30 所示的“Find and Replace Text”对话框。该对话框中主要选项的含义如下。

- Text To Find：输入被替换的文本信息。
- Replace With：输入替换的文本信息。
- Prompt On Replace：提示替换复选框，用于设置是否在替换前给出提示信息。选中该复选框后，会在每次替换前出现是否替换的提示信息。

单击“Find and Replace Text”对话框的“OK”按钮确认替换信息，弹出图 4-31 所示的“Information”对话框，再单击“OK”按钮，完成文本替换。

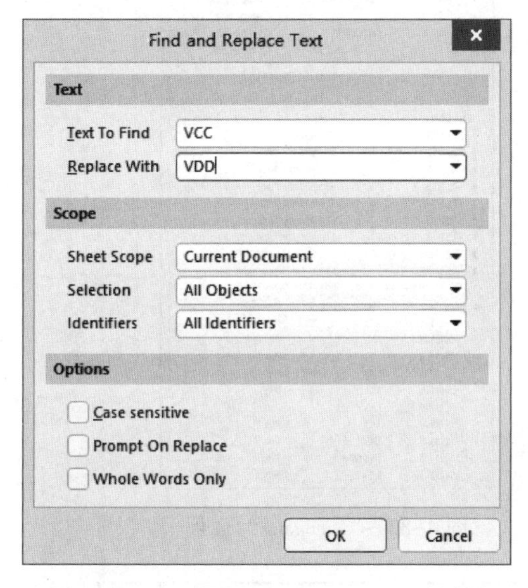

图 4-30 “Find and Replace Text”对话框

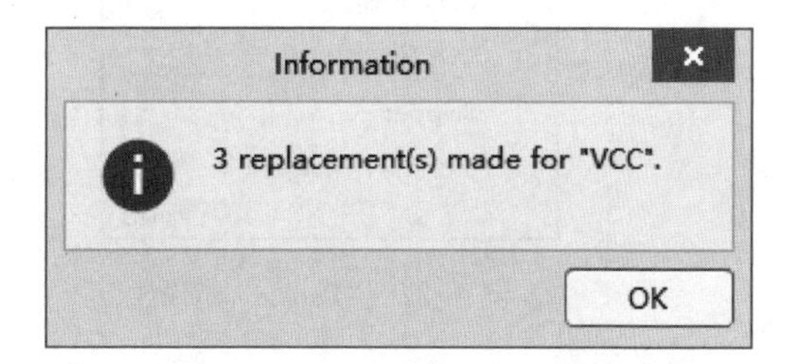

图 4-31 文本替换确认信息

4.2.2 元器件的过滤

在进行原理图或 PCB 设计时，设计者经常希望能够查看并且编辑某些对象，但是在复制的电路中，尤其是在 PCB 设计时，要将某个对象从中区分出来十分困难。因此，Altium Designer 提供了一个十分个性化的过滤功能。经过过滤，被选定的对象将清晰地显示在工作窗口中，而其他未被选定的对象则呈现半透明状态。同时，未被选定的对象将变为不可操作状态。

1. “Navigator”面板

1）打开项目 *.prjPCB 并编译，在页面的右侧底部面板可以看到图 4-32 所示的“Panels”按钮。

2）单击“Panels”按钮，然后在弹出的菜单中选择“Navigator”命令，打开图 4-33 所示的“Navigator”面板，单击元器件或网络，则系统会自动跳转到相应的元器件位置。如果选择其中的 U1，则原理图工作窗口如图 4-34 所示。

2. 使用过滤器选择批量目标

Altium Designer 将通过新的数据编辑系统满足定位、选中以及修改对象的要求。通过这个系统，可以方便地过滤设计数据以便找到对象、选中对象以及编辑对象。下面介绍如何过滤、选择及编辑多个对象。

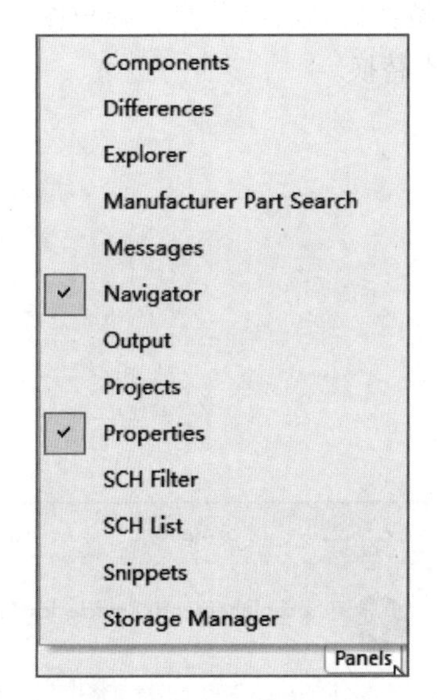

图 4-32 “Panels”按钮

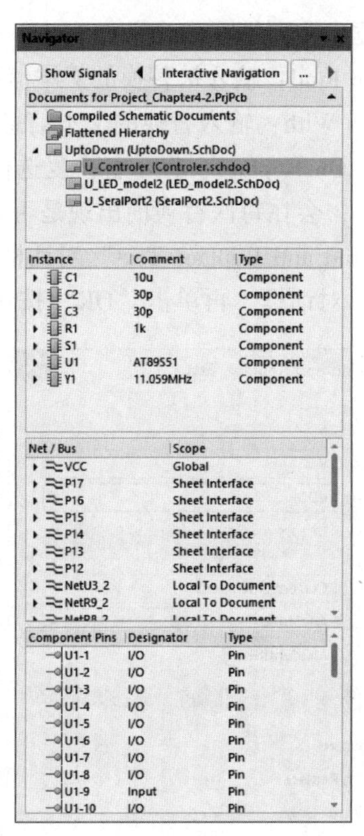

图 4-33 “Navigator”面板

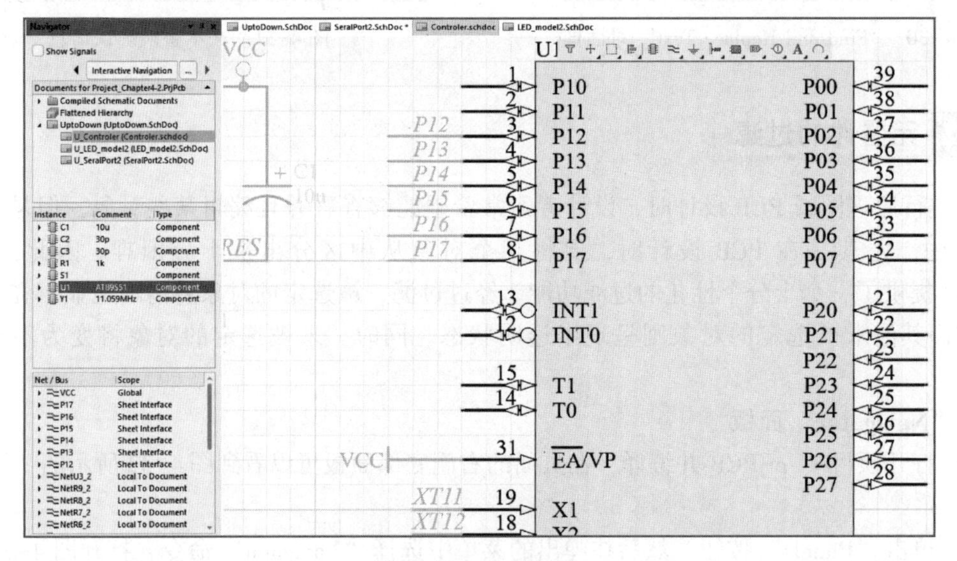

图 4-34 U1 被过滤

1）单击图 4-32 所示的“Panels”按钮，在弹出的菜单中选择“SCH Filter”命令，则会打开图 4-35 所示的“SCH Filter”面板。在“SCH Filter”面板中，单击“Helper”按钮，打开“Query Helper”对话框，如图 4-36 所示。

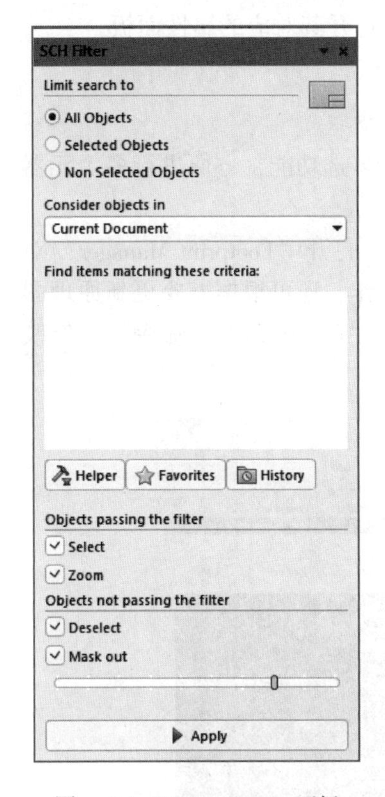

图 4-35 “SCH Filter”面板

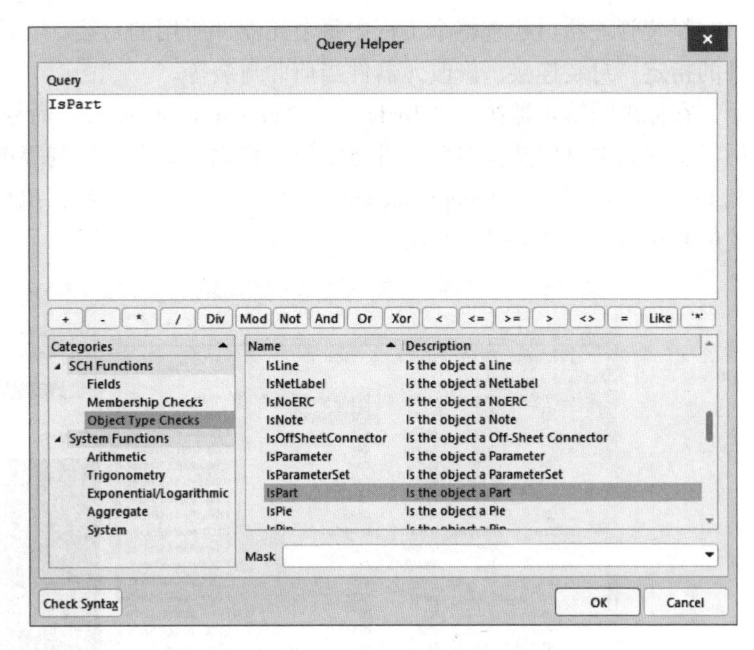

图 4-36 “Query Helper”对话框

2）在对话框中选择“SCH Functions”→“Object Type Checks”选项，右侧列表框中出现一系列条件语句，例如，选择“IsPart”语句，则在上面的“Query”文本框中出现该语句，再加上中间+，-，Div，Mod，And 等符号可以组合成复杂的条件语句。单击“OK”按钮，返回“SCH Filter”面板。选中“Select”复选框，单击“Apply”按钮，就可以选择全部的元器件。

3. “SCH List”面板

选中一个对象或多个对象，再选择图 4-32 所示菜单中的“SCH List”命令，打开“SCH List”面板，如图 4-37 所示。用户可以配置和编辑多个设计对象。

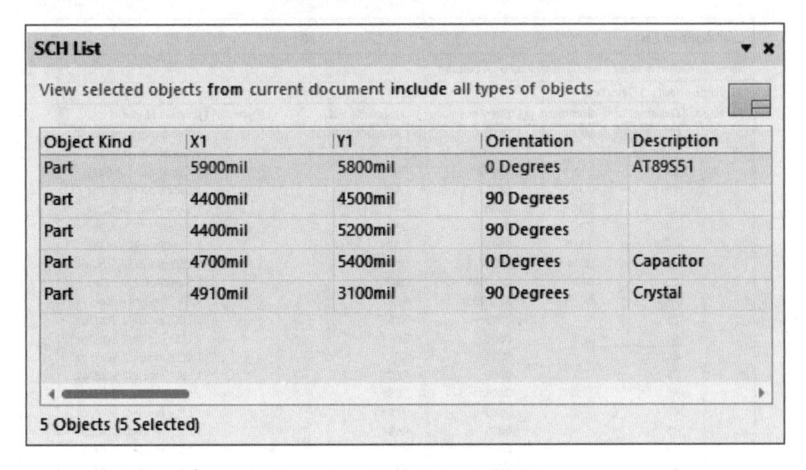

图 4-37 “SCH List”面板

双击“SCH List”面板中“Object Kind”栏所列对象，可以打开其对应的属性面板。

4.2.3 封装管理器的使用

封装管理器可检查整个工程中每个元器件所用的封装，支持多选功能，方便进行多个元器件的指定、封装连接、修改元器件当前的封装等。

在原理图编辑器执行“Tools”→“Footprint Manager”命令，打开“Footprint Manager”对话框，在其中可以选择多项，进行添加、移除、编辑、复制等操作，还可根据需要更新原理图和PCB，但需单击“Accept Changes”（Create ECO）按钮，执行“Create ECO”命令后，修改才能被执行，如图4-38所示。

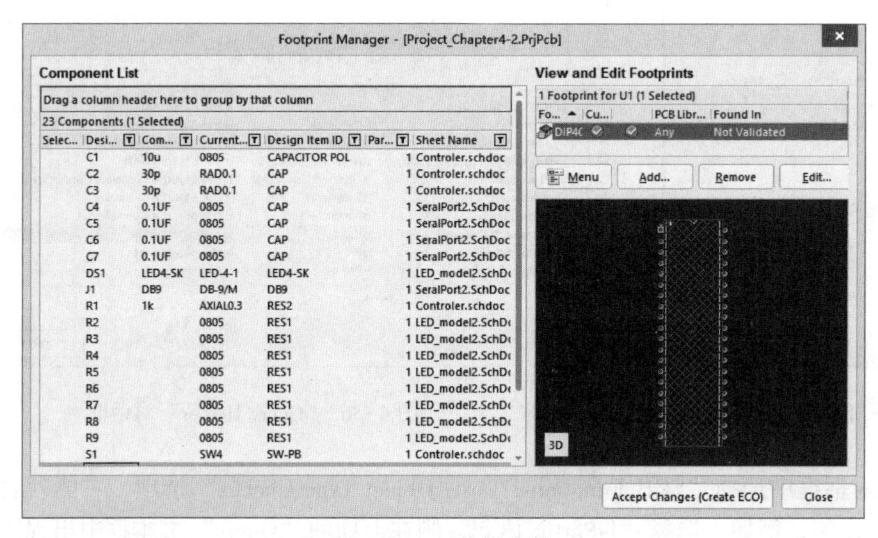

图4-38 封装管理器

1. 元器件的过滤

在封装管理器中提供了丰富的元器件过滤操作方式，设计者可以根据需要操作某一个元器件、某一类元器件或全部元器件，注意图4-38封装管理器的“Component List”列表框，其中有一个元器件过滤条，如图4-39所示。

Component List

Drag a column header here to group by that column

23 Components (1 Selected)

Selected	Designat...	Comment	Current Fo...	Design Item ID	Part C...	Sheet Name
	(All)	10u	0805	CAPACITOR POL	1	Controler.schdoc
	(Custom...)	30p	RAD0.1	CAP	1	Controler.schdoc
	C1	30p	RAD0.1	CAP	1	Controler.schdoc
	C2	0.1UF	0805	CAP	1	SeralPort2.SchDoc
	C3	0.1UF	0805	CAP	1	SeralPort2.SchDoc
	C4	0.1UF	0805	CAP	1	SeralPort2.SchDoc
	C5	0.1UF	0805	CAP	1	SeralPort2.SchDoc
	C6	LED4-SK	LED-4-1	LED4-SK	1	LED_model2.SchDoc
	C7	DB9	DB-9/M	DB9	1	SeralPort2.SchDoc
	DS1	1k	AXIAL0.3	RES2	1	Controler.schdoc
	J1		0805	RES1	1	LED_model2.SchDoc
	R1		0805	RES1	1	LED_model2.SchDoc
	R4		0805	RES1	1	LED_model2.SchDoc
	R5		0805	RES1	1	LED_model2.SchDoc
	R6		0805	RES1	1	LED_model2.SchDoc
	R7		0805	RES1	1	LED_model2.SchDoc
	R8		0805	RES1	1	LED_model2.SchDoc
	R9		0805	RES1	1	LED_model2.SchDoc
	S1		SW4	SW-PB	1	Controler.schdoc

图4-39 元器件过滤条

在图4-39所示的所有过滤条选项中，默认情况均为“All”，此时，元器件列表中显示当前项目中所有原理图的所有元器件。过滤项包括Designator、Comment、Current Footprint、Design Item ID、Sheet Name等。

Designator过滤项是按照当前项目下的所有元器件编号进行过滤，适用于对某个元器件的信息进行操作，若选中其中的“C1”，其他过滤项默认为“All”，此时将显示元器件C1的信息，如图4-40所示。

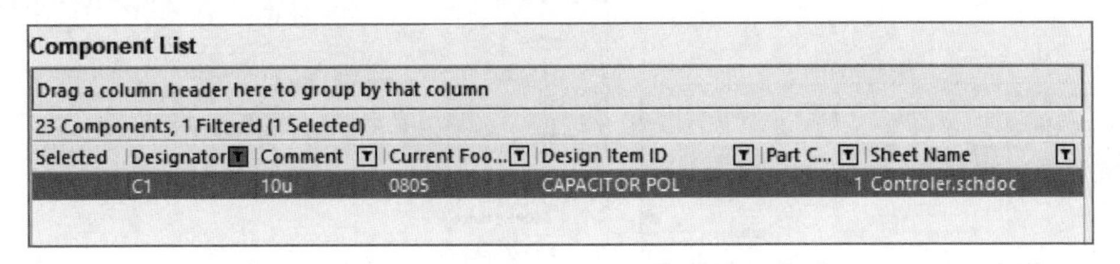

Component List

Drag a column header here to group by that column

23 Components, 1 Filtered (1 Selected)

Selected	Designator	Comment	Current Foo...	Design Item ID	Part C...	Sheet Name
	C1	10u	0805	CAPACITOR POL	1	Controler.schdoc

图4-40　显示某个元器件信息

而Comment、Current Footprint和Design Item ID过滤项，可以显示某类元器件信息列表，如选中“Current Footprint”下的“RAD0.1”，其他过滤项默认为“All”，此时将显示元器件封装为RAD0.1的元器件信息，如图4-41所示。

Component List

Drag a column header here to group by that column

23 Components, 2 Filtered (1 Selected)

Selected	Designator	Comment	Current Foo...	Design Item ID	Part C...	Sheet Name
	C2	30p	RAD0.1	CAP	1	Controler.schdoc
	C3	30p	RAD0.1	CAP	1	Controler.schdoc

图4-41　显示某类元器件信息

Sheet Name过滤项是按照当前项目下某个原理图进行过滤，如选中“Controler.schdoc”，其他过滤项默认为“All”，将显示此原理图下的所有元器件信息，如图4-42所示。

Component List

Drag a column header here to group by that column

23 Components, 7 Filtered (0 Selected)

Selected	Designator	Comment	Current Foo...	Design Item ID	Part C...	Sheet Name
	C2	30p	RAD0.1	CAP	1	(All)
	C3	30p	RAD0.1	CAP	1	(Custom...)
	R1	1k	AXIAL0.3	RES2	1	Controler.schdoc
	S1		SW4	SW-PB	1	LED_model2.SchDoc
	U1	AT89S51	DIP40	AT89S51	1	SeralPort2.SchDoc
	Y1	11.059MHz	XTAL1	CRYSTAL	1	Controler.schdoc
	C1	10u	0805	CAPACITOR POL	1	Controler.schdoc

图4-42　显示某个原理图信息

设计者可以根据需要合理使用过滤功能来操作元器件列表，从而达到操作某个元器件或某类元器件信息的目的。

2. 元器件封装的添加与设定

在图4-39中可以看到C2、C3电容元器件的封装均为RAD0.1，选中C2信息条，在图4-38的右侧“View and Edit Footprints”选项组中可显示和编辑元器件封装，如图4-43所示。

（1）添加封装

在图 4-43 中单击“Add”按钮，弹出图 4-44 所示的“PCB Model”对话框，单击“Browse”按钮，打开图 4-45 所示的“Browse Libraries”对话框，选择 C2 的封装。单击“OK”按钮添加元器件封装。

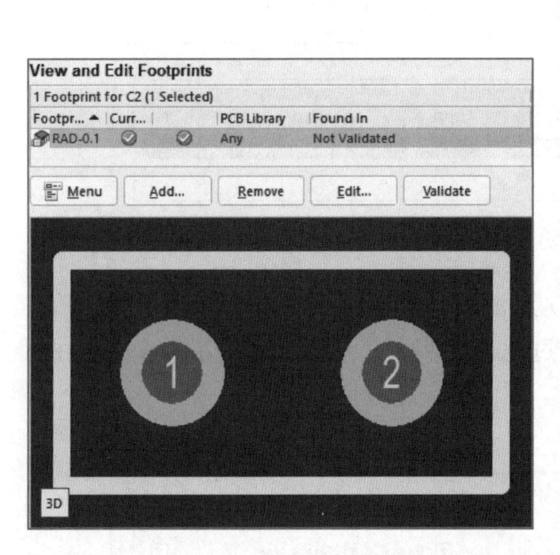

图 4-43 “View and Edit Footprints”选项组

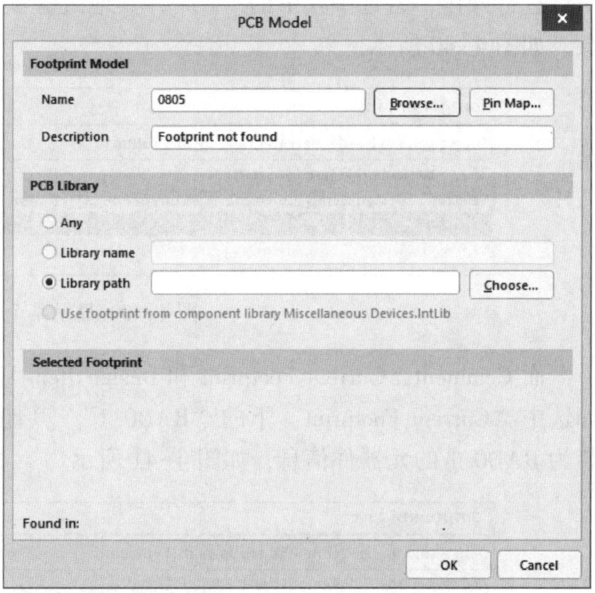

图 4-44 “PCB Model”对话框

（2）设定封装

添加元器件封装的结果如图 4-46 所示，其中“Current”列为✔表示当前元器件的封装，若想更换封装，可在封装列表中右击元器件封装，在弹出的快捷菜单中选择“Set As Current”选项完成封装的设定。

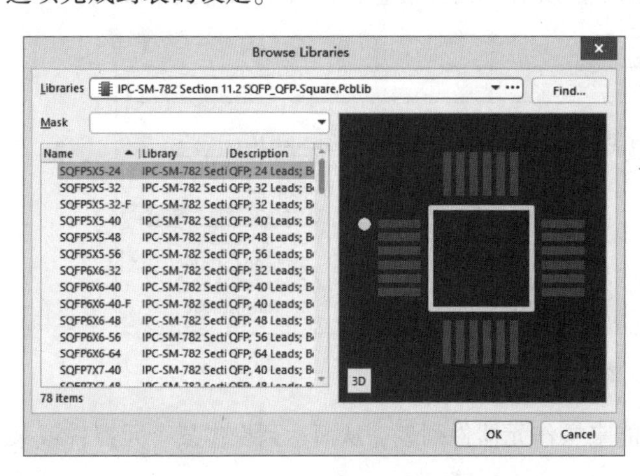

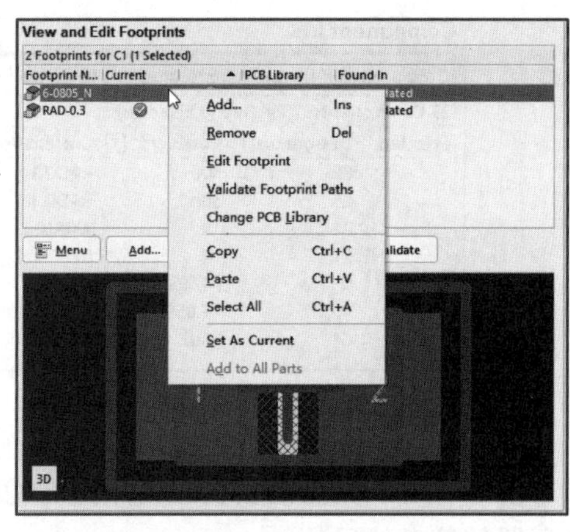

图 4-45 “Browse Libraries”对话框

图 4-46 设定封装

（3）验证及更改封装

在“View and Edit Footprints”选项组封装列表中的“Found In”选项显示的元器件搜寻状态为“Not Validated”，如图 4-47 所示，表示元器件封装没有与元器件库链接，即此时的封装还未生效，需要链接到元器件库，单击“Validate”按钮进行链接，使封装生效，结果如图 4-48 所示，显示了封装所在的封装库。

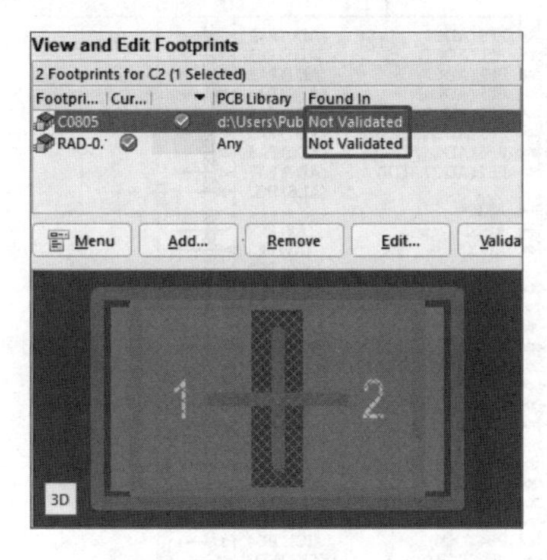

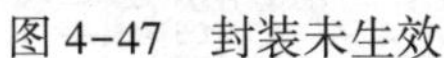
图 4-47　封装未生效

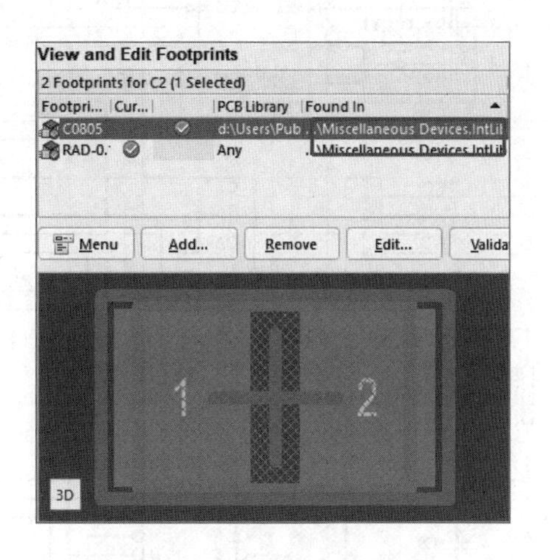

图 4-48　封装已生效

封装生效后，单击“Footprint Manage”对话框的“Accept Changes (Create ECO)”按钮，弹出图 4-49 所示的“Engineering Change Order”对话框，完成对封装修改的验证。单击“Validate Changes”按钮，可使改变生效，在“Check”栏显示，表示已经生效；单击“Execute Changes”按钮，可使改变执行，在“Done”栏显示，表示已经执行；单击“Report Changes”按钮，生成改变报告。如果改变都通过，可单击“Close”按钮完成验证。

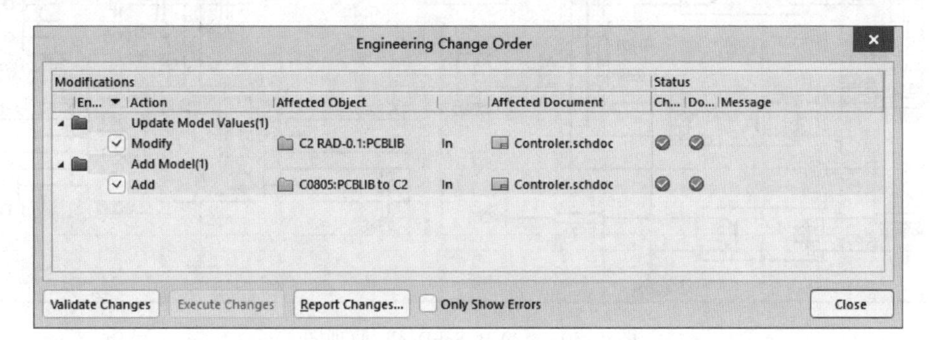

图 4-49　“Engineering Change Order”对话框

4.3　实例：绘制 AVR 单片机最小系统原理图

1. 实例要求

1）新建工程文件，并在此工程下新建原理图文件“AVR. SchDoc”。

2）绘制图 4-50 所示的“AVR. SchDoc”原理图，原理图包含 ATMEGA128 单片机复位和晶振电路、RS232 和 RS485 通信电路、A/D 转换滤波电路和外部时钟电路等，注意部分电气连接采用网络标号的形式。

3）按图中所示设置元器件参数，编译无误，生成元器件清单。

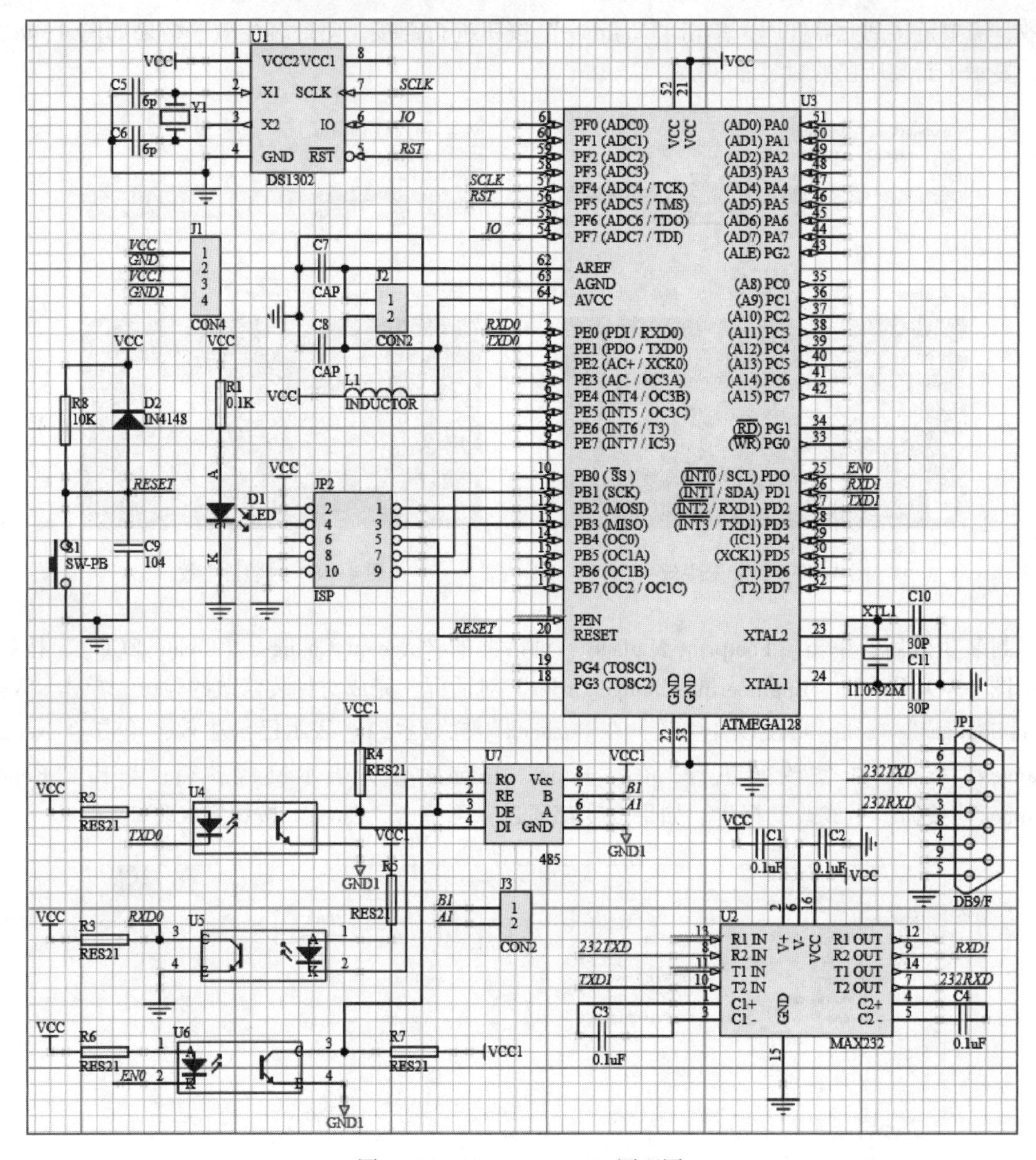

图 4-50 “AVR. SchDoc” 原理图

2. 实例操作步骤

1）启动软件，新建工程文件，命名为“example4-3. PrjPCB”，新建原理图文件，命名为“AVR. SchDoc”，进入原理图编辑界面。

2）在元器件库中查找所需元器件，搜索不到的元器件需要进行手工绘制。

3）将所用元器件按照功能放置到原理图中。

4）实现电气连接，采用直接连线和网络标号相结合的方法，可使原理图设计更加灵活。

5）连接好电路图后，对元器件进行自动标注。

6）对原理图进行工程编译，并对存在的各种错误和警告信息进行修改，直至正确为止。

7）生成并保存元器件报表。

4.4 习题

1. 简答题

1）简述自上而下绘制层次原理图的步骤。

2）怎样实现主图和子图的切换？

3）自下而上和自上而下设计层次原理图方法有什么区别？

4）图纸入口和端口有什么区别？

2. 选择题

1）若要选取全部对象，应（　　）。

A. 按〈A〉键　　B. 按〈Shift+A〉键　　C. 按〈Ctrl+F〉键　　D. 按〈Ctrl+A〉键

2）（　　）不是原理图中各原理图之间的网络接口对象。

A. 输入/输出端口（I/O Port）　　B. 离图连接（Off Sheet Connector）

C. 图表符（Sheet Symbol）　　D. 网络标号（Net Label）

3）在层次原理图中，（　　）对象可连接到内层原理图。

A. 图表符（Sheet Symbol）　　B. 输入/输出端口（I/O Port）

C. 离图连接（Off Sheet Connector）　　D. 图纸入口（Sheet Entry）

4）在原理图中，可用（　　）对象连接两个原理图之间的总线。

A. 输入/输出端口（I/O Port）　　B. 离图连接（Off Sheet Connector）

C. 图纸入口（Sheet Entry）　　D. 端点连接器（Bus Entry）

5）在编辑层次原理图时，若要让“Projects”面板中的文档列表呈现层次化结构，应（　　）。

A. 编译工程　　B. 执行“工具”→“显示层次化结构”命令

C. 重新打开工程　　D. 保存所有文件

6）若要放置图表符（Sheet Symbol），应按（　　）按钮。

A. D1>　　B.　　C.　　D.

7）关于图纸入口（Sheet Entry）与输入/输出端口（I/O Port）的叙述，正确的是（　　）。

A. 图纸入口比输入/输出端口大　　B. 图纸入口的文字在图案里

C. 输入/输出端口的文字在图案里面　　D. 输入/输出端口有多种图案选择

第 5 章　印制电路板（PCB）设计

Altium Designer 20 最强大的功能体现在印制电路板（Printed Circuit Board，PCB）的设计上。在绘制 PCB 前，首先要了解 PCB 的编辑环境，完成 PCB 的环境参数设置和准备工作。了解 PCB 设计的一些基本规则，可以帮助设计者快速理解与掌握 PCB 的绘制。本章将依据 PCB 的设计流程，通过实例详细介绍网络表的载入、元器件的布局、布线规则的设置、自动布线以及手动布线等操作，使设计者全面掌握 PCB 设计中的常用操作和技巧。

5.1　PCB 设计基础

PCB 设计基础

印制电路板是装配电子元器件时使用的基板，主要用于提供各种电子元器件固定和装配的机械支撑，实现电路中各种电子元器件之间的布线和电气连接或电绝缘，提供电路要求的电气特性（如特性阻抗等）。此外，还为自动焊接提供阻焊图形，为元器件插装、检查、维修提供识别字符和图形。

5.1.1 PCB 种类与结构

1. PCB 种类

印制电路板种类很多，根据布线层可分为单面电路板（简称单面板）、双面电路板（简称双面板）和多层电路板（简称多面板），目前单面板和双面板的应用最为广泛。

（1）单面板

单面板又称单层板（Single Layer PCB），只有一个面覆铜，另一面没有覆铜的电路板。元器件一般情况是放置在没有覆铜的一面，覆铜的一面用于布线和元器件焊接。而单面板因为只有一面布线，布线间不能交叉而必须绕独自的路径，因此在设计线路上有许多限制。

（2）双面板

双面板又称双层板（Double Layer PCB），是一种双面覆铜的电路板，两个覆铜层通常被称为顶层（Top Layer）和底层（Bottom Layer），两个覆铜面都可以布线，顶层一般用于放置元器件，底层一般为元器件焊接面。两层之间的连接是通过金属化过孔（Via）来实现的。因为双面板的覆铜面积比单面板大了一倍，而且布线可以绕到另一面而互相交错，所以双面板更适合用在更复杂的电路上。

（3）多面板

多面板又称多层板（Multi Layer PCB），是包括多个工作层面的电路板，除了有顶层（Top Layer）和底层（Bottom Layer）之外还有中间层，其中，顶层和底层与双层面板一样，中间层可以是导线层、信号层、电源层或接地层，层与层之间是相互绝缘的，层与层之间的连接需要通过孔来实现。多面板的结构如图 5-1 所示。

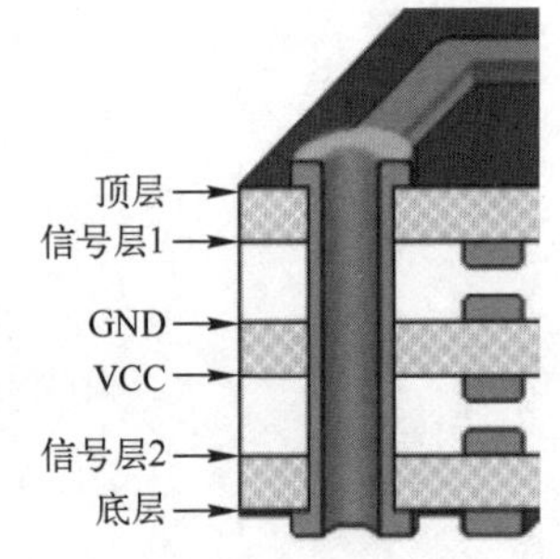

图 5-1　多面板结构

印制电路板按基材的性质不同，又可分为刚性印制电路板和柔性印制电路板两大类。

（1）刚性印制电路板

刚性印制电路板具有一定的机械强度，用它装成的部件具有一定的抗弯能力，在使用时处于平展状态，如图5-2所示。一般电子设备中使用的都是刚性印制电路板。刚性印制电路板包括酚醛纸层压板、环氧纸层压板、聚酯玻璃毡层压板和环氧玻璃布层压板。

（2）柔性印制电路板

柔性印制电路板也称FPC、软板，是一种以聚酰亚胺或聚酯薄膜为基材，可靠性高，柔韧性高的印制电路板。它所制成的部件可以弯曲和伸缩，在使用时可根据安装要求将其弯曲，如图5-3所示。柔性印制电路板一般用于特殊场合，例如，某些数字万用表的显示屏是可以旋转的，其内部往往采用柔性印制电路板。

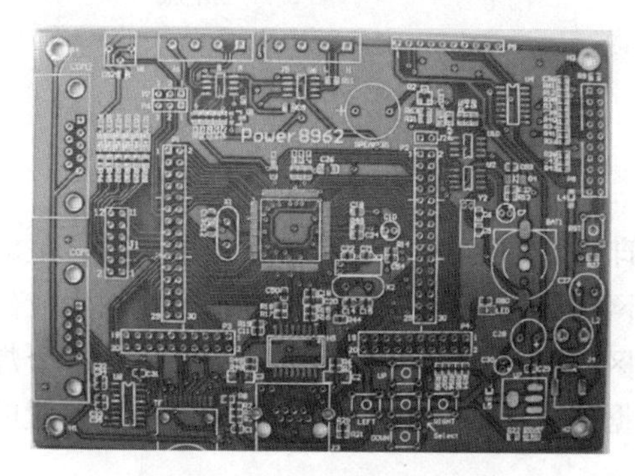

图5-2 刚性印制电路板

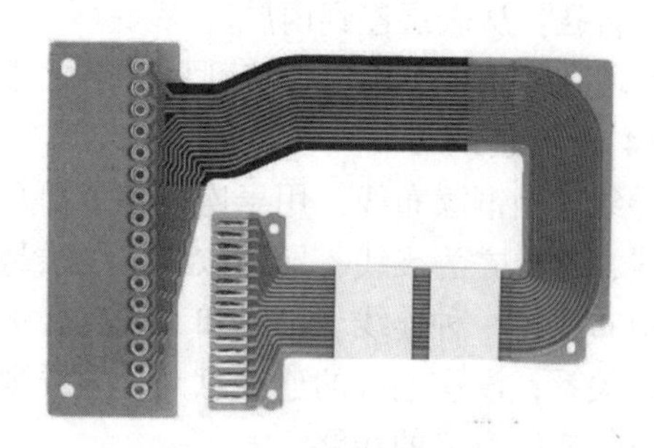

图5-3 柔性印制电路板

2. 印制电路板结构组成

一块完整的印制电路板主要包括绝缘基板、铜箔、孔、阻焊层、文字印制等部分。下面具体介绍印制板的基本组成部分。

（1）层（Layer）

印制电路板上的层不是虚拟的，而是本身实际存在的层。PCB包含许多类型的工作层，在Altium Designer中是通过不同的颜色来区分的。下面介绍几种常用的工作面。

1）信号层（Signal Layer）：信号层主要用于布铜导线。对于双面板来说就是顶层（Top Layer）和底层（Bottom Layer）。Altium Designer可提供32个信号层，包括顶层（Top Layer）、底层（Bottom Layer）和30个中间层（Mid Layer），顶层一般用于放置元器件，底层一般用于焊锡元器件，中间层主要用于放置信号布线。

2）丝印层（Silkscreen）：丝印层主要用于绘制元器件封装的轮廓线和元器件封装文字，以便用户读板。Altium Designer提供顶丝印层（Top Overlayer）和底丝印层（Bottom Overlayer），在丝印层上的所有标识和文字都是用绝缘材料印制到电路板上的，不具有导电性。

3）机械层（Mechanical Layer）：机械层主要用于放置标注和说明等，例如，尺寸标记、过孔信息、数据资料、装配说明等，Altium Designer可提供16个机械层Mechanical1～Mechanical16。

4）阻焊层和锡膏防护层（Mask Layers）：阻焊层主要用于放置阻焊剂，防止焊接时由于焊锡扩张引起短路，Altium Designer提供顶阻焊层（Top Solder）和底阻焊层（Bottom Solder）两个阻焊层。锡膏防护层主要用于安装表面安装器件（Surface Mounted Device，SMD），Altium Designer提供顶防护层（Top Paste）和底防护层（Bottom Paste）两个锡膏防护层。

（2）焊盘

焊盘用于将元器件引脚焊接固定在印制电路板上，完成电气连接。它可以单独放在一层或多层上，对于表面安装器件来说，焊盘需要放置在顶层或底层，而对于针插式元器件来说焊盘应是处于多层（Multi Layer）。通常焊盘的形状有以下 4 种，即圆形（Round）、矩形（Rectangular）、正八边形（Octagonal）和圆角矩形（Rounded Rectangle），如图 5-4 所示。

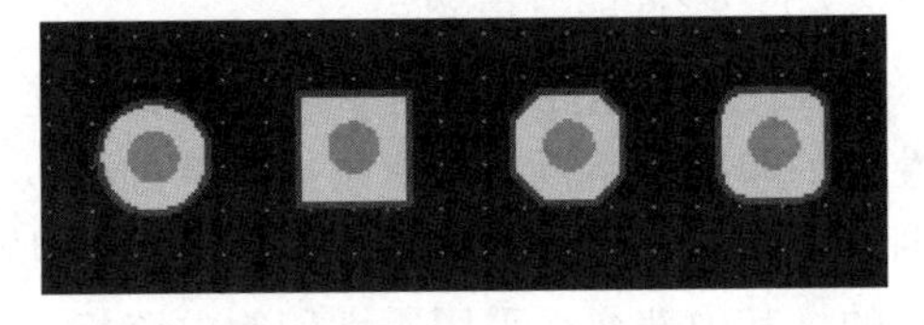

图 5-4 焊盘

（3）过孔（Via）

过孔用于连接不同板层之间的导线，其内侧壁一般都由金属连通。过孔的形状类似于圆形焊盘，分为多层过孔、盲孔和埋孔 3 种类型。

- 多层过孔：从顶层直接通到底层，允许连接所有的内部信号层。
- 盲孔：从表层连到内层。
- 埋孔：从一个内层连接到另一个内层。

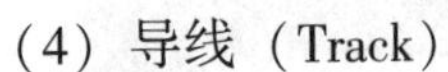

（4）导线（Track）

导线就是铜膜布线，用于连接各个焊盘，是印制电路板最重要的部分。与导线有关的另外一种线，常称之为飞线，即预拉线。飞线是导入网络表后，系统根据电路连接关系生成的，用来指引布线的一种连线。导线和飞线有着本质的区别，飞线只是一种在形式上表示各个焊盘间的连接关系，没有电气的连接意义。导线则是根据飞线指示的焊盘间的连接关系而布置的，是具有电气连接意义的线路。

5.1.2 元器件封装概述

在讲解元器件封装的具体内容之前，先介绍元器件实物、元器件符号和元器件封装 3 个概念。

1. 元器件实物、元器件符号、元器件封装

（1）元器件实物

元器件实物是指组装电路时所用的实实在在的元器件，如电阻、电容、二极管、晶体管，如图 5-5 所示。

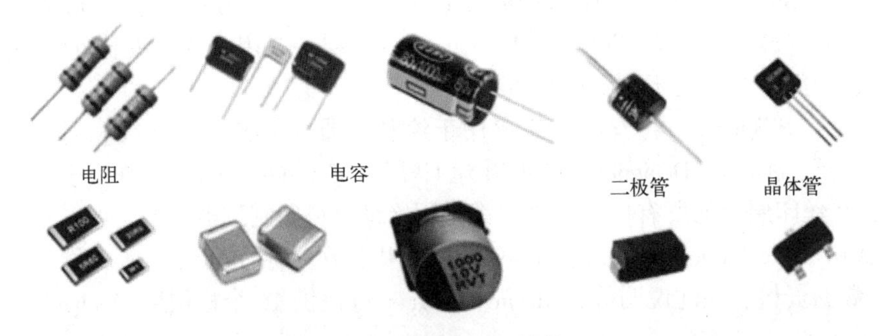

图 5-5 常见电子元器件

（2）元器件符号

元器件符号是指在绘制电路原理图时所用的元器件表示图形，是在电路图中代表元器件的一种符号。图 5-6 所示为电阻、电容、二极管、晶体管的符号。

R
1KΩ
C
Cap
100pF
VD
1N4001
VT
2N3904

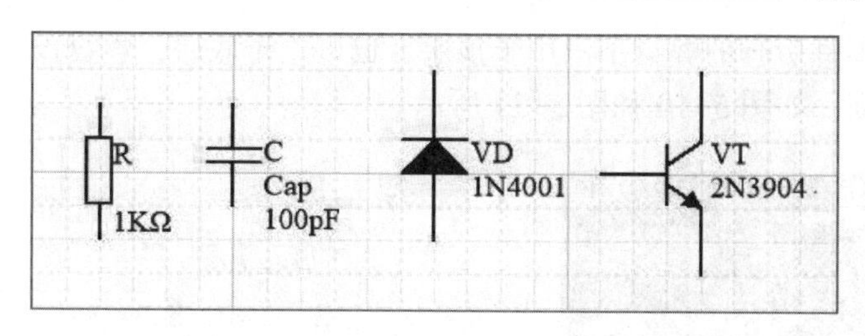

图 5-6　电阻、电容、二极管、晶体管的符号

（3）元器件封装

元器件封装是指实际元器件焊接到印制电路板时的焊接位置与占用空间大小，包括了实际元器件的外形尺寸、所占空间位置以及各引脚之间的间距等。元器件封装是一个空间的概念，不同的元器件可以有相同的封装，同一种元器件可以用不同的封装。因此，在制作电路板时不仅要知道元器件的名称，同时也要知道该元器件的封装形式。常用的分立元器件的封装有二极管类、晶体管类、可变电阻类等，常用的集成电路器件的封装有 DIP-XX 等。

Altium Designer 将常用元器件的封装集成在 Miscellaneous Devices PCB. PcbLib 集成库中。

图 5-7 所示为电阻、电容、二极管、晶体管的封装。

电阻
电容
二极管
晶体管
1
2

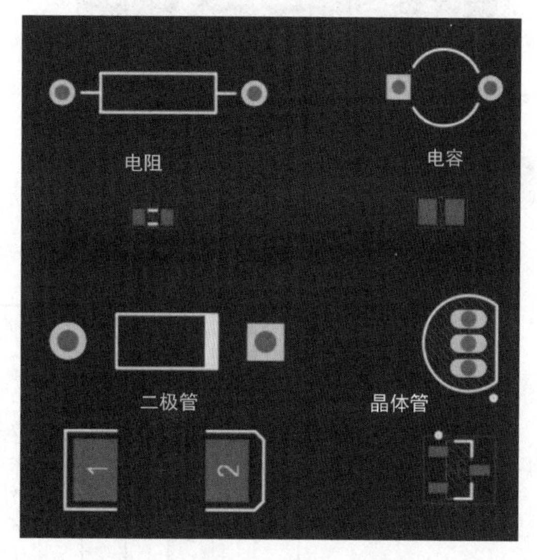

图 5-7　电阻、电容、二极管、晶体管封装

2. 元器件封装的分类

普通的元器件封装有插装型封装和表面安装技术（Surface Mount Technology，SMT）封装两大类。

插装型封装的元器件必须把相应的针脚插入焊盘孔中，再进行焊接。因此所选用的焊盘必须有穿透式过孔，设计时焊盘板层的属性要设置成 Multi-Layer，如图 5-8 和图 5-9 所示。

1
2
3
4
5
6

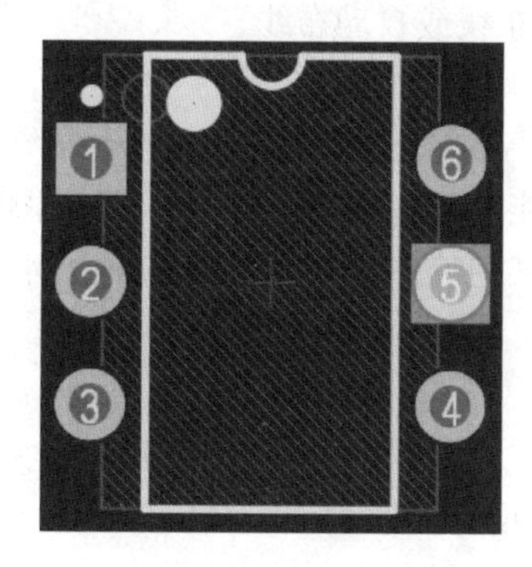

图 5-8　插装型封装

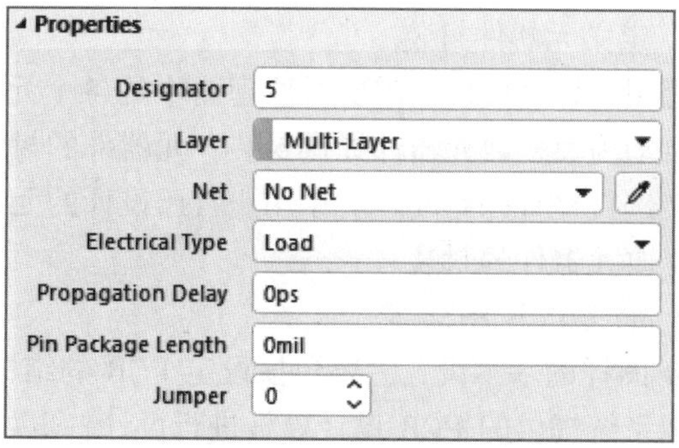

Properties
Designator
5
Layer
Multi-Layer
Net
No Net
Electrical Type
Load
Propagation Delay
0ps
Pin Package Length
0mil
Jumper
0

图 5-9　插装型封装元器件焊盘属性设置

SMT 封装的元器件引脚的焊盘不只用于顶层，也可用于底层，焊盘没有穿孔。设计的焊盘属性必须为单一层面，如图 5-10 和图 5-11 所示。

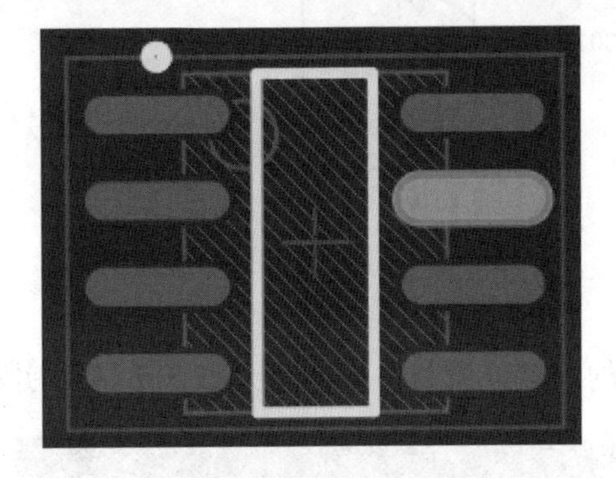

图 5-10　表面安装技术封装

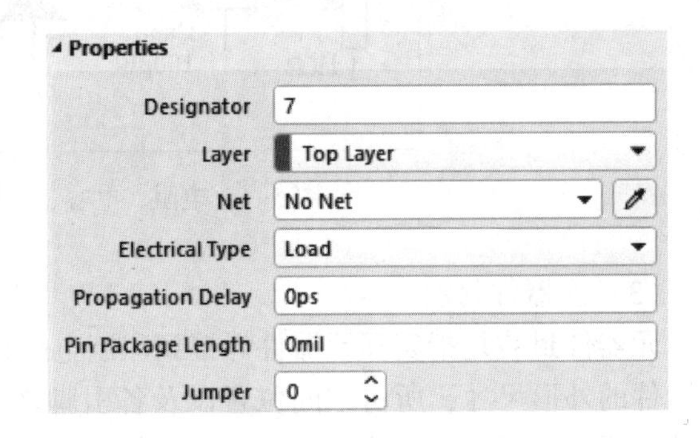

图 5-11　表面安装技术封装焊盘属性设置

5.1.3 PCB 设计流程

PCB 设计的流程如图 5-12 所示。

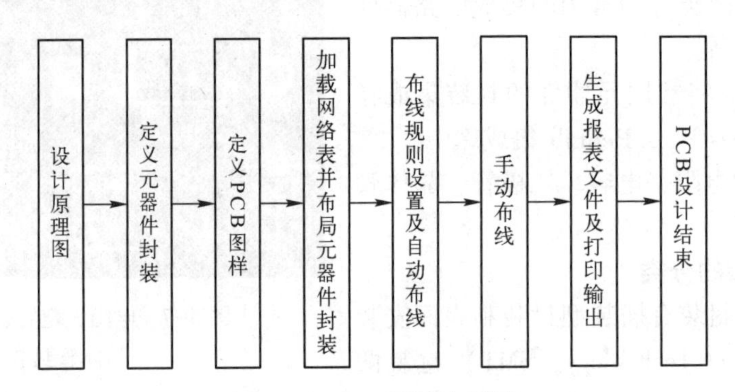

图 5-12　PCB 设计流程图

（1）设计原理图

这是设计 PCB 的第一步，即利用原理图设计工具先绘制好原理图文件。如果原理图很简单，也可以跳过这一步直接进入 PCB 设计步骤，进行手工布线或自动布线。

（2）定义元器件封装

原理图设计完成后，需要对原理图中的各个元器件进行封装设置。在正确加入网络表后，系统会自动为大多数元器件提供封装，元器件的封装有可能被遗漏或有错误，需要对原理图元器件封装进行检查并修改。对于用户自己设计的元器件或某些特殊元器件，则必须由用户自己定义或修改元器件的封装。

（3）定义 PCB 图样

PCB 图样的基本设置主要包括设定 PCB 的结构和尺寸、板层数、通孔类型和网格大小等。既可以用系统提供的 PCB 设计模板进行设计，也可以手动设计。

（4）加载网络表并布局元器件封装

网络表是电路原理图和 PCB 的接口，只有将网络表导入 PCB 设计界面后，才能进行 PCB

的设计。在导入网络表时必须保证没有任何错误，保证所有元器件封装能够很好地被加载到PCB界面中，并形成飞线。

元器件封装必须要进行布局，即将元器件封装摆放电路板上。元器件布局的合理性将影响布线的质量。在进行单面板设计时，如果元器件布局不合理将无法完成布线操作。在对双面板等进行设计时，如果元器件布局不合理，布线时将会放置很多过孔，使电路板布线变得复杂，进而影响PCB的性能。

（5）布线规则设置及自动布线

完成元器件布局后，在实际布线前，需要进行布线规则的设置，这是进行PCB设计所必须的一步。在这里用户要定义布线的各种规则，如安全距离和导线宽度等。Altium Designer 20提供了强大的自动布线功能，在设置好布线规则之后，可以用系统提供的自动布线功能进行布线。只要设置的布线规则正确、元器件布局合理，一般都可以成功完成自动布线。

（6）手动布线

复杂电路如果使用自动布线会存在相交、缺线等情况，而且有些布线是布线规则不能够完成的，因此在自动布线结束后，对于自动布线无法完全解决的问题或产生的布线冲突，需要进行手动布线加以设置或调整。在元器件很少且布线简单的情况下，也可以直接进行手动布线，当然这需要一定的熟练度和实践经验。

（7）生成报表文件及打印输出

在完成PCB布线后，可以生成相应的各类报表文件，例如，元器件清单和PCB信息报表等。这些报表可以帮助用户更好地了解PCB和管理元器件。

生成各类报表文件后，可以将各类文件打印输出保存，包括电路图文件、PCB文件和其他报表文件，以便存档。

5.2 规划PCB及环境参数设置

规划PCB及环境参数设置-1

电路板的机械轮廓指电路板的物理外形和尺寸。需要根据电路板的安放位置及元器件的数目等条件进行相应的规划。

5.2.1 PCB界面介绍

创建空白的PCB文件，执行“File”→“New”→“PCB”命令，启动PCB编辑器，编辑如图5-13所示。新建的PCB文件默认名为PCB1.PcbDoc，此时在PCB编辑区会出现空白的PCB图纸。在创建PCB文件后，即启动了PCB编辑环境。PCB编辑界面主要由以下几个部分构成。

1. 主菜单

PCB编辑界面的主菜单提供了许多用于PCB编辑操作的功能选项。

- File（文件）：提供常见的文件操作，如新建、打开和保存等。
- Edit（编辑）：提供PCB设计的编辑操作命令，如选择、复制、粘贴和移动等。
- View（视图）：提供PCB文件的缩放查看和面板操作等功能。
- Project（工程）：提供整个工程的管理命令。

图 5-13　PCB 编辑界面

- Place（放置）：提供各种电气原理图的放置命令。
- Design（设计）：提供设计规则检查、原理图同步、PCB 层管理和库操作等功能。
- Tools（工具）：提供设计规则检查、覆铜和密度分析等 PCB 设计高级功能。
- Route（布线）：提供自动布线功能设置和布线操作。
- Reports（报告）：提供 PCB 信息输出和 PCB 测量功能。
- Window（窗口）：提供主界面窗口的管理功能。
- Help（帮助）：提供系统的帮助功能。

2. 常用工具栏

Altium Designer 的 PCB 编辑环境提供了“PCB Standard”（标准）工具栏、“Wiring”（布线）工具栏、“Utilities”（应用）工具栏、“Navigation”（导航栏）等，这些常用工具都可以从主菜单的 View 菜单中找到相应命令。

1）“PCB Standard”工具栏，如图 5-14 所示，提供经常使用到的操作功能，各按钮的主要功能包括文件操作、打印和预览、视图、对象编辑、对象选择等。

图 5-14　“PCB Standard”工具栏

2）“Wiring”工具栏，如图 5-15 所示。PCB 编辑器中的工具栏提供了各种电气布线功能，其中右下角有下拉按钮表示含有扩展指令选项，例如，用鼠标左键长按，则会出现过孔和焊盘两个扩展指令。“Wiring”工具栏中各按钮的功能如表 5-1 所示。

表 5-1 “Wiring”工具栏各按钮的功能

按　钮	功　能	按　钮	功　能
	选定对象布线		圆弧布线
	交互式布线		矩形填充
	灵巧交互式布线		多边形填充
	差分对布线	A	字符串
	放置焊盘		放置元器件
	放置过孔		

3）“Utilities”工具栏，如图 5-16 所示。提供 PCB 设计过程中编辑、排列等操作命令，每个按钮对应一组相关命令，功能参照表 5-2。

图 5-15 “Wiring”工具栏

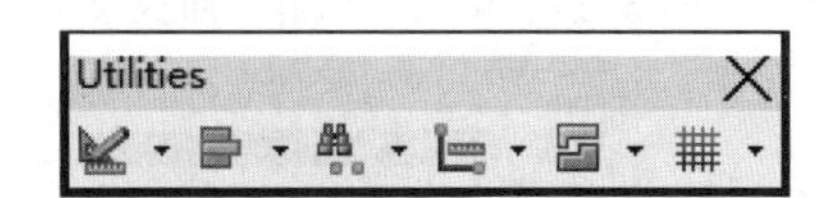

图 5-16 “Utilities”工具栏

表 5-2 “Utilities”工具栏按钮组功能

按　钮	功　能	按　钮	功　能
	绘图工具组		尺寸标注工具组
	排列工具组		放置工作区工具组
	查找选择工具组		网格工具组

3. PCB 设计面板

Altium Designer PCB 编辑环境提供了功能强大的 PCB 设计面板，“PCB”面板的调出可通过执行“View”→“Panels”→“PCB”命令；也可以直接选择界面右下角的“Panels”→“PCB”命令，如图 5-17 所示。“PCB”面板可以对 PCB 中所有的网络、元器件、设计规则等进行定位或设置属性，如图 5-18 所示。在“PCB”面板顶部的下拉菜单中可以选择需要查找的项目类别，单击下拉菜单可以看到系统所支持的所有项目分类，如图 5-19 所示。

若对 PCB 中某条布线定位，则选择“Nets”选项，在“Net Class”列表框中列出 PCB 中的所有网络类。选择一个网络类，“Nets”列表中显示网络类所有网络。在“Nets”列表中选择一条网络，则在“Primitives”列表中列出该网络的所有布线及焊盘。

4. PCB 观察器

当鼠标指针在 PCB 编辑器绘图区移动时，绘图区左上角显示一组数据，如图 5-20 所示。这是 Altium Designer 提供的 PCB 观察器，可实时显示鼠标指针所在位置的网格和元器件信息。

- x，y：当前鼠标指针所在位置。
- dx，dy：当前鼠标指针位置相对于上次单击鼠标时位置的位移。

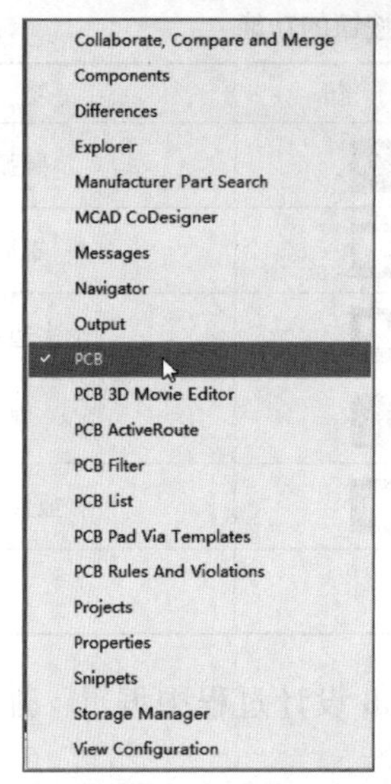

图 5-17　调出“PCB”面板菜单

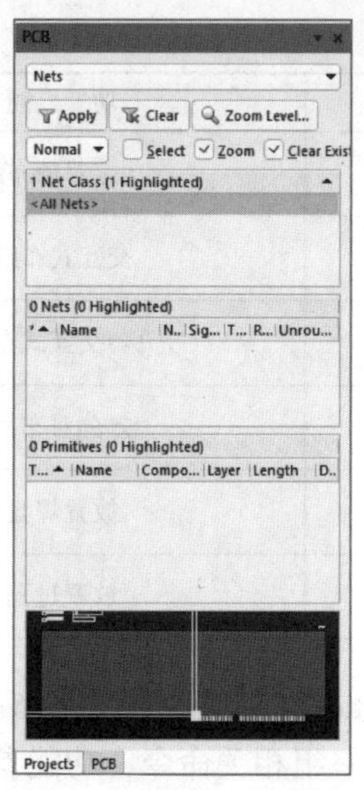

图 5-18　“PCB”面板

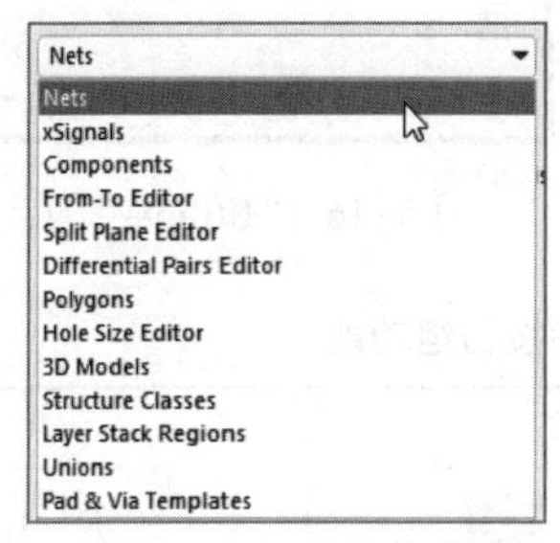

图 5-19　项目分类

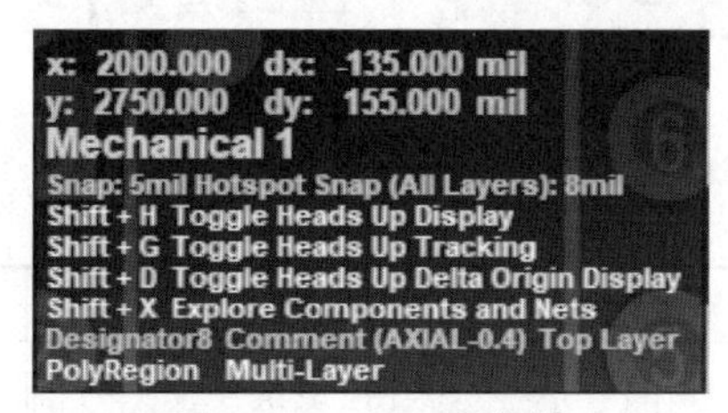

图 5-20　PCB 观察器

- Snap 和 Hotspot Snap：当前的捕获网络和电气网络数值。
- Shift+H Toggle Heads Up Display：按〈Shift+H〉快捷键可以设置是否显示 PCB 观察器所提供的数据，按一次关闭显示，再按一次即可重新打开显示。
- Shift+G Toggle Heads Up Tracking：按〈Shift+G〉快捷键可以设置 PCB 观察器所提供的数据是否随鼠标指针移动，还是固定在某一位置。
- Shift+D Toggle Heads Up Delta Origin Display：按〈Shift+D〉快捷键设置是否显示 dx 和 dy。
- Shift + X Explore Components and Nets：按〈Shift+X〉快捷键可以打开 PCB 浏览器，如图 5-21 所示，在该浏览器中可以看到网络和元器件的详细信息。
- 其余为鼠标指针所在网络或元器件的具体信息。

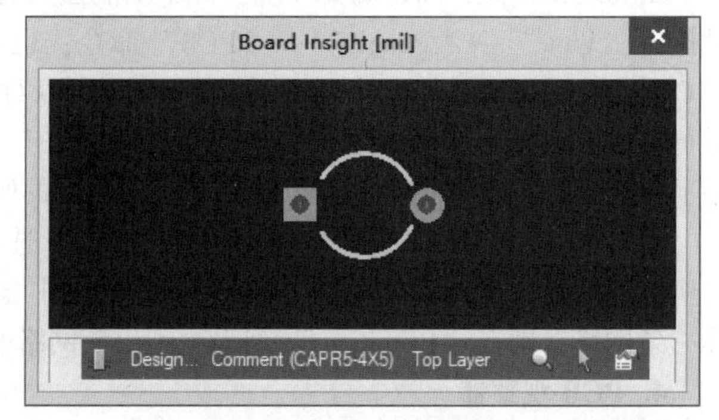

图 5-21　PCB 浏览器

※划重点：鼠标指针悬停 PCB 观察器设置

执行“Tools”→“Preferences”命令打开“Preferences”对话框，选择“PCB Editor”的“Board Insight Modes”选项，在右侧窗格中选中“Heads Up Shortcuts”选项，鼠标指针悬停时

会显示快捷键，如图 5-22 所示。

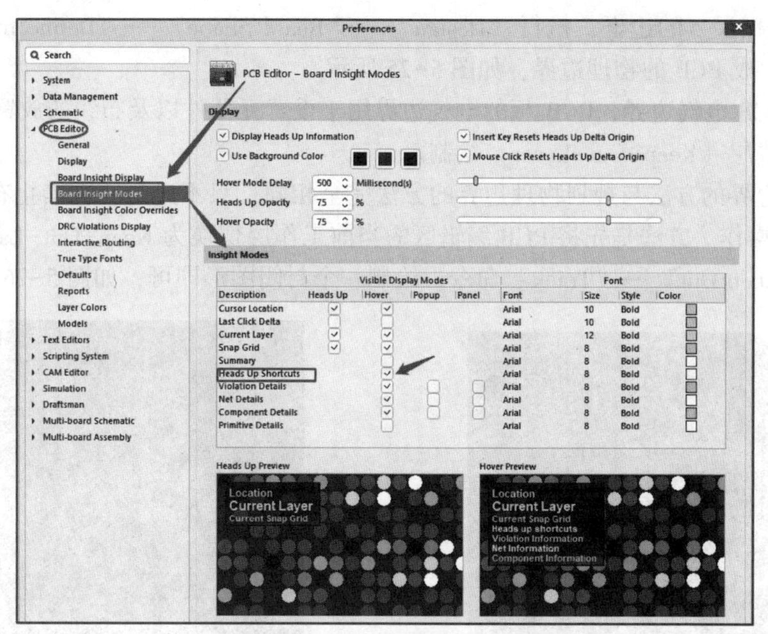

图 5-22　PCB 观察器模式设置

5.2.2 电路板规划

虽然利用向导可以生成一些标准规格的电路板，但更多的时候，需要自己规划电路板。实际设计的 PCB 都有严格的尺寸要求，这就需要认真规划，准确地定义电路板的物理尺寸和电气边界。手动规划电路板的一般步骤如下。

【例 5-1】 在 PCB 的机械层规划电路板尺寸 60 mm×60 mm。

1）绘制物理边界，将当前的工作层切换到第一机械层（Mechanical1），在机械层绘制 PCB 边框，如图 5-23 所示。

2）执行“Design”→“Board Shape”命令，如图 5-24 所示，子菜单中包含以下几个选项。

图 5-23　PCB 边框绘制

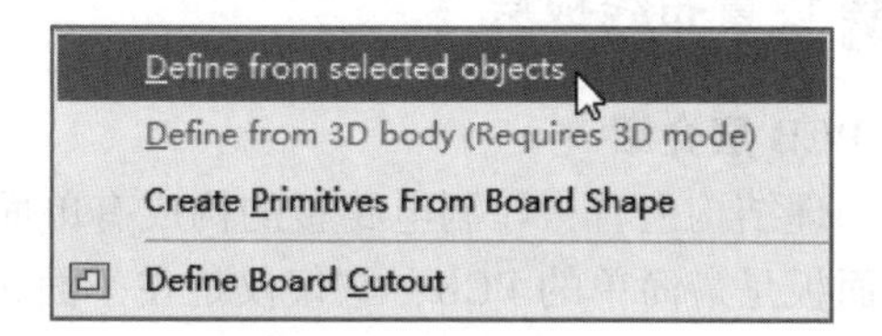

图 5-24　“Board Shape”菜单

- Define from selected objects：由选中对象定义 PCB 外形。
- Define from 3D body（Requires 3D mode）：由 3D 图形定义 PCB 外形。
- Create Primitives From Board Shape：由 PCB 外形创建基本类型。

- Define Board Cutout：定义 PCB 切口。

3）选中机械尺寸的边框，执行“Design”→“Board Shape”→“Define from selected objects”命令，生成 PCB 的物理边界，如图 5-25 所示。

4）设置 PCB 电气边界，PCB 板的电气边界用于设置元器件以及布线的放置区域范围，它必须在禁止布线层（Keep-Out-Layer）绘制。

规划电气边界的方法与规划物理边界的方法完全相同，只不过是要在禁止布线层（Keep-Out-Layer）上操作。方法是先将 PCB 编辑区的当前工作层切换为 Keep-Out-Layer，然后执行“Place”→“Keep Out”→“Track”命令，绘制一个封闭图形即可，如图 5-26 所示。

图 5-25 设置的 PCB 物理边界

图 5-26 设置的 PCB 电气边界

※划重点：

执行“Design”→“Board Shape”→“Define from selected objects”命令时，需要先设置电路板边框并选中，否则出现提示对话框，如图 5-27 所示。

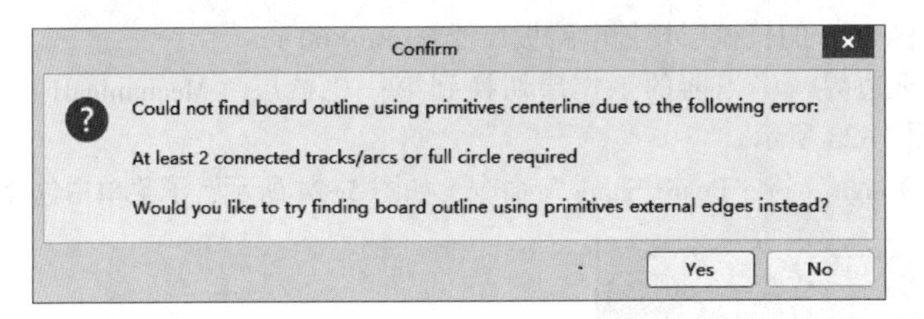

图 5-27 电路板边框绘制提示对话框

5.2.3 设置布线板层

1. PCB 层介绍

从物理结构上看，印制电路板的构成有单面板、双面板和多面板之分。

单面板是最简单的 PCB，它仅仅是在一面进行覆铜布线，另一面放置元器件，结构简单，成本较低。但由于受结构的限制，当布线复杂时的布通率较低，因此，单面板适合应用于电路布线相对简单、批量生产和低成本的场合。

双面板可在 PCB 的顶层和底层进行覆铜布线，两层之间的布线连接通过焊盘或过孔连接实现，相对于单面板来说布线更加灵活，相对多层板成本又低得多。因此，在当前的电子产品中双面板得到了广泛的应用。

多层板就是包括多个工作层面的 PCB，最简单的多层板是四层板。四层板是在顶层和底层中间加上电源层和地线层，通过这样的处理可以大大提高 PCB 抗电磁干扰能力。对于电路复杂、集成度高的精密仪器所采用的电路板为多层板，就是在四层板的基础上再根据需要增加信号层，如计算机的主板多采用六层板或八层板。

在 PCB 设计中，将电路板的物理层结构和电路板的信息又进行了板层区分处理。PCB 设计中主要涉及以下几个层。

1）Signal Layer（信号层）：总共有 32 层。可以放置布线、文字、多边形（覆铜）等。常用有两种：Top Layer（顶层）和 BottomLayer（底层）。

2）Internal Plane（内电层）：总共有 16 层。主要作为电源层使用，也可以把其他的网络定义到该层。内电层可以任意分块，每一块可以设定一个网络。内电层是以负片格式显示，有布线的地方表示没有铜皮。

3）Mechanical Layer（机械层）：一般用于显示制版和装配方面的信息。

4）Mask Layer：有顶部阻焊层（Top Solder Mask）和底部阻焊层（Bottom Solder Mask）两层，是 Altium Designer 对应于电路板文件中的焊盘和过孔数据自动生成的板层，主要用于铺设阻焊漆（阻焊绿膜）。本板层采用负片输出，所以板层上显示的焊盘和过孔部分代表电路板上不铺阻焊漆的区域，也就是可以进行焊接的部分，其余部分铺设阻焊漆。顶部锡膏层（Top Paste Mask）和底部锡膏层（Bottom Paste Mask）两层是过焊炉时用来对应 SMD 元器件焊盘的，是自动生成的，也是负片形式输出。

5）Keep-out Layer：主要用来定义 PCB 边界，例如，可以放置一个长方形定义边界，则信号布线不会穿越这个边界。

6）Drill Drawing（钻孔层）：钻孔层主要为制造电路板提供钻孔信息，该层是自动计算的。

7）Multi-Layer（多层）：多层代表信号层，任何放置在多层上的元器件都会自动添加到所在的信号层上，可以通过多层将焊盘或穿透式过孔快速地放置到所有的信号层上。

8）Silkscreen Layer（丝印层）：有 Top Overlay（顶层丝印层）和 Bottom Overlay（底层丝印层）两层。主要用来绘制元器件的轮廓，放置元器件的标号（位号）、型号或其他文本等信息。以上信息是自动在丝印层上产生的。

2. 层叠管理

Altium Designer 提供一个层叠管理器对各种板层进行设置和管理。启动层叠管理器的方法有两种：一种是执行“Design”→“Layer Stack Manager”命令；另一种是在 PCB 图样编辑区下方的板层切换区右击，从弹出的快捷菜单中选择“Layer Stack Manager”命令，如图 5-28 所示。层叠管理器界面如图 5-29 所示。

从 Altium Designer 19 开始，层叠管理器正式从对话框模式改成了文件的方式。定义层叠结构的时候，仍然可以自由切换到 PCB 进行查看。层叠管理器主要由 3 个表组成：Stackup（层叠结构）、Impedance（阻抗）、Via Types（过孔类型）。

（1）“Stackup”选项卡

1）“Stackup”选项卡中是常规的层叠设置。除了可以定义常规的铜箔厚度、介电常数、增加信号层/电源层之外，还增加了材料设置，以便定义每个层的材质。执行“Tools”→“Material Library”命令，打开“Altium Material Library”对话框，添加常用层的材料信息，无论是铜箔，还是 Core 或者 PP，如图 5-30 所示。也可以单击图 5-29 所示 ⋯ 按钮，打开“Select Material”对话框，进行材料的选择，如图 5-31 所示。

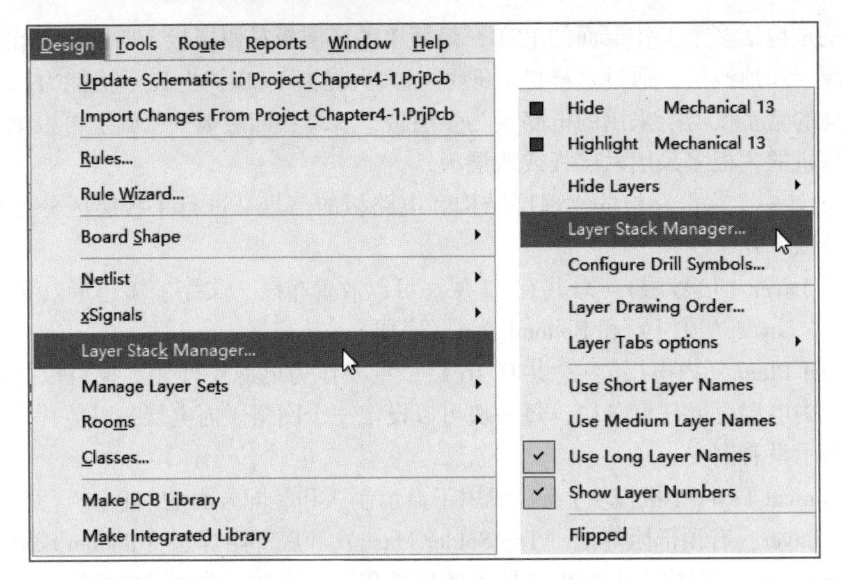

图 5-28　调出层叠管理器菜单

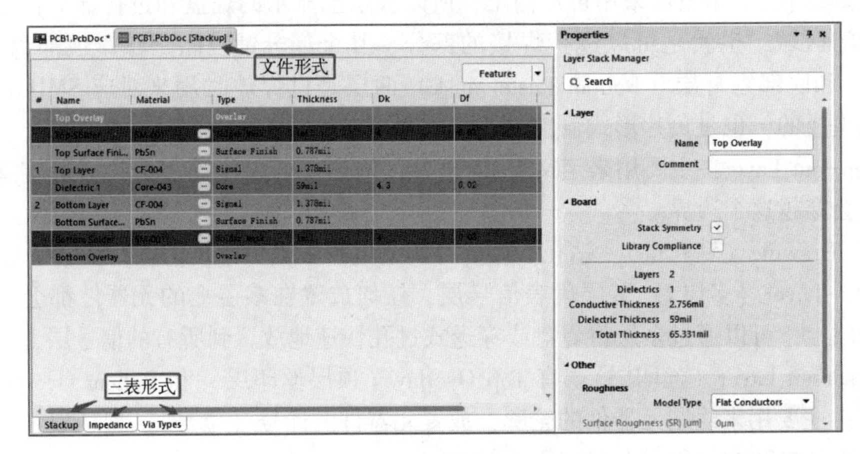

图 5-29　层叠管理器界面

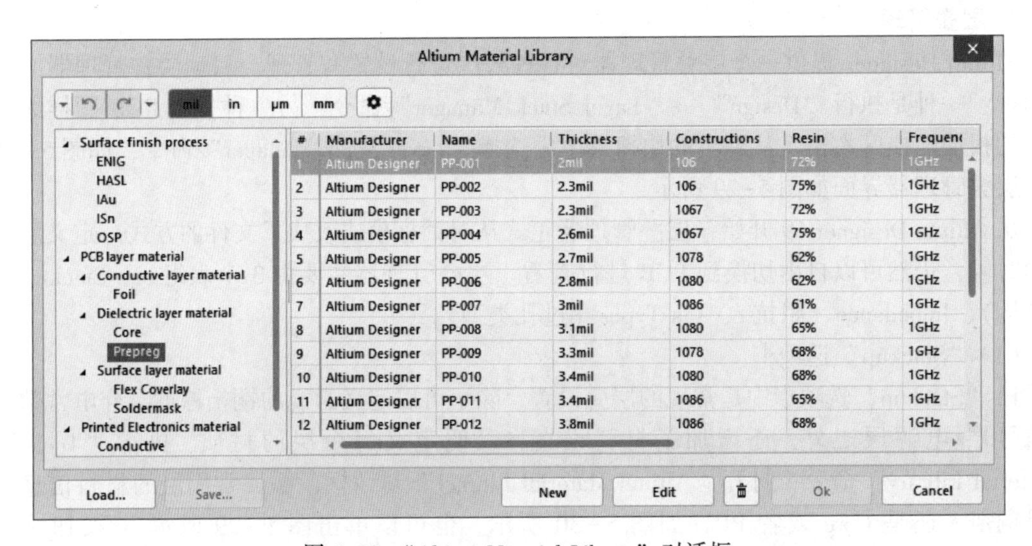

#	Manufacturer	Name	Thickness	Constructions	Resin	Frequen
1	Altium Designer	PP-001	2mil	106	72%	1GHz
2	Altium Designer	PP-002	2.3mil	106	75%	1GHz
3	Altium Designer	PP-003	2.3mil	1067	72%	1GHz
4	Altium Designer	PP-004	2.6mil	1067	75%	1GHz
5	Altium Designer	PP-005	2.7mil	1078	62%	1GHz
6	Altium Designer	PP-006	2.8mil	1080	62%	1GHz
7	Altium Designer	PP-007	3mil	1086	61%	1GHz
8	Altium Designer	PP-008	3.1mil	1080	65%	1GHz
9	Altium Designer	PP-009	3.3mil	1078	68%	1GHz
10	Altium Designer	PP-010	3.4mil	1080	68%	1GHz
11	Altium Designer	PP-011	3.4mil	1086	65%	1GHz
12	Altium Designer	PP-012	3.8mil	1086	68%	1GHz

图 5-30　“Altium Material Library”对话框

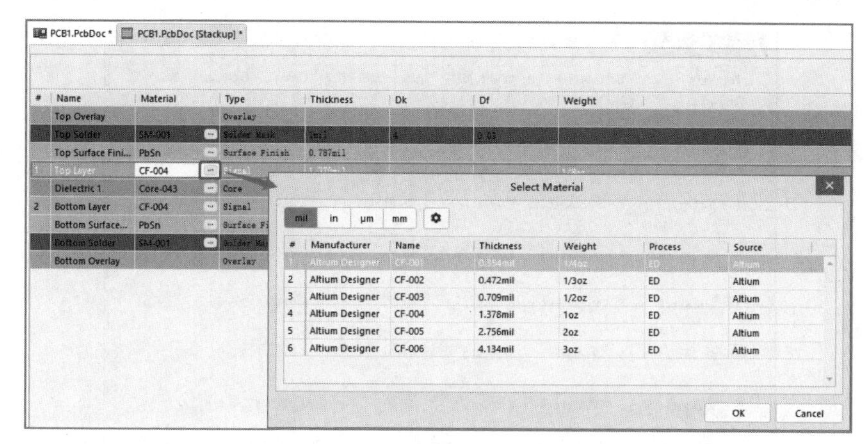

图5-31 “Select Material”对话框

2）Alitum Designer 20中还预置了一些常规的层叠结构，供设计者参考。在层叠管理器中，执行“Tools”→“Presets”命令，如图5-32所示，选择常规的PCB层叠结构。电路板层叠结构不仅包括电气特性的信号层，还包括无电气特性的绝缘层，两种典型的绝缘层主要是指Core（填充层）和Prepreg（塑料层）。

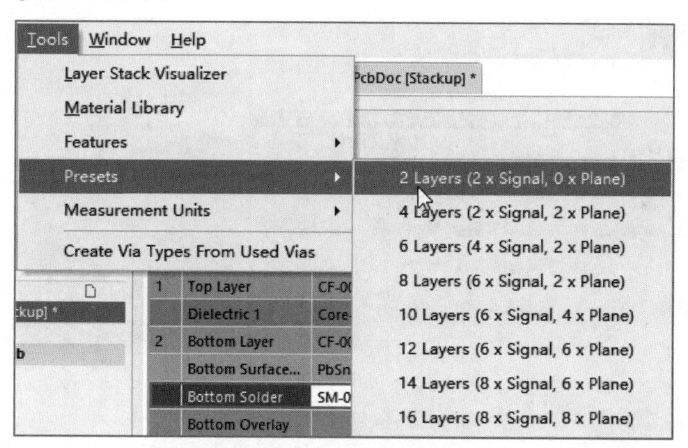

图5-32 常规层叠结构

层叠类型主要是指绝缘层在电路板中的排列顺序，默认的3种层叠类型包括Layer Pairs（层组合）、Internal Layer Pairs（内部层组合）和Build-up（组建）。改变层叠类型将会改变Core和Prepreg在层叠中的分布，只有在信号完整性分析需要用到盲孔或埋孔时才需要进行层叠类型的设置。

3）Alitum Designer 20层叠信息与之前版本不同，需要手动保存。右击层叠文件的标签，在弹出的快捷菜单中选择保存命令进行保存，如图5-33所示。

图5-33 层叠管理文件保存

（2）“Impedance”选项卡

切换到“Impedance”选项卡后，单击“Add Impedance Profile”按钮，添加默认的阻抗页面，以便定义所需的阻抗及每个层所需要的线宽，如图5-34所示。

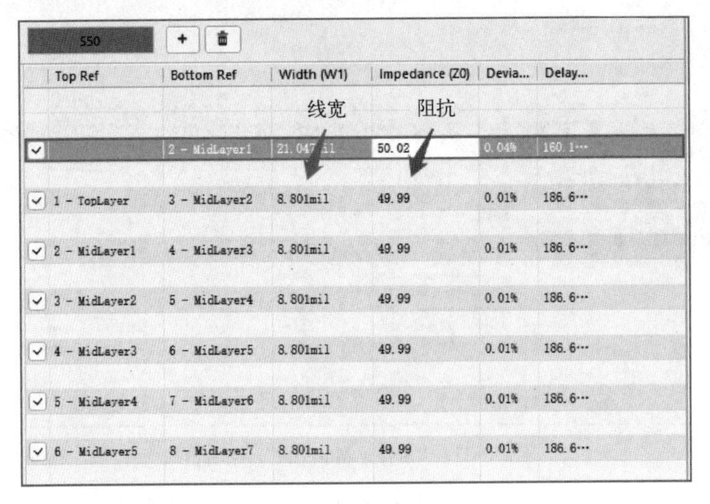

图 5-34　阻抗页面

单击上方的 + 按钮，可以添加不同的阻抗要求，包括不同的单端阻抗以及差分阻抗。图 5-35 和图 5-36 分别是单端 50 Ω 及差分 90 Ω 的阻抗配置页面。

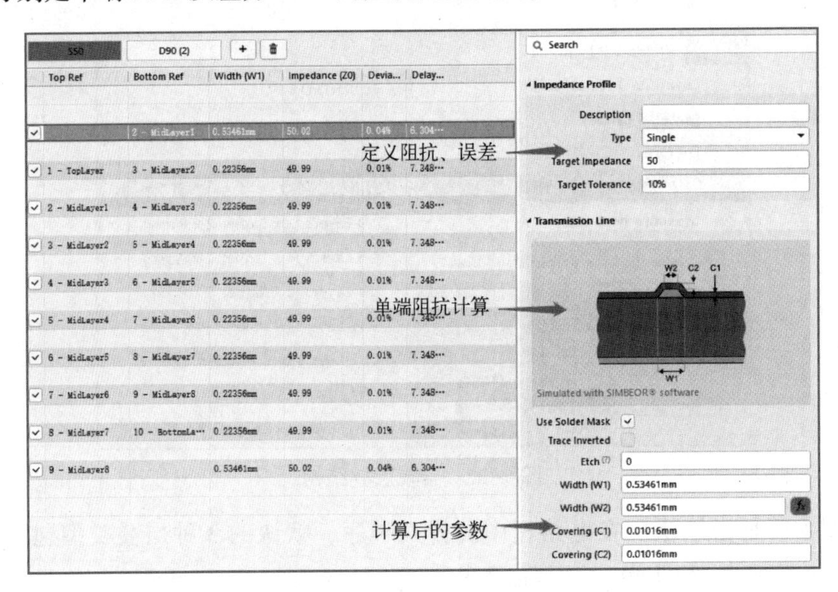

图 5-35　单端 50 Ω 阻抗配置

单击每个层，在右侧的属性面板中都可以编辑所需的阻抗，并得到对应层的线宽要求；当然也可以在页面中直接修改线宽，系统也会反向计算出对象线宽的阻抗。

（3）“Via Types”选项卡

一般把孔径小于 0.15 mm 的过孔称为 MicroVia 或 μVia。MicroVia 是由激光钻孔而成的，而非机械成孔，因而尺寸可以做得较小。Altium Designer 20 支持 Micro Via，切换到“Via Types”选项卡，即可添加各种形式的 Via，如图 5-37 所示。

在属性面板中，可以选择 Via 的 First layer（起始层）与 Last layer（终止层）。如果选中“μVia”复选框，即可将 Via 设置为 MicroVia；如果选中“Mirror”复选框，则会在板层的对称位置同时创建一个 Via。

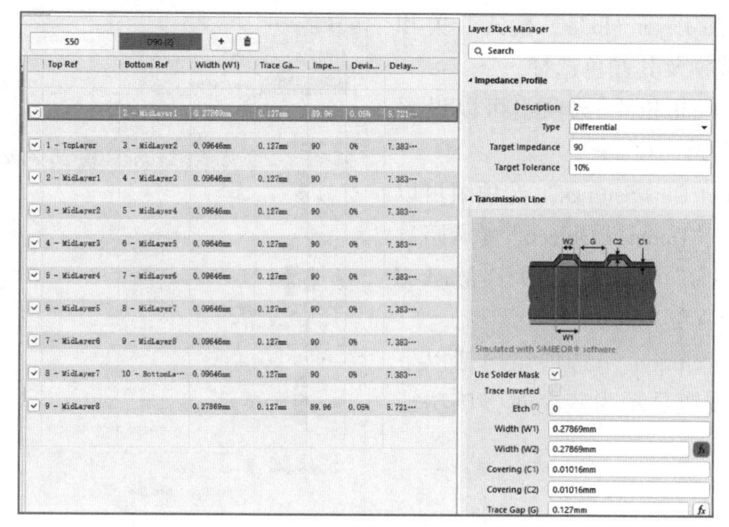

图 5-36　差分 90 Ω 的阻抗配置

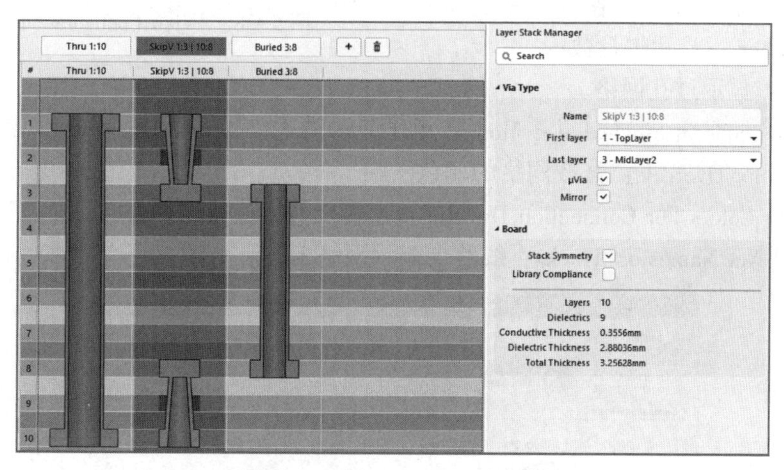

图 5-37　“Via Types” 选项卡

5.2.4 设置工作层面与颜色

为了区别各 PCB 层，Altium Designer 20 使用不同的颜色绘制不同的 PCB 层，用户可根据喜好调整各层对象的显示颜色。

在主界面右下角选择 “Panel” → “View Configuration” 命令，或者在板层切换区中单击 “Current Layer”，即可打开图 5-38 所示的 “View Configuration” 面板。

1. “Layers & Colors” 选项卡

该选项卡共有两个选项组：“Layers” 和 “System Colors”。在 “Layers” 选项组中可以设置所选择的电路板层的颜色；在 “System Colors” 选项组中可设置包括可见栅格（Visible Grid）、焊盘孔（Pad Holes）、过孔（Via Holes）和 PCB 工作区等系统对象的颜色及其显示属性。

2. “View Options” 选项卡

该选项卡主要是显示方面的设置，如图 5-39 所示。

1）“General Settings” 选项组，包括 “Configuration” 下拉列表（选择显示配置）、“3D”

模式开关、“Single Layer Mode”模式开关和“Show Grid”复选框及其颜色选择。

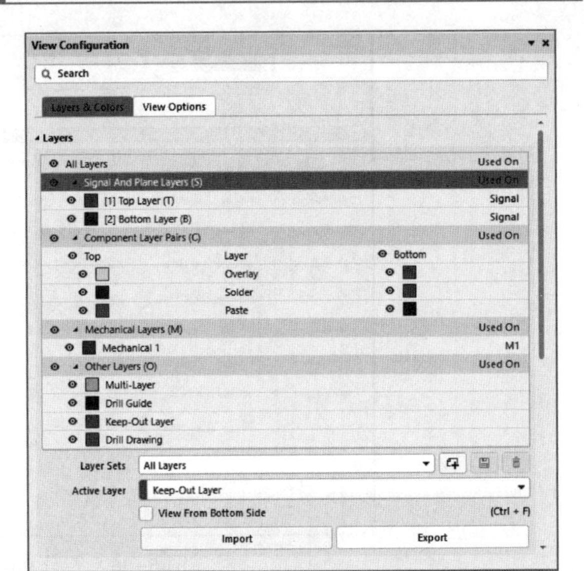

图 5-38 “View Configuration”面板

2）“Object Visibility”选项组可以设置各对象的可见性和透明度。

3）“Mask And Dim Settings”选项组可以通过滑块分别设置“Dimmed Objects”（调暗）、“Highlighted Objects”（调亮）和“Masked Objects”（模糊的程度）。

4）“Addition Options”选项组包括以下相关设置，其中按钮显示为蓝色时，该功能有效。

- Test Points：测试点。
- Status Info：状态信息。
- Pad Nets：显示焊盘网络。
- Pad Numbers：显示焊盘数。
- Via Nets：显示过孔网络。
- All Connections in Single Layer Mode：单层显示模式。
- F5 Net Color Override：修改网络的颜色。
- Use Layer Colors For Connection Drawing：连接点颜色使用层的颜色。
- Repeated Net Names on Tracks：线路上显示网络名称。

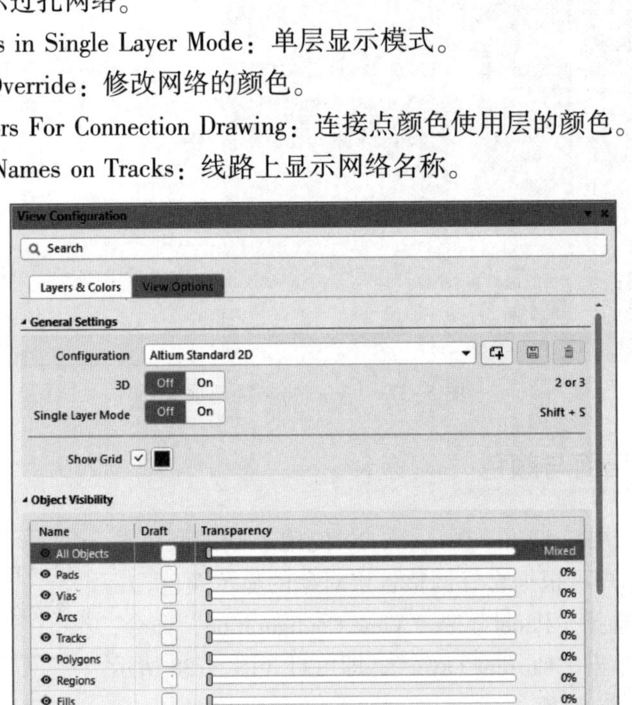

图 5-39 “View Options”选项卡

5.2.5 设置 PCB 栅格

Altium Designer 20 栅格设置方法如下。

1. 栅格编辑器

按〈Ctrl+G〉快捷键就可以打开“Cartesian Grid Editor”对话框（栅格编辑器），如图 5-40 所示。

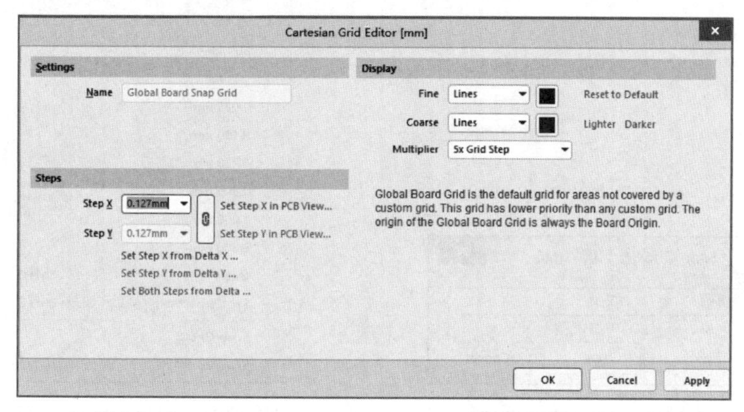

图 5-40 “Cartesian Grid Editor”对话框（栅格编辑器）

1）在“Cartesian Grid Editor”对话框的“Steps”选项组中，可设置捕捉步长（同时也是可视栅格的步长），如图 5-41 所示。

- Step X：栅格水平方向间距=0. 127 mm。
- Step Y：栅格垂直方法间距=0. 127 mm，灰色，锁定状态下其值不可调节，解锁后可调节。

两者的右侧垂直方向有一个锁的按钮，锁定了水平和垂直栅格的比例：垂直栅格随水平栅格同步同值联动调节。

- Set Stem X in PCB View：设置在 PCB 环境下鼠标捕捉的步长。

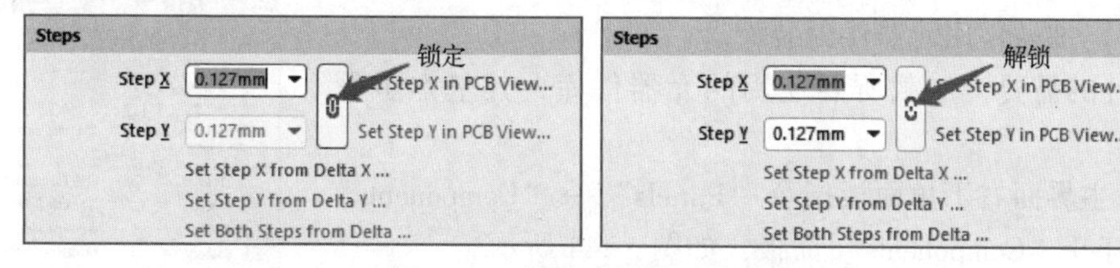

图 5-41 捕捉步长设置选项组

2）“Cartesian Grid Editor”对话框的“Display”选项组用于设置栅格显示。栅格分为 Coarse（粗栅格）和 Fine（细栅格），粗栅格是细栅格的 5 倍，即每 4 个连续的细栅格，出现一个粗栅格。可分别设置粗、细栅格的颜色，并选择线状或点状。

2. 捕捉栅格设置

按〈Ctrl+Shift+G〉快捷键，打开图 5-42 所示的“Snap Grid”对话框，即可在文本框中输入数值，设置当前栅格的尺寸。

布局元器件时，建议选择栅格=20 mil，这种情况下布局摆放的元器件整齐。元器件布局摆放完成后，布线、调整文字丝印位置时，为了能够精细地微调布线、字符丝印的位置，把栅格改为 10 mil 或 20 mil。

3. 栅格编辑快捷菜单

在应用工具栏单击▦按钮或先把鼠标放在图形绘制区，按〈G〉快捷键，弹出图 5-43 所示菜单。可以从该菜单中，选择英制或公制的栅格尺寸。

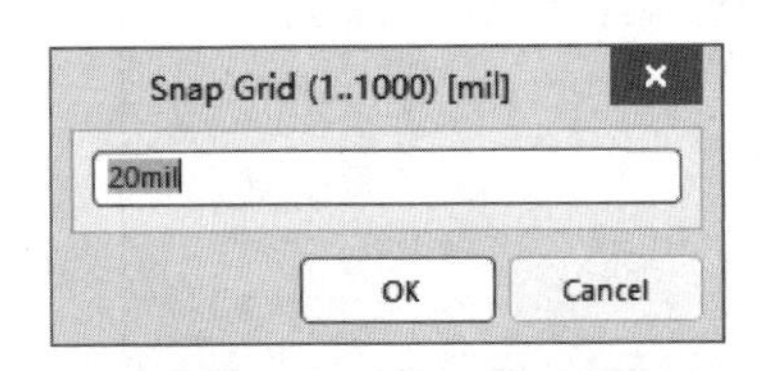

图 5-42　捕捉栅格设置

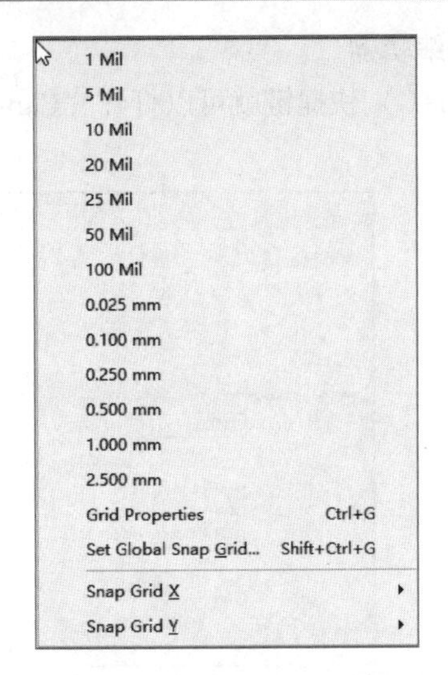

图 5-43　栅格编辑快捷菜单

5.3　元器件封装库操作

元器件封装库操作

电路板规划好后，接下来的任务就是导入网络表和元器件封装。在导入网络表和元器件封装之前，必须加载所需的元器件封装库。如果没有加载元器件封装库，在导入网络表及元器件的过程中系统将会提示用户加载过程失败。

5.3.1 加载元器件封装库

【例 5-2】加载常用元器件封装库。

根据设计的需要，加载所要使用的元器件库，其基本步骤如下。

1）执行主界面右下角面板指令“Panels”→“Components”命令，即可打开“Components”面板，如图 5-44 所示。

2）单击☰按钮，在下拉菜单中选择“File-based Libraries Preferences”选项，系统会弹出“Available File-based Libraries”对话框，如图 5-45 所示。在该对话框中，3 个选项卡功能说明如下。

- Project：显示当前项目的 PCB 元器件库，在该选项卡中单击“Add Library”按钮即可向当前项目添加元器件库。
- Installed：显示已经安装的 PCB 元器件库，一般情况下，如果要装载外部的元器件库，则在该选项卡中实现。在该选项卡中单击“Install”按钮即可装载元器件库到当前项目。
- Search Path：显示搜索的路径，即如果在当前安装的元器件库中没有需要的元器件封装，可以按照搜索路径进行搜索。

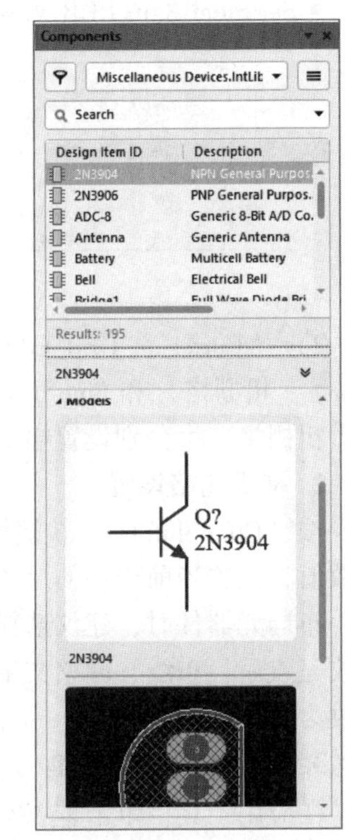

图 5-44　“Components”面板

3）单击图5-45中的“Install”按钮，弹出图5-46所示的“打开”对话框。该对话框列出了Altium Designer安装目录下Library文件夹中的所有元器件库。Altium Designer的元器件库以公司名分类，因此对一个特定元器件，要知道它的供应商。

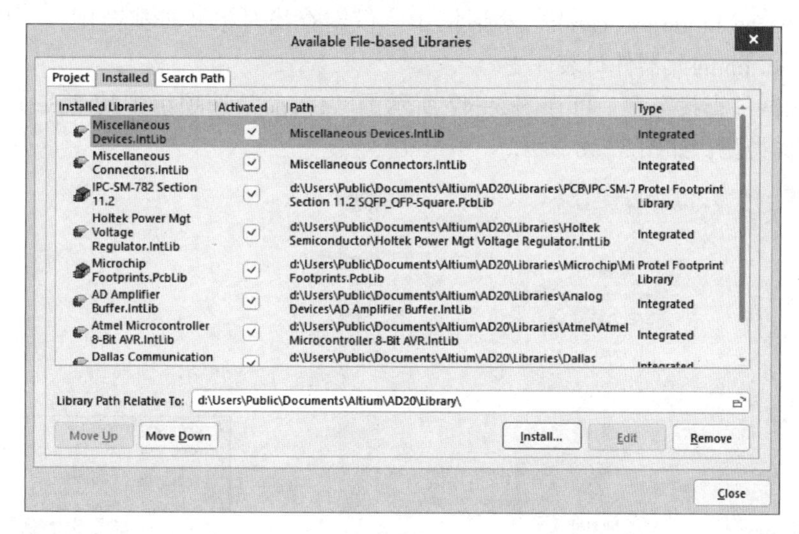

图5-45 “Available File-based Libraries”对话框

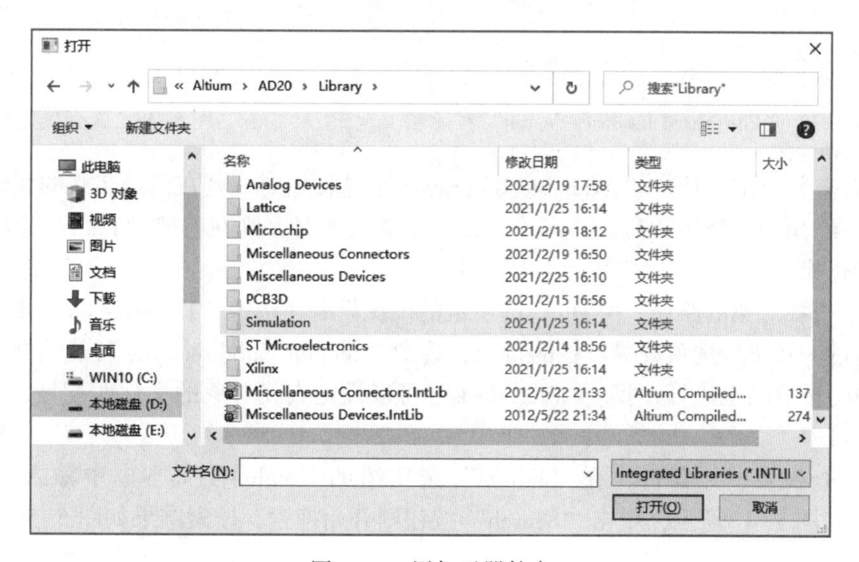

图5-46 添加元器件库

对于常用的元器件库，如电阻、电容等，Altium Designer提供常用元器件库：Miscellaneous Devices. IntLib。对于常用的接插件和连接器件，Altium Designer提供常用接插件库：Miscellaneous Connectors. IntLib。

4）在“打开”对话框中找到原理图中所有元器件对应的封装库。选中这些库，然后单击“打开”按钮，即可添加这些元器件库。

5.3.2 搜索和放置元器件封装

在图5-44所示的“Components”面板中单击 ≡ 按钮，在下拉菜单中选择“File-based Libraries Search”选项，系统弹出“File-based Libraries Search”对话框，如图 5-47 所示。在该对话框中可以进行元器件的封装搜索操作。

【例 5-3】查找二极管元器件封装。

在“File-based Libraries Search”对话框中，设定查找对象及查找范围，一般查找的对象包含在扩展名为 . lib 的元器件封装库中。

1）设置元器件查找类型。可在图 5-47 所示的“Scope”选项组中的“Search in”下拉列表框中选择查找类型，如图 5-48 所示。

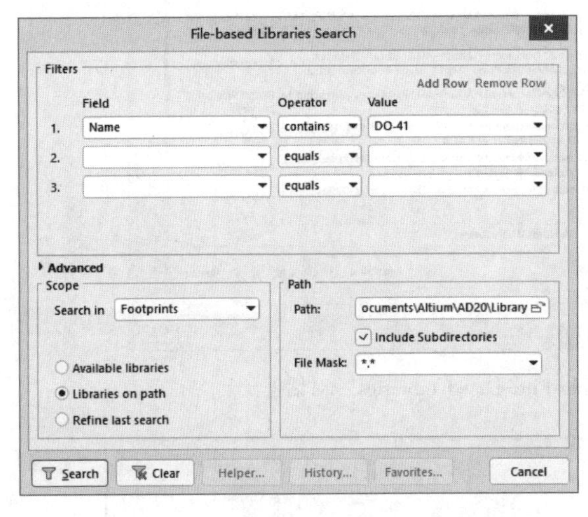

图 5-47 “File-based Libraries Search”对话框

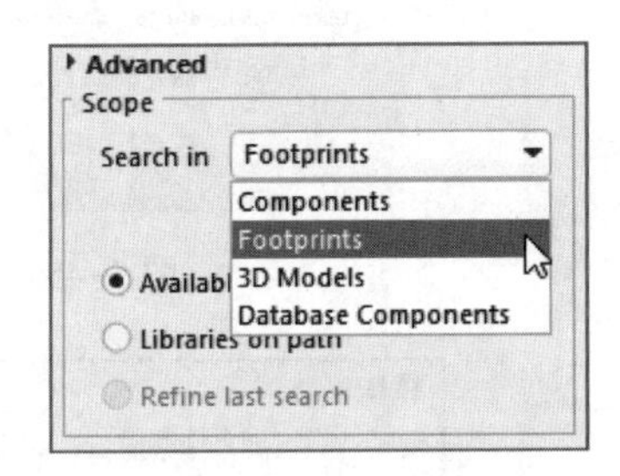

图 5-48 库查找类型

2）设置查找范围。选中“Available libraries”单选按钮时，则在已经装载的元器件库中查找，如图 5-49 所示；选中“Libraries on path”单选按钮时，则在右侧“Path”选项组制定的目录中进行查找。

3）设定查找对象的路径。“Path”选项组的设置只有在选中“Libraries on path”单选按钮时有效。通过“Path”选项设置查找的目录，选中“Include Subdirectories”复选框，则包含在指定目录中的子目录也进行查找。“File Mask”可以设定查找对象的文件匹配域，“ * ”表示匹配任何字符串。

4）为了查找某个元器件，在“Filters”选项组的“Value”文本框中输入元器件名称“DO-41”，如图 5-47 所示，单击“Search”按钮则开始搜索，搜索结果如图 5-50 所示。

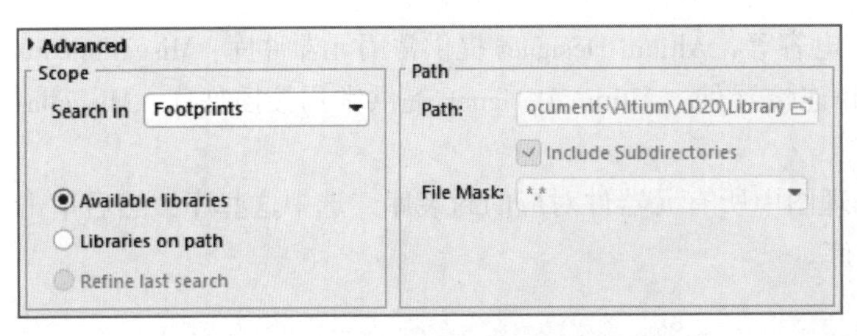

图 5-49 在已经装载的元器件库中查找

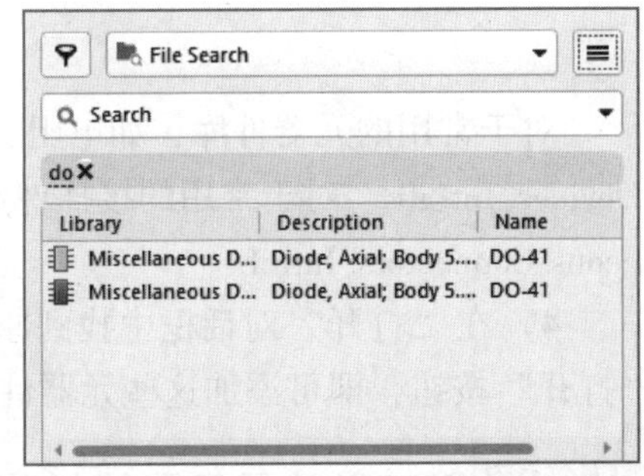

图 5-50 元器件封装搜索结果

从搜索结果中可以看到相关元器件封装及其所在的元器件封装库。可以将元器件封装所在的元器件封装库直接装载到元器件库管理器中以便继续使用，也可以直接使用该元器件封装而不装载其所在的元器件封装库。

5.3.3 修改封装属性

元器件封装属性的修改有如下两种方式。

方法1：在元器件放置状态下，按〈Tab〉键，将会弹出“Component”属性面板，如图5-51所示。

方法2：对于PCB上已经放置好的元器件，直接双击该元器件，也可打开“Component”对话框，如图5-52所示。

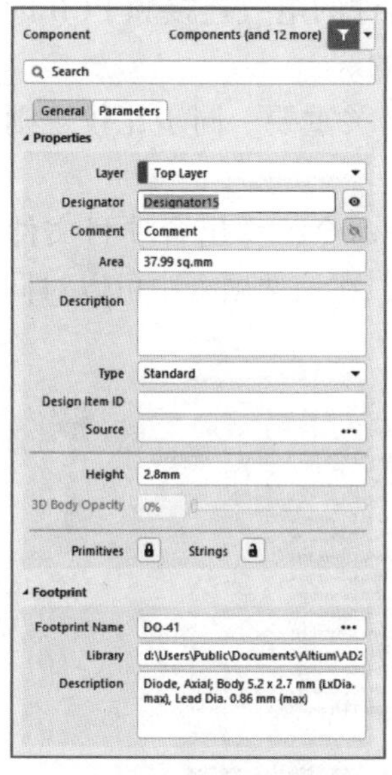

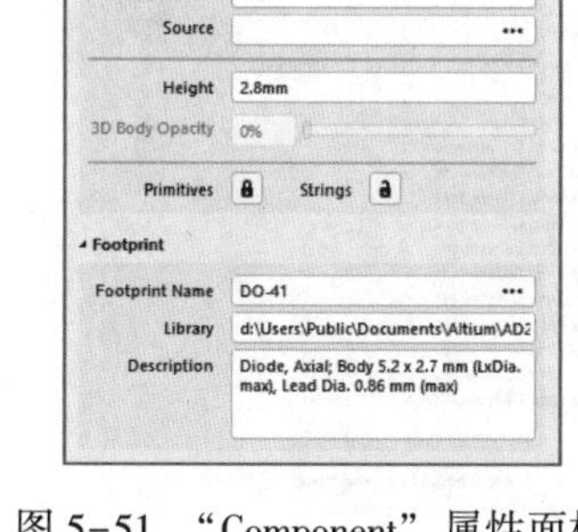

图5-51 “Component”属性面板

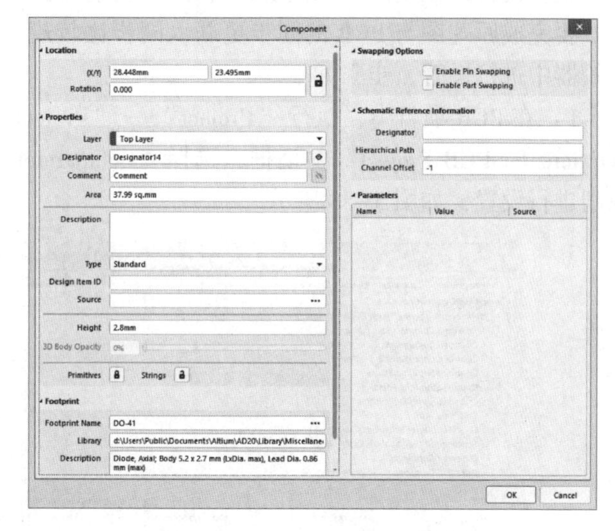

图5-52 “Component”对话框

“Component”对话框中设有Location、Properties和Footprint等选项组。

1）“Location”选项组可以设置元器件封装的位置和旋转角度。

- X/Y：用于设置元器件放置的X坐标和Y坐标。
- Rotation：用于设置元器件的放置角度。

2）“Properties”选项组的设置及功能如下。

- Layer：用于设置封装的放置图层。
- Designator：用于设置封装的序号，单击右侧图标可以设置隐藏。
- Comment：用于设置封装的信息，单击右侧图标可以设置隐藏。
- Type：用于设置封装放置的形式，可以为标准形式或者图形方式。
- Height：用于设置封装文字的高度。

3）“Footprint”选项组。

- Footprint Name：封装名称。
- Library：封装所在库路径。
- Description：元器件功能、封装形式等描述。

5.4 PCB 加载网络表

PCB 加载网络表 

网络表是原理图与 PCB 连接的桥梁，原理图的信息可以通过网络表的形式同步到 PCB 中。在导入网络表之前，需要装载元器件的封装库及对同步比较器的比较规则进行设置。

5.4.1 设置同步比较规则

同步设计是 Altium Designer 最基本的方法，简单的理解就是原理图绘制与 PCB 绘制保持实时同步。无论原理图与 PCB 绘制的先后，始终保持原理图元器件的电气连接和 PCB 的电气连接完全相同，这就是同步。同步设计是通过同步比较器来实现的。

要完成原理图与 PCB 的同步更新，同步比较规则的设置至关重要。同步比较规则在同步比较器中进行设置，步骤如下。

1）在 PCB 项目中，执行“Project”→“Project Options”命令，弹出含项目文件名称的“Options for PCB Project”对话框，选择“Comparator”选项卡，在该选项卡中可以对同步比较规则进行设置，如图 5-53 所示。

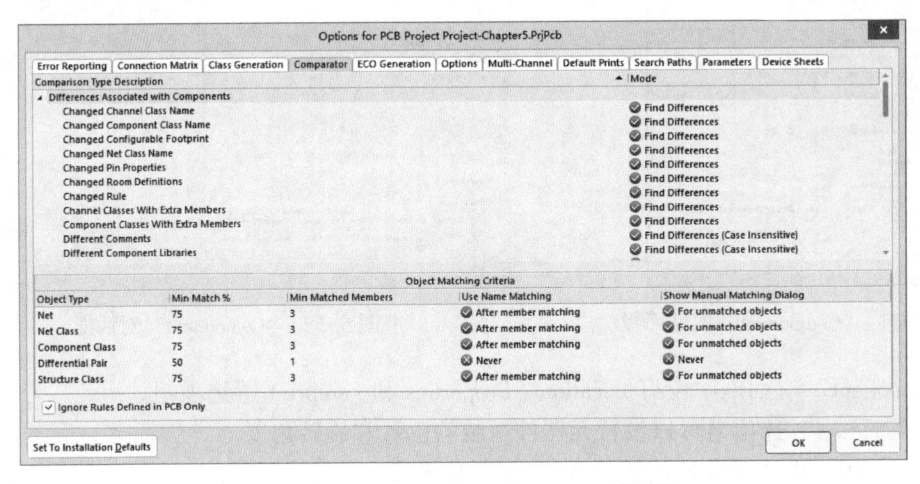

图 5-53 “Options for PCB Project”对话框

2）单击“Set To Installation Defaults”按钮将恢复该对话框中默认设置。

3）单击“OK”按钮即可完成同步比较规则的设置。

同步比较器的主要作用是完成原理图与 PCB 的同步更新，但这只是对同步比较器狭义上的理解。广义上的同步比较器可以完成任何两个文档之间的同步更新，可以是两个 PCB 文档之间，网络表文件和 PCB 文件之间，也可以是两个网络表文件之间的同步更新。用户可以通过“Differences”面板查看两个文件之间的不同之处。

5.4.2 导入网络表

完成同步比较规则的设置后即可进行网络表的导入工作。这里将图 5-54 所示原理图的网络表导入当前的 PCB1 文件中，原理图文件名为“AVR. SchDoc”。

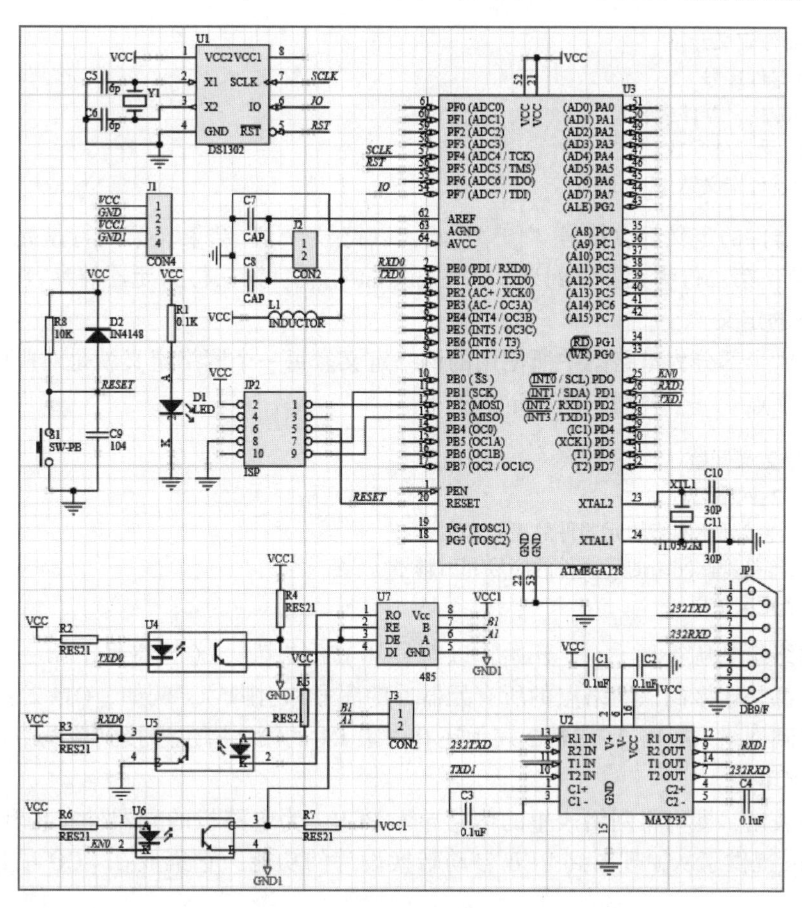

图 5-54　MCUexample. SchDoc 原理图

1. 网络表的生成

Netlist（网络表）分为 External Netlist（外部网络表）和 Internal Netlist（内部网络表）两种。从原理图生成的供 PCB 使用的网络表就叫作外部网络表，在 PCB 内部根据所加载的外部网络表所生成的表称为内部网络表，用于 PCB 元器件之间飞线的连接。一般用户使用的是外部网络表，所以不用将两种网络表严格区分。

为单个原理图文件创建网络表的步骤如下。

1）打开要创建网络表的原理图文件。

2）执行“Design”→“Netlist for project”→“Protel”命令。

生成的网络表与原理图文件同名，扩展名为 . NET，这里生成的网络表名称即为“AVR. NET”，位于文件工作面板中该项目的“Generated”文件下，文件保存在 Netlist Files 文档夹下，如图 5-55 所示。双击“Project-Chapter5. NET”选项，将显示网络表的详细内容。

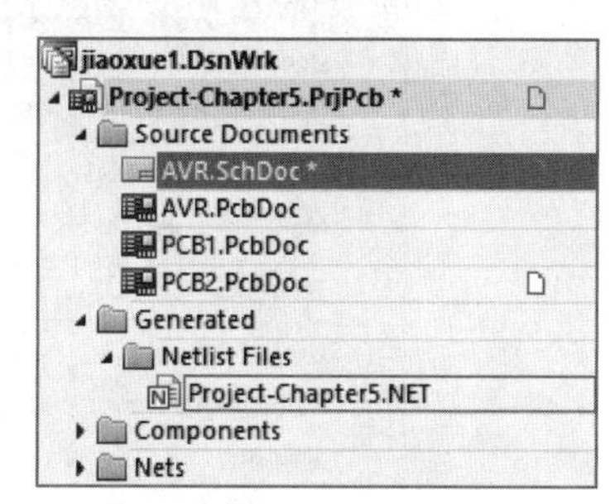

图 5-55　网络表的生成

2. 网络表格式

网络表的格式由两部分组成，一部分是元器件的定义，另一部分是网络的定义。

（1）元器件的定义

网络表第一部分是对所使用的元器件进行定义，一个典型的元器件定义如下。

[;元器件定义开始
C1;元器件序号
RAD-0.1;元器件封装
0.1uF;元器件参数
];元器件定义结束

每一个元器件的定义都以符号“[”开始，以符号“]”结束。第一行是元器件序号，即Designator信息；第二行为元器件封装，即Footprint信息；第三行为元器件参数。

(2) 网络的定义

网络表的后半部分为电路图中所使用的网络定义。每一个网络定义就是对应电路中有电气连接关系的一个点。一个典型的网络定义如下。

(;网络定义开始
NetQ1_2;网络名称
Q1-2;连接到此网络的元器件的序号和引脚号
R1-2;连接到此网络的元器件的序号和引脚号
);网络定义结束

每一个网络定义从符号“(”开始，以符号“)”结束。“(”符号下第一行为网络的名称。以下几行都是连接到该网络点的所有元器件的序号和引脚号。例如，Q1-2表示晶体管Q1的第2脚连接到网络NetQ1_2；R1-2表示还有电阻R1的第2脚也连接到该网络点上。

3. 更新PCB

生成网络表后，即可将网络表里的信息导入PCB，为电路板的元器件布局和布线做准备。Altium Designer提供了从原理图到PCB自动转换设计的功能，它集成在ECO项目设计更改管理器中。

【例5-4】 通过项目设计更改管理器更新PCB的两种方法。

方法1：在原理图编辑环境下，先打开“AVR.SchDoc”文件。执行“Design”→“Update PCB Document AVR.PcbDoc”命令，如图5-56所示。

方法2：先进入PCB编辑环境，打开“AVR.PcbDoc”文件，执行“Design”→“Import Changes From Project-Chapter5.PrjPcb”命令，如图5-57所示。

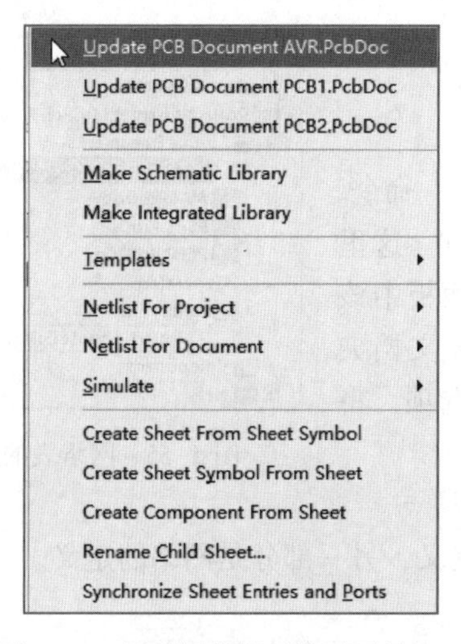

图5-56 原理图编辑环境下更新PCB

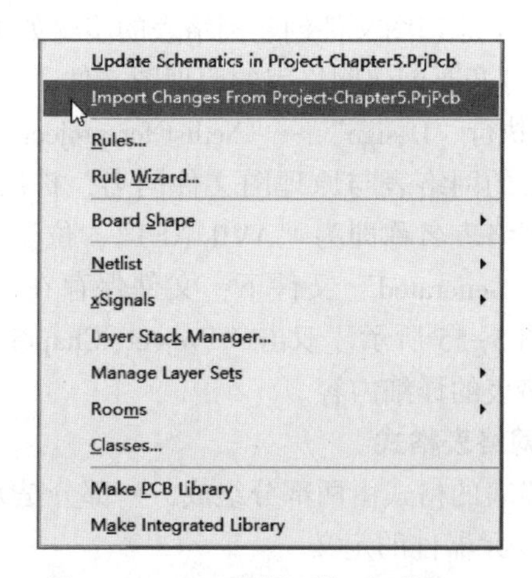

图5-57 PCB编辑环境下更新PCB

1）采用第一种方法，执行相应命令后，将弹出“Engineering Change Order”对话框，如图 5-58 所示。

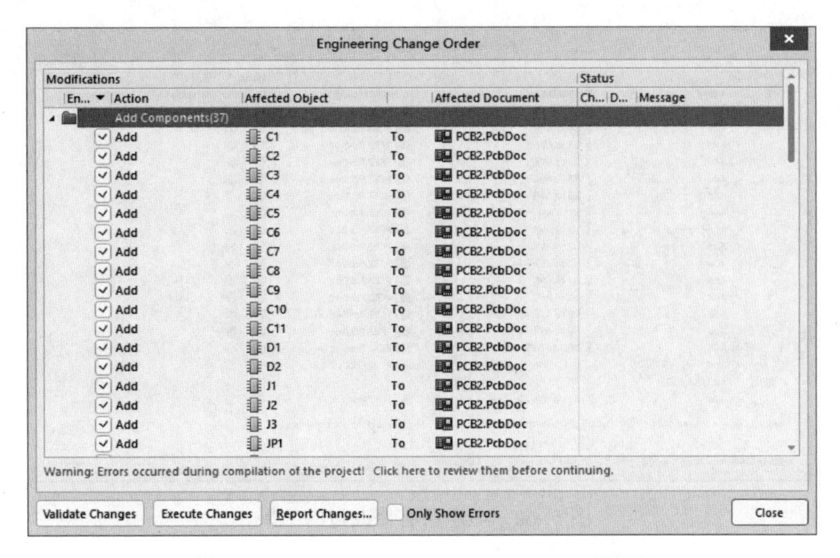

图 5-58 “Engineering Change Order”对话框

“Engineering Change Order”对话框中显示了当前对电路进行的修改内容，左侧为“Modifications”（修改）列表，右侧是对应修改的“Status”（状态）列表。主要的修改有 Add Components、Add Nets、Add Components Class 和 Add Rooms 几类。

2）单击“Validate Changes”按钮，系统将检查所有的更改是否都有效，如果有效，将在右侧“Check”栏对应位置打钩，如果有错误，“Check”栏中将显示红色错误标识，如图 5-59 所示。

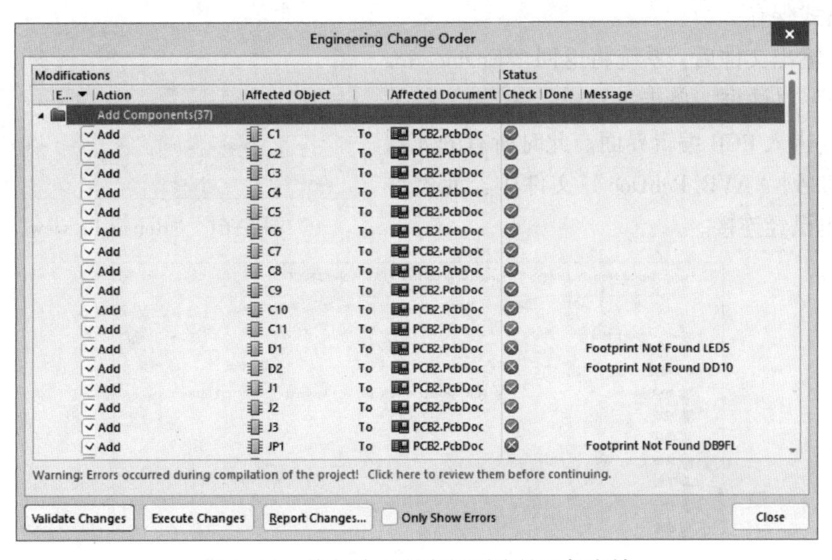

图 5-59 执行检查所有的更改是否都有效

一般的错误都是由于元器件封装定义不正确，系统找不到给定的封装，或者设计 PCB 时没有添加对应的集成库。此时返回 SCH 原理图编辑环境中，对有错误的元器件进行更改，直到修改完所有的错误即“Check”栏中全为正确内容为止。

3）单击“Execute Changes”按钮，系统将执行所有的更改操作，如果执行成功，“Status”列表下的“Done”栏将被勾选，执行结果如图 5-60 所示。

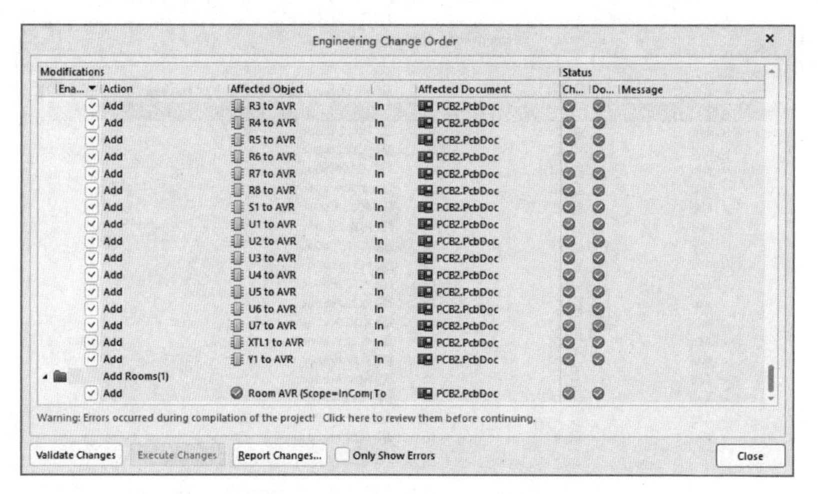

图 5-60　显示所有修改过的结果

4）在“Engineering Change Order”对话框中，单击“Report Changes”按钮，将打开“Report Preview”（报告预览）对话框，在该对话框中可以预览所有进行修改过的文档，如图 5-61 所示。

5）在“Report Preview”对话框中，单击“Export”按钮，将弹出文件保存对话框，如图 5-62 所示。在该对话框中，允许将所有更改过的文档以 Excel 文档格式保存。

6）保存输出文件后，系统将返回“Engineering Change Order”对话框，单击“Close”按钮，将关闭该对话框，进入 PCB 编辑界面。此时所有的元器件都已经添加到“AVR. PcbDoc”文件中，元器件之间的飞线也已经连接。

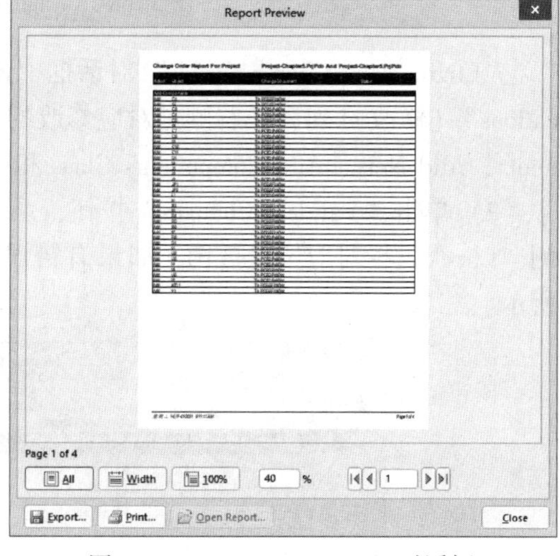

图 5-61　“Report Preview”对话框

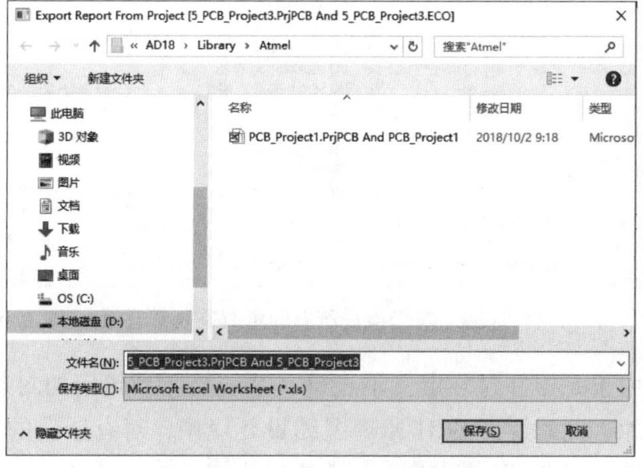

图 5-62　ECO 报告保存对话框

但是所有元器件排列并不合理，如图5-63所示，超出PCB图纸的编辑范围，因此必须对元器件重新布局。

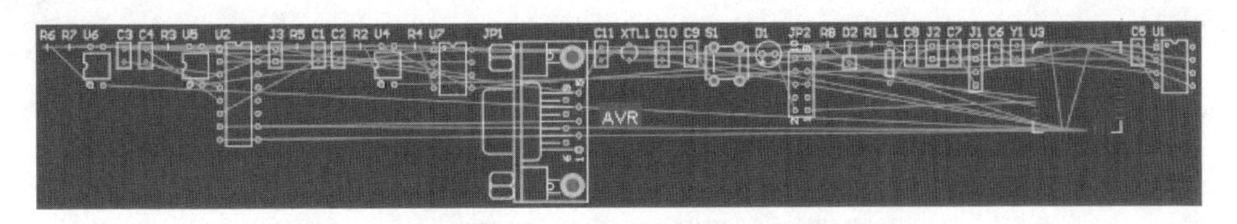

图5-63　更新后生成的PCB图

5.4.3 同步更新原理图与PCB

如果是第一次导入网络表，可按5.4.1的操作完成原理图与PCB的同步更新。若导入网络表后又对原理图或PCB进行了修改，要快速完成原理图与PCB的双向同步更新，可以采用以下步骤实现。

【例5-5】 原理图与PCB的双向同步更新。

1）打开“AVR.PcbDoc”文件，使其处于当前工作窗口。

2）执行“Project”→“Show Differences”命令，如图5-64所示，弹出“Choose Documents To Compare”对话框，如图5-65所示，选择需要进行比较的文档，此处选择“AVR.PcbDoc”文件。

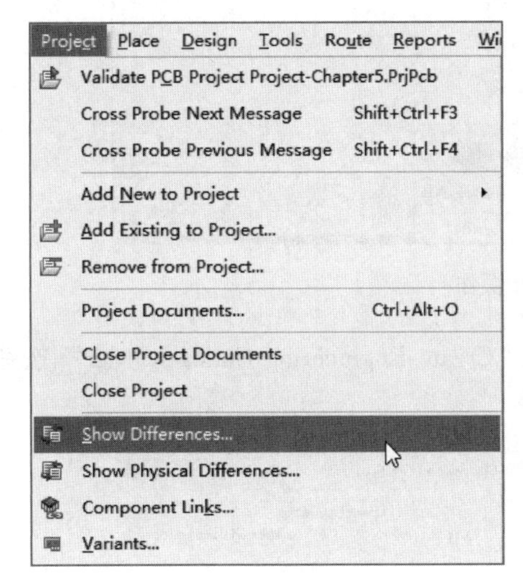

图5-64　同步更新原理图菜单命令

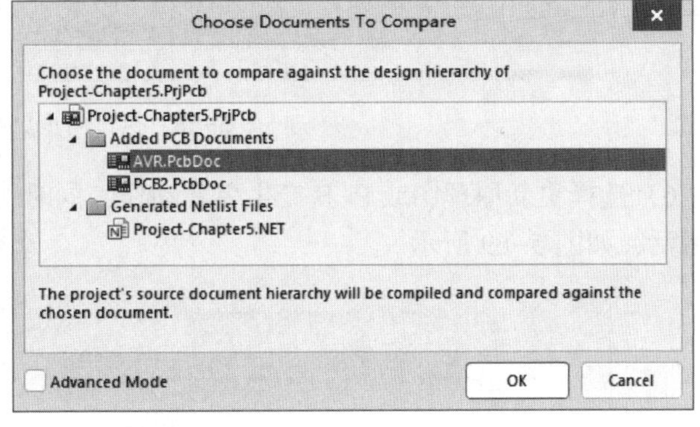

图5-65　“Choose Documents To Compare”对话框

3）系统将对原理图和PCB的网络表进行比较，如没有不同，将弹出图5-66所示的对话框。

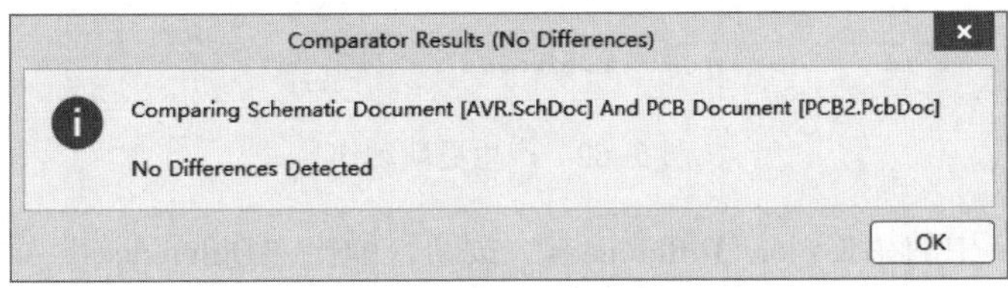

图5-66　比较结果（无不同）

4）如果存在不同，将进入图 5-67 所示的对话框。在该对话框中可以查看详细的比较结果，了解两者之间的不同之处。

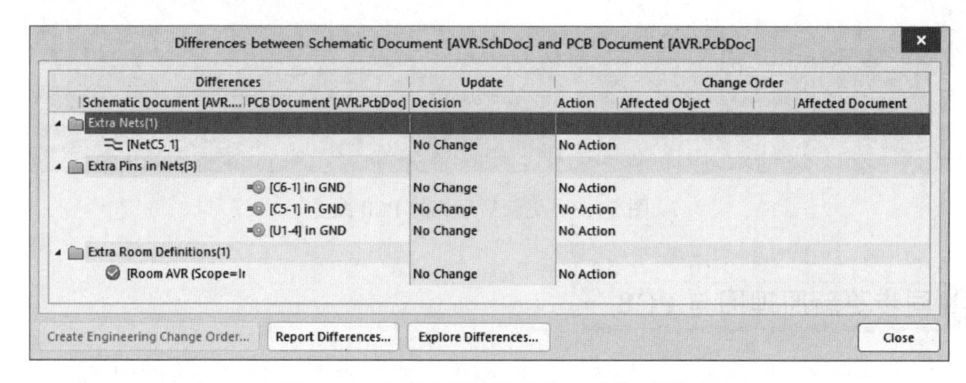

图 5-67　查看比较结果信息（存在不同）

5）单击某一项比较结果信息的“Update”选项，系统将弹出图 5-68 所示的对话框。设计者可以选择更新原理图或 PCB，也可以进行双向同步更新。单击“No Updates”按钮或“Cancel”按钮，可以关闭对话框而不进行任何更新操作。

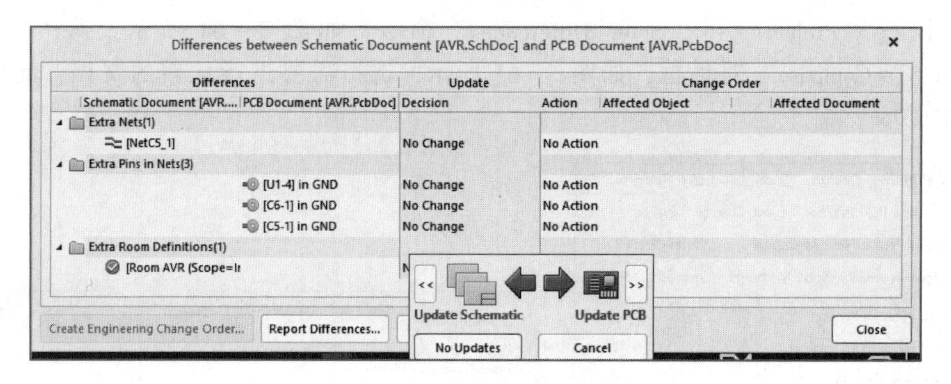

图 5-68　执行同步更新操作

6）选择更新原理图或 PCB 产生更新动作，同时，“Create Engineering Change Order”按钮被激活，如图 5-69 所示。

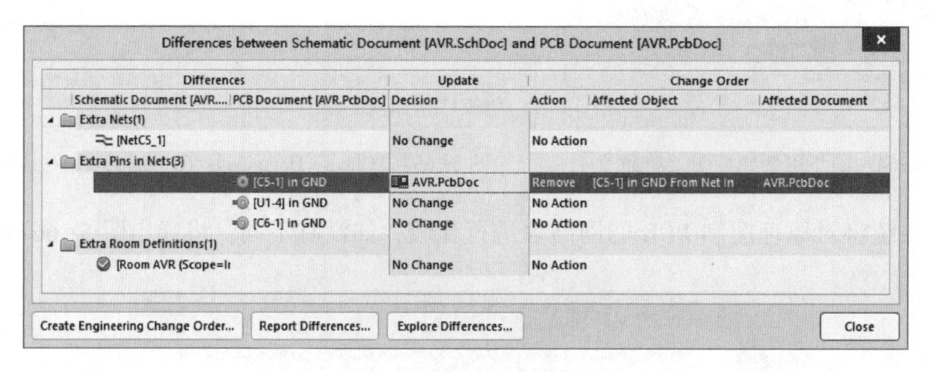

图 5-69　产生更新动作

7）单击图 5-69 中的“Explore Differences”按钮，弹出“Differences”面板，从中可以查看原理图与 PCB 的不同之处，如图 5-70 所示，从图中可看出“NetC5_1”网络连接已改变。

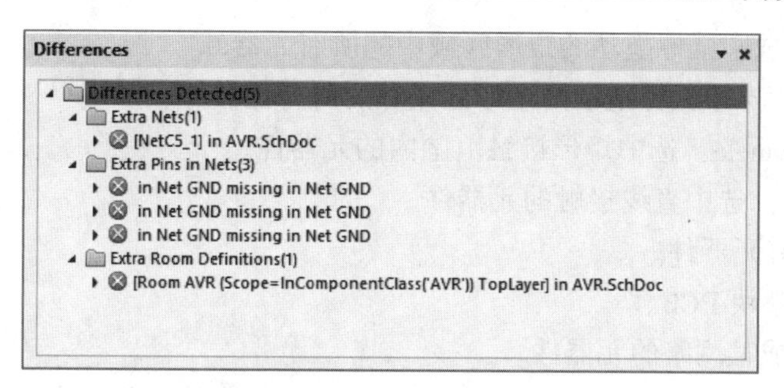

图 5-70 “Differences” 面板

8）单击“Create Engineering Change Order”按钮，弹出图 5-71 所示的“Engineering Change Order”对话框，再单击“Execute Changes”按钮完成更新操作。

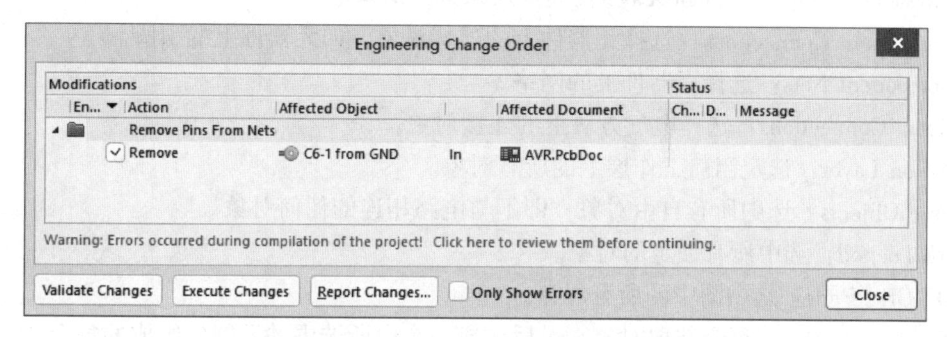

图 5-71 完成同步更新

5.5 手工调整元器件封装布局

手工调整元器件封装布局

合理的布局是 PCB 布线的关键。如果单面板设计元器件布局不合理，将无法完成布线操作；如果双面板元器件布局不合理，布线时会放置很多过孔，使电路板导线变得非常复杂。合理的布局要考虑很多因素，如电路的抗干扰等。元器件布局在很大程度上取决于设计者的设计经验。手工调整元器件的布局，实际上就是对元器件进行排列、移动和旋转等操作。下面介绍如何手工调整元器件的布局。

5.5.1 选取、旋转与移动元器件封装

手工调整元器件的布局前，应该选中元器件，然后才能进行元器件的移动、旋转、翻转等操作。选中元器件的最简单方法是拖动鼠标，直接将元器件放在鼠标所形成的矩形框中。系统也提供了专门的选取对象和释放对象的命令。

1. 选取对象与释放

执行“Edit”→“Select”命令，弹出图 5-72 所示的菜单，其中的菜单命令功能如下。

- Select overlapped：重叠式选中。
- Select next：在选中操作对象的前提下，此功能可实现与当前对象有连接关系的其他对象的选择。
- Lasso Select：选中拉索圈选的元器件。

- Inside Area：选中鼠标拖动的矩形区域中的所有元器件。
- Outside Area：选中鼠标拖动的矩形区域外的所有元器件。
- Touching Rectangle：选中矩形接触范围内的元器件。
- Touching Line：选中直线接触的元器件。
- All：选中所有元器件。
- Board：选中整块 PCB。
- Net：选中组成某网络的元器件。
- Connected Copper：通过覆铜的对象来选中相应网络中的对象。执行该命令后，如果选中某条布线或焊盘，则该布线或者焊盘所在的网络对象上的所有元器件均被选中。
- Physical Connection：通过物理连接来选中对象。
- Physical Connection Single Layer：通过层来选中对象。
- Component Connections：选择元器件上的连接对象，如元器件上的引脚。
- Component Nets：选择元器件上的网络。
- Room Connections：选择电气方块上的连接对象。
- All on Layer：选定当前工作层上的所有对象。
- Free Objects：选中所有自由对象，即不与电路相连的任何对象。
- All Locked：选中所有锁定的对象。
- Off Grid Pads：选中图中的所有焊盘。
- Toggle Selection：逐个选取对象，最后构成一个由所选中的元器件组成的集合。

选中对象后，要释放选取对象，执行“Edit”→“Deselect”命令，弹出图 5-73 所示的菜单。释放选取对象的命令的各选项与对应的选择对象命令的功能相反，操作类似，这里不再重述。

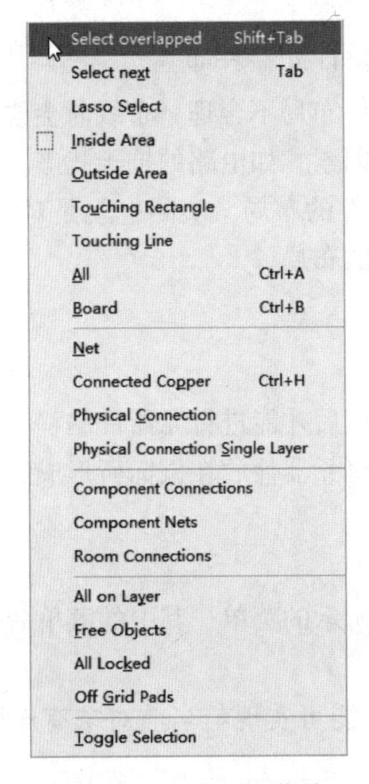

图 5-72 选取对象菜单

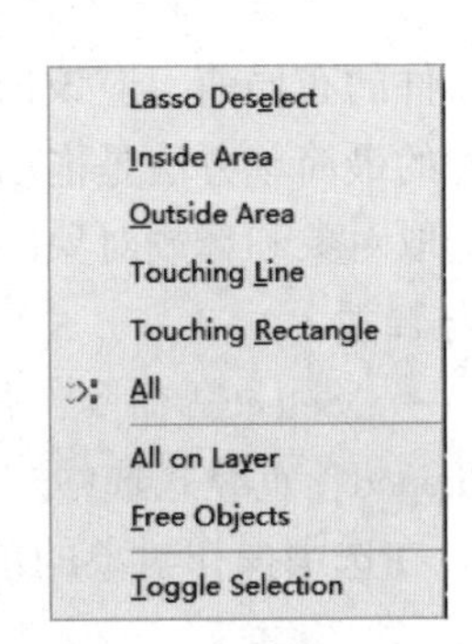

图 5-73 释放选取对象菜单

2. 元器件旋转

如果元器件的排列方向不一致，需要将各元器件的排列方向调整一致，这就要对元器件进行旋转操作。元器件旋转的具体操作过程如下。

1）执行“Edit”→“Select”→“Inside all”命令，然后拖动鼠标选中需要旋转的元器件。也可以直接拖动鼠标选中元器件对象。

2）执行“Edit”→“Move”→“Rotate Selection”命令，系统弹出图5-74所示的“Rotation Angle（Degrees）”对话框。

3）在“Rotation Angle（Degrees）”对话框中设定了角度后，单击“OK”按钮，系统将提示用户在图纸上选取旋转基准点。当用户在图纸上选定了一个旋转基准点后，选中的元器件就实现了旋转。

3. 元器件移动

在Altium Designer中，选择了元器件后，执行移动命令就可以实现移动操作。执行“Edit”→“Move”命令，打开元器件移动命令的菜单，如图5-75所示。

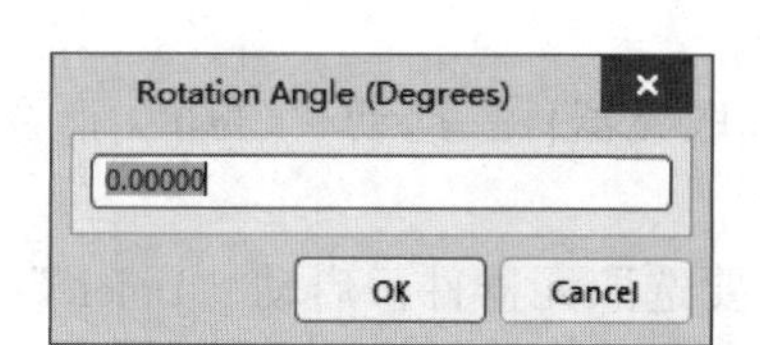

图5-74 “Rotation Angle（Degrees）”对话框

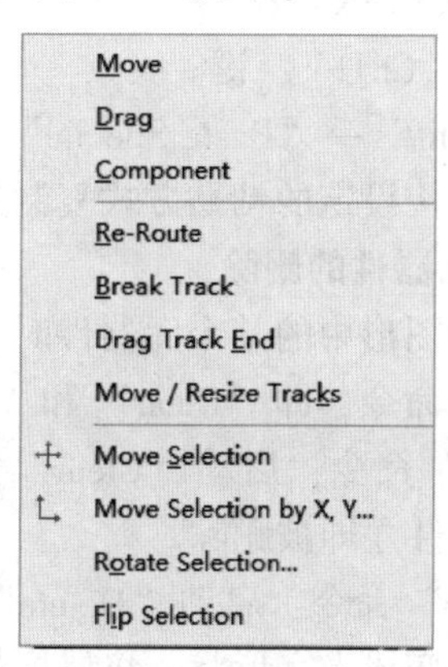

图5-75 元器件移动命令菜单

各移动命令的功能如下。

- Move：用于移动元器件。当选中元器件后，选择该命令，用户就可以拖动鼠标将元器件移动到合适的位置。这种移动方法不够精确，但很方便。当然在执行该命令时，也可以先不选中元器件，可以在执行命令后选择元器件。
- Drag：启动该命令后，鼠标指针变成十字状。在需要拖动的元器件上单击，元器件就会跟着鼠标指针一起移动，将元器件移到合适的位置，再次单击即可完成此元器件的重新定位。
- Component：可实现元器件的移动，操作方法与上述命令类似。
- Re-Route：对移动后的元器件重新生成布线。
- Break Track：打断某些导线。
- Drag Track End：选取导线的端点为基准移动元器件对象。
- Move/Resize Tracks：移动并改变所选取导线对象。
- Move Selection：将选中的多个元器件移动到目标位置，该命令必须在选中了元器件（可以选中多个）后，才能有效。
- Rotate Selection：旋转选中的对象，执行该命令必须先选中元器件。
- Flip Selection：将所选的对象翻转180°，与旋转不同。

在手动移动元器件期间，按〈Ctrl+N〉键可以使网络飞线暂时消失，当移动到指定位置后，网络飞线自动恢复。

5.5.2 剪切、复制与删除元器件封装

1. 元器件的剪切、复制

当需要复制元器件时，可以使用 Altium Designer 提供的剪切、复制和粘贴元器件的命令。

1）复制。执行“Edit”→“Copy”命令，将选取的元器件作为副本，放入剪切板中。

2）剪切。执行“Edit”→“Cut”命令，将选取的元器件直接移入剪贴板，同时电路图上的被选元器件被删除。

3）粘贴。执行“Edit”→“Paste”命令，将剪贴板中的内容作为副本，复制到电路图中。

这些命令可以在主工具栏中选择执行，也可以使用功能热键来实现剪贴复制操作。

- Copy：〈Ctrl+C〉键。
- Cut：〈Ctrl+X〉键。
- Paste：〈Ctrl+V〉键。

执行“Edit”→“Paste Special”命令可以进行选择性粘贴。选择性粘贴是一种特别的粘贴方式，可以按设定的粘贴方式复制元器件，也可以采用阵列方式粘贴元器件。

2. 一般元器件的删除

当不需要图形中的某个元器件时，可以对其进行删除。删除元器件可以使用“Edit”菜单中的两个删除命令，即“Clear”和“Delete”命令。

- “Clear”命令：启动“Clear”命令前需要选取元器件，启动“Clear”命令后，已选取的元器件立即被删除。
- “Delete”命令：启动“Delete”命令前不需要选取元器件，启动“Delete”命令后，鼠标指针变成十字形状，将鼠标指针移到所要删除的元器件上单击，即可删除元器件。

3. 导线删除

下面介绍各种导线段的删除方法。

（1）导线段的删除

删除导线段时，可以选中所要删除的导线段（在所要删除的导线段上单击），然后按〈Delete〉键，即可实现导线段的删除。

另外，执行“Edit”→“Delete”命令，鼠标指针变成十字形状，将鼠标指针移动到任意一根导线段上，鼠标指针上出现小圆点时单击，即可删除该导线段。

（2）两焊盘间导线的删除

执行“Edit”→“Select”→“Physical Connection”命令，鼠标指针变成十字形状。将鼠标指针移动到连接两焊盘的任意一根导线段上，鼠标指针上出现小圆点时单击，可将两焊盘间所有的导线段选中，然后按〈Ctrl+Delete〉键，即可将两焊盘间的导线段删除。

（3）删除相连接的导线

执行“Edit”→“Select”→“Connected Copper”命令，鼠标指针变成十字形状。将鼠标指针移动到其中一根导线段上，鼠标指针上出现小圆点时单击，可将所有有连接关系的导线选中，然后按〈Ctrl+Delete〉键，即可删除连接的导线。

（4）删除同一网络的所有导线

执行“Edit”→“Select”→“Net”命令，鼠标指针变成十字形状。将鼠标指针移动到网

络上的任意一根导线段上，鼠标指针上出现小圆点时单击，可将网络上所有导线选中，然后按〈Ctrl+Delete〉键，即可删除网络的所有导线。

5.5.3 排列元器件封装

元器件排列可以通过两种方式实现：①执行“Edit”→“Align”命令，如图5-76所示，通过子菜单命令来实现。②从元器件对齐工具栏选取相应命令来排列元器件，如图5-77所示。

Command	Shortcut	中文
Align...		对齐
Position Component Text...		定位器件文本
Align Left	Shift+Ctrl+L	左对齐
Align Right	Shift+Ctrl+R	右对齐
Align Left (maintain spacing)	Shift+Alt+L	向左排列（保持间距）
Align Right (maintain spacing)	Shift+Alt+R	向右排列（保持间距）
Align Horizontal Centers		水平中心对齐
Distribute Horizontally	Shift+Ctrl+H	水平分布
Increase Horizontal Spacing		增加水平间距
Decrease Horizontal Spacing		减少水平间距
Align Top	Shift+Ctrl+T	顶对齐
Align Bottom	Shift+Ctrl+B	底对齐
Align Top (maintain spacing)	Shift+Alt+I	向上排列（保持间距）
Align Bottom (maintain spacing)	Shift+Alt+N	向下排列（保持间距）
Align Vertical Centers		垂直中心对齐
Distribute Vertically	Shift+Ctrl+V	垂直分布
Increase Vertical Spacing		增加垂直间距
Decrease Vertical Spacing		减少垂直间距
Align To Grid	Shift+Ctrl+D	对齐到栅格上
Move All Components Origin To Grid		移动所有器件原点到栅格上

图5-76 “Align”子菜单

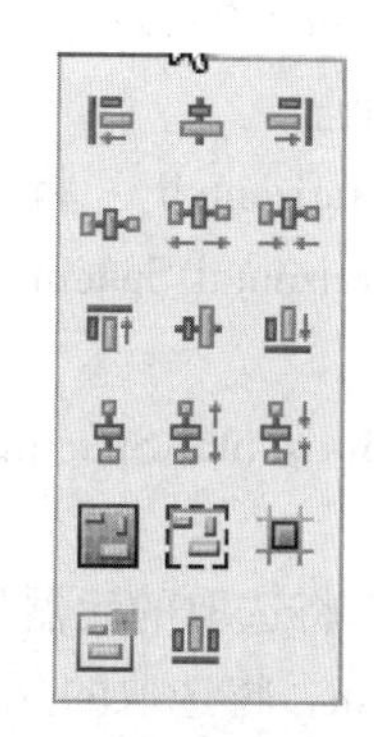

图5-77 对齐工具栏

1. 对话框命令和功能

1）Align：选择图5-76中的“Align”命令将弹出“Align Objects”对话框，如图5-78所示。“Align”命令也可以从对齐工具栏上单击按钮来激活。“Align Objects”对话框中列出了多种对齐方式，分别如下。

- Left：将选取的元器件向最左边的元器件对齐。
- Center（Horizontal）：将选取的元器件按元器件的水平中心线对齐。
- Right：将选取的元器件向最右边的元器件对齐。
- Space equally（Horizontal）：将选取的元器件水平平铺，对应对齐工具栏中的按钮。
- Top：将选取的元器件向最上面的元器件对齐。
- Center（Vertical）：将选取的元器件按元器件的垂直中心线对齐。
- Bottom：将选取的元器件向最下面的元器件对齐。
- Space equally（Vertical）：将选取的元器件垂直平铺，对应对齐工具栏中的按钮。

2）Position Component Text：执行该命令后，系统弹出图5-79所示的“Component Text Position”对话框，可以在该对话框中设置元器件文本的位置，也可以直接手动调整文本位置。

2. 菜单命令和功能

图5-76中的每个命令对应一种功能，具体如下。

- Align Left：将选取的元器件向最左边的元器件对齐，对应对齐工具栏中的按钮。

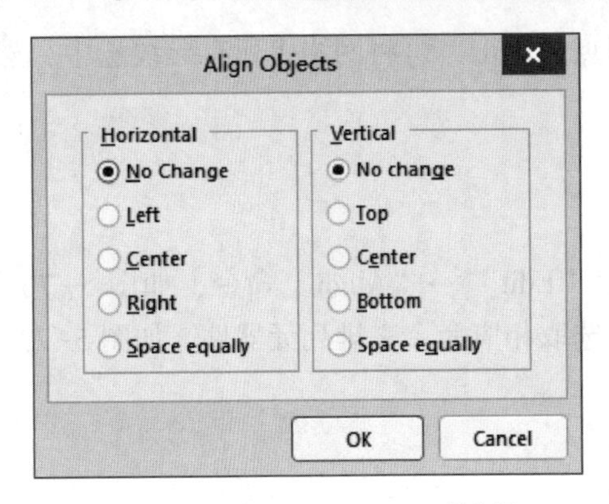

图 5-78 “Align Objects”对话框

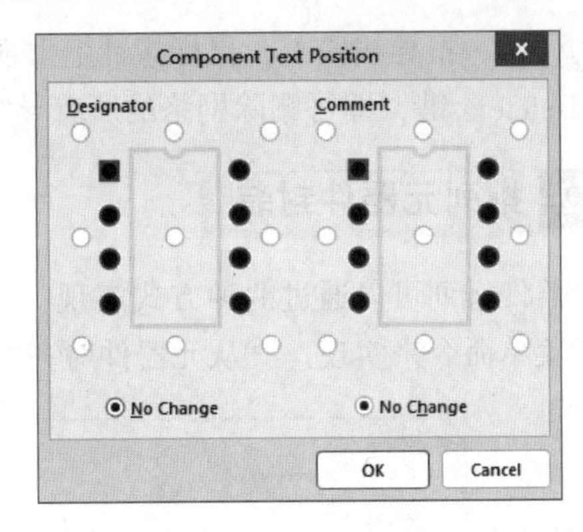

图 5-79 “Component Text Position”对话框

- Align Right：将选取的元器件向最右边的元器件对齐，对应对齐工具栏中的按钮。
- Align Horizontal Centers：将选取的元器件按元器件的水平中心线对齐，对应对齐工具栏中的按钮。
- Distribute Horizontally：将选取的元器件水平平铺，对应对齐工具栏中的按钮。
- Increase Horizontal Spacing：增大选取元器件的水平间距，对应对齐工具栏中的按钮。
- Decrease Horizontal Spacing：减小选取元器件的水平间距，对应对齐工具栏中的按钮。
- Align Top：将选取的元器件向最顶部的元器件对齐，对应对齐工具栏中的按钮。
- Align Bottom：将选取的元器件向最底部的元器件对齐，对应对齐工具栏中的按钮。
- Align Vertical Centers：将选取的元器件按元器件的垂直中心线对齐，对应对齐工具栏中的按钮。
- Distribute Vertically：将选取的元器件垂直平铺，对应对齐工具栏中的按钮。
- Increase Vertical Spacing：增大选取元器件的垂直间距，对应对齐工具栏中的按钮。
- Decrease Vertical Spacing：减小选取元器件的垂直间距，对应对齐工具栏中的按钮。
- Align To Grid：将选取的元器件对齐到栅格。
- Move All Components Origin To Grid：将选取的所有元器件的端点对齐到栅格。

5.5.4 调整元器件封装标注

元器件的标注虽然不会影响电路的正确性，但是却可能影响电路板的美观。

选中标注字符串后右击，从弹出的快捷菜单中选择“Properties”命令，系统将弹出图 5-80 所示的“Parameter”属性面板。通过该属性面板，可以设置文字标注。

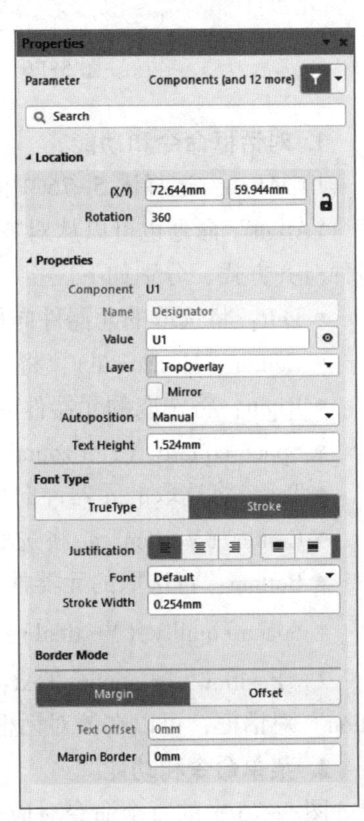

图 5-80 “Parameter”属性面板

5.6 PCB 设计布局常用规范

规范电子产品 PCB 工艺设计，规定 PCB 工艺设计的相关参数，使得 PCB 的设计满足可生产性、可测试性、安全性、电磁兼容（EMC）、电磁干扰（EMI）等技术要求。在产品设计过程中构建产品的工艺技术、质量和成本优势。

5.6.1 常见 PCB 布局要点

1. PCB 布局约束原则

要实现电路功能，要考虑 EMC、EMI、ESD（静电释放）、信号完整性，也要考虑机械结构、大功耗芯片的散热，在这些基础上再考虑电路板的美观。图 5-81 所示为 STM32 开发板布局图。

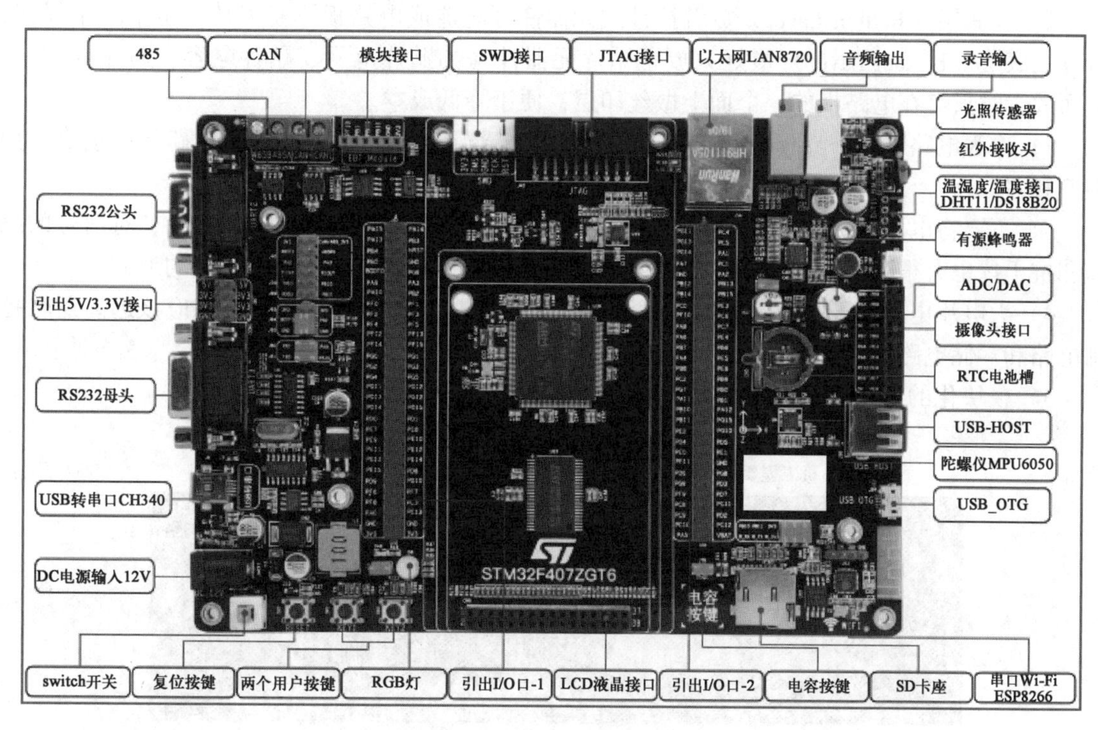

图 5-81　STM32 开发板布局图

从图 5-81 的布局可以说明，布局的合理性要充分利用电路板的空间，使电路模块化布局的功能分布清晰明了。因此，在 PCB 设计中，布局是一个非常重要的环节，同时，系统布局的好坏将直接影响布线的效果。合理的布局应该要做到：使系统的可靠性提高、使系统的体积变小和节省电路板空间，以减少成本。

通常来讲，PCB 布局的方式有两种，一种是交互式 PCB 布局，另一种是自动 PCB 布局。在实际应用中，可以采用在自动布局的基础上用交互式布局进行调整，在布局时还可根据布线的情况对门电路进行再分配。例如，可以将两个门电路进行交换，使其成为便于布线的最佳布局。

电子产品电路板的成功与否，一是要注重内在质量，二是兼顾整体的美观，两者都较完美才能认为该产品是成功的。考虑到 PCB 布局的整体美观，在一块 PCB 上，要求元器件的布局要均衡，疏密有序。PCB 布局的另一个重要的问题就是 PCB 的尺寸，印制板尺寸要与加工图纸尺寸相符，符合 PCB 制造工艺要求并有定位标记。PCB 的元件在二维、三维空间上有无冲突，也需要考虑，例如，热敏元件应远离发热源等。

在对较复杂 PCB 元件布局时，经常从以下几个方面考虑。

1）PCB 与整机进行匹配，PCB 拼版、预留工艺边、预留安装孔和排列定位孔等。

2）元器件之间间距的合理性，元器件在水平上或高度上的冲突。

3）电源模块的放置及散热。

4）需要经常更换的元器件放置位置应便于替换，可调元器件方便调节。

5）热敏元件与发热元器件之间合理安排距离。

6）整板 EMC 性能，尽可能通过布局增强抗干扰能力。

2. 元器件排列原则

（1）整体原则

1）在底层（Bottom Layer）放置插针式元器件可能造成电路板不易安放，也不利于焊接，所以在底层（Bottom Layer）最好只放置贴片元器件（如贴片电阻、贴片电容、贴片 IC 等）。单面放置时只需在电路板的一个面上做丝印层，便于降低成本。

2）作为电路板和外界（电源、信号线）的连接器元器件，通常布置在电路板的边缘，如串口和并口。

3）不要将电压等级相差很大的元器件摆放在一起，这样既有利于电气绝缘，对信号的隔离和抗干扰也有很大好处。带高电压的元器件应尽量布置在调试时手不易触及的地方。

4）大电流电路和开关电路容易产生噪声，在布局时这些元器件或模块也应该远离逻辑控制电路和存储电路等高速信号电路。

5）模块化的布局思想。图 5-82 所示为模块化布局示例。

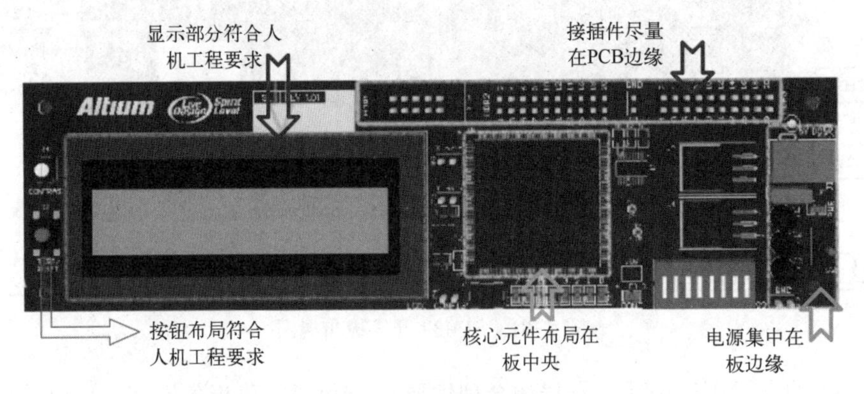

图 5-82　模块化布局示例

大体的功能模块，包括电源部分、核心控制部分、信号输入处理部分、信号输出处理部分、接插件部分、人机交互部分等。按照电路板的实际功能需要进行模块区域的划分。一般的原则是电源部分集中布局在板边，核心控制部分在板中间，信号输入部分位于核心控制部分的左边，而信号输出部分位于核心控制部分的右边。接插件部分尽量布置在板边，人机交互部分要考虑到人机工程的要求进行合理布局。在保证电气性能的前提下，各功能模块的元件应放置在栅格上且相互平行或垂直排列，以求整齐、美观。

6）元器件或接插件的第 1 引脚表示方向；正负极的标志应该在 PCB 上明显标出，不允许被覆盖；电源变换元器件（如 DC/DC 变换器、线性变换电源和开关电源）旁应该有足够的散热空间和安装空间，外围留有足够的焊接空间等。

（2）抑制电磁干扰

1）对于电磁场辐射较强的元器件及对电磁感应较灵敏的软件，应加大它们相互之间的距离或考虑添加屏蔽罩。

2）各部分电路的滤波网络必须就近连接，这样可以提高电路的抗干扰能力和减少被干扰的机会。

3）尽量避免高、低电压源间相互混杂，以及强、弱信号的元器件交错在一起。

4）对于会产生磁场的元器件，如变压器、扬声器、电感等布局时应注意减少磁力线对印制导线的切割。相邻元器件磁场方向应相互垂直，减少彼此之间的偶合。图 5-83 所示为电感与电感的垂直 90°进行布局。

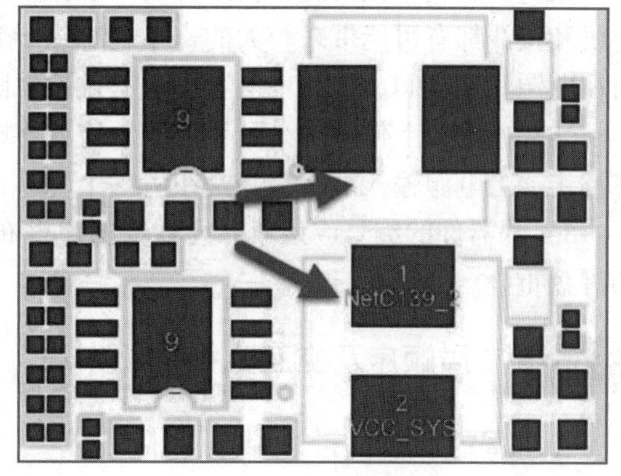

图 5-83　电感与电感的垂直 90°布局

（3）抑制热干扰

1）对于发热元器件，应优先安排在利于散热的位置，必要时可以单独设置散热器或小风扇，以降低温度，减少对邻近元器件的影响，如图 5-84 所示。

2）功耗大的集成块、大功率晶体管、大功率电阻等要布置在容易散热的地方。

3）热敏元件应紧贴被测元器件并远离高温区域，以免受到其他发热元器件的影响。

4）双面放置元器件时，底层一般不放发热元器件。

（4）可调元器件布局

1）对于电位器、可变电容器、可调电感线圈、微动开关等可调元器件的布局应考虑整机的结构要求，如图 5-85 所示。

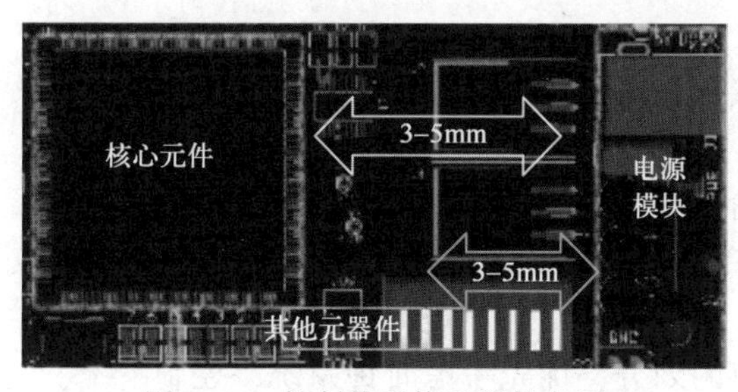

图 5-84　抑制热干扰元器件布局

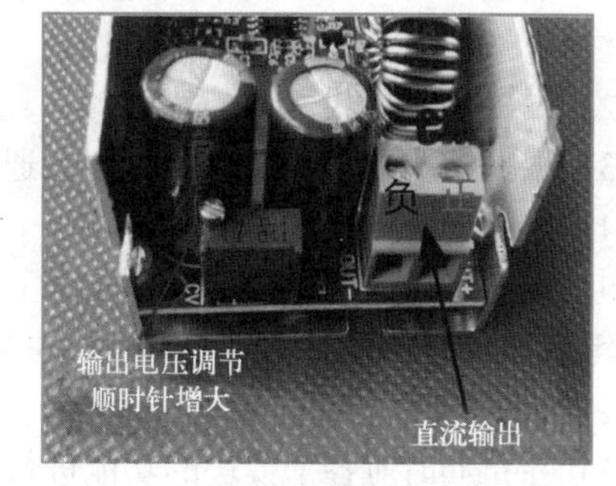

图 5-85　可调元器件布局硬件示例

2）若是机外调节，其位置要与调节旋钮在机箱面板上的位置相适应。

3）若是机内调节，则应放置在 PCB 上便于调节的地方。

3. PCB 元器件布局原则

1）放置固定元器件之后，按照信号的流向逐个安排各个功能电路元器件的位置。以每个功能电路的核心元器件为中心，围绕它进行局部布局。

2）在多数情况下，信号的流向安排为从左到右或从上到下。与输入/输出端直接相连的元器件应放在靠近输入/输出接插件或连接器的地方。

3）对于易产生噪声的元器件，例如，时钟发生器和晶振等高频器件，在放置时应当尽量把它们放置在时钟输入端；大电流电路和开关电路尽量采用控制板结合功率板的方式，利用接口来连接，以提高电路板整体的抗干扰能力和工作可靠性。

4）在电源和芯片周围尽量放置去耦电容和滤波电容。去耦电容和滤波电容的布置是改善电路板电源质量，提高抗干扰能力的一项重要措施。在实际应用中，印制电路板的布线、引脚连线和接线都有可能带来较大的寄生电感，导致电源波形和信号波形中出现高频纹波和毛刺，而在电源和地之间放置去耦电容可以有效地滤除这些高频纹波和毛刺。

如果电路板上使用的是贴片电容，应该将贴片电容紧靠元器件的电源引脚。对于电源转换芯片，或者电源输入端，最好是布置一个10F或者更大的电容，以进一步改善电源质量。

5）元器件的编号应该紧靠元器件的边框布置，大小统一，方向整齐，不与元器件、过孔和焊盘重叠。

5.6.2 布局顺序及交互式模块化布局

1. 布局的基本顺序

完成布局的前期处理，并明确常见的布局规范，正式开始元器件的布局，不能随意摆放封装，应该按照一定的逻辑顺序进行摆放，其布局顺序如图5-86所示。

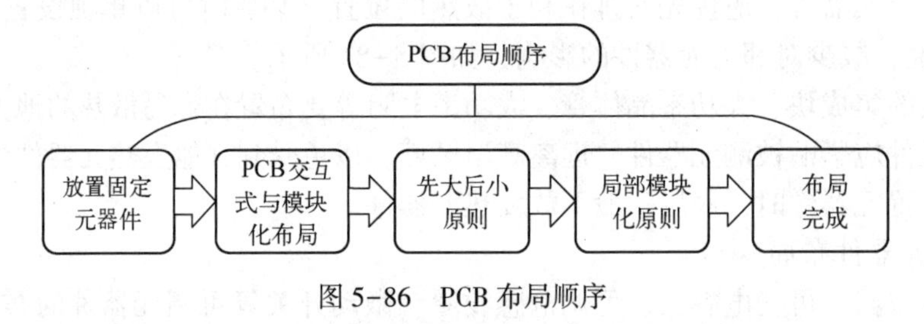

图5-86　PCB布局顺序

1）确定PCB外形尺寸，并进行开窗处理等。如有电容因高速原因需要躺着安装在开窗内也应注明。

2）设置叠层参数。

3）根据结构图，确定元器件（如通信接口、定位孔、安装孔等）的位置。

4）绘制禁止布线区。

5）在已经布局的结构部件的基础上，确认信号的流向，以及关键元器件的大致位置。确保关键信号元器件的外围电路采用模块布局的方式，在原理图与PCB设计环境中进行交互式摆放，完成各个模块的布局。

6）在布局时对各个模块的功能进行相应的划分，优先考虑时钟系统、控制系统、电源系统的布局，同时需对主次电源进行规划，各个功能模块的电源就近布局，并考虑各电源在电源平面的大致分割，为元器件间的互连留有足够的布线通道。

7）布局时需考虑有拓扑要求的元器件，并预留足够的空间给有长度要求的信号的等长绕线。例如，在布局CPU和DDR时，要求DDR和CPU之间不能有其他的元器件，中间要留有足够的空间，便于进行CPU与DDR之间对时序有要求的信号的等长绕线。

8）PCB如有拼板应放置相应的标记点。

2. 交互式模块化布局

交互式模块化布局示例如图5-87所示。

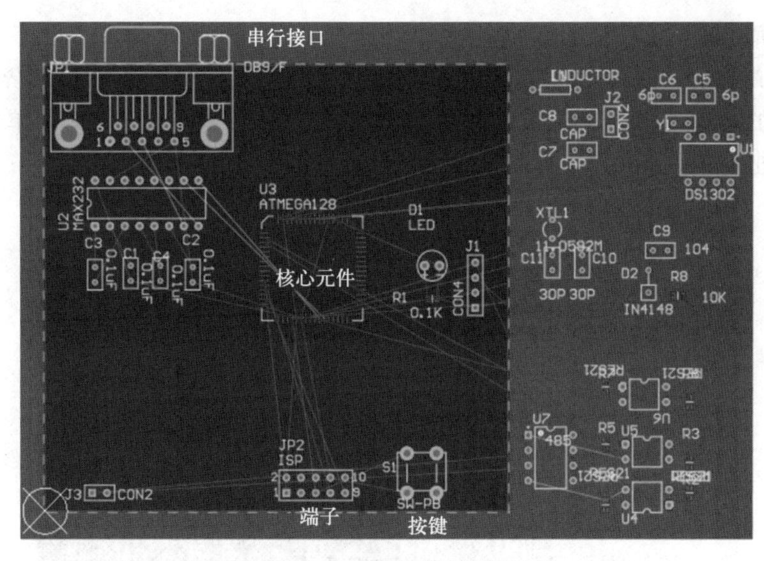

图 5-87　交互式模块化布局示例

1）对于拔插的接插件，放置在板子的下方，方便顺手拔插。

2）对于显示部分，放置在上方，方便查看。

3）对于按键部分，放置在右下角，方便右手进行按键。

4）结合结构工程师或者硬件工程师的功能规划进行调整。

5.6.3 交互式布局参数设置

1. 交叉选择功能

为了方便找寻元器件，需要把原理图与PCB对应起来，使两者之间能相互映射，简称交互。交叉选择模式就是在原理图中选中器件后，PCB对应的器件也会被选中，反之亦然。

利用交互式布局可以比较快速地定位元件，从而缩短设计时间，提高工作效率。执行“Tools”→“Cross Select Mode”命令，激活交叉选择功能，如图5-88所示。

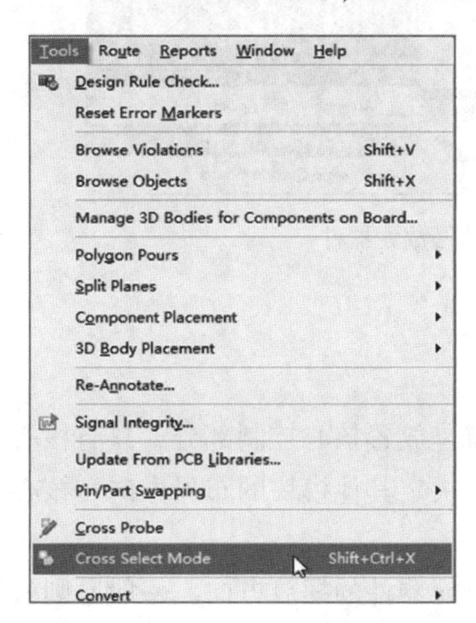

图 5-88　激活交叉选择功能

2. 窗口分屏处理

在模块化布局时，可以通过垂直分割命令对原理图编辑界面和PCB设计界面进行分屏处理。在已打开的原理图文件和PCB文件窗口处右击，在弹出的快捷菜单中选择“Split Vertical”命令进行窗口分割，方便视图并快速布局，如图5-89所示。

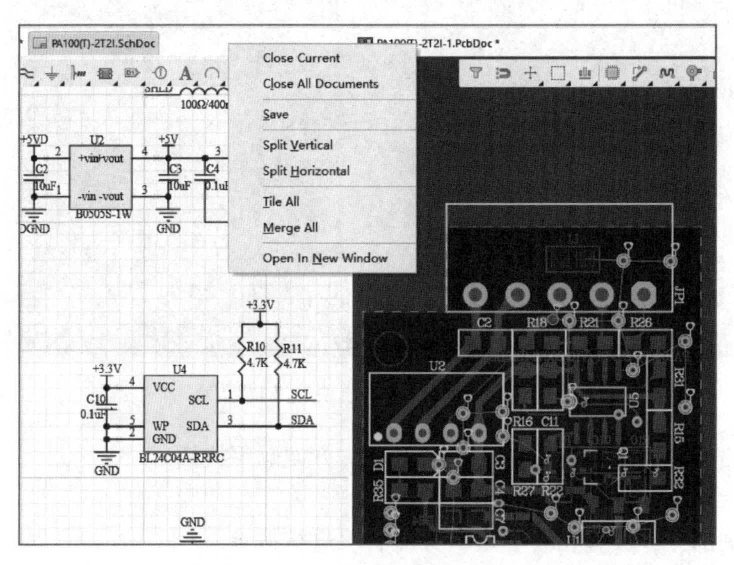

图5-89 窗口分割

执行“Tools”→“Component Placement”→“Arrange Within Rectangle”命令，如图5-90所示。此时，结合元器件交互，元器件按区域摆放，实现快速分块。

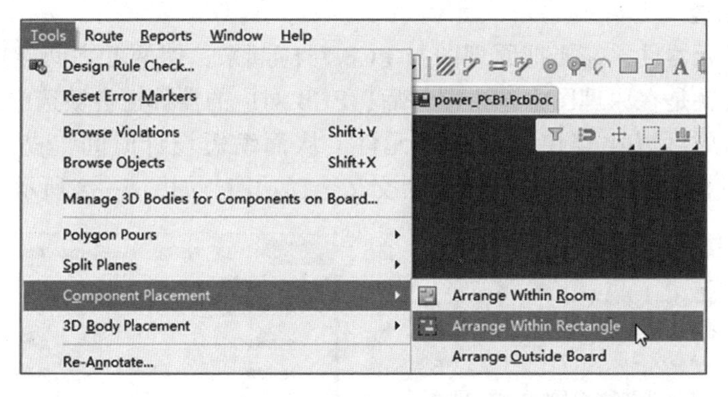

图5-90 快速摆放元器件

5.6.4 核心模块的PCB布局要点

一般来说，放置完固定器件之后，接下来就是放置核心控制部分，只有核心固定下来，才能够基于其他模块和核心控制部分的信号流向，决定其他模块的布局方向。核心控制部分一般又分为几个部分的布局。

基于固定器件和信号飞线确定核心控制部分元器件的摆放方向，一般原则就是让信号越短越好，越顺越好。

在核心控制部分的IC芯片周围放置去耦电容时，要将电容靠近IC芯片的电源引脚，这样起到的滤波效果比较明显，不宜放置太远，如图 5-91 所示。

晶振一般放置在主控电路的同一侧，靠近主控 IC 芯片。图 5-92 所示的晶振电路中，尽量使电容分支短（目的：减小寄生电容），晶振电路一般采用 π 形滤波形式，放置在晶振的前面。

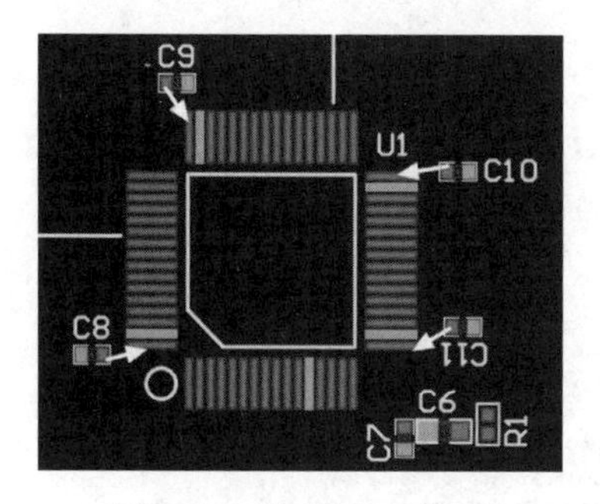

图 5-91　去耦电容放置

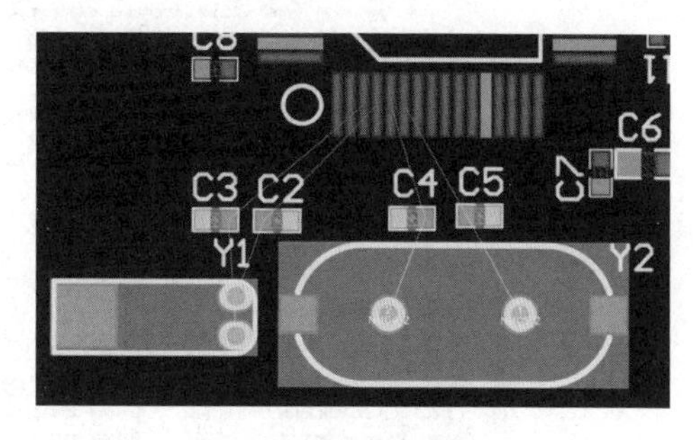

图 5-92　晶振电路布局

电源模块输入/输出路径如图 5-93 所示。在布局电源模块时，按一字形或者 π 形摆放，电容按先大后小的顺序，就近放置在电源电路的输入/输出引脚。电源电路 PCB 布局图如图 5-94 所示。

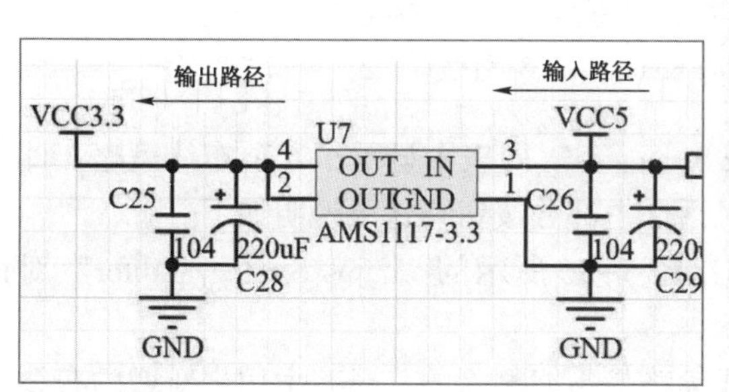

图 5-93　电源模块输入/输出路径

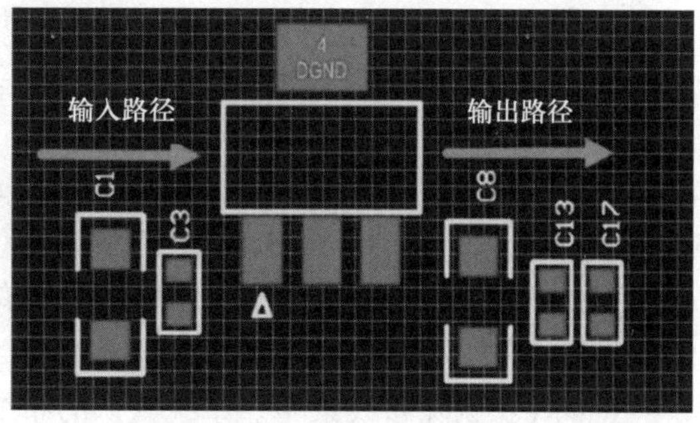

图 5-94　电源电路 PCB 布局图

5.7　PCB 自动布线

PCB 自动布线

布线是在 PCB 上用布线将器件焊盘连接的过程。对比较复杂的 PCB，软件可以进行自动布线。自动布线器（Situs）除了圆角的设计规则需另行定义之外，支持所有的电气特性，且可以依照设计规则布线。Altium Designer 20 提供先进的交互式布线工具和拓扑自动布线器，利用拓扑逻辑在 PCB 上计算布线路径，自动跟踪已存在的连接，推挤和绕开障碍，使得布线直观简洁、高效灵活。

5.7.1　设置 PCB 自动布线策略

1. 布线策略

在 PCB 编辑界面执行“Route”→“Auto Route”→“Setup”命令，打开“Situs Routing Strategies”（布线策略）对话框，如图 5-95 所示。

在“Situs Routing Strategies”对话框的“Routing Strategy”选项组中，可进行布线策略的

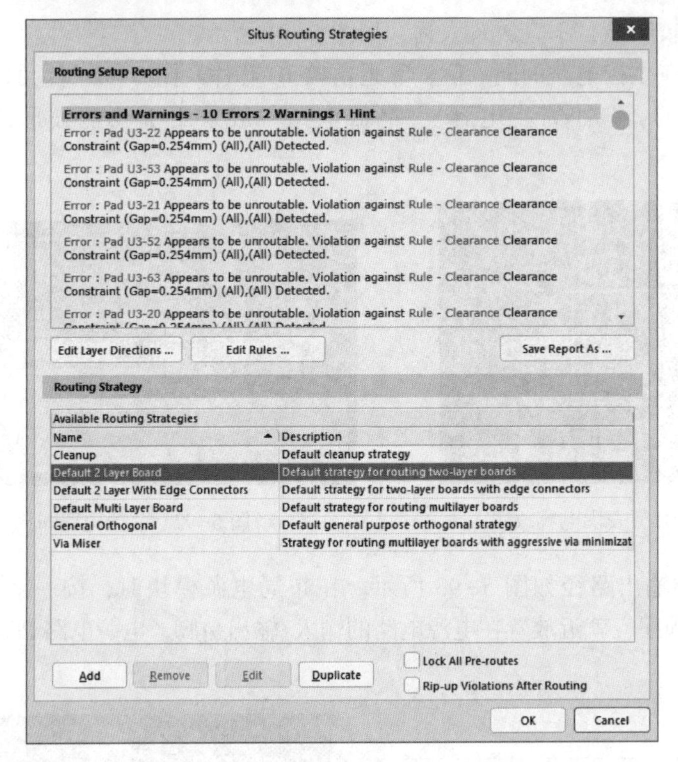

图 5-95 “Situs Routing Strategies” 对话框

管理。针对不同的布线需求，“Available Routing Strategies” 列表中显示了 6 项布线策略，此处选择默认的 “Default 2 Layer Board” 选项。该对话框中部分按钮与选项说明如下。

- Add：新增布线策略，单击此按钮后，弹出图 5-96 所示的 “Situs Strategy Editor” 对话框，可在此对话框制定新的布线策略。
- Remove：删除布线策略。系统默认的布线策略是不能删除的，只有由用户新增的布线策略才能删除。在 “Routing Strategy” 选项组的列表中选择所要删除的布线策略，再单击 “Remove” 按钮即可删除。
- Edit：编辑布线策略。同样地，系统默认的布线策略是不可编辑的，由用户新增的布线策略才能编辑。选择要编辑的布线策略，再单击 “Edit” 按钮，即可打开图 5-96 所示的 “Situs Strategy Editor” 对话框，用户就可在此编辑该布线策略。
- Duplicate：复制布线策略。选择要复制的布线策略，再单击 “Duplicate” 按钮，即可打开图 5-96 所示的对话框，其中的布线策略内容，与原本选取的布线策略相同。通常用户要制定或修改一项布线策略，则会先选取一个性质相近的布线策略，单击此按钮后，再把它修改成用户所要的布线策略。
- Lock All Pre-routes：在进行自动布线时，锁住已完成的布线。若不选取此选项，则进行自动布线时，原本已完成的布线，将被拆除后重新布线。布线时，通常会将其中重要或有特殊需求的网络，以手工方式布线，剩下的网络再进行自动布线。在此情况下，则务必选取此选项，才能保住原本的布线。
- Rip-up Violations After Routing：在进行自动布线时，若发生违反设计规则的布线，则在布线结束后，将它拆除。

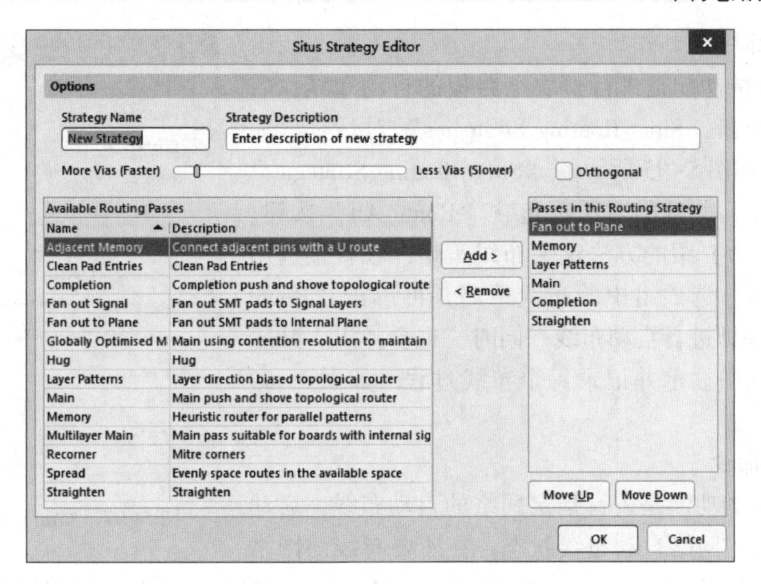

图 5-96 “Situs Strategy Editor”对话框

2. 布线策略编辑器

Situs 是 Altium Designer 的重要布线引擎，而其布线策略是在“Situs Strategy Editor”对话框中进行编辑的。相关选项说明如下。

（1）“Options”选项组

“Options”选项组用于设置布线策略的一般属性，其中各选项说明如下。

1）Strategy Name：设定布线策略的名称（可使用中文）。

2）Strategy Description：设定布线策略的简介（可使用中文）。

3）滑块：设定布线时的过孔用量。若往左移，则布线时，过孔的用量较多，布线速度较快；若往右移，则布线时，过孔的用量较少，布线速度较慢。

4）Orthogonal：设定采用直角布线的方式。

（2）“Available Routing Passes”列表

该列表提供 14 个布线程序（Routing Passes）。选择要使用的布线程序，再单击“Add”按钮，即可将该布线程序放入右侧的“Passes in this Routing Strategy”（已通过这个布线策略）列表，成为此布线策略中的一个布线程序。也可从“Passes in this Routing Strategy”列表将布线程序移回此列表，只要在“Passes in this Routing Strategy”列表选择布线程序，再单击“Remove”按钮即可。

（3）“Passes in this Routing Strategy”列表

此列表为当前编辑布线策略中所含的布线程序。执行此布线策略时，将由上而下顺序执行其中的每一个布线程序。而布线程序的执行顺序将影响布线的结果，所以，用户可在此调整布线程序的执行顺序，只要选取所要调整的布线程序，再单击“Move Up”按钮，即可将该布线程序上移，单击“Move Down”按钮则可将该布线程序下移。

5.7.2 PCB 自动布线命令

Altium Designer 将自动布线命令集中在“Route”→“Auto Route”菜单中，如图 5-97 所示。其各命令说明如下。

1. “All” 命令

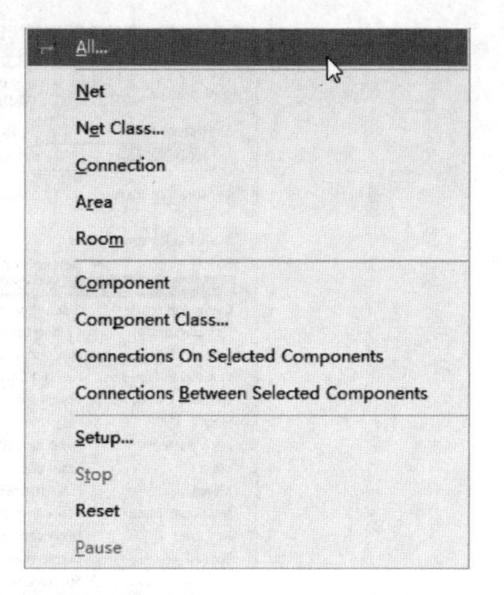

图 5-97 “Auto Route” 菜单

“All” 命令的功能是进行整块电路板的自动布线，启动此命令后，弹出 “Situs Routing Strategies” 对话框，如图 5-98 所示。与图 5-95 所示的 “Situs Routing Strategies” 对话框的不同是，此处的对话框包含 “Route All” 按钮。用户可按 5.7.1 节介绍的方法定义布线策略，或直接选用 “Routing Strategy” 选项组中的布线策略，再单击 “Route All” 按钮，程序即进行自动布线。同时，也会弹出 “Messages” 窗口，其中显示并记录每个布线过程，如图 5-99 所示。

2. “Net” 命令

“Net” 命令的功能是进行指定网络的自动布线，启动此命令后，即进入网络自动布线状态。在所要布线的网络处单击，通常是焊盘，弹出图 5-100 所示的 “Messages” 窗口，选择其中的焊盘，即可进行该焊盘上的网络的自动布线。完成该网络的自动布线后，其布线过程将记录在 “Messages” 窗口里；完成一个网络的布线后，仍在网络自动布线状态，用户可指定其他网络，或右击结束网络自动布线状态。

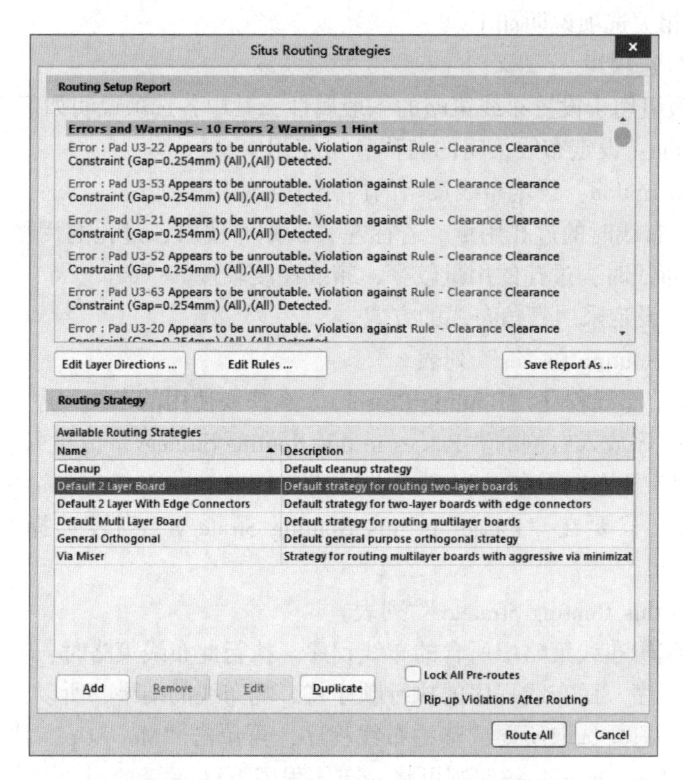

图 5-98 “Situs Routing Strategies” 对话框

3. “Net Class” 命令

“Net Class” 命令的功能是进行网络分类的自动布线，启动此命令后，如果没有网络类，会弹出 “Information” 对话框，如图 5-101 所示。若有网络类，则弹出图 5-102 所示的 “Choose

Net Classes to Route”对话框。可在此对话框中找到所要布线的网络分类，再单击“OK”按钮关闭对话框，程序即进行该网络分类的自动布线。完成该网络分类的自动布线后，返回“Choose Net Classes to Route”对话框，用户可继续指定所要布线的网络分类，或单击“Cancel”按钮结束网络分类自动布线。

Messages

Class	Document	Source	Message	Time	Date	No.
Situs E	AVR.PcbDoc	Situs	Routing Started	20:15:56	2021/7/9	1
Routin	AVR.PcbDoc	Situs	Creating topology map	20:15:56	2021/7/9	2
Situs E	AVR.PcbDoc	Situs	Starting Fan out to Plane	20:15:56	2021/7/9	3
Situs E	AVR.PcbDoc	Situs	Completed Fan out to Plane in 0 Seconds	20:15:56	2021/7/9	4
Situs E	AVR.PcbDoc	Situs	Starting Memory	20:15:56	2021/7/9	5
Situs E	AVR.PcbDoc	Situs	Completed Memory in 0 Seconds	20:15:56	2021/7/9	6
Situs E	AVR.PcbDoc	Situs	Starting Layer Patterns	20:15:56	2021/7/9	7
Routin	AVR.PcbDoc	Situs	Calculating Board Density	20:15:56	2021/7/9	8
Situs E	AVR.PcbDoc	Situs	Completed Layer Patterns in 0 Seconds	20:15:57	2021/7/9	9
Situs E	AVR.PcbDoc	Situs	Starting Main	20:15:57	2021/7/9	10
Routin	AVR.PcbDoc	Situs	Calculating Board Density	20:15:59	2021/7/9	11
Situs E	AVR.PcbDoc	Situs	Completed Main in 2 Seconds	20:15:59	2021/7/9	12
Situs E	AVR.PcbDoc	Situs	Starting Completion	20:15:59	2021/7/9	13
Routin	AVR.PcbDoc	Situs	83 of 88 connections routed (94.32%) in 4 Seconds	20:16:00	2021/7/9	14
Situs E	AVR.PcbDoc	Situs	Completed Completion in 1 Second	20:16:01	2021/7/9	15

图 5-99　自动布线过程信息

Messages

Class	Document	Source	Message	Time	Date	No.
Situs E	AVR.PcbDoc	Situs	Routing Started	20:18:03	2021/7/9	1
Routin	AVR.PcbDoc	Situs	3 of 88 connections routed (3.41%) in 4 Seconds	20:18:08	2021/7/9	2
Situs E	AVR.PcbDoc	Situs	Routing finished with 0 contentions(s). Failed to complete 85 connec	20:18:08	2021/7/9	3

图 5-100　网络自动布线信息窗口

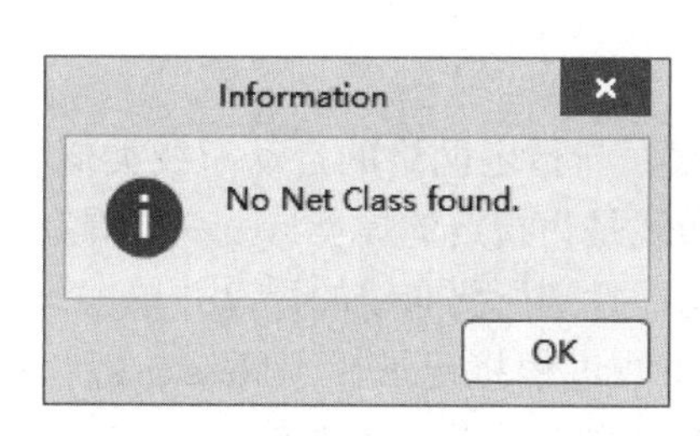

图 5-101　“Information”对话框

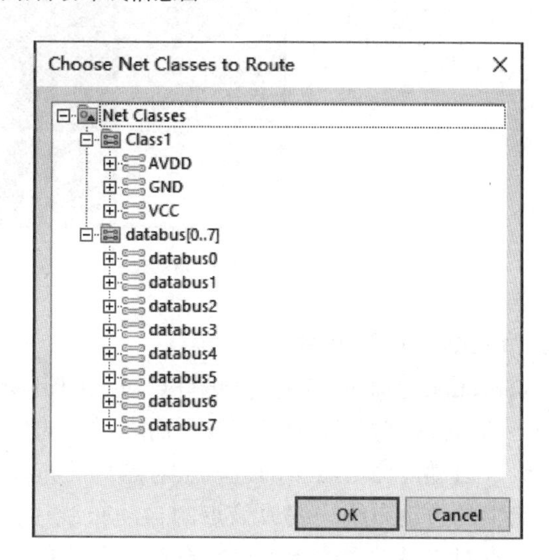

图 5-102　“Choose Net Classes to Route”对话框

如果没有网络类，可通过以下操作来创建网络类。

右击图 5-103 所示的“PCB”面板，在弹出的快捷菜单中选择“Add Class”选项，打开图 5-104 所示的“Edit Net Class”对话框，设置“Name”为“Test”，在左侧列表中选择想要添加为 Test 网络类的网络，单击[>]按钮将选中的网络添加到右侧“Members”列表中，单击“OK”按钮完成网络类的创建，如图 5-105 所示。

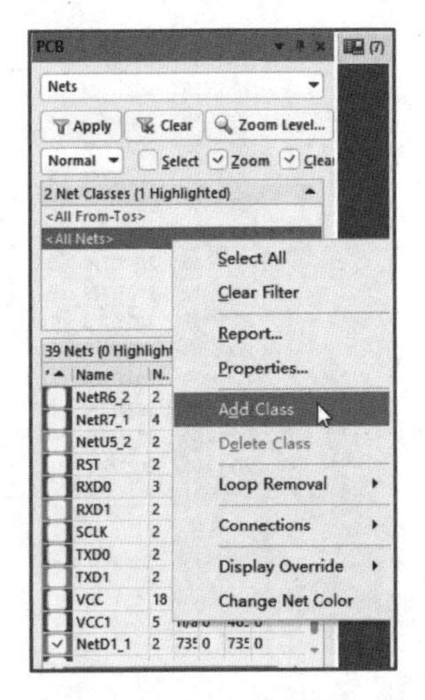

图 5-103 添加网络类

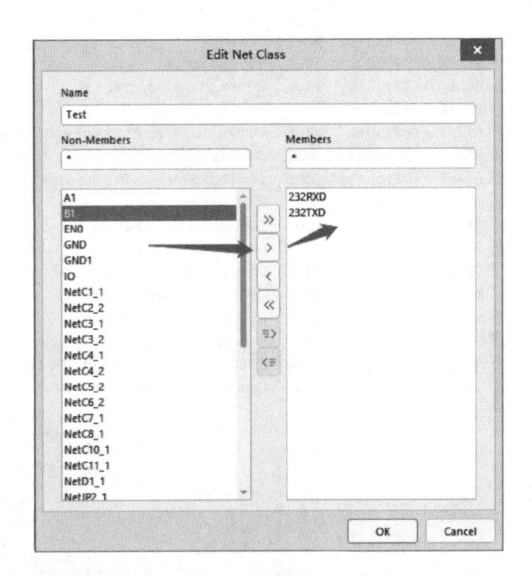

图 5-104 将网络添加到新的网络类

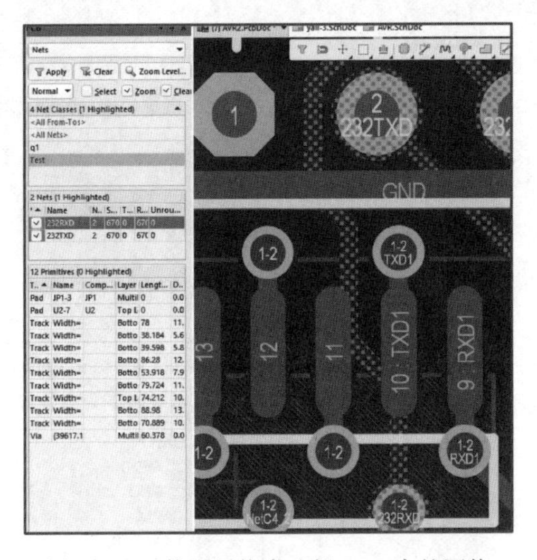

图 5-105 使用网络类选择 PCB 中的网络

4. “Connection”命令

“Connection”命令的功能是进行点对点的自动布线，与指定网络的自动布线类似。不过，网络的自动布线是对整条网络布线，而点对点的自动布线是为指定的焊盘与另一个焊盘之间的自动布线。启动此命令后，即进入点对点自动布线状态。找到所要布线的焊盘并单击，即可进行该焊盘上的自动布线。完成该点的自动布线后，其布线过程将记录在“Messages”窗口中；完成一个点对点自动布线后，仍在点对点自动布线状态，用户可指定其他焊盘，或右击结束点对点自动布线状态。

5. “Area” 命令

“Area” 命令的功能是进行指定区域的自动布线，也就是完全在区域内的连接线才会被布线。启动此命令后，即进入区域自动布线状态，找到所要布线区域的一角并单击，移动鼠标即可展开一个区域。当区域大小适当后，再次单击，程序即进行区域内的自动布线，而布线过程与结果将显示并记录在 “Messages” 窗口中。完成一个区域的布线后，仍在区域自动布线状态，用户可指定其他区域，或右击结束区域布线命令。

6. “Room” 命令

“Room” 命令的功能是进行元器件布置区间内的自动布线。启动此命令后，即进入元器件布置区间自动布线状态，找到所要布线的元器件布置区间并单击，程序即进行该元器件布置区间内的自动布线，而布线过程与结果将显示并记录在 “Messages” 窗口中。完成某个元器件布置区间的布线后，仍在元器件布置区间自动布线状态，用户可找到其他元器件布置区间，或右击结束元器件布置区间自动布线状态。

7. “Component” 命令

“Component” 命令的功能是进行指定元器件的自动布线，凡与该元器件连接的网络，将被布线。启动此命令后，即进入元器件自动布线状态，找到所要布线的元器件并单击，程序即进行该元器件自动布线，而布线过程与结果将显示并记录在 “Messages” 窗口中。完成某个元器件连接网络的布线后，仍在元器件自动布线状态，用户可指定其他元器件，或右击结束元器件自动布线状态。

8. “Component Class” 命令

“Component Class” 命令的功能是进行指定元器件类的自动布线，凡与该元器件类连接的网络，将被布线。启动此命令后，弹出图 5-106 所示的 “Choose Component Classes to Route” 对话框。可在此对话框中选择所要布线的元器件类，再单击 “OK” 按钮关闭对话框，程序即进行该元器件类的自动布线。完成该元器件类的自动布线后，将返回 “Choose Component Classes to Route” 对话框，用户可继续指定所要布线的元器件类，或单击 “Cancel” 按钮结束元器件类自动布线。

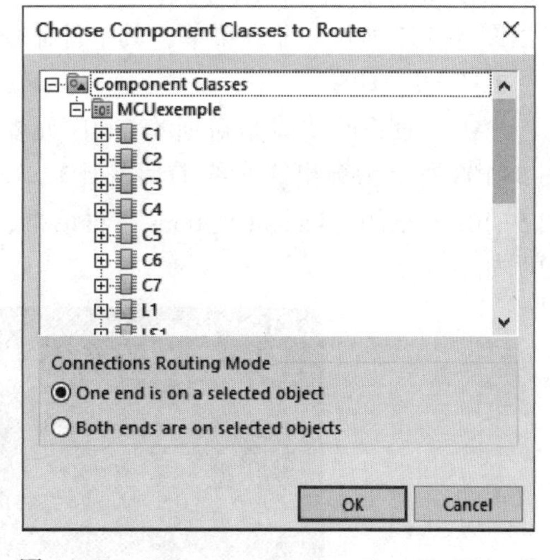

图 5-106 “Choose Component Classes to Route” 对话框

9. “Connections On Selected Components” 命令

“Connections On Selected Components” 命令的功能是进行选取元器件的自动布线，首先选取所要布线的元器件，再启动此命令，程序即进行该元器件的自动布线，布线过程与结果将显示并记录在 “Messages” 窗口中。完成某选取元器件的自动布线后，即结束选取元器件自动布线状态。

10. “Connections Between Selected Components” 命令

“Connections Between Selected Components” 命令的功能是进行指定选取元器件之间的自动布线。首先选取多个元器件，再启动此命令，程序将进行这些元器件之间的自动布线，布线过程与结果将显示并记录在 “Messages” 窗口中。完成选定元器件之间的自动布线后，即结束选取元器件之间的自动布线状态。

11. “Setup” 命令

“Setup” 命令的功能是设定自动布线，详见 5.7.1 节。

12. “Stop” 命令

“Stop” 命令的功能是停止进行中的自动布线。

13. “Reset” 命令

“Reset” 命令的功能是重新进行整块电路板的自动布线。启动此命令后，弹出图 5-98 所示的对话框，重新定义布线策略或直接选用 “Routing Strategy” 选项组的布线策略，再单击 “Route All” 按钮，程序即进行自动布线。同时，弹出 “Messages” 窗口，其中显示并记录每个布线过程。

14. “Pause” 命令

“Pause” 命令的功能是暂停自动布线。启动此命令后，即暂停自动布线，而此命令也会变成 “Resume” 命令，如要继续布线，只需执行 “Resume” 命令即可。

5.7.3 扇出式布线

扇出式（Fanout）布线是针对 SMD 元器件的引出布线。当要进行扇出式布线时，执行 “Route” → “Fanout” 命令，即可弹出图 5-107 所示的命令菜单，其中各命令说明如下。

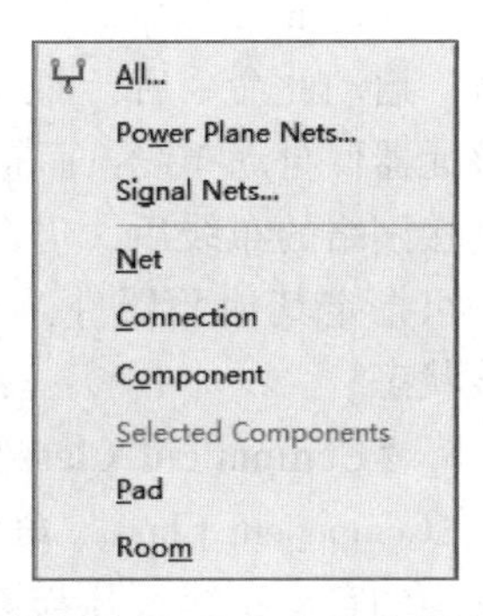

图 5-107　扇出式布线菜单

1. “All” 命令

“All” 命令的功能是对所有 SMD 元器件进行扇出式布线。图 5-108 所示为扇出式布线前后的比较。启动此命令后，弹出图 5-109 所示的 “Fanout Options” 对话框，其中包括 5 个选项，说明如下。

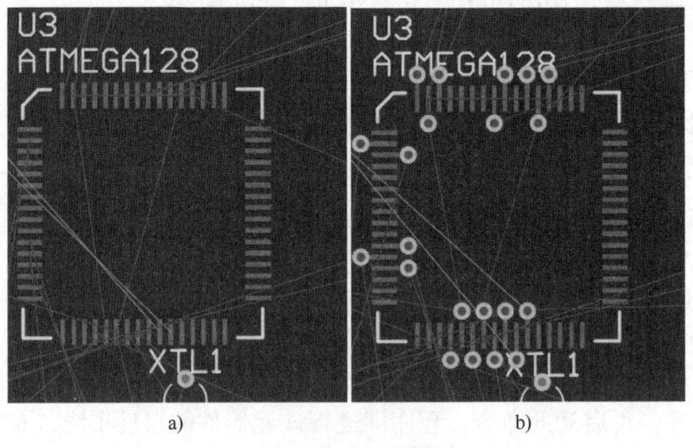

图 5-108　扇出式布线前后

a）扇出式布线前　b）扇出式布线后

1）Fanout Pads Without Nets：设定进行扇出式布线时，不管焊盘上有无网络，都要进行扇出式布线。

2）Fanout Outer 2 Rows of Pads：设定两列引出线。

3）Include escape routes after fanout completion：设定在完成扇出式布线后，进行脱离布线（escape route）。

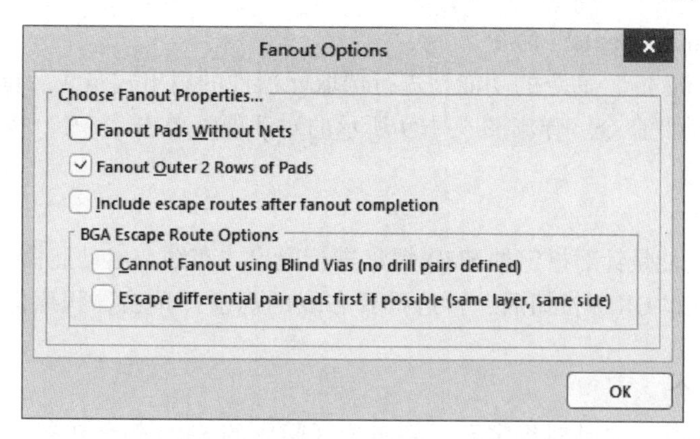

图 5-109 “Fanout Options”对话框

4）Cannot Fanout using Blind Vias（no dirll pairs defined）：在没有多层定义的情况下，若不能扇出就采用埋孔。

5）Escape differential pair pads first if possible（same layer，same side）：如果可能就脱离不同对焊盘。

2. “Power Plane Nets”命令

“Power Plane Nets”命令的功能是针对连接到电源层的SMD焊盘进行扇出式布线，启动此命令后，弹出图5-109所示的“Fanout Options”对话框，单击“OK”按钮后程序即进行连接到电源层的扇出式布线。

3. “Signal Nets”命令

“Signal Nets”命令的功能是针对非连接到电源层的SMD焊盘进行扇出式布线，即对连接一般信号网络的SMD焊盘进行扇出式布线，布线结果与图5-108结果一致。启动此命令后，弹出图5-109所示的对话框，单击“OK”按钮后程序即进行连接到一般信号网络的扇出式布线。

4. “Net”命令

“Net”命令的功能是针对所指定与SMD焊盘连接的网络进行扇出式布线。启动此命令后，在要进行扇出式布线的SMD焊盘处单击，则与该焊盘上的网络连接的所有SMD焊盘立即进行扇出式布线。完成扇出式布线后，可继续指定下一个网络，或右击结束此命令。

5. “Connection”命令

“Connection”命令的功能是针对所指定连接预拉线的SMD焊盘进行扇出式布线。启动此命令后，在预拉线处单击，则该预拉线所连接的SMD焊盘立即进行扇出式布线。完成扇出式布线后，可继续指定下一个预拉线。

6. “Component”命令

“Component”命令的功能是针对指定的SMD元器件进行扇出式布线，图5-110所示为其结果范例。启动此命令后，弹出图5-109所示的对话框，单击“OK”按钮后，再找到所要操作的元器件并单击，程序即进行该元器件的扇出式布线。完成扇出式布线后，可继续指定下一个元器件，或右击结束此命令。

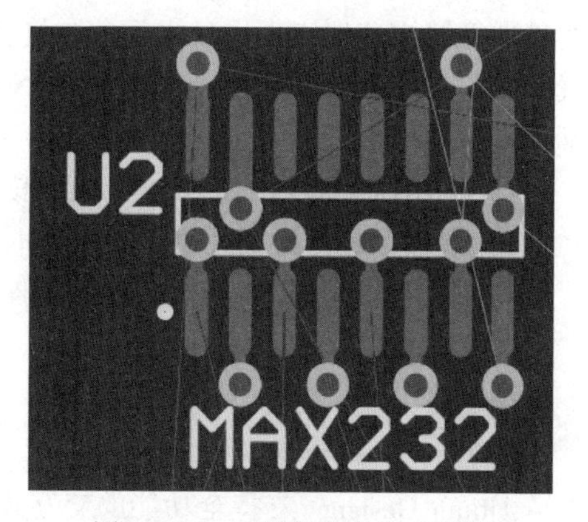

图5-110 元器件的扇出式布线

7. “Selected Components” 命令

“Selected Components” 命令的功能是进行选取元器件的扇出式布线。首先选取所要操作的SMD元器件，再启动此命令，弹出图5-109所示的对话框，单击“OK”按钮后程序即进行该元器件的扇出式布线。

8. “Pad” 命令

“Pad” 命令的功能是针对指定的SMD焊盘进行扇出式布线。启动此命令后，弹出图5-109所示的对话框，单击“OK”按钮后，再选择要布线的焊盘并单击，程序即进行该焊盘的扇出式布线。

9. “Room” 命令

“Room” 命令的功能是针对指定元器件布置区间内的SMD焊盘进行扇出式布线。启动此命令后，弹出图5-109所示的对话框，单击“OK”按钮后，再选择要布线的元器件布置区间并单击，程序即进行该元器件布置区间内的扇出式布线。完成扇出式布线后，可继续指定下一个元器件布置区间，或右击结束此命令。

5.7.4 自动补跳线

执行“Route”→“Add Subnet Jumpers”命令和“Route→Remove Subnet Jumpers”命令，分别进行自动补跳线和删除补跳线操作。

1. 自动补跳线

选择“Add Subnet Jumpers”命令，打开图5-111所示的“Subnet Connector[mm]”对话框，指定所要补跳线的长度范围，再单击“Run”按钮即可进行自动补跳线。

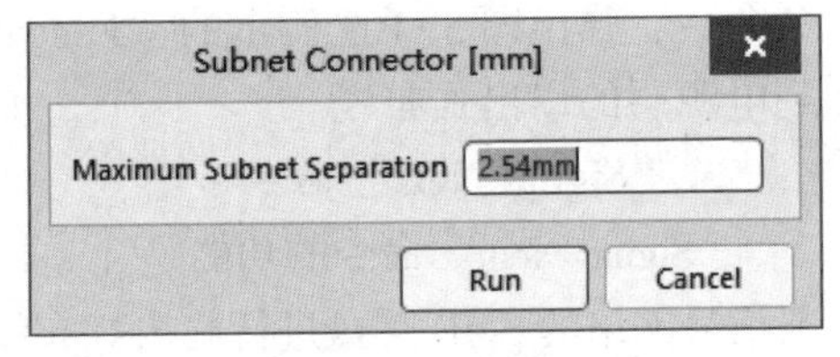

图5-111　补跳线

2. 删除补跳线

与“Add Subnet Jumpers”命令相反，执行“Remove Subnet Jumpers”命令后，即可删除补跳线。

5.8 PCB手动布线

PCB手动布线

交互式布线并不是简单地放置线路使焊盘连接起来。自动布线虽然能够快速地实现焊盘之间的连接，但对于一些特殊的连接，如对布线的长度、宽度及布线线路等有特殊要求的连接，则需要手动布线来完成。当开始进行交互式布线时，PCB编辑器不单是给用户放置线路，还能实现以下功能。

1）应用所有适当的设计规则检测鼠标指针位置和单击动作。

2）跟踪鼠标指针路径，放置线路时尽量减小用户操作的次数。

3）每完成一条布线后检测连接的连贯性和更新连接线。

4）支持布线过程中使用快捷键。

5.8.1 放置布线

Altium Designer 支持全功能的交互式布线，交互式布线工具可以通过以下3种方式调出。

方法1：执行“Place”→“Interactive Routing”命令。

方法2：在PCB标准工具栏中单击 按钮。

方法3：在PCB绘图区右击，在弹出的快捷菜单中选择“Interactive Routing”命令（快捷键〈P+T〉）。

1）采用上面的任一方法进入交互式布线模式后，鼠标指针便会变成十字准线，可单击某个焊盘开始布线。当单击线路的起点时，就在状态栏上或悬浮显示（如果开启此功能）当前的模式。此时向所需放置线路的位置单击或按〈Enter〉键放置线路，把鼠标指针的移动轨迹作为线路的引导，布线器能在最少的操作动作下完成所需的线路，如图5-112所示。

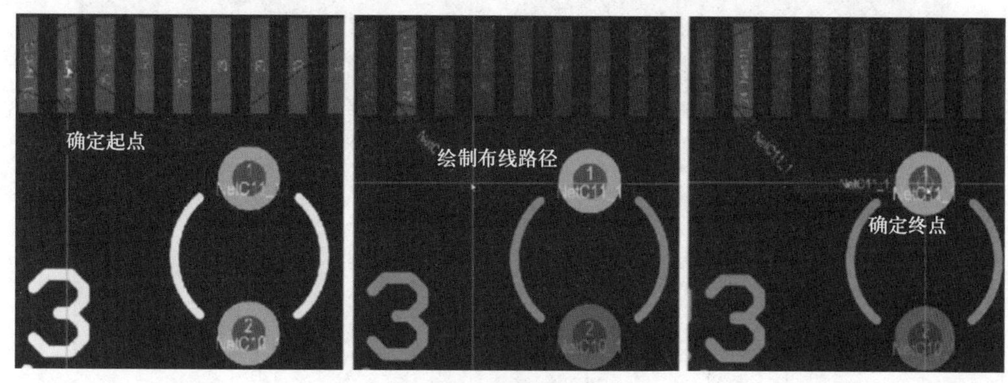

图5-112　布线过程

2）鼠标指针引导线路使得需要手工绕开阻隔的操作更加快捷、容易和直观。只要用户用鼠标创建一条线路路径，布线器就会试图根据该路径完成布线，这个过程是在遵循设计规则、约束及布线拐角类型下完成的。

3）在布线的过程中，在需要放置线路的地方单击，然后继续布线，这使得软件能精确根据用户所选择的路径放置线路。如果在离起始点较远的地方单击放置线路，部分线路路径将和用户期望的有所差别。

4）在没有障碍的位置布线，布线器一般会使用最短长度的布线方式，如果在这些位置，用户要求精确控制线路，只得在需要放置线路的位置单击。

图5-113指示了鼠标指针路径，鼠标指针所示的位置为需要单击的位置，该图说明了用很少的操作便可完成大部分较复杂的布线。

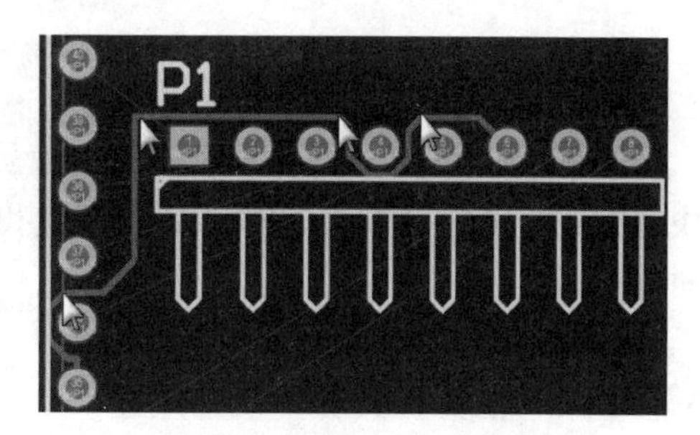

图5-113　鼠标指针引导布线路径

5）若需要对已放置的线路进行撤销操作，可以依照原线路的路径逆序再放置线路，这样已放置的线路就会撤销。必须确保逆序放置的线路与原线路的路径重合，使得软件可以识别出要进行线路撤销操作而不是放置新的线路。撤销刚放置的线路也可以按〈Backspace〉键完成。当已放置线路并右击退出本条线路的布线操作后，将不能再进行撤销操作。

5.8.2 布线过程的快捷键

在布线过程中，为提高布线的效率，可结合软件提供的一些快捷键来完成布线，以下的快捷键可以在布线时使用。

1）按〈Enter〉键并单击，在鼠标指针当前位置放置线路。

2）按〈Esc〉键退出当前布线，在此之前放置的线路仍然保留。

3）按〈Backspace〉键撤销上一步放置的线路。若在上一步布线操作中其他对象被推开到别的位置以避让新的线路，它们将会恢复原来的位置。本功能在使用 Auto-Complete 时则无效。

在交互式布线过程中，有不同的拐角类型，按〈Shift+Space〉键可以切换布线的拐角模式，可使用的拐角模式有 45°、45°圆角、90°、90°圆角、任意角度，如图 5-114 所示。

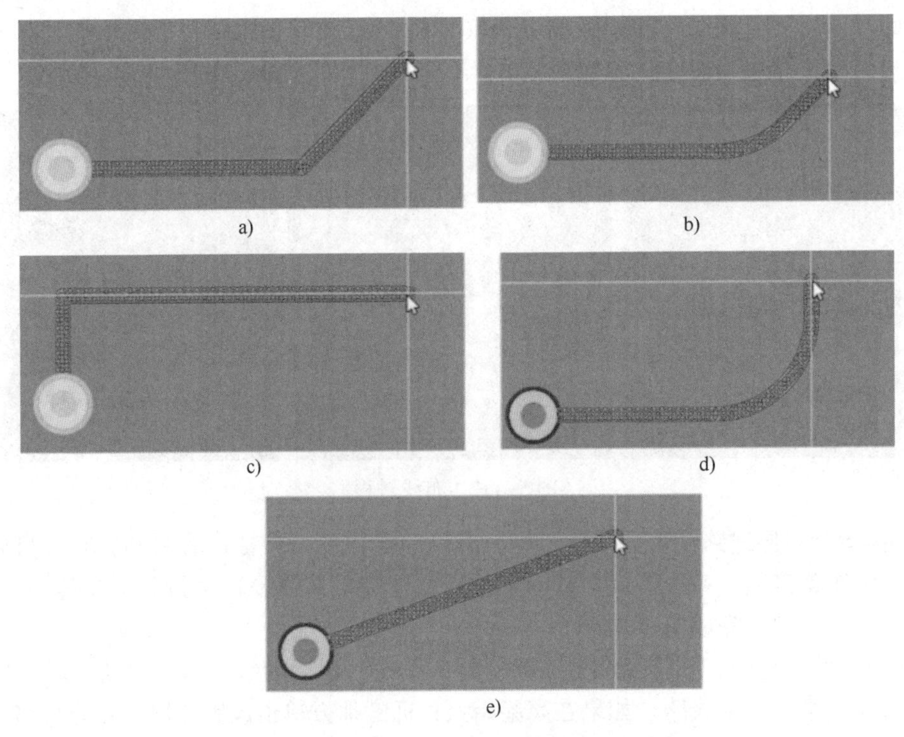

图 5-114　不同的拐角类型
a）45°　b）45°圆角　c）90°　d）90°圆角　e）任意角度

圆角的弧度可以通过快捷键〈,〉（逗号）或〈。〉（句号）进行增加或减小。使用〈Shift+。〉快捷键或〈Shift+,〉快捷键则以 10 倍速度增加或减小控制。使用〈Space〉键可以对拐角的方向进行切换。

5.8.3 添加过孔和切换板层

Altium Designer 在交互布线过程中可以添加过孔。过孔只能在允许的位置添加，软件会阻止在产生冲突的位置添加过孔（冲突解决模式选为忽略冲突的除外）。

1. 添加过孔并切换板层

在布线过程中按〈 * 〉或〈+〉键可添加一个过孔并切换到下一个信号层；按〈-〉键可添加一个过孔并切换到上一个信号层，单击确定过孔位置后可继续布线，如图 5-115 所示。以上操作遵循布线层的设计规则，也就是只能在布线层中切换。

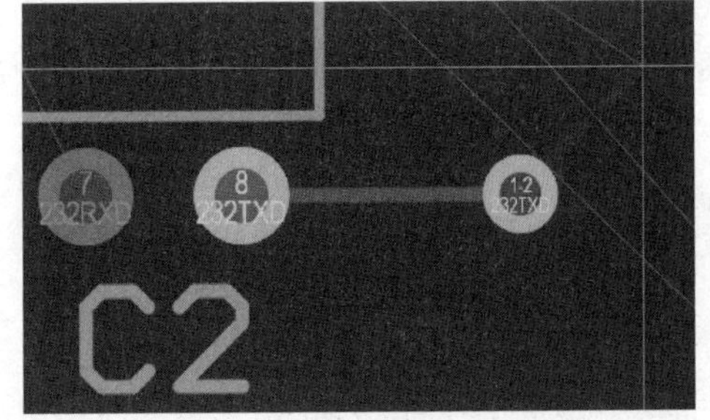

图 5-115　布线过程加过孔

2. 添加过孔而不切换板层

按〈2〉键添加一个过孔，单击确定过孔位置，但仍保持在当前布线层。

3. 添加扇出过孔

按〈/〉键为当前布线添加过孔，单击确定过孔位置。按〈Tab〉键，打开“Interactive Routing”属性面板，如图5-116所示。在该面板可以设置过孔的尺寸、导线的属性及布线方式。

用这种方法添加过孔后返回交互式布线模式，以便进行下一处网络布线。扇出过孔在需要放置大量过孔（如在一些需要扇出端口的元器件布线中）时能节省大量的时间。图5-117所示为放置扇出式过孔图例。

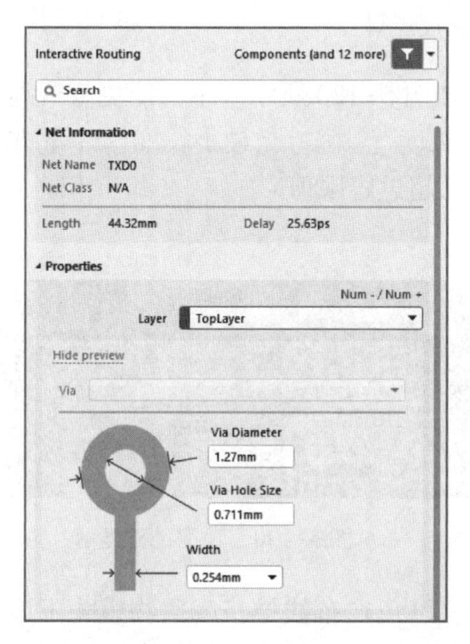

图5-116 “Interactive Routing”属性面板

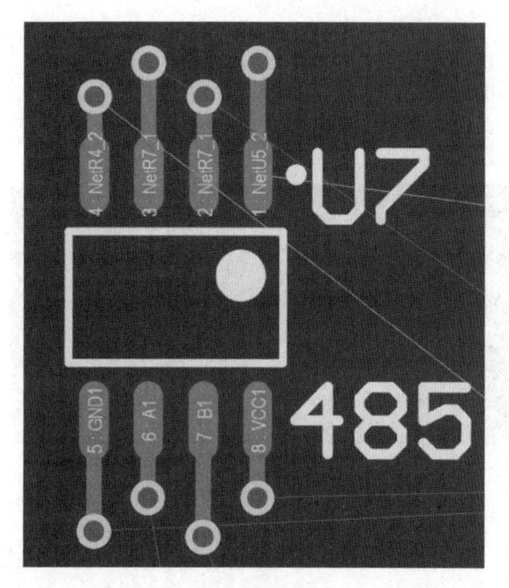

图5-117 放置扇出式过孔图例

4. 布线中的板层切换

当在多层板上进行焊盘或过孔布线时，可以通过〈L〉快捷键把当前线路切换到另一个信号层中。当前板层无法布通而需要进行布线层切换时，本快捷键可以起到很好的作用。

5. PCB的单层显示

在PCB设计中，如果显示所有的层，有时显得比较零乱，需要单层显示，仔细查看每一层的布线情况，按〈Shift+S〉快捷键就可单层显示，选择哪一层的标签，就显示哪一层；在单层显示模式下，按〈Shift+S〉快捷键又可回到多层显示模式。

5.8.4 调整线路长度

在布线过程中，存在一些特殊情况（如信号的时序）需要精确控制线路的长度。Altium Designer能提供对线路长度更直观的控制，使用户能更快地达到所需的长度。目标线路的长度可以从长度设计规则或现有的网络长度中手工设置。

1）执行“Design”→“Rules”命令，打开“PCB Rules and Constraints Editor”对话框，选择布线长度规则，并进行相应的设置，如图5-118所示。

2）在交互式布线时通过〈Shift+A〉快捷键进入线路长度调整模式。一旦进入该模式，线路便会随鼠标指针的路径呈折叠形以达到设计规则设定的长度，如图5-119所示。

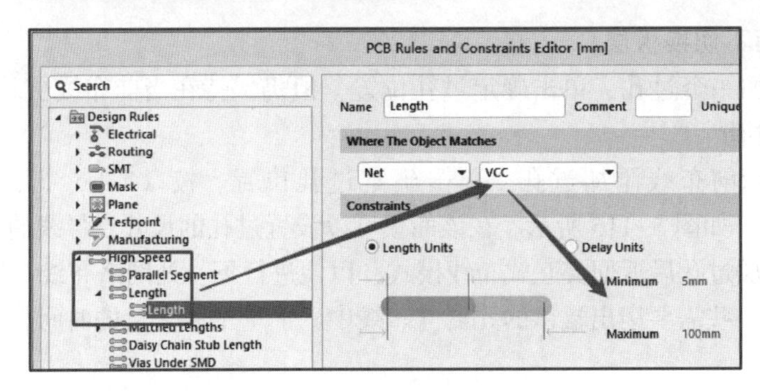

图 5-118　设置布线长度规则

3）按〈Shift+G〉快捷键显示长度调整的标尺，如图 5-120 所示。本功能更直观地显示出线路长度与目标对象之间的接近程度，即显示了当前长度（中心）、最小长度（左下方）和容限值（右上方）。如果进度条变成红色，则指示长度已超过容限值。

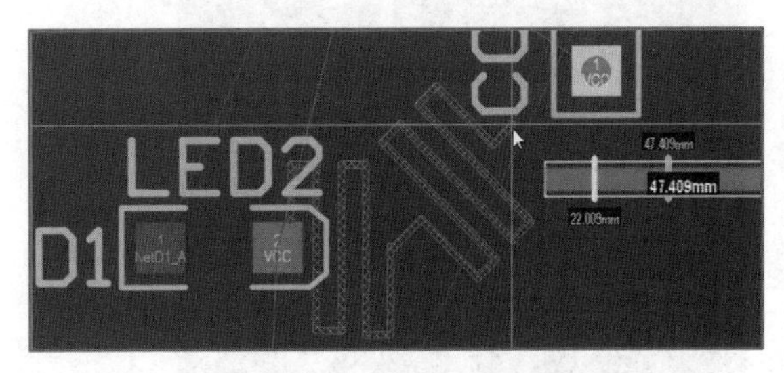

图 5-119　固定长度布线

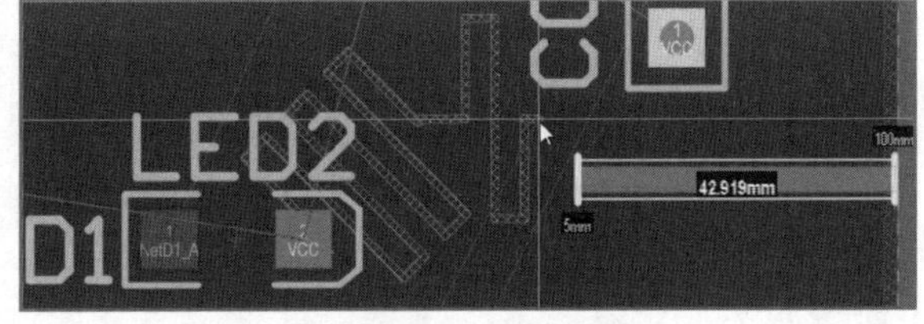

图 5-120　长度尺寸显示

4）当按需要调整好线路长度后，建议锁定线路，以免在布线推挤障碍物模式下改变其长度。执行“Edit”→“Select”→“Net”命令，选中网络并右击，在弹出的快捷菜单中选择“properties”命令，打开图 5-121 所示的“Multiple objects”属性面板。在属性面板中单击🔒按钮，完成锁定功能。

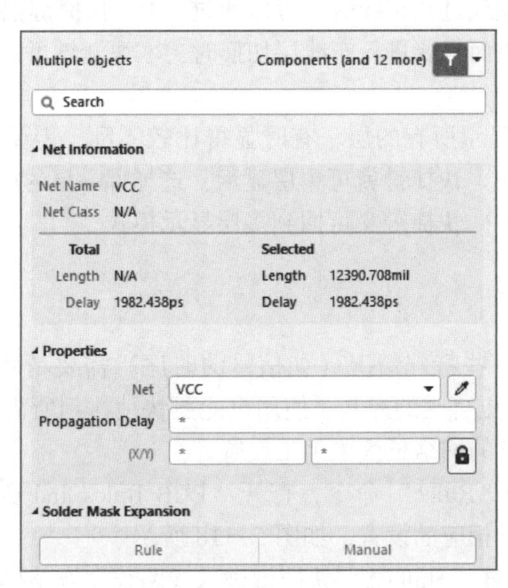

图 5-121　导线锁定设置

5.8.5 改变线宽

在交互式布线过程中，Altium Designer 提供了多种方法调节线路宽度。

1. 设置约束

线路宽度设计规则定义了在设计过程中可以接受的容限值。一般来说，容限值是一个范围，例如，电源线路宽度的值为 0.4 mm，但最小宽度可以接受 0.2 mm，而在可能的情况下应尽量加粗线路宽度。

线路宽度设计规则包含一个最佳值，它介于线路宽度的最大值和最小值之间，是布线过程中线路宽度的首选值。在开始交互式布线前应在“Preferences”对话框“PCB Editor”的“Interactive Routing”选项卡中进行设置，如图 5-122 所示。

2. 在预定义的约束中自由切换布线宽度

线路宽度的最大值和最小值定义了约束的边界值，而最佳值则定义了最适合的使用宽度，设计者需要在线宽的最大值与最小值中选取不同的值。以下介绍布线过程中线路宽度的切换方法。

1）从预定义的值中选取。在布线过程中按〈Shift+W〉快捷键打开“Choose Width”对话框，如图 5-123 所示。可在该对话框中选取所需的公制或英制的线宽。

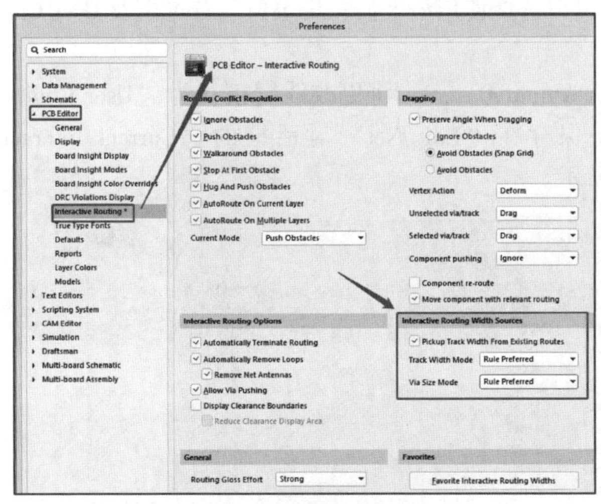

图 5-122　线路宽度设计规则

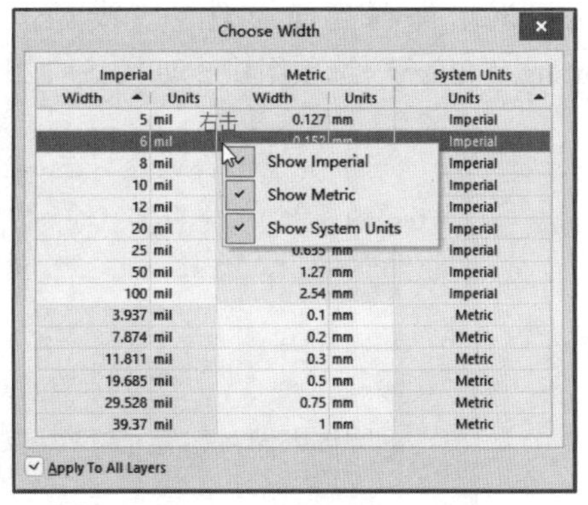

图 5-123　预定义线宽选择

2）选择的线宽依然受设定的线宽设计规则保护。如果选择的线宽超出约束的最大、最小值的限制，软件将自动把当前线宽调整为符合线宽约束的最大值或最小值。

3）图 5-123 为在交互布线中按〈Shift+W〉快捷键弹出的线宽选择面板，通过右击对各列进行显示和隐藏设置。选中 Apply To All Layers 复选框使当前线宽在所有板层上可用。

4）也可以单击“Preferences”对话框“PCB Editor”的“Interactive Routing”选项卡中的“Favorite Interactive Routing Widths”按钮，打开“Favorite Interactive Routing Widths”对话框，如图 5-124 所示。在该对话框中可设置线宽值，如果想添加一种布线宽度，单击“Add”按钮即可，用户可以选择喜好的计量单位（mm 或 mil）。

※划重点：

图 5-124 所示对话框中，没有阴影的单元格为线宽值的最佳单位，在选取这些最佳单位的线宽后，电路板的计量单位将自动切换到该计量单位上。

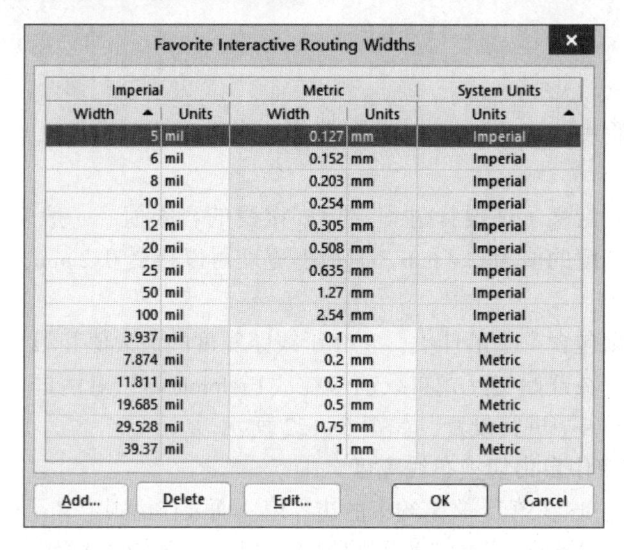

图 5-124 “Favorite Interactive Routing Widths” 对话框

3. 在布线中使用预定义线宽

图 5-122 为线路宽度设计规则，用户可以选择使用最大值、最小值、首选值及 User Choice 各种模式。

在按〈Shift+W〉快捷键更改线宽时，Altium Designer 将更改线宽模式为“User Choice”，并为该网络保存当前设置。该线宽值将保存在“Edit Net”对话框的“Current Interactive Routing Settings”选项组中，如图 5-125 所示。

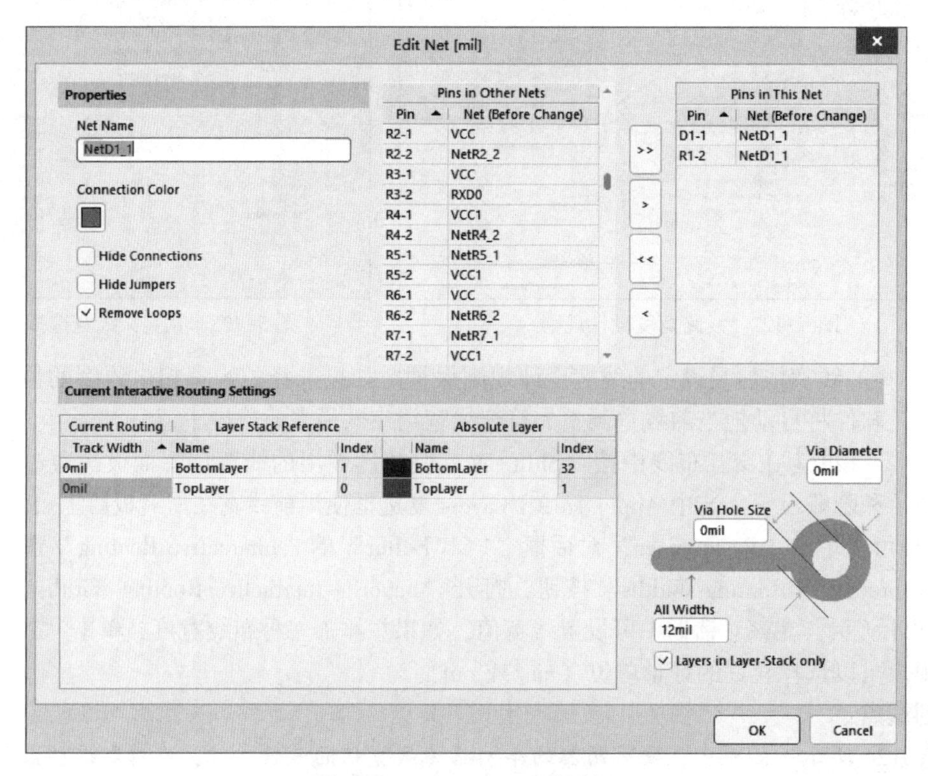

图 5-125 “Edit Net” 对话框

在网络对象上右击，在弹出的快捷菜单中选择“Net Actions”→“Properties”命令，即可打开“Edit Net”对话框，或在“PCB”面板中双击网络名称也可打开该对话框。在对话框中可以定义高级选项或更改原布线的参数，该参数受设计规则保护，如果在“Edit Net”对话框中设置的参数超出了约束的最大值、最小值，软件将自动调整为相应的最大值或最小值。

4. 使用未定义的线宽

在 PCB 的交互式布线过程中按〈Tab〉键可以打开“Interactive Routing”属性面板。在该属性面板内可以对布线宽度或过孔进行设置，或对当前的交互式布线的其他参数进行设置，而无须退出交互式布线模式。再打开“Preferences”对话框，用户所设置的参数已保存在“Interactive Routing”选项卡中，可打开“Edit Net”对话框进行确认。

5.8.6 拆除布线

在 PCB 设计环境中，可以拆除已完成的布线（Un-route）。执行“Route”→“Un-route”命令，弹出图 5-126 所示的菜单命令，各命令说明如下。

1. “All”命令

“All”命令的功能是拆除整块电路板的布线。

2. “Net”命令

“Net”命令的功能是拆除指定网络上的布线。启动此命令后，即进入删除网络上的布线状态。单击所要拆除的布线；选取网络中的布线（Track）或焊盘（Pad），都可删除整条网络上的布线。

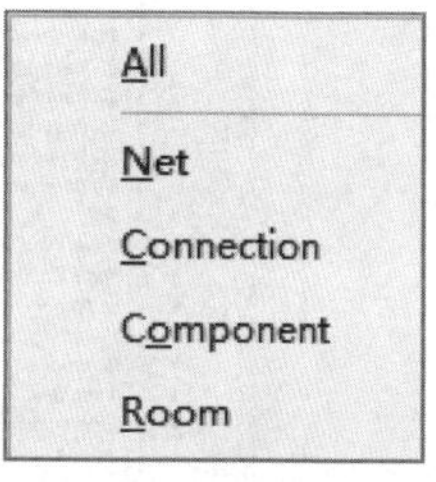

图 5-126　拆除布线菜单

3. “Connection”命令

“Connection”命令的功能是拆除指定连接线（焊盘间的布线）。启动此命令后，即进入删除连接线状态。单击要拆除的连接线，即可删除该连接线。这时，仍处在删除连接线状态，可继续删除连接线，或右击结束删除连接线状态。

4. “Component”命令

“Component”命令的功能是拆除指定元器件的布线。启动此命令后，即进入删除元器件上布线状态。单击要拆除的元器件，即可删除该元器件上的布线。而完成删除后，仍处于删除元器件上布线状态，可继续删除其他元器件上的布线，或右击结束删除元器件上布线状态。

5. “Room”命令

“Room”命令的功能是指定元器件布置区间内的布线。启动此命令后，即进入删除元器件布置区间内布线状态。单击要拆除的元器件布置区间，即可删除该元器件布置区间内的布线。完成删除后，仍处于删除元器件布置区间内布线状态，可继续删除其他元器件布置区间的布线，或右击结束删除元器件布置区间内布线状态。

5.9 PCB 设计基本规则

PCB 设计基本规则

PCB 的设计规则是指在进行 PCB 设计时必须遵循的基本规则。布线是否成功和布线质量的高低取决于设计规则的合理性，也依赖于用户的设计经验。

自动布线的参数包括布线层、布线优先级、导线宽度、布线拐角模式、过孔孔径类型和尺寸等。一旦参数设定后，自动布线就会根据这些参数进行相应的布线。因此，自动布线参数的设置决定着自动布线的好坏。对于不同的电路可以采用不同的设计规则，如果是设计双面板，可以采用系统默认值，系统默认值就是对双面板进行布线的设置。

进入 PCB 编辑环境，执行“Design”→“Rules”命令，弹出“PCB Rules and Constraints Editor”对话框，如图 5-127 所示。该对话框的左窗格中列出了全部设计规则的类型，在左窗格的列表中选定某类设计规则后，将在右窗格中出现该类设计规则的设置选项，利用这些选项便能设置具体的规则。

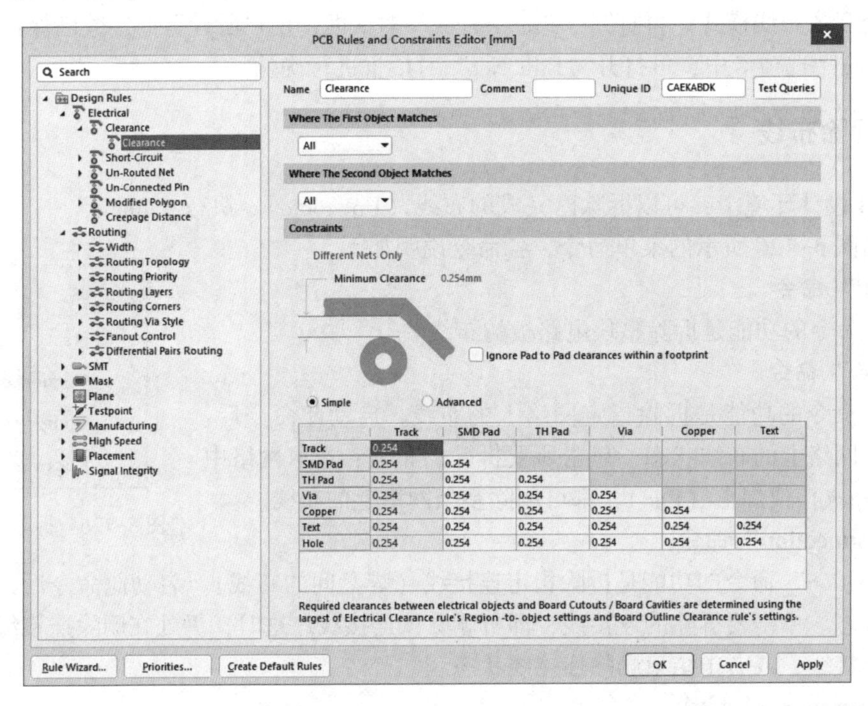

图 5-127 “PCB Rules and Constraints Editor”对话框

5.9.1 电气设计规则

“Electrical”设计规则是进行 PCB 布线时应遵循的电气规则，主要用于 DRC 电气校验。布线过程中违反了电气设计规则时，DRC 设计校验器将会自动警告，提醒修改布线。

电气设计规则的设置选项主要有 Clearance（安全距离）、Short-Circuit（短路）、Un-Routed Net（无布线网络）和 Un-Connected Pin（无连接引脚），如图 5-128 所示。

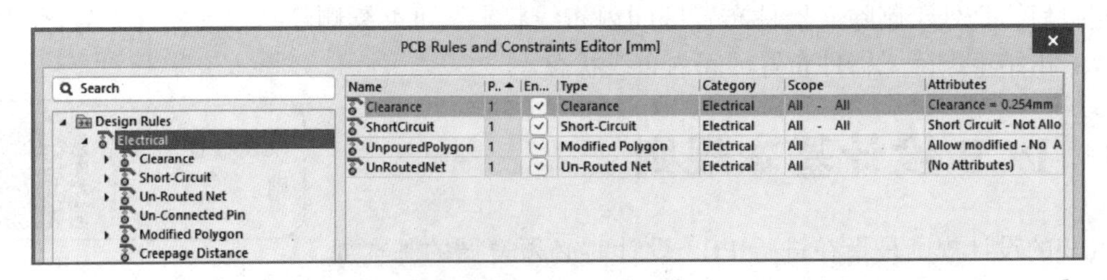

图 5-128 电气设计规则

1. 安全距离设置

安全距离（Clearance）是指 PCB 中的导线、导孔、焊盘和矩形填充区域之间保证电路板正常工作的前提下的最小距离，使彼此之间不会因为太近而产生干扰。

单击图 5-128 中的“Clearance”规则，安全距离的各项名称以树形结构展开。系统默认一个名称为“Clearance”的安全距离规则设置，单击这个规则名称，右窗格将显示这个规则使用的范围和规则约束特性，相应设置界面如图 5-129 所示。默认的板面安全距离为 10 mil。

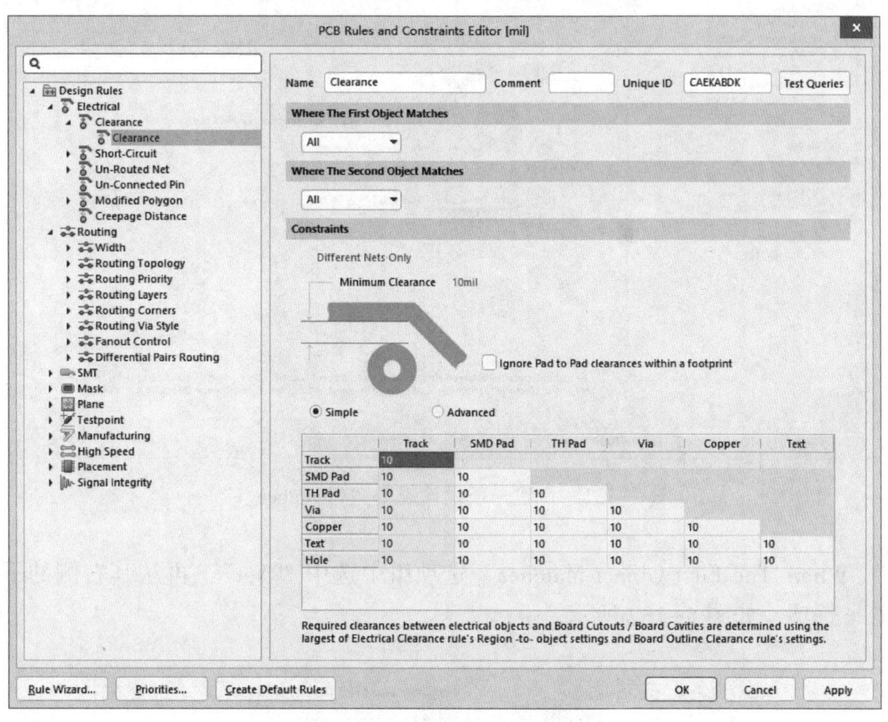

图 5-129　安全距离设置界面

下面以新建一个安全规则，设置 VCC 和 GND 网络之间的安全距离为例，简单介绍安全距离的设置方法。

1）在“Clearance”规则上右击，从弹出的快捷菜单中选择“New Rule”命令，如图 5-130 所示。新建一个名为“Clearance_1”的设计规则，展开树形目录，选中“Clearance_1”设计规则，即可在右窗格中出现相应的设置选项，如图 5-131 所示。

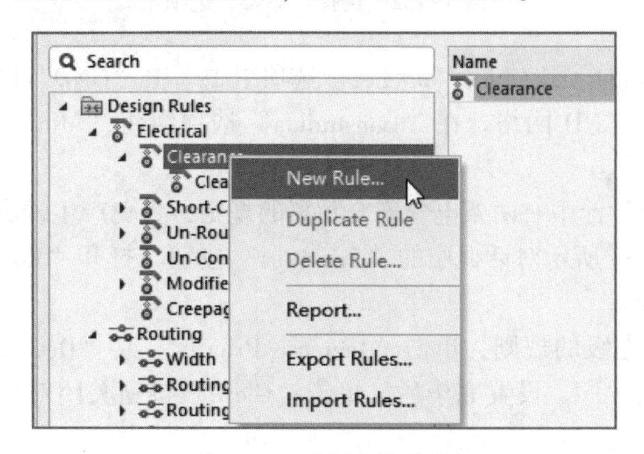

图 5-130　新建设计规则

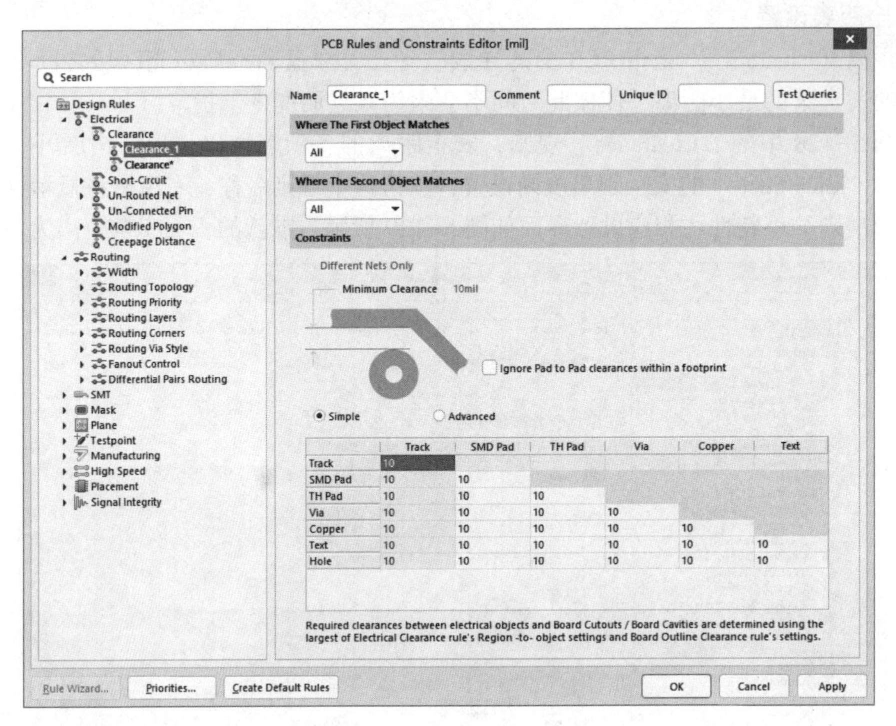

图 5-131　新建一条设计规则“Clearance_1”

2）在“Where The First Object Matches”选项组中选中“Net”，再从其右侧的下拉菜单中选择“VCC”选项，如图 5-132 所示。

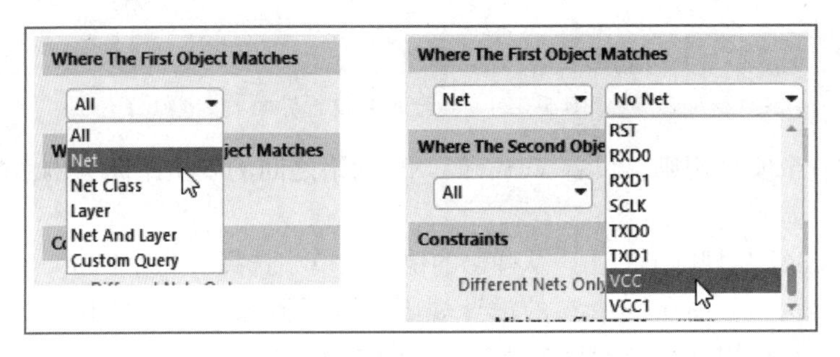

图 5-132　选择“VCC”选项

3）在“Where The Second Object Matches”选项组中选中“GND”网络选项，表示与 VCC 网络对应的设置网络为 GND 网络。在“Constraints”选项组将“Minimum Clearance”修改为 30 mil，如图 5-133 所示。

4）此时，在 PCB 设计中有两条电气安全距离的规则，为免产生冲突，必须设置它们之间的优先权。单击图 5-133 所示对话框中的“Priorities”按钮，打开“Edit Rule Priorities”对话框，如图 5-134 所示。

5）选中要设置优先级的规则，单击“Increase Priority”或“Decrease Priority”按钮，可改变布线中规则的优先次序。设置完毕后，单击“Close”按钮关闭对话框，新的规则优先级将自动保存。

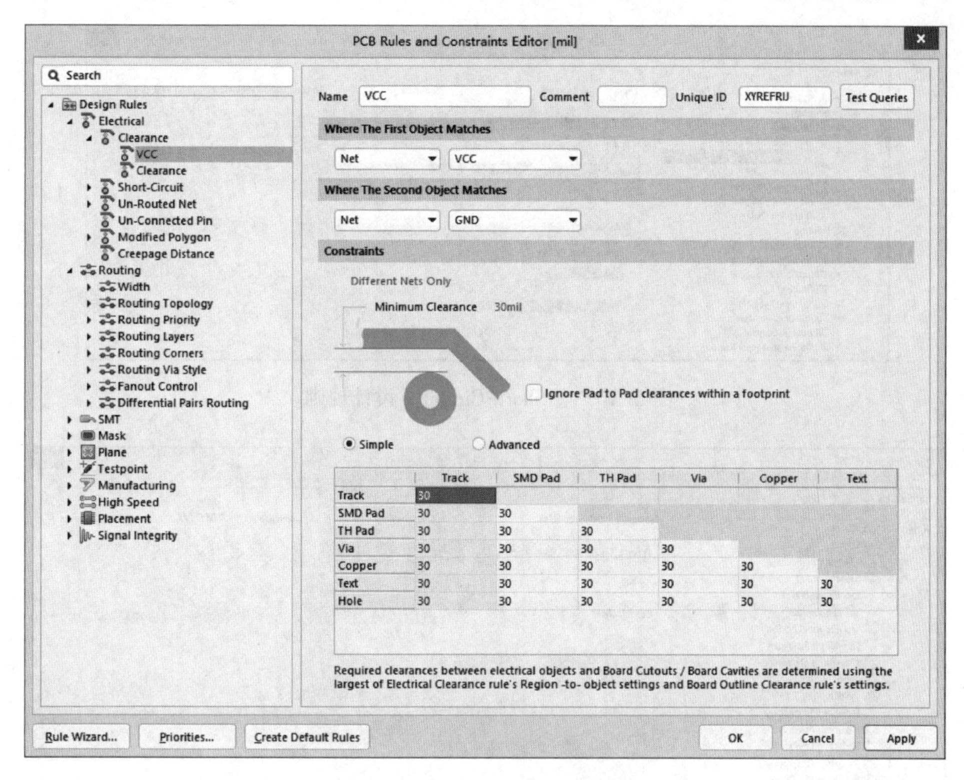

图 5-133　新建设计规则设置

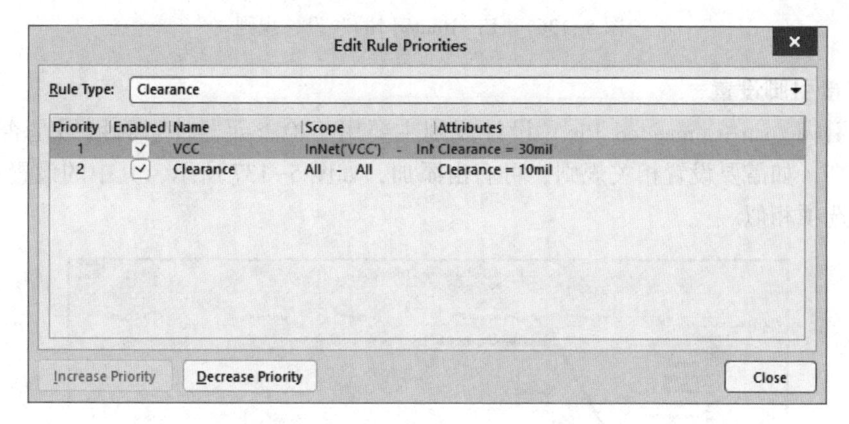

图 5-134　“Edit Rule Priorities”对话框

2. 短路设置

图 5-135 所示的“Short-Circuit”设计规则主要用于设置电路板上的导线是否允许短路。如果选中“Constraints”选项组中的“Allow Short Circuit”复选框，则允许短路，系统默认设置为不允许短路。其他设置选项与安全距离的设置选项相似。

3. 无布线网络设置

无布线网络（Un-Routed Net）设计规则主要用于设置是否将电路板中没有布线的网络以飞线连接，表达的是同一网络之间的连接关系，其设置选项如图 5-136 所示。可以指定网络、检查网络布线是否成功，如果不成功，将保持用飞线连接。其中的设置选项与安全距离的设置选项相似。

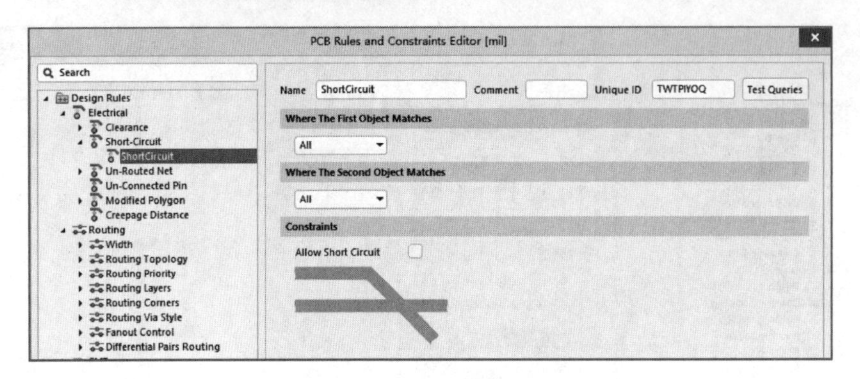

图 5-135 “Short-Circuit”设计规则

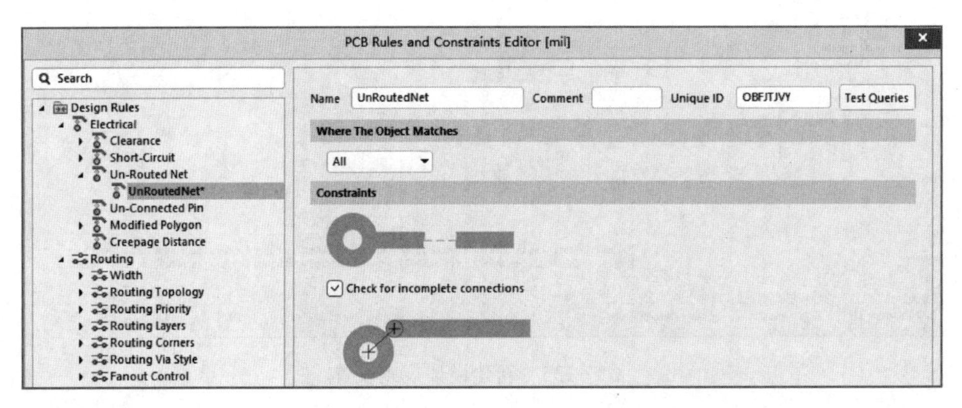

图 5-136 “Un-Routed Net”设计规则

4. 无连接引脚设置

无连接引脚（Un-Connected Pin）设计规则主要用于检查元器件引脚网络是否连接成功，默认为空规则，如需要设置相关规则，可右击添加，如图 5-137 所示，其中的设置选项与安全距离的设置选项相似。

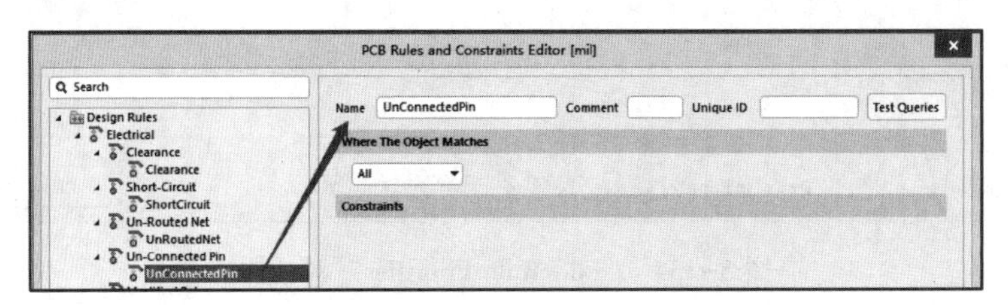

图 5-137 “Un-Connected Pin”设计规则

5.9.2 布线设计规则

布线（Routing）设计规则是指与布线相关的设计规则，包括 Width（线宽）、Routing Topology（布线拓扑结构）、Routing Priority（布线优先级）、Routing Layers（布线板层）、Routing Corners（布线转折角度）、Routing Via Style（布线过孔类型）、Fanout Control（扇出型控制）和 Differential Pairs Routing（差分对布线）。布线规则主要用在自动布线过程中，是布线器布线的依据，布线规则设置是否合理将直接影响自动布线的结果。

1. 线宽（Width）

“Width”设计规则用于设置布线所用的导线宽度，双击“Width”选项，“PCB Rules and Constraints Editor [mil]”对话框的右窗格如图5-138所示。可在“Constraints”选项组中设置导线宽度的约束条件，导线宽度的默认值为“10 mil”。

“Constraints”选项组中设置约束值的主要选项如下。

- Min Width：最小宽度。
- Preferred Width：首选宽度。
- Max Width：最大宽度。
- Characteristic Impedance Driven Width：选中该复选框后，将显示铜模导线的特征阻抗值，设计者可以对最大、最小和最优阻抗值进行设置。
- Layers in Layer stack only：选中该复选框后，将使布线宽度子规则只对板层堆栈中开启的层有效，如果不选中，则对所有信号层都有效。

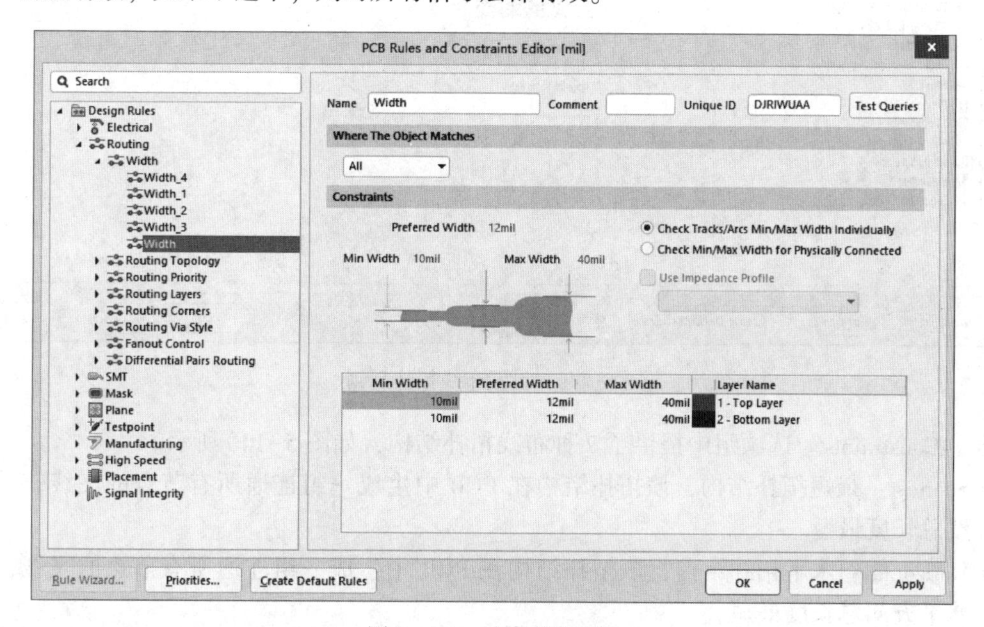

图5-138　导线宽度设置

由于自动布线引擎的功能强大，根据不同网络的不同需求，可以分别设定导线的宽度，例如，将电源线（VCC）的宽度定义得粗一点，使之能承受较大电流，而将其他一些导线定义得细一点，这样可以使PCB面积做到更小，如图5-139所示。

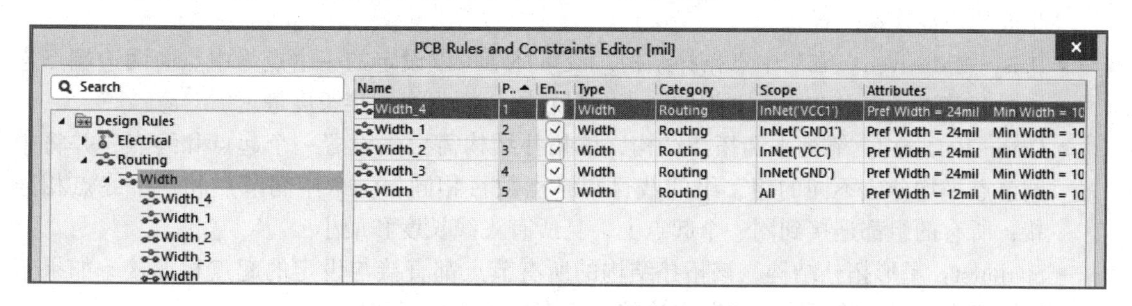

图5-139　同一设计中的线宽规则

2. 布线拓扑（Routing Topology）

“Routing Topology”设计规则主要用于定义引脚到引脚（Pin To Pin）的布线规则。双击“Routing Topology”选项，“PCB Rules and Constraints Editor [mil]”对话框如图 5-140 所示。Altium Designer 中常用的布线约束为统计最短逻辑规则，用户可以根据具体设计选择不同的布线拓扑规则。

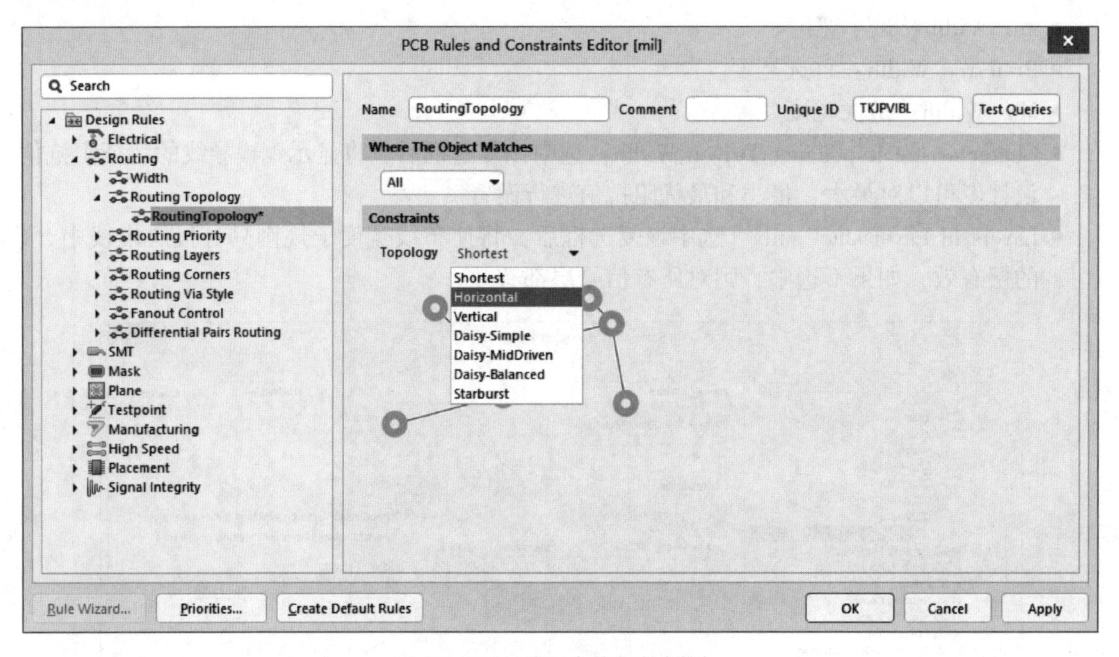

图 5-140　设置布线拓扑规则

在“Constraints”选项组中提供了 7 种布线拓扑结构，如图 5-140 所示。

- Shortest：最短拓扑结构，该拓扑结构在 PCB 中生成一组连通所有节点的飞线，并使飞线总长度最短。
- Horizontal：水平拓扑结构，该拓扑结构在 PCB 中生成一组连通所有节点的飞线，并使水平方向总长度最短。
- Vertical：垂直拓扑结构，该拓扑结构在 PCB 中生成一组连通所有节点的飞线，并使垂直方向总长度最短。
- Daisy-Simple：简单雏菊拓扑结构，该拓扑结构用最短的飞线连接指定网络从指定起点到指定终点的所有的点。但在没有选中起点和终点位置时，其飞线连接与“Shortest”生成的飞线连接一样。
- Daisy-MidDriven：雏菊中点拓扑结构，该拓扑结构以设定的一个点为中点向两边端点连通所有节点，并且在中点两端的节点数目相同，而飞线连接长度最短。
- Daisy-Balanced：雏菊平衡拓扑结构，该拓扑结构需要先设置一个起点和终点，并将中间节点平均分成不同的组，组的数目和终点数目相同，一个中间节点和一个终点相连接，所有的组都连接到同一个起点上，且所有飞线长度和最小。
- Starburst：星形拓扑结构，该拓扑结构的所有节点都直接与设定的起点相连接。如果指定了终点，终点将不直接与起点连接，所有连接线长度和最小。

3. 布线优先级（Routing Priority）

“Routing Priority”设计规则用于设置布线时网络的优先级，优先级高的网络在自动布线时优先布线。设置时，先在“Where The Object Matches”选项组选择需要设置优先级的网络，然后在“Constraints”选项组设置该网络的布线优先级，设置范围为0~100（0的优先级最低），如图5-141所示。

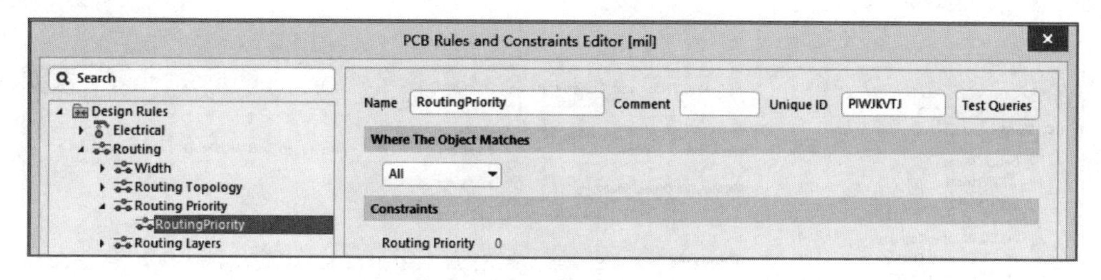

图5-141　设置布线优先级规则

4. 布线板层（Routing Layers）

“Routing Layers”设计规则用于设置板层的布线状况，其设置选项如图5-142所示。在“Constraints”选项组中列出了各个布线板层的名称，可以选择是否允许对某个板层布线。

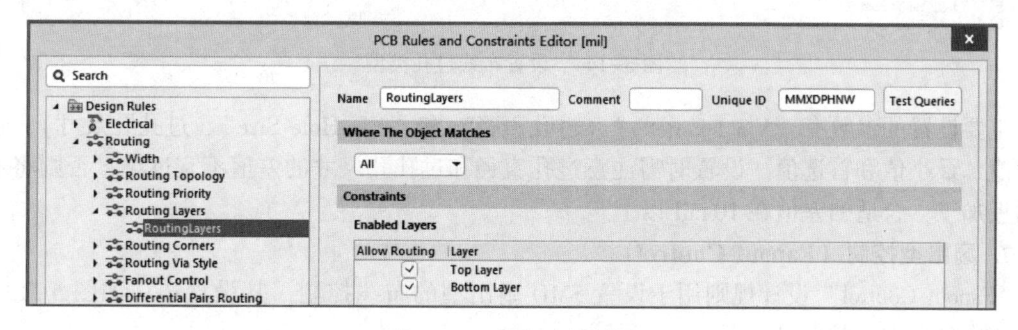

图5-142　设置布线板层

5. 布线转折角度（Routing Corners）

“Routing Corners”设计规则用于设置导线的转角，其设置选项如图5-143所示。

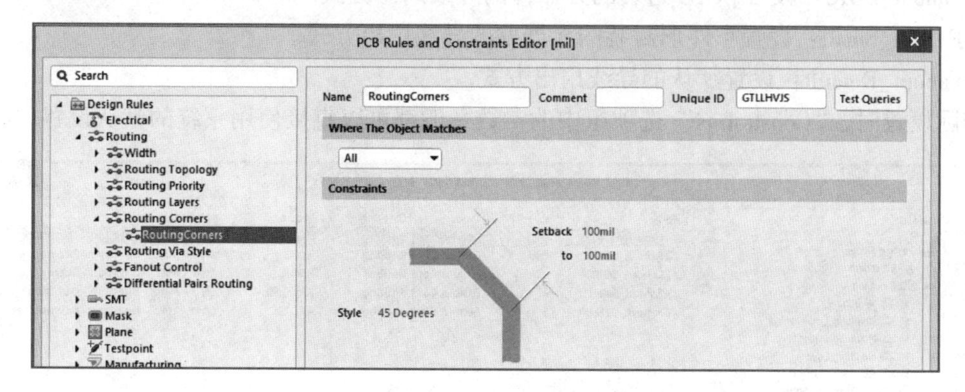

图5-143　设置布线转折角度

在“Constraints”选项组中有以下3个选项。

- Style：用于选择导线转角的形式，可以选择90 Degree（90°转角）、45 Degree（45°转

角）和 Rounded（圆弧转角）。

- Setback：用于设置导线的转角长度。
- to：用于设置导线的最大转角。

6. 布线过孔类型（Routing Via Style）

"Routing Via Style"设计规则用于设置布线中过孔的各种属性，其设置选项如图 5-144 所示。

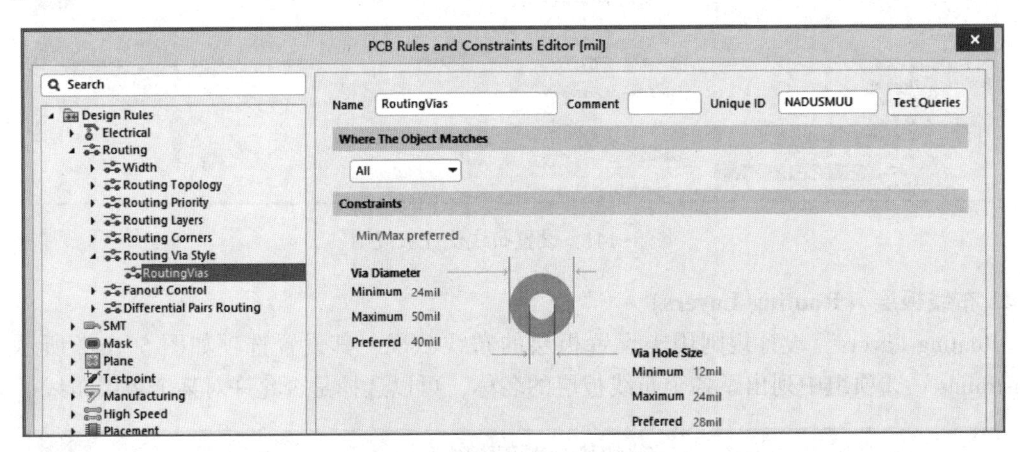

图 5-144　设置布线过孔类型

主要设置的参数有"Via Diameter"（过孔直径）和"Via Hole Size"（过孔孔尺寸），包括最大值、最小值和首选值。设置时需注意过孔直径和过孔孔尺寸的差值不宜过小，否则将不适宜制板加工，合适的差值在 10 mil 以上。

7. 扇出型控制（Fanout Control）

"Fanout Control"设计规则用于设置 SMD 扇出型的布线控制，其设置选项如图 5-145 所示，其中各个选项的含义如下。

- Fanout_BGA：设置 BGA 封装的元器件的导线扇出方式。
- Fanout_LCC：设置 LCC 封装的元器件的导线扇出方式。
- Fanout_SOIC：设置 SOIC 封装的元器件的导线扇出方式。
- Fanout_Small：设置小外形封装的元器件的导线扇出方式。
- Fanout_Default：设置默认的导线扇出方式。

实际设置时，"Constraints"选项组中的参数一般都可以直接使用系统的默认设置。

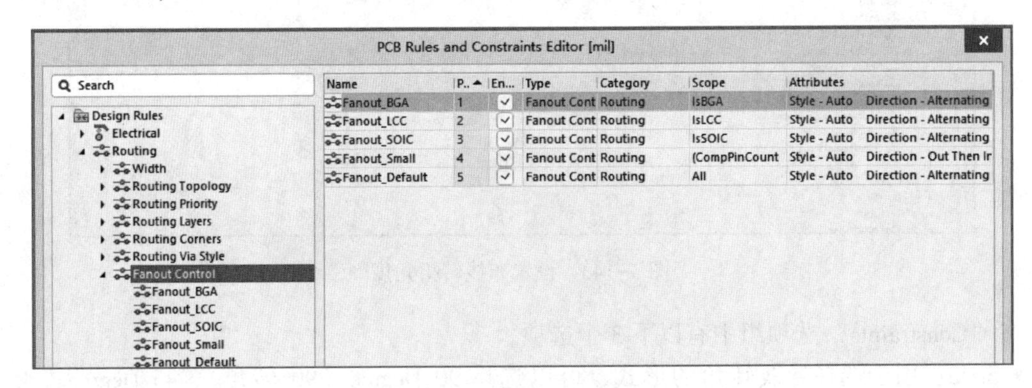

图 5-145　设置扇出型控制

8. 差分对布线（Differential Pairs Routing）

“Differential Pairs Routing”设计规则用于设置一组差分对约束的规则，如图5-146所示。

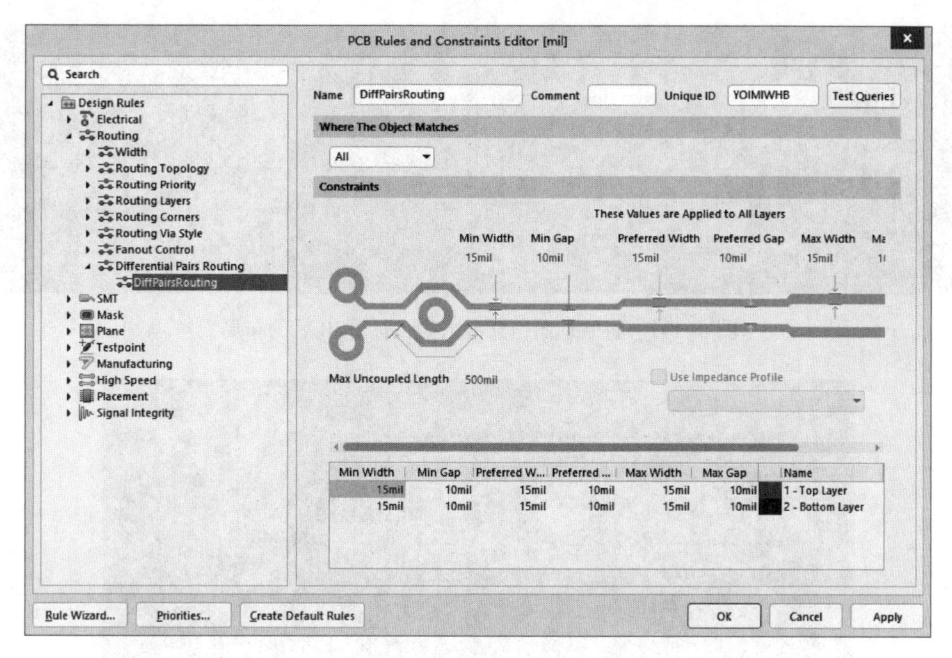

图5-146　设置差分对布线

在“Constraints”选项组中有以下4个设置选项。

- Min Gap：层属性的差分对布线最小间隙。
- Max Gap：层属性的差分对布线最大间隙。
- Preferred Gap：层属性的差分对布线首选间隙。
- Max Uncoupled Length：最大单条布线长度。

5.10　实例：绘制AVR单片机最小系统的PCB

1. 实例要求

本实例将在4.3节绘制的AVR单片机最小系统原理图的基础上，进行AVR单片机最小系统PCB的设计。

2. 实例操作步骤

1）启动软件，新建一个工程文件，将工程文件命名为“example5-9. PrjPCB”，在此工程下添加现有原理图文件，将4.3节的“AVR. SchDoc”原理图文件保存到此工程中。对电路原理图进行电气规则检查，确保电气连接的正确性、元器件封装正确、原理图文件中所用到的封装库均已加载，以及所有的封装在库中都可以使用。

2）新建一个PCB文件，命名为“AVR. PcbDoc”，设置板层为双面板，在机械层绘制电路板外框，宽为80 mm，高为75 mm。

3）将原理图信息同步到PCB设计环境中，如图5-147所示。

4）对加载进来的元器件进行自动布局，并手工调整。

5）设置自动布线规则，采用双层板布线策略，设置电源线、地线宽度为35 mil，其他导线宽度 18 mil，进行自动布线，然后对不合理的地方进行手动布线调整。

6）对 PCB 进行补泪滴和添加覆铜。完成后的 PCB 如图 5-148 所示。

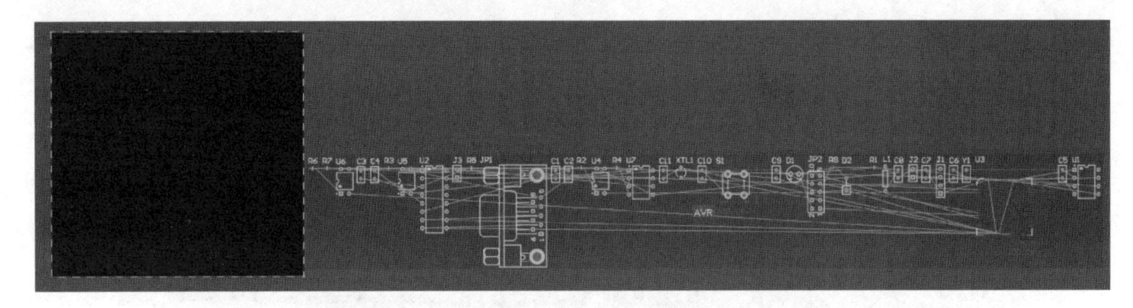

图 5-147　将原理图信息导入到目标 PCB 后的布局

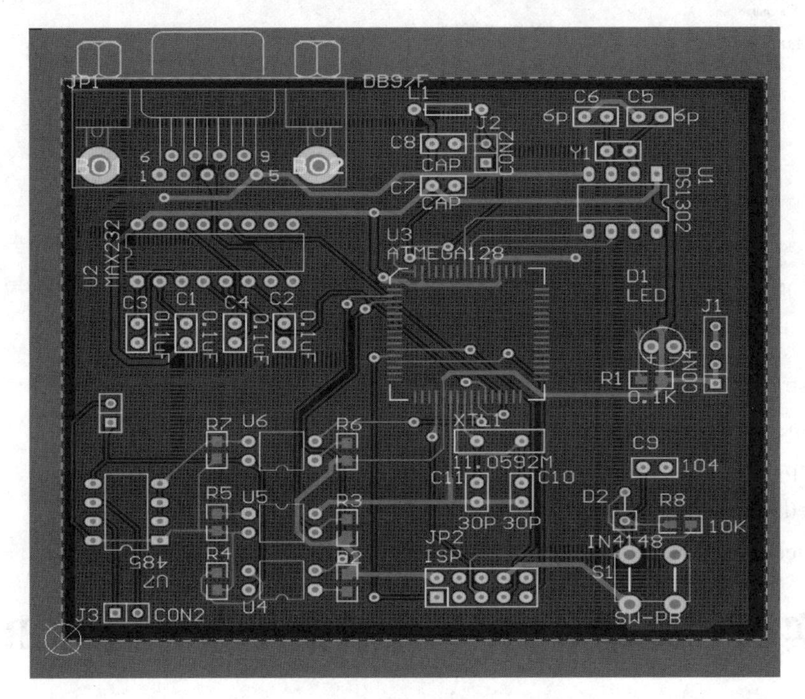

图 5-148　设计完成的 PCB

5.11　习题

1. 简答题

1）在 Altium Designer 中，如何将原理图信息同步到 PCB 环境中？

2）简述印制电路板的设计流程。

3）元件的布局有哪两种方式？各有什么优缺点？

4）手动布线与自动布线各有什么优缺点？

2. 选择题

1）在放置导线过程中，可以按（　　）键来切换布线模式。

A.〈Enter〉　　B.〈Shift+Space〉　　C.〈Tab〉　　D.〈Back Space〉

2）PCB 的布线是指（　　）。

A. 元器件焊盘之间的连线　　B. 元器件的排列

C. 元器件排列与连线走向　　D. 除元器件以外的实体连接

3）在进行 90°/45°布线时，（　　）快速切换布线转折的方向。

A. 按〈Shift〉键　　B. 按〈Space〉键　　C. 按〈Alt〉键　　D. 按〈Ctrl〉键

4）编辑焊盘属性中，（　　）为焊盘序号。

A. Designator　　B. Shape　　C. Hole Size　　D. Layer

5）Altium Designer 中焊盘的外形不包括（　　）。

A. 方形　　B. 圆形　　C. 六角形　　D. 八角形

6）下列关于 PCB 中元器件封装放置的说法中，错误的是（　　）。

A. 可以小部分露出 PCB 电气边界

B. 可以旋转任意角度放置

C. 可以被放置在 Top Layer 也可以被放置在 Bottom Layer

D. 可以按〈X〉键或〈Y〉键自由翻转镜像

7）电路原理图编辑时，进行公英制两种不同测量单位的转换的快捷键是（　　）。

A.〈K〉　　B.〈H〉　　C.〈Q〉　　D.〈W〉

8）通常在哪一个板层上确定 PCB 的电气尺寸（　　）。

A. Bottom Layer　　B. Mechanical Layer　　C. KeepOut Layer　　D. Top Layer

第 6 章　电路板设计进阶

前面章节讲述了在 Altium Designer 中绘制 PCB 的基本步骤。其实 Altium Designer 还提供了许多提高 PCB 设计效率的功能模块，掌握这些功能模块的应用将使用户在今后的 PCB 设计中更快速，产品更完美。本章主要从 PCB 布线技巧、PCB 编辑技巧和 PCB 后期处理等方面进行讲解。

6.1　PCB 布线技巧

PCB 布线技巧

布线是整个 PCB 设计中最重要、最费时的工序，直接影响着 PCB 的性能。作为一名合格的、优秀的 PCB 设计工程师，除了要把线布通外，更要满足其电气性能、让线整齐美观，而这需要工程师掌握一些布线技巧。

6.1.1 循边布线

所谓循边布线是利用 Altium Designer 提供的保持安全间距、严禁违规的功能，在进行交互式布线时，采取靠过来的策略，即可达到漂亮又实用的布线。

【例 6-1】 实现图 6-1 所示两元器件之间的循边布线。

1）完成第一条布线，其他布线将循着第一条布线进行。

2）若已完成第一条布线，则先确认操作设置是否适当。执行“Tools”→“Preferences”命令，打开“Preferences”对话框，在左侧列表中选择“Interactive Routing”选项，在“Routing Conflict Resolution”选项组的“Current Mode”的下拉列表中选择“Stop At First Obstacle”选项，如图 6-2 所示，单击“OK”按钮关闭对话框。“Current Mode”中的主要选项说明如下。

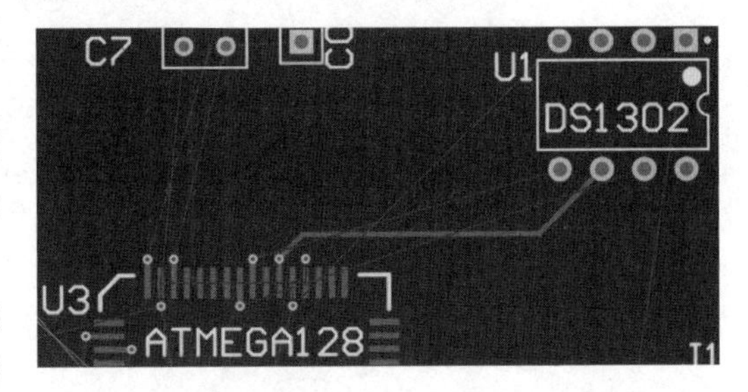

图 6-1　布线示例

- Ignore Obstacles：忽视障碍，可以与现有的线交叉。
- Walkaround Obstacles：环绕障碍，只能绕过现有的线。
- Push Obstacles：推动障碍，直接可以推走现有的线。
- Hug And Push Obstacles：紧挨着推动障碍，可以紧挨着轻微推动现有的线。
- Stop At First Obstacle：停在第一个障碍线，在遇到现有的线时停止生成布线。
- AutoRoute Current Layer：当前层自动布线。
- AutoRoute MultiLayer：多层之间自动布线。

3）循边布线的基本原则就是靠过来，单击“布线”按钮，进入交互式布线状态，单击已完成布线旁边的焊盘，再往样板布线靠过去，鼠标指针超越样板布线，而超越样板布线的部

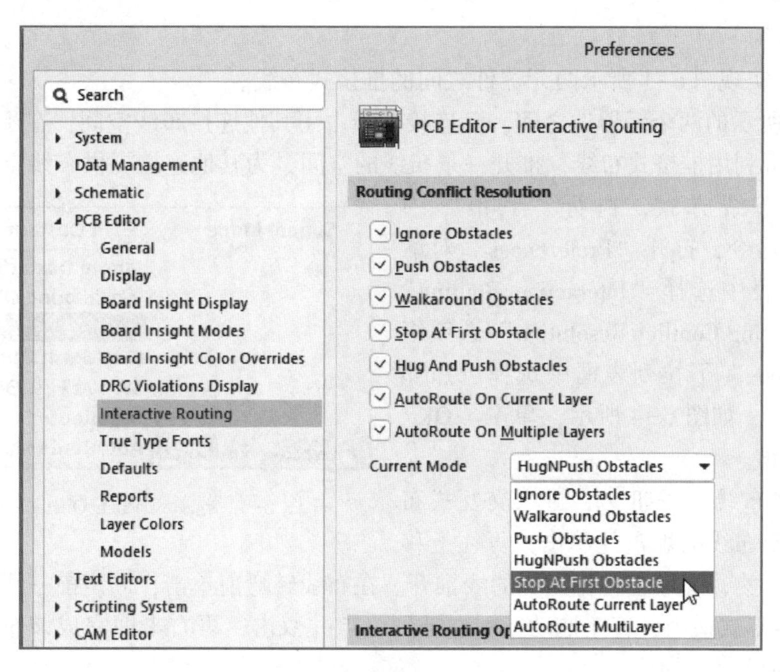

图 6-2 适合循边布线的设置

分将不会出现布线，并左右移动以调整好该布线离开焊盘的形状。

4）当该布线离开焊盘的形状适当后，单击鼠标左键。再移至终点的焊盘，则其布线将循着旁边的布线（样板布线），按一定间距布线，单击鼠标左键，再右击即完成该布线，循边布线操作过程如图 6-3 所示。

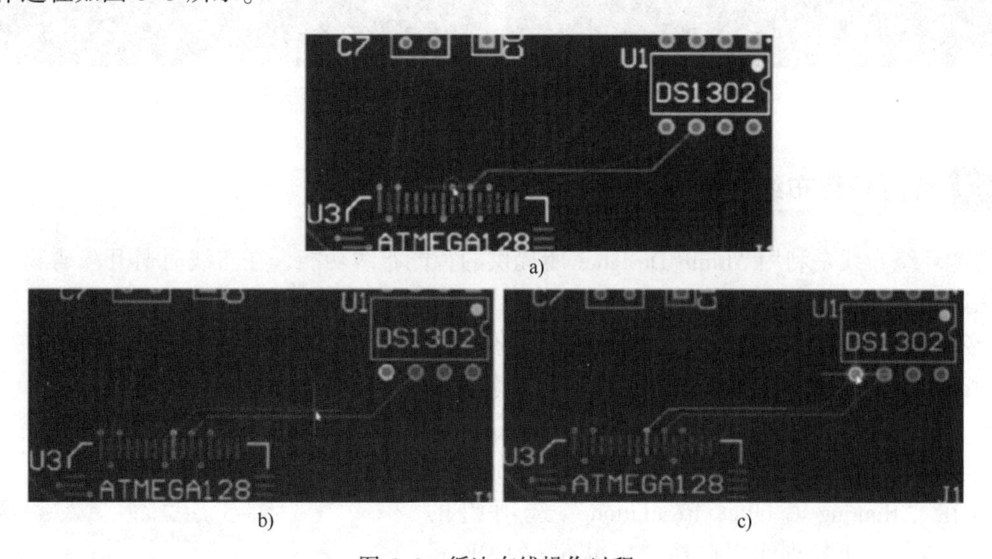

图 6-3 循边布线操作过程

6.1.2 推挤式布线

推挤式布线是利用 Altium Designer 所提供的推挤功能，在进行交互式布线时，将挡到的布线推开，使之保持设计规则所规定的安全间距。如此一来，在原来没有空位时，也能快速布线或修改布线。

【例 6-2】 实现图 6-1 所示两元器件之间的推挤式布线。

在图 6-1 所示的两个元器件之间，已连接导线占用其他连接布线空间，在不破坏已有布线的情况下，就可利用推挤式布线，推开一条布线的空间，为其他连接提供布线空间。

1）确定布线方式，执行“Tools”→“Preferences”命令，打开“Preferences”对话框，在左侧列表中选择“Interactive Routing”选项，在“Routing Conflict Resolution”选项组的“Current Mode”下拉列表框中选择“Push Obstacles”选项，如图 6-4 所示，单击“OK”按钮关闭对话框。

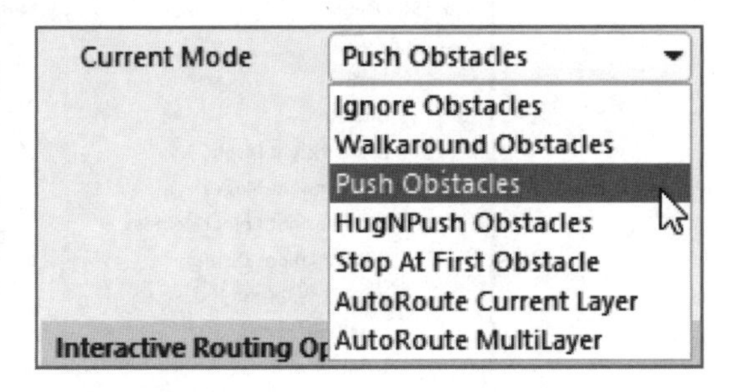

图 6-4　选择“Push Obstacles”选项

2）单击“布线”按钮，进入交互式布线状态，在所要布线的焊盘处单击，再往上移动，即使有障碍物，程序也会将挡到的线推开。在布线转弯前单击，固定前一线段。

3）若布线形式适当，直接拖动鼠标左键到终点并双击，再右击即完成该布线，推挤式布线操作过程如图 6-5 所示。

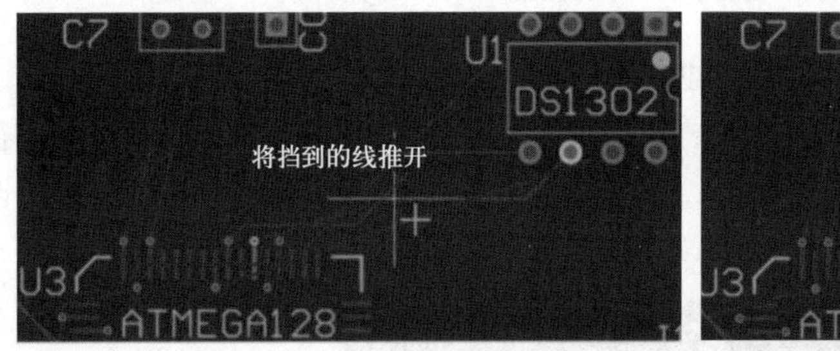

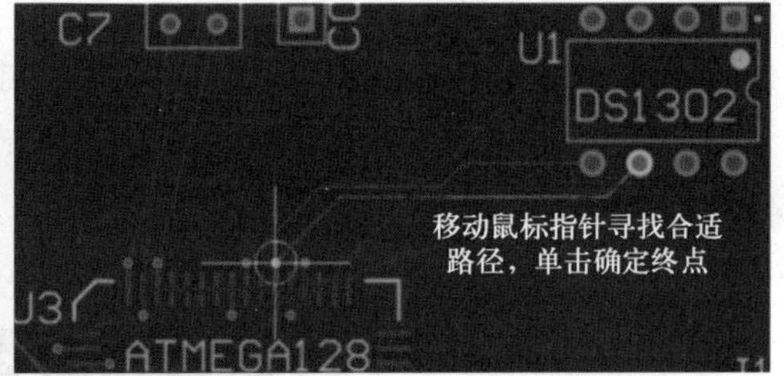

图 6-5　推挤式布线操作过程

6.1.3 智能环绕布线

智能环绕布线是利用 Altium Designer 所提供的智能布线功能，在布线时避开障碍物，找出一条最贴近的路径。

【例 6-3】 实现图 6-1 所示两元器件之间的智能环绕布线。

对于漏掉的布线，在没有空位的情况下，让程序找出一条较贴近的环绕布线。

1）确定布线方式，执行“Tools”→“Preferences”命令，在打开的对话框中选择“Interactive Routing”选项，在“Routing Conflict Resolution”选项组的“Current Mode”下拉列表中选择“Walkaround Obstacles”选项，如图 6-6 所示，单击“OK”按钮关闭对话框。

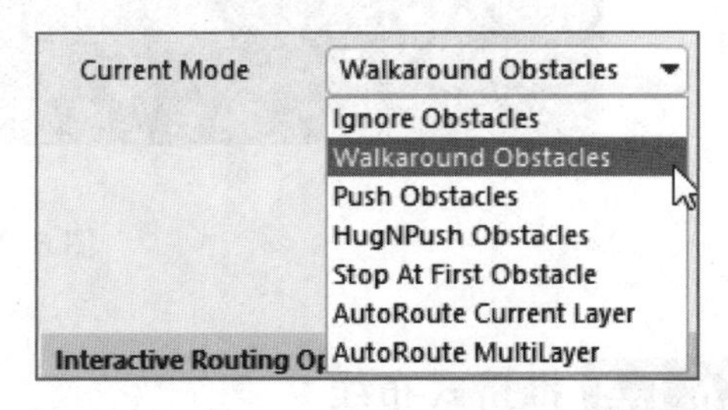

图 6-6　选择“Walkaround Obstacles”选项

2）单击“布线”按钮，进入智能布线状态，在所要布线的焊盘处单击，再移动鼠标指针，程序即自动绘制出智能环绕布线，其操作步骤如图 6-7 所示。

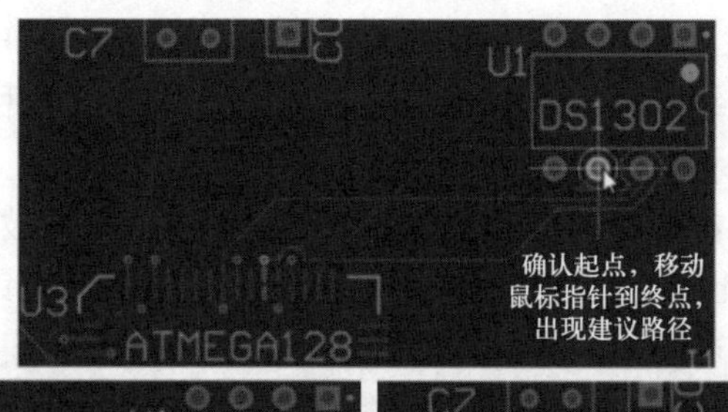

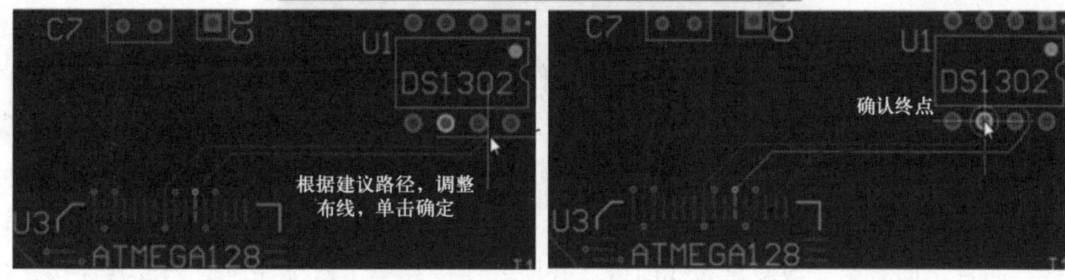

图6-7　智能环绕布线操作步骤

3）若要改变程序所提供的建议布线路径，除了可以移动鼠标指针外，还可以按〈Space〉键。若建议布线路径适当，且可达目的地，按〈Ctrl〉键并单击，即可按建议布线路径进行布线。

4）完成一条布线后，仍在智能环绕布线状态，可按同样的方法，快速完成其他布线。最后右击或按〈Esc〉键，结束智能环绕布线状态。

6.1.4 总线式布线

Altium Designer 提供与原理图类似的总线布线（Bus Routing），即多重布线（Multiple Traces）。

【例6-4】实现图6-8所示两元器件之间的总线式布线。

目前 Altium Designer 所提供的多重布线，属于两段式的多重布线，也就是要分成两次才能完成多条网络的点对点布线。

1）选择所要多重布线的焊盘。按〈Shift〉键的同时，单击需要布线的焊盘（或者按〈Ctrl〉键的同时，鼠标指针框选所有要布线的焊盘），然后执行“Route”→“Interactive Multi-Routing”命令或单击工具栏中的按钮进入多重布线状态。在任何一个所选取的焊盘上单击，即可随指针移动开始布线，如图6-9所示。

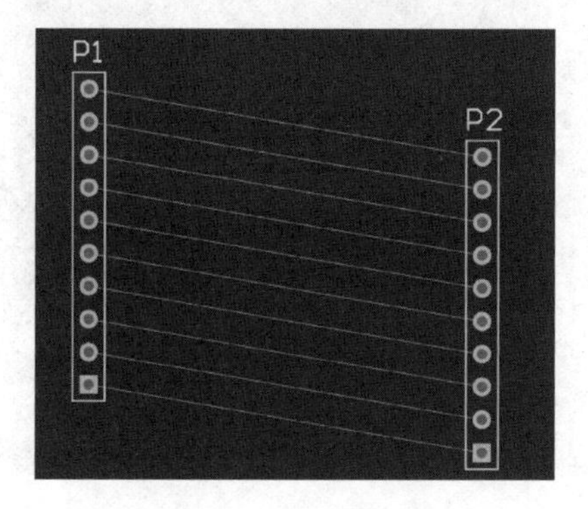

图6-8　总线式布线

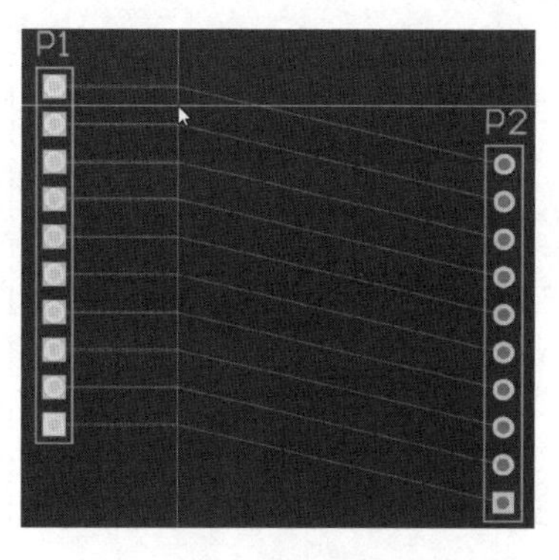

图6-9　第一段多重布线操作

2）在布线过程中按〈Tab〉键打开图 6-10 所示的“Multi-Routing”属性面板，通过“Bus Spacing”选项指定布线间距，或单击“From Rule”按钮，采用设计规则所制定的安全间距，然后关闭属性面板。

3）在布线过程中，单击即可固定已完成的布线，不过，只要被固定的布线就无法再改变此多重布线的安全间距。此后，布线将保持固定间距，并随鼠标指针而布线。可以按〈Shift+Space〉键循环切换线端对齐方式。单击鼠标左键，再右击，即可脱离此段多重布线。再右击，则结束第一段多重布线状态。

4）第二段多重布线与第一段多重布线的操作基本相同，不同的是，第二段多重布线的间距不可随便改变，通常情况与第一段一致，而且第二段多重布线的目的是连接第一段多重布线。

5）选取此多重布线的焊盘（即另一端），执行“Route”→“Interactive Multi-Routing”命令或单击工具栏中的按钮进入多重布线状态。在任何一个焊盘上单击，即可随鼠标指针移动开始布线，而且是向着第一段多重布线前进，并使之连接。单击鼠标左键，完成其连接，再右击结束此段多重布线，如图 6-11 所示。这时仍在多重布线状态，可再右击，结束多重布线状态。

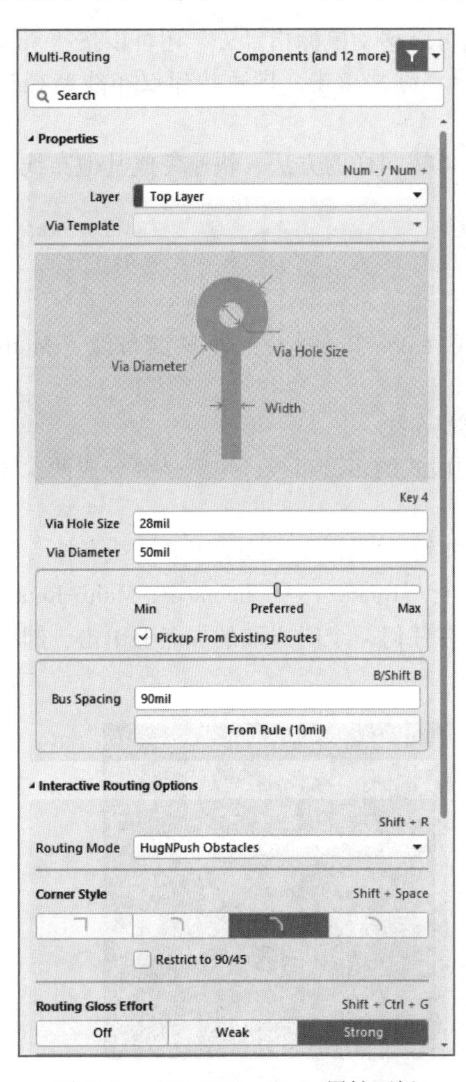

图 6-10 “Multi-Routing”属性面板

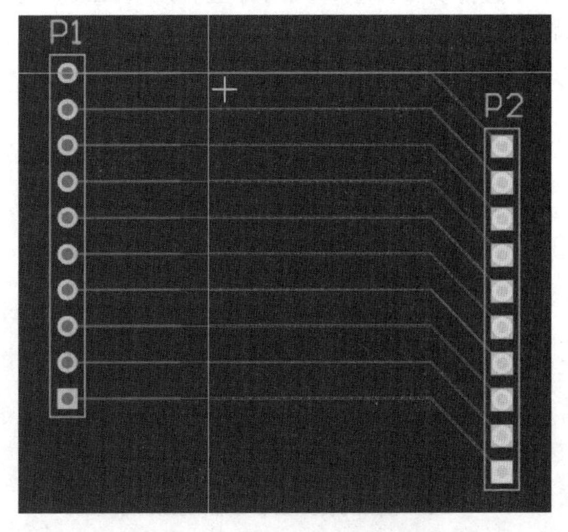

图 6-11 第二段多重布线操作

6.1.5 差分对布线

差分对（Differential Pairs）是由两条传输线构成的信号对，其中一条导线承载正信号，另一条导线则承载刚好反相的负信号，这两条导线靠得很近，信号相互耦合传输，所受到的干扰刚好相互抵消，共模信号（Common-Mode Signal，视为浮动的噪声）比较小。因此，电磁波干扰（Electromagnetic Interference，EMI）的影响最小。

Altium Designer 所提供的差分对布线（Differential Pair Routing）是针对差分对的布线，在进行差分对的布线之前，必须先定义差分对，也就是指明哪两条线是差分对及其网络名。而差分对可在电路图中定义，也可在电路板中定义，以下将介绍这两种定义差分对的方法。

【例 6-5】 差分对布线规则定义。

（1）在原理图中定义差分对

1）执行“Place”→“Directives”→“Differential Pair”命令，进入放置差分对指示记号状态，按〈Tab〉键打开“Differential Pair”属性面板，如图 6-12 所示；在属性面板中单击“Add”按钮，从下拉菜单中选择“Rules”选项，打开“Choose Design Rule Type”对话框；在该对话框中选择“Differential Pair Routing”选项，单击“OK”按钮打开“Edit PCB Rule (From Schematic)-Differential Pairs Routing Rule”对话框，如图 6-13 所示。在图 6-13 所示的对话框中可设置差分布线的规则，如“Min Width”“Max Width”等，设置完，单击“OK”按钮。

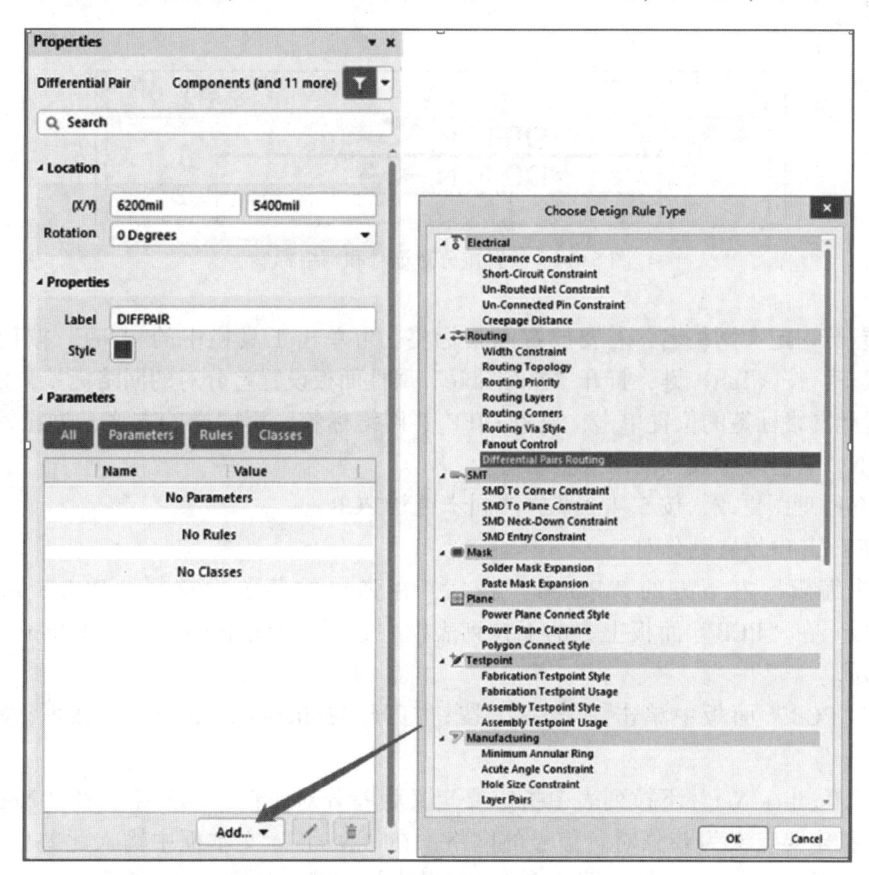

图 6-12 “Differential Pair”属性面板

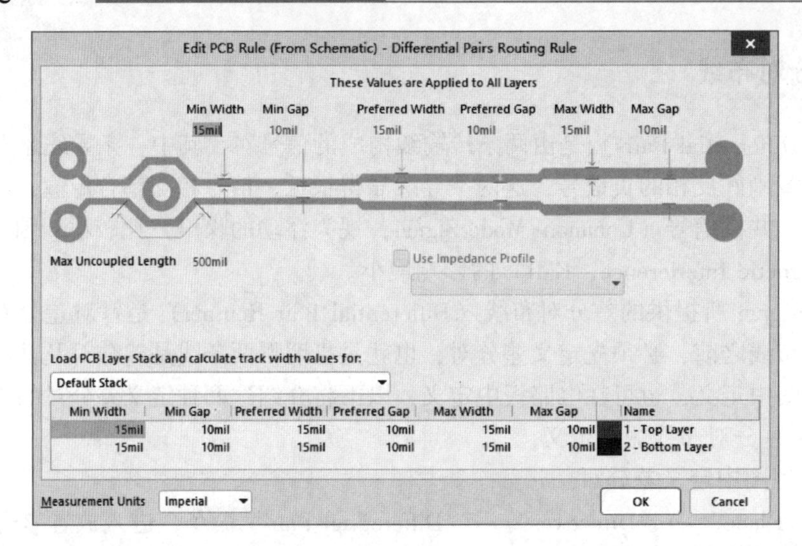

图 6-13 “Edit PCB Rule (From Schematic)-Differential Pairs Routing Rule” 对话框

2）在所要定义为差分对的线路上单击，即可放置一个差分对指示记号；再在另一条所要定义为差分对的线路上单击，又可放置一个差分对指示记号，如图 6-14 所示。这时仍在放置差分对指示记号状态，可继续放置差分对指示记号，也可右击结束放置差分对指示记号状态。

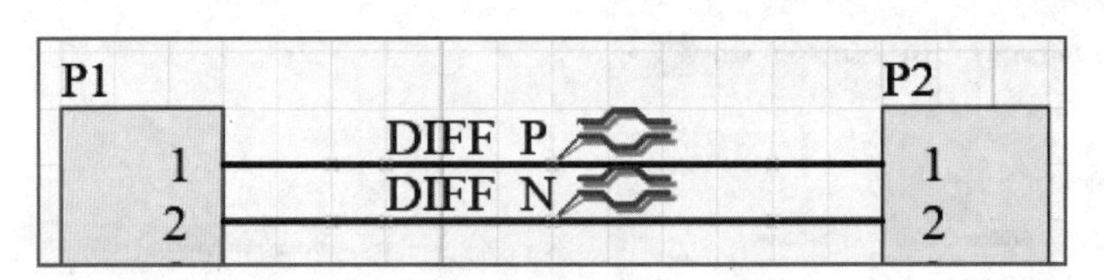

图 6-14 放置差分对记号和网络标签

3）为差分对定义网络名，若要放置网络标签，可单击工具栏中的“Net”按钮进入放置网络标签状态，按〈Tab〉键，打开“Net Lable”属性面板设置差分对的网络标签，如 DIFF_P；在所要放置此网络标签的位置单击，放置 DIFF_P 网络标签。用同样的方法，放置另一个网络标签 DIFF_N。右击结束放置网络标签状态。

4）保存原理图更改，按 5.4.3 节方法同步更新 PCB。

（2）在 PCB 中设置差分对

1）单击编辑区右下方的“Panels”按钮，在弹出的菜单中选择“PCB”选项，打开“PCB”面板。在“PCB”面板上方的下拉列表框中选择“Differential Pairs Editor”选项，如图 6-15 所示。

2）在“PCB”面板中单击 Add 按钮打开“Differential Pair”对话框，如图 6-16 所示。

3）在“Positive Net”下拉列表中指定要定义为差分对正信号的网络；在“Negative Net”下拉列表中指定要定义为差分对负信号的网络；在“Name”文本框中输入此差分对的名称，单击“OK”按钮关闭此对话框，即可完成此差分对的定义，如图 6-17 所示。

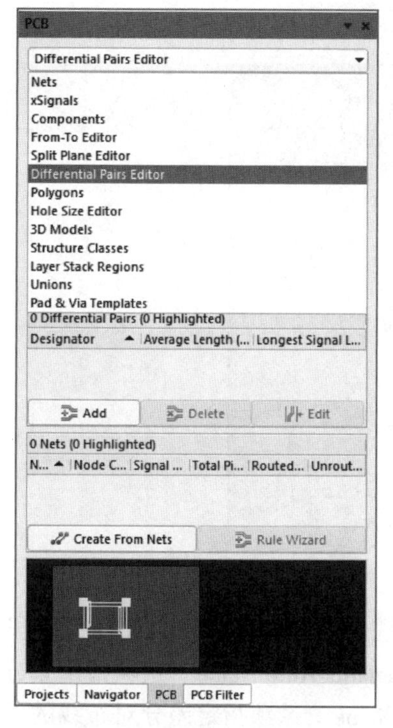

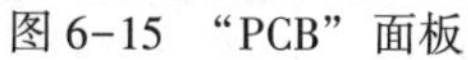

图6-15 “PCB”面板

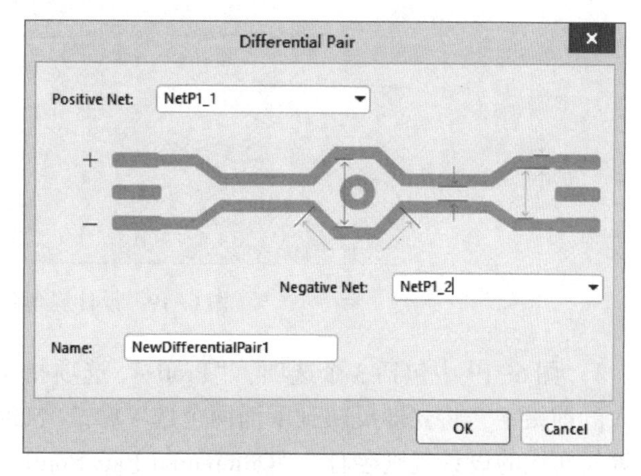

图6-16 “Differential Pair”对话框

【例6-6】完成图6-17中定义的差分对布线。

（1）定义差分对的设计规则

1）在“PCB”面板中，单击 Rule Wizard 按钮，打开图6-18所示的“Differential Pair Rule Wizard”对话框。

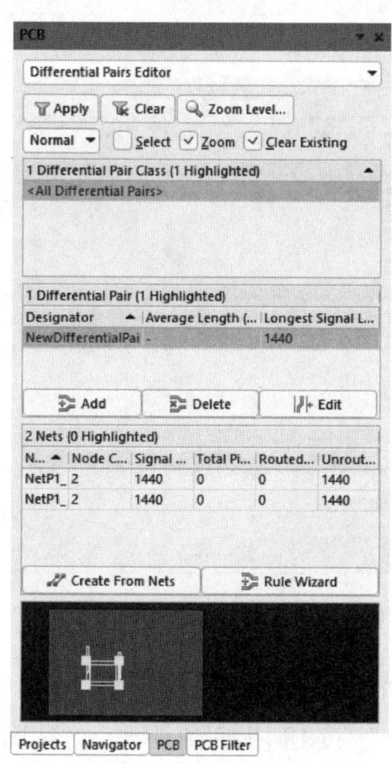

图6-17 定义差分对完成

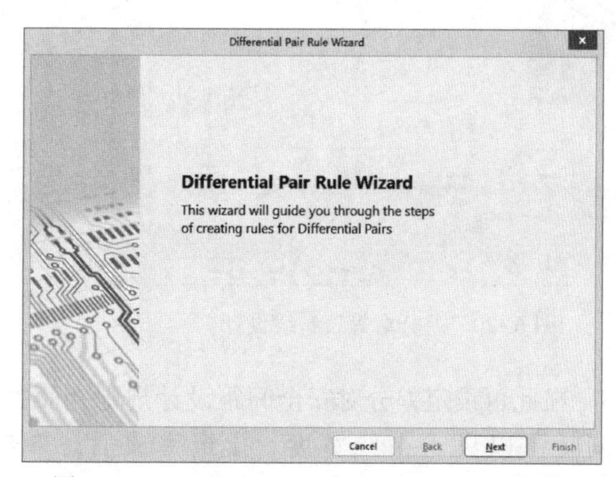

图6-18 “Differential Pair Rule Wizard”对话框

2）单击“Next”按钮切换到下一个界面，如图 6-19 所示。

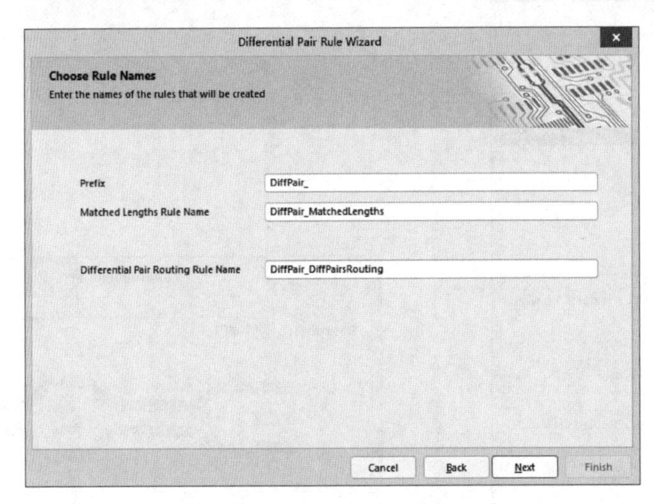

图 6-19　设计规则名称设置

3）图 6-19 中包括 3 个选项，“Prefix”选项指定设计规则名称的前缀字，而在此字段所输入的前缀字，将立即反映到下面两个选项中。“Matched Lengths Rule Name”选项指定差分对的等长布线的设计规则名称，“Differential Pair Routing Rule Name”选项指定差分对布线的设计规则名称。设置完成后，单击“Next”按钮切换到下一个界面，如图 6-20 所示。

4）可在图 6-20 所示界面设定差分对等长布线设计规则，而关于等长布线设计规则的设定，详见 5.9.2 节。设置完成后，单击“Next”按钮切换到下一个界面，如图 6-21 所示。

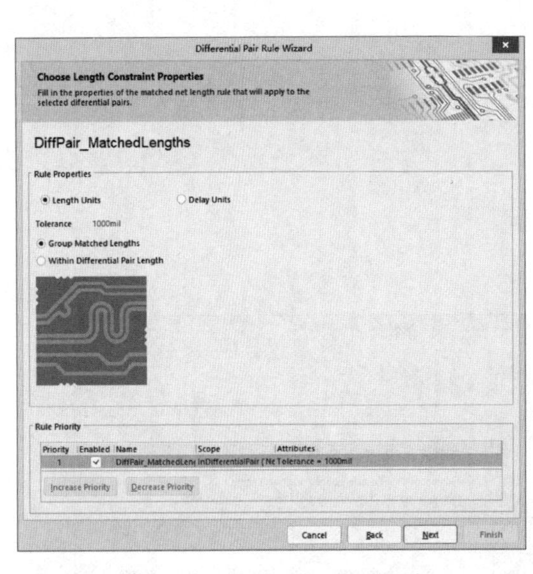

图 6-20　差分对等长布线设计

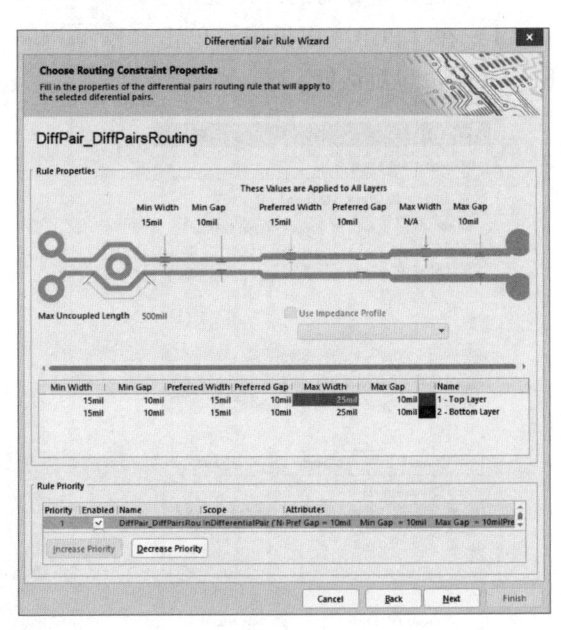

图 6-21　差分对安全间距设计

5）在此可设定差分对安全间距设计规则，而关于安全间距设计规则的设定，详见 5.9.1 节。同时可以设定布线宽度。指定完成后，单击“Next”按钮切换到下一个界面，如图 6-22 所示。

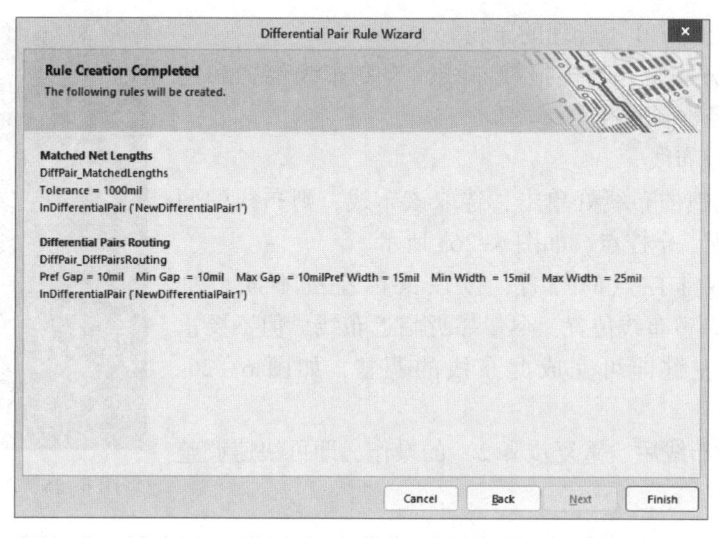

图 6-22　设置的所有差分对设计规则

6）图 6-22 所示为向导设置的所有设计规则，检查这些规则，若没问题，则单击“Finish”按钮关闭差分对设计规则向导。

（2）差分对布线操作

完成差分对定义，并制定相关设计规则后（若不制定，将采用程序默认的设计规则），接下来就可对这些差分对进行布线了，具体操作步骤如下。

1）在 PCB 工作环境中，找到差分对连接，执行“Route”→“Interactive Differential Pair Routing”命令或单击工具栏中的按钮进入多重布线状态。在所要布线的差分对焊盘处单击，如图 6-23 所示，移动鼠标即可拉出布线，随着鼠标指针的移动还可改变其布线路径。

2）通常会先让差分对从焊盘走出一个 Y 形线（或倒 Y 形线），然后单击即可大幅度布线。

3）随着鼠标指针的移动，系统随时修正建议路径。若要转弯，先单击固定前一段布线。若要解除前一段布线，则按〈Backspace〉键。若连接至目的地的建议布线很适当，例如，走入两个焊盘也是呈现 Y 形线（或倒 Y 形线），可按住〈Ctrl〉键，再单击即可完成整段布线，如图 6-24 所示。这时，仍处于差分对布线状态，可继续进行其他的差分对布线，或右击结束差分对布线状态。

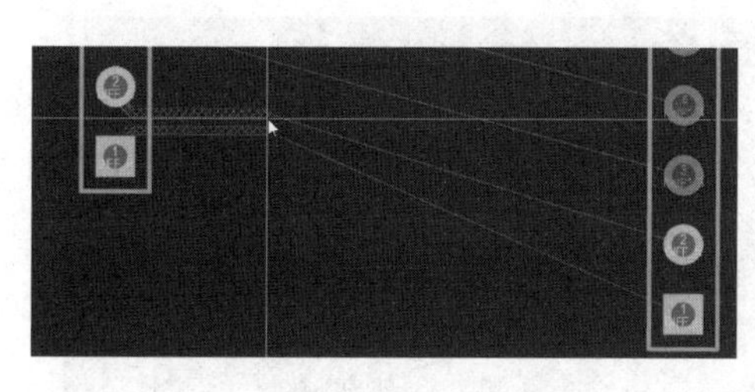

图 6-23　差分对布线过程

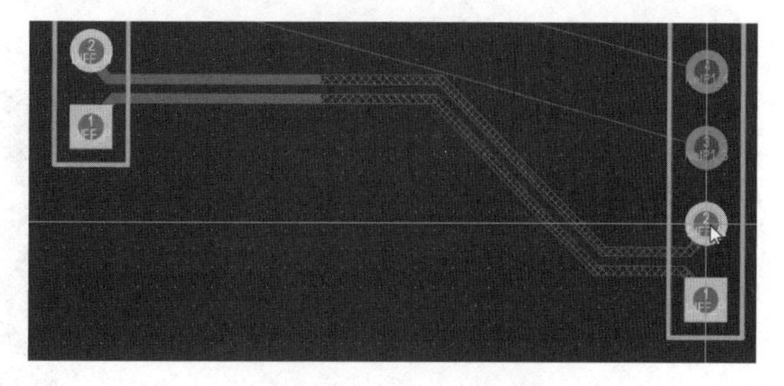

图 6-24　差分对布线完成

6.1.6 调整布线

在使用自动布线时，有些布线路径并不合理（见图 6-25），需要进行调整。

【例 6-7】调整 PCB 不合理的布线。

常用的两个方法是，直接拖拽布线，改变布线位置和路径；重新选择路径绘制连接。

图 6-25　不合理布线示范

(1) 快速调整布线

1) 在所要拖拽的布线处单击，选取该布线，则布线的两端与中间，各出现一个控点，如图 6-26a 所示。

2) 在该布线非控点的位置，按住鼠标左键不放，如图 6-26b 所示，调整布线位置，尽量靠近临近布线，但不要重叠，再放开鼠标左键即可完成此布线的调整，如图 6-26c 所示。

3) 选取其他布线后，重复步骤 2) 的操作，即可快速调整布线。

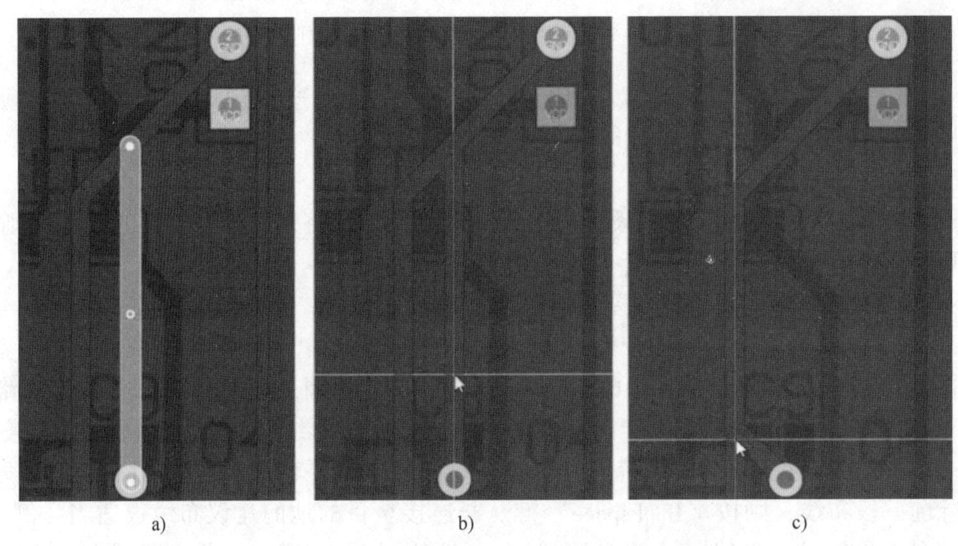

图 6-26　拖拽调整布线步骤

a) 单击选定　b) 鼠标左键按住　c) 鼠标左键拖拽

(2) 重新选择路径调整布线

有布线路径不合理，或是布线绕路太长，如图 6-27 所示，可采用 6.1.2 节推挤式布线的方法直接调整。

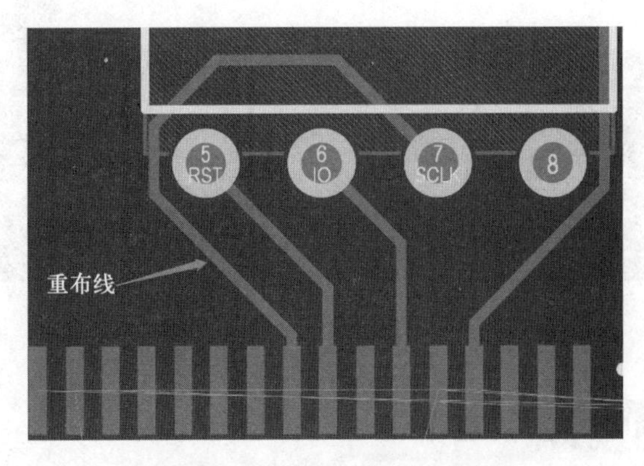

图 6-27　重新选择路径调整布线

1) 按 6.1.2 节内容进行推挤式布线的规则设置。

2) 删除原布线。单击工具栏中的“布线”按钮，单击确定起点焊盘，如图 6-28a 所示，移动鼠标指针调整布线路径，如图 6-28b 所示。

3) 调整布线路径合适后，单击确认。鼠

标指针移动推挤式布线，移动到终点时，单击确认。此时鼠标指针仍处于布线状态，如图 6-28c 所示，可右击取消布线。

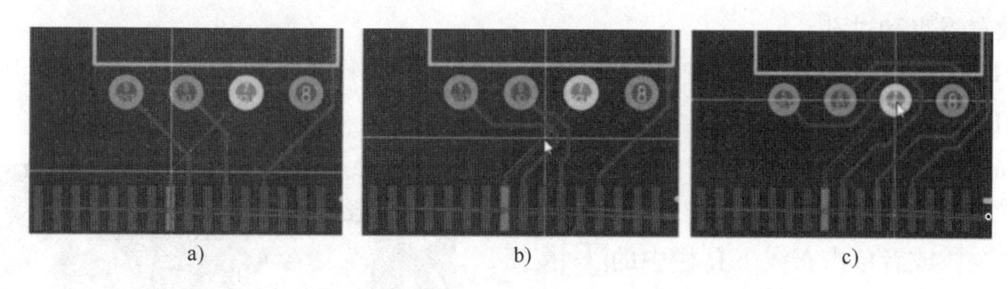

a)　　b)　　c)

图 6-28　推挤式布线过程
a）单击起点焊盘　b）移动鼠标指针　c）确定终点焊盘

4）也通过设置直接多重布线，自动删除原布线，执行“Tools”→“Preferences”命令，在打开的“Preferences”对话框中，选择“PCB Editor”→“Interactive Routing”选项，在右窗格中取消选中“Interactive Routing Options”选项组的“Automatically Remove Loops”复选框，如图 6-29 所示。

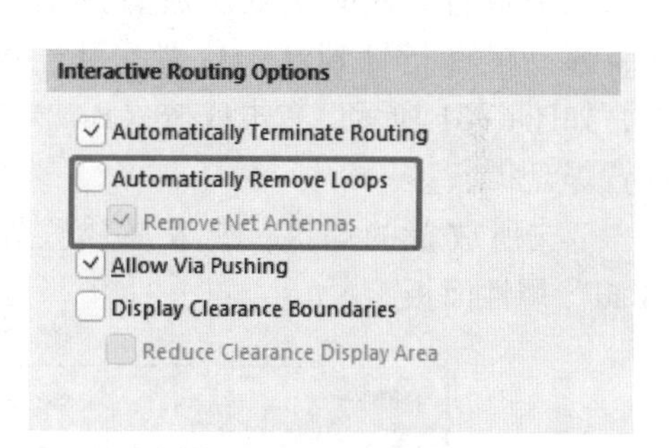

图 6-29　自动移除闭合回路设置

5）在图 6-27 的基础上直接单击确定起点焊盘，如图 6-30a 所示，按〈＊〉键进行板层切换并出现过孔，如图 6-30b 所示（可通过〈Tab〉键修改相应属性）。

6）移动鼠标指针到终点，如图 6-30c 所示，单击确定此为终点焊盘，原布线消失，如图 6-30d 所示。此时鼠标指针仍处于布线状态，可右击退出布线状态。

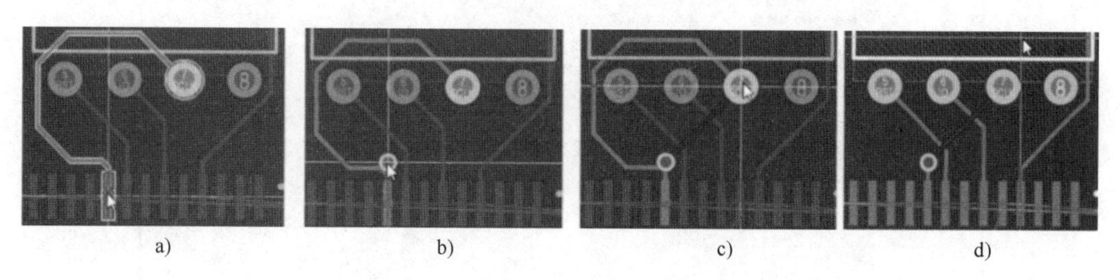

a)　　b)　　c)　　d)

图 6-30　自动移除闭合回路重布线
a）单击起点焊盘　b）切换板层　c）连接到终点焊盘　d）确定终点焊盘

6.2　PCB 编辑技巧

PCB 编辑技巧

Altium Designer 20 提供了一些编辑技巧用于满足不同的 PCB 设计需要，主要包括放置文字、放置焊盘、放置过孔和放置填充等组件放置，以及包地、补泪滴、覆铜等 PCB 编辑技巧。

6.2.1 放置电气对象

1. 放置焊盘和过孔

放置焊盘是PCB设计中最基础的操作之一，对于一些特殊形状的焊盘，还需要用户自己定义焊盘的类型并进行放置。

【例6-8】放置圆形焊盘。

1）在PCB设计环境中，执行“Place”→“Pad”命令，或者单击布线工具栏中的按钮，此时鼠标指针变成十字形，并带有一个焊盘。

2）移动鼠标指针到PCB的合适位置，单击即可完成放置。此时仍处于放置焊盘的命令状态，移动鼠标指针到新的位置，可连续放置焊盘，如图6-31所示。右击或按〈Esc〉键可退出放置焊盘状态。

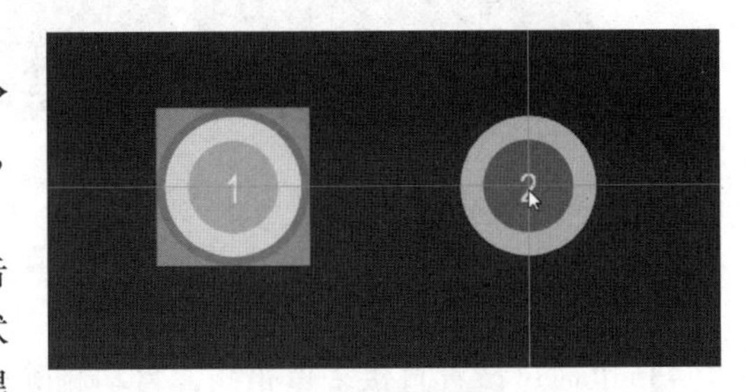

图6-31 放置焊盘

双击所放置的焊盘，或者在放置焊盘过程中按〈Tab〉键，即可打开图6-32所示的“Pad”属性面板。

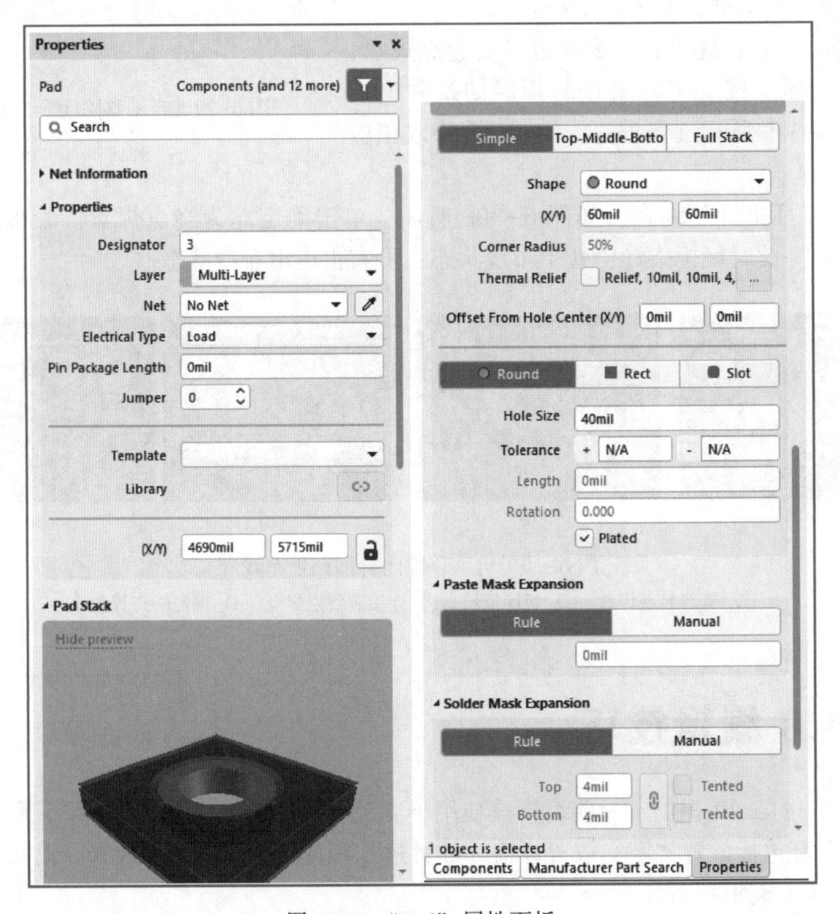

图6-32 “Pad”属性面板

在“Pad”属性面板中可以对焊盘的属性进行设置或修改，部分属性参数介绍如下。

（1）“Properties”选项组

- Designator：焊盘在PCB上的元器件序号，用于在网络表中唯一标注该焊盘，一般是元器件的引脚号。
- Layer：用于设置焊盘所需放置的工作层。一般情况下，需要钻孔的焊盘应设置为Multi-Layer，而对于焊接表面安装元器件不需要钻孔的焊盘则设置为元器件所在的工作层，如Top Layer或者Bottom Layer。
- Net：设置焊盘所在的网络名称。
- Electrical Type：设置焊盘的电气类型，有3种选择，即Load（中间点）、Source（源点）和Terminator（终止点），主要对应于自动布线时的不同拓扑逻辑。

（2）“Pad Stack”选项组

1）Simple：选中该单选按钮，意味着PCB各层的焊盘尺寸及形状都是相同的，具体尺寸和形状可以通过下面的选项进行设置。

2）Top-Middle-Bottom：选中该单选按钮，意味着顶层、中间层和底层的焊盘尺寸及形状可以各不相同，分别设置。

3）Full Stack：选中该单选按钮，可以对所有层的焊盘尺寸及形状进行详细设置。

“Pad Stack”选项组中，无论选择“Simple”“Top-Middle-Bottom”还是“Full Stack”，下面的选项主要如下。

- Shape：设置焊盘的形状，可选择Round（圆形）、Rectangular（矩形）、Octagonal（八角形）和Rounded Rectangle（圆角矩形）。
- （X/Y）：设置焊盘横向和纵向尺寸。
- Corner Radius：拐角半径，是针对焊盘形状为圆角矩形而设置的。
- Thermal Relief：散热连接形式，针对焊盘与覆铜的连接形式进行设置。
- Offset From Hole Center（X/Y）：焊盘距孔中心的偏移量。

4）孔洞信息设置，可以设置焊盘内孔的形状，焊盘孔形状3可选择Round（圆形）、Rect（矩形）和Slot（槽形）。

- Hole Size：设置焊盘的孔径尺寸，即内孔直径。
- Plated：若被选中，则对焊盘孔内壁将进行镀金设置。

【例6-9】放置矩形焊盘。

1）打开“Pad”属性面板，在“Pad Stack”选项组设置焊盘的尺寸和外形，选择“Simple”选项，设置“Shape”为“Rectangular”，“X”为120 mil，“Y”为60 mil，“Offset From Hole Center（X/Y）”设置为“0 mil”，如图6-33所示。

2）孔的形状选择“Rect”，设置“Hole Size”为40 mil，设置“Length”为80 mil，这里要求槽长比孔的尺寸大，即“Length”的值比“Hole Size”的值大。

3）设置好的焊盘如图6-34所示，执行放置焊盘命令即可放置矩形焊盘。

【例6-10】放置过孔。

过孔的形状与焊盘很相似，但作用却不同。过孔用来连接不在同一层但是属于同一网络的导线，如双面板中的顶层和底层。单击布线工具栏中的按钮，或者执行“Place”→“Via”命令，都可以在PCB中放置过孔。

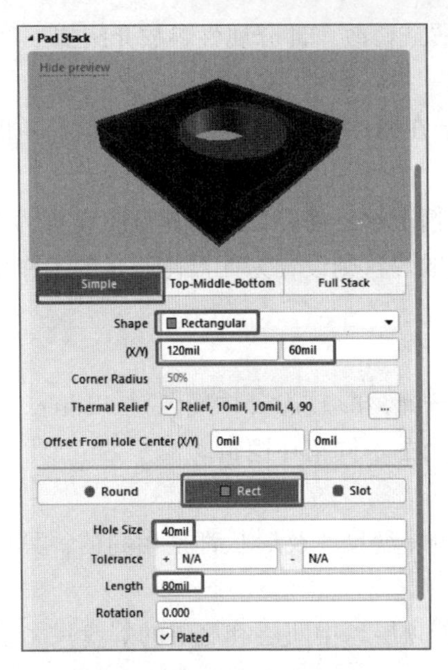

图 6-33　设置焊盘的尺寸和外形

图 6-34　放置的矩形焊盘

1）启动放置过孔命令后，鼠标指针会附上一个过孔，在 PCB 中合适位置单击就可以完成放置，如图 6-35 所示。

2）双击过孔，弹出“Via”属性面板，如图 6-36 所示。在该面板中，可以修改过孔的大小、孔径和所属网络等属性。

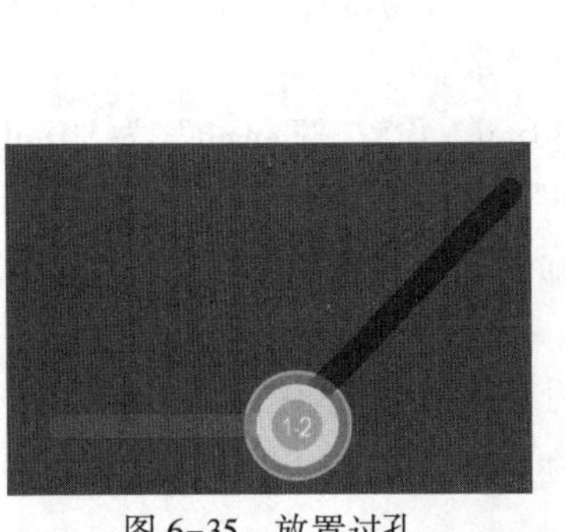

图 6-35　放置过孔

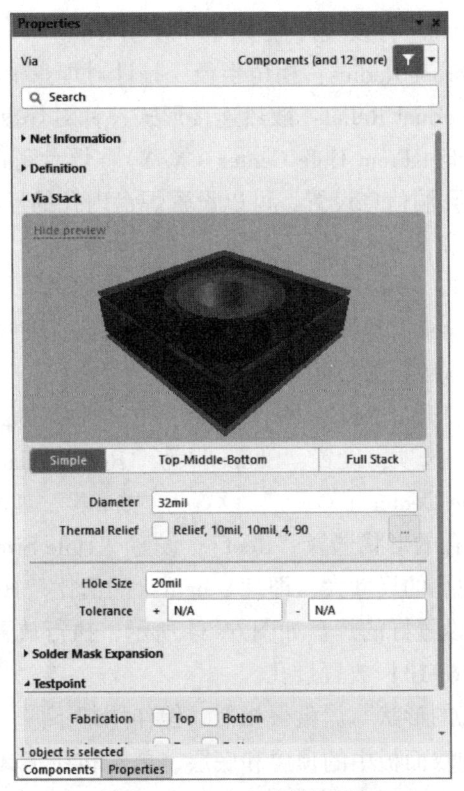

图 6-36　“Via”属性面板

※划重点:

如果修改的过孔孔径尺寸，参数超出了相应的规则设定范围，则所做修改会被自动忽略，系统仍以原有参数进行设置。此时可以执行“Design”→“Rules”命令对过孔规则进行重新设定。

2. 补泪滴

在PCB设计中，为了让焊盘更坚固，防止机械制板时焊盘与导线之间断开，常在焊盘和导线之间用铜膜布置一个过渡区，形状像泪滴，故常称作补泪滴（Teardrops）。

执行“Tools”→“Teardrop”命令，弹出图6-37所示的“Teardrops”对话框。可在该对话框中对泪滴进行设置。

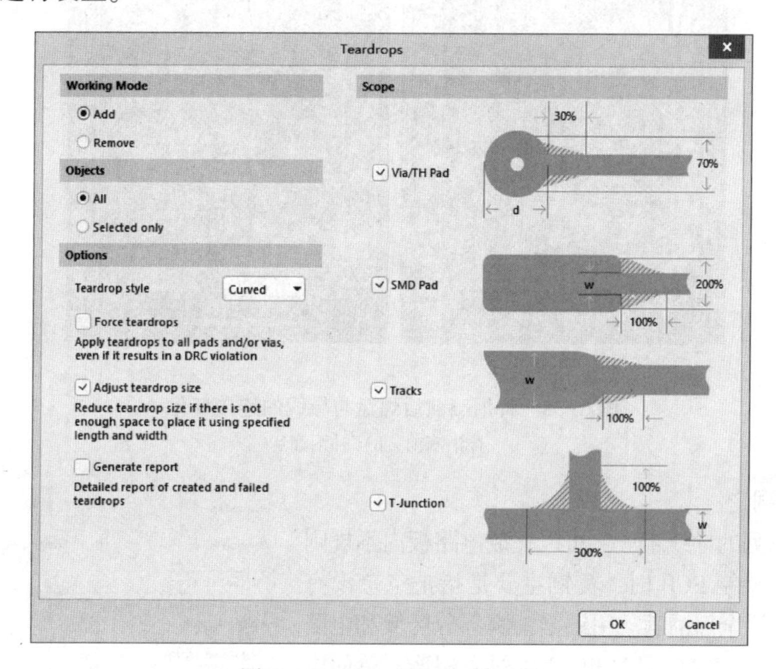

图6-37 “Teardrops”对话框

（1）“Working Mode”（工作模式）选项组

“Add”单选按钮，用于添加泪滴；“Remove”单选按钮，用于删除泪滴。

（2）“Objects”（对象）选项组

“All”单选按钮，用于全部添加泪滴；“Selected Only”单选按钮，用于对选中的对象添加泪滴。

（3）“Options”（选项）选项组

- Teardrop style（补泪滴类型）：可以选择Curved（弧形）和Line（直线），分别表示用弧线添加泪滴和用直线添加泪滴。
- Force teardrops（强制补泪滴）：选中该复选框，将强制对所有焊盘或过孔添加泪滴，这样可能导致在DRC检测时出现错误信息。取消选中该复选框，则对安全间距太小的焊盘不添加泪滴。
- Adjust teardrop size（调整泪滴尺寸）：选中该复选框后，如果没有足够的空间放置特殊长度和宽度的泪滴，将会减小泪滴的大小。
- Generate report（生成报表）：选中该复选框，进行添加泪滴的操作成功或失败后将自动生成一个有关添加泪滴操作的报表文件，同时该报表也将在工作窗口显示出来。

（4）“Scope”（范围）选项组

可以分别对“Via/TH Pad”（过孔/焊盘）、“SMD Pad”（贴片焊盘）、“Tracks”（导线）和“T-Junction”（T形结点）的泪滴范围和尺寸进行设置。

设置完毕单击“OK”按钮，完成对象的泪滴添加操作。补泪滴前后焊盘与导线连接的变化如图6-38所示。

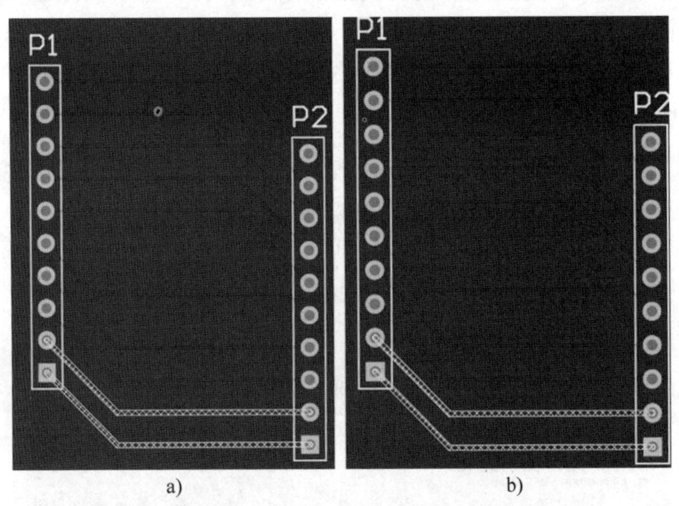

图6-38　补泪滴前后焊盘与导线的连接变化
a）补泪滴前　b）补泪滴后

3. 放置覆铜

覆铜由一系列的导线组成，可以完成电路板内不规则区域的填充。在绘制PCB时，覆铜主要是指把空余没有布线的部分用导线全部铺满。用铜箔铺满部分区域和电路的一个网络相连，多数情况是和GND网络相连。单面电路板覆铜可以提高电路的抗干扰能力，经过覆铜处理后制作的印制板会显得十分美观，同时，通过大电流的导电通路也可以采用覆铜的方法来加大过电流的能力。通常覆铜的安全间距应该在一般导线安全间距的两倍以上。

执行“Place”→“Polygon Pour”命令，或者单击“Wiring”工具栏中的按钮，即可执行放置覆铜命令。在执行覆铜命令状态下，按〈Tab〉键，弹出“Polygon Pour”属性面板，如图6-39所示。

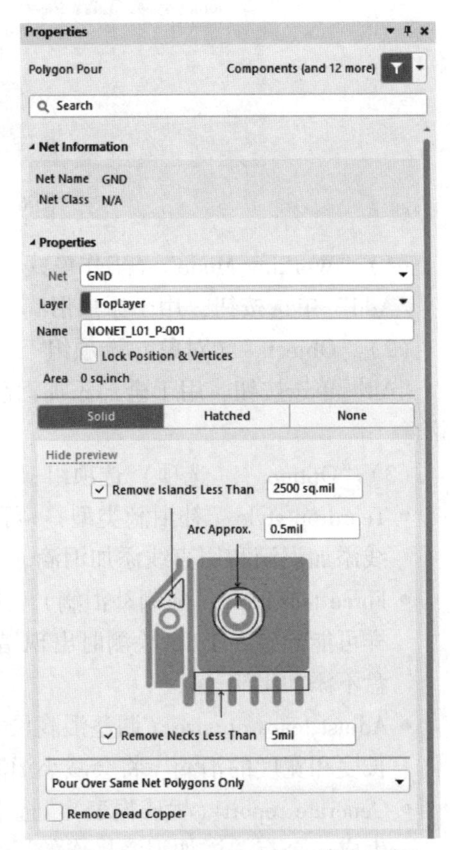

图6-39　“Polygon Pour”属性面板

“Properties”选项组的主要内容如下。

- Net：设置覆铜关联的网络。
- Layer：设置覆铜所属的工作层。
- Name：设置覆铜名称。

“Properties”选项组还用于选择覆铜的填充模式，有3个选项：Solid（即覆铜区域内为全覆铜）、Hatched（即向覆铜区域内填入网络状的覆铜）、None（即只保留覆铜边界，内部无填充）。

- Solid：设置删除孤立区域覆铜的面积限制值，以及删除凹槽的宽度限制值。需要注意的是，当选择该方式覆铜后，在 Protel 99 SE 软件中不能显示。
- Hatched：设置覆铜网格线的宽度、网络的大小、围绕焊盘的形状及网格的类型。
- None：设置覆铜边界导线宽度及围绕焊盘的形状等。

不同的填充模式，其下方有不同的选项。其中，“Remove Dead Copper”复选框用于设置是否删除孤立区域的覆铜，孤立区域的覆铜是指没有连接到指定网络元器件上的封闭区域内的覆铜，若选中该复选框则可以将这些区域的覆铜去除。

单击“Pour Over Same Net Polygons Only”选项，其下拉列表中有3个选项，分别如下。

- Don't Pour Over Same Net Objects：设置覆铜的内部填充不与同网络的图元及覆铜边界相连。
- Pour Over All Same Net Objects：设置覆铜的内部填充和覆铜边界线与同网络的任何图元相连，如焊盘、过孔、导线等。
- Pour Over Same Net Polygons Only：设置覆铜的内部填充只与覆铜边界线及同网络的焊盘相连。

【例6-11】 放置覆铜。

1）执行放置覆铜命令，按〈Tab〉键，弹出“Polygon Pour”属性面板。

2）选择“Solid”选项，设置“Name”为 Top Layer-GND，“Net”为 GND，“Layer”选择 Top Layer，选中“Remove Dead Copper”复选框。

3）关闭该属性面板，此时鼠标指针变成十字形状，准备覆铜。

4）在需要覆铜区域绘制一个闭合的矩形框。单击确定起点，移动至拐点处单击，直至确定矩形框的4个顶点，右击退出绘制矩形框状态。用户不必手动将矩形框线闭合，系统会自动将起点和终点连接起来构成闭合框线。

5）在闭合框上右击，在弹出的快捷菜单中选择“Polygon Actions”→“Repour Selected”选项，系统在框线内部生成了 Top Layer 的覆铜，如图6-40所示。可以看到 GND 网路与覆铜连接。

6）继续放置覆铜，执行覆铜命令，选择“Hatched”选项，如图6-41所示，设置“Hatch mode”为45°，其他设置同前。

图6-40 放置实体覆铜

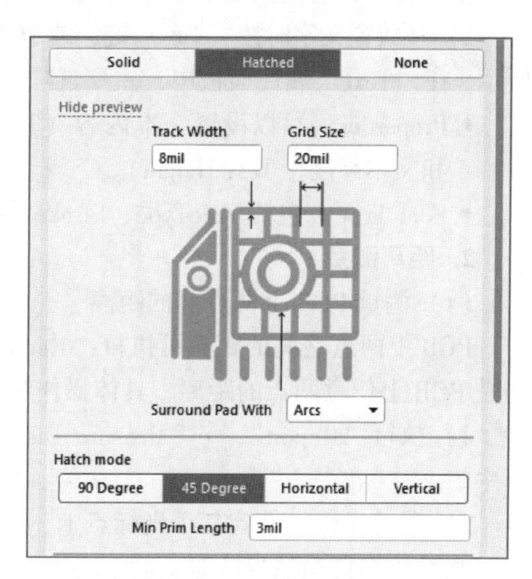

图6-41 网状覆铜设置

7）在闭合框上右击，在弹出的快捷菜单中选择“Polygon Actions”→“Repour Selected”选项，系统在框线内部生成了 Top Layer 的覆铜，如图 6-42 所示。

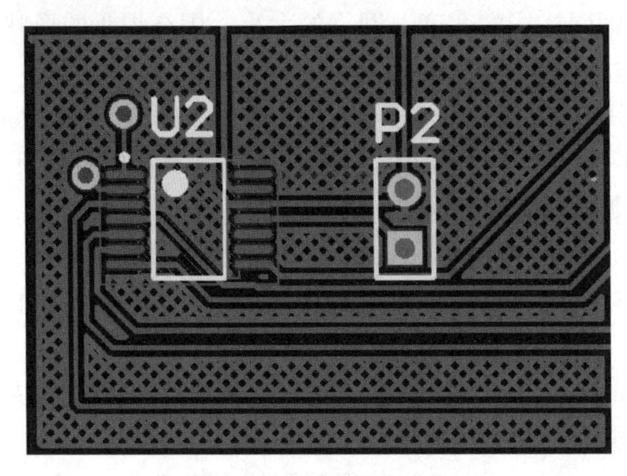

图 6-42　放置网状覆铜

※划重点：覆铜的电气意义

1）电路板上的覆铜，如果处理好接地问题，则覆铜能减少信号线的回流面积，减小信号对外的电磁干扰。

2）若覆铜区域不设置网络连接属性，则完成的覆铜区域，不与任何电路连接。此时，系统要么根据规则设定去除覆铜，要么成为一片覆铜孤岛，没有电气屏蔽作用。

6.2.2 放置非电气对象

1. 放置文字和注释

有时在 PCB 上需要放置元器件的文字标注，或者电路注释及公司的产品标志等信息。注意，所有的文字都放置在丝印层上。

1）执行“Place”→“String”命令，或单击工具栏中的 A 按钮，鼠标变成十字形状，将鼠标指针移动到合适的位置，单击就可以放置文字。系统默认的文字是“String”。

2）在放置文字时按〈Tab〉键，或放置后双击字符串，打开“Text”属性面板，如图 6-43 所示。在“Text”属性面板中，主要选项说明如下。

- Properties：可以设置文本内容（Text）、文本所在的层面（Layer）、文本镜像（Mirror）和文本高度（Text Height）。
- Font Type：包括 TrueType、Stroke 和 BarCode 选项。

2. 距离测量

（1）测量 PCB 上两点间的距离

PCB 上两点之间的距离可执行“Report”→“Measure Distance”命令来测量，该命令测量的是 PCB 上任意两点的距离，具体操作步骤如下。

1）执行“Report”→“Measure Distance”命令，此时鼠标变成十字形状出现在工作窗口中。

2）移动鼠标指针到某个坐标点上，单击确定测量起点。如果鼠标指针移动到了某个对象上，则系统将自动捕捉该对象的中心点。

3）鼠标指针仍为十字形状，重复步骤 2）确定测量终点，然后弹出图 6-44 所示的对话框，在对话框中给出了测量的结果。测量结果包含总距离、X方向上的距离和Y方向上的距离3项。

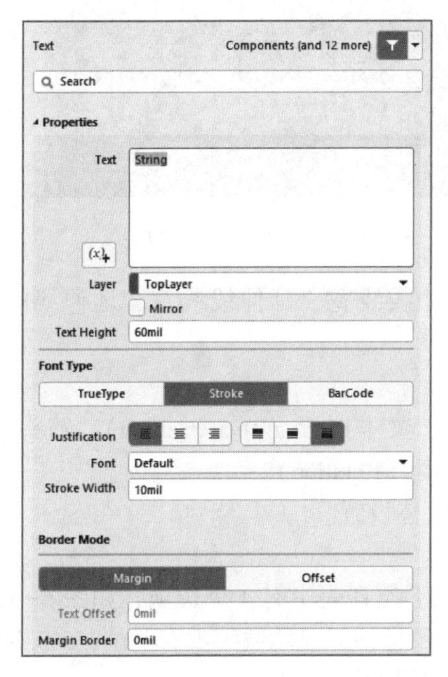

图6-43 “Text”属性面板

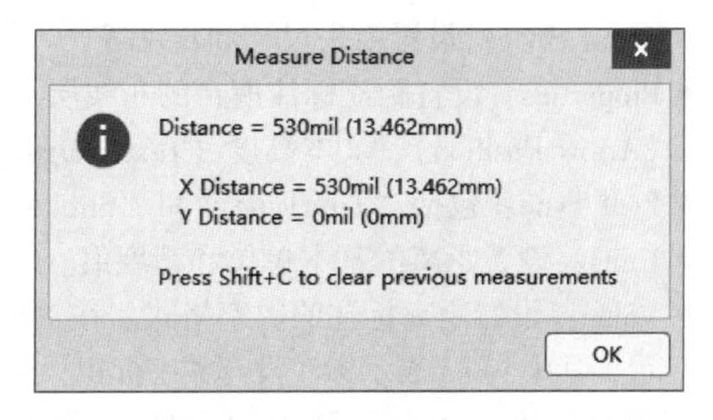

图6-44 两点间距测量结果

4）关闭“Measure Distance”对话框，鼠标指针仍为十字形状，重复2）、3）可以继续测量。

5）完成测量后，右击或按〈Esc〉键即可退出该操作。

（2）测量PCB上对象间的距离

这里的测量是专门针对PCB上的对象进行的，在测量过程中，鼠标将自动捕捉对象的中心位置，具体操作步骤如下。

1）执行“Report”→“Measure Primitives”命令，此时鼠标变成十字形状出现在工作窗口中。

2）移动鼠标指针到某个对象（如焊盘、元器件、导线、过孔等）上，单击确定测量的起点。

3）鼠标仍为十字形状，重复2）确定测量终点，然后弹出图6-45所示的对话框，在对话框中给出了对象的层属性、坐标和两个对象间距离。

4）关闭“Clearance”对话框，鼠标仍为十字形状，重复2）、3）可以继续其他测量。

5）完成测量后，右击或按〈Esc〉键即可退出该操作。

3. 放置距离标注

1）将PCB切换到Keep-out Layer层，然后执行“Place”→“Dimension”→“Linear”命令，也可以单击工具栏中的按钮。

2）进入放置距离标注的状态后，鼠标指针变成十字形状。将鼠标指针移动到合适的位置，单击确定放置距离标注的起点位置。移动鼠标指针到合适位置再单击，确定放置距离标注的终点位置，完成距离标注的放置，如图6-46所示。系统自动显示当前两点间的距离。

3）在用鼠标指针放置距离标注时按〈Tab〉键，或直接双击放置好的距离标注，弹出“Linear Dimension”属性面板，如图6-47所示。

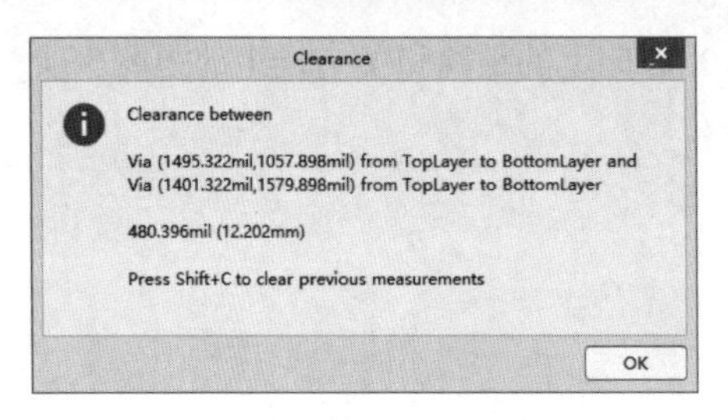

图 6-45　对象间距测量结果

图 6-46　放置距离标注

在“Linear Dimension”属性面板中，可以设置尺寸线线宽、延伸线线宽、延伸线间隙、尺寸文本间隙等。除此之外，还有以下几个选项。

- Arrow Style：设置箭头尺寸和长度等。
- Properties：设置距离标注所在的布线层（Layer）、文本位置（Text Position）、箭头位置（Arrow Position）、文本高度（Text Height）和角度（Rotation）。
- Font Type：包括“TrueType”和“Stroke”两种字体设置。
- Units：设置距离的基本单位和精度值。
- Value：设置距离标注的数字格式。在“Format”下拉列表中有 4 个选项，如图 6-48 所示，其中 None 表示标注没有数字标识，565.00 表示标注只显示数字没有单位，565.00 mil 和 565.00（mil）分别表示标注包含数字和单位的两种格式。

图 6-47　“Linear Dimension”属性面板

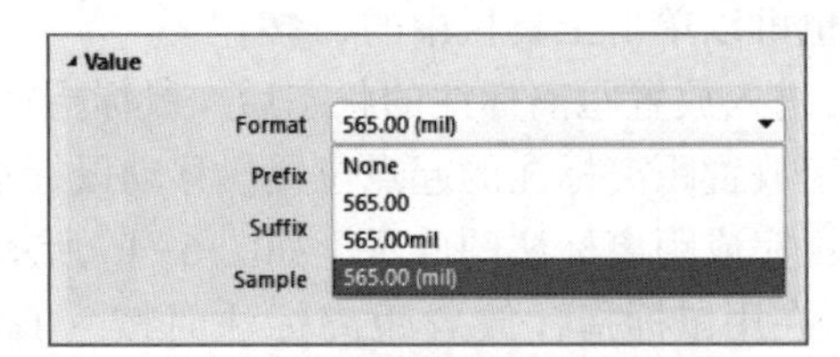

图 6-48　距离标注的数字格式选项

6.2.3 添加包地

在 PCB 设计中对高频电路板布线时，对重要的信号线进行包地处理，可以显著提高该信号的抗干扰能力，当然还可以对干扰源进行包地处理，使其不能干扰其他信号。图 6-49 所示为对晶振电路连线进行包地处理。

【例 6-12】晶振网络包地的使用。

1）选择需要包地的网络或者导线。执行“Edit”→“Select”→“Net”命令，鼠标指针将变成十字形状，移动鼠标指针到要进行包地的网络处单击，选中该网络。如果是元器件没有定义网络，可以执行“Edit”→“Select”→“Connected Copper”命令选中要包地的导线，如图 6-50 所示。

2）放置包地导线。执行“Tools”→“Outline Selected Objects”命令，系统自动对已经选中的网络或导线进行包地操作。包地操作后如图 6-51 所示。

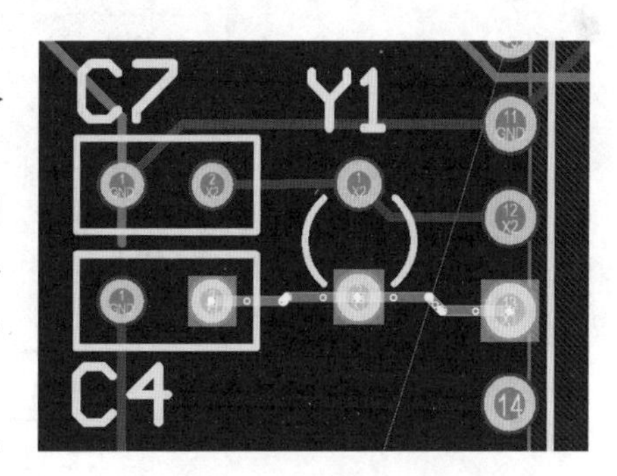

图 6-49 晶振电路

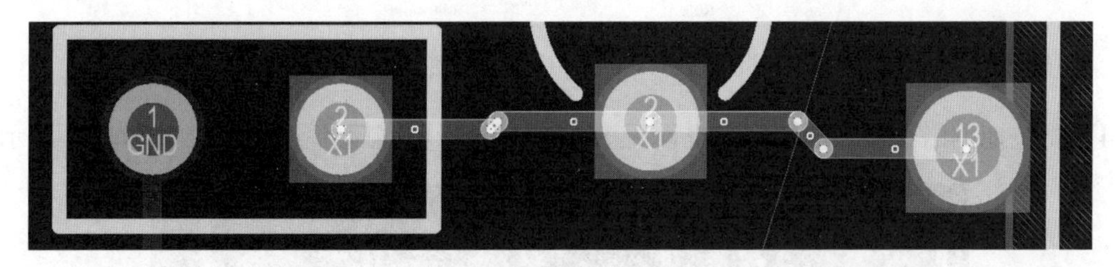

图 6-50 选择需要包地的导线

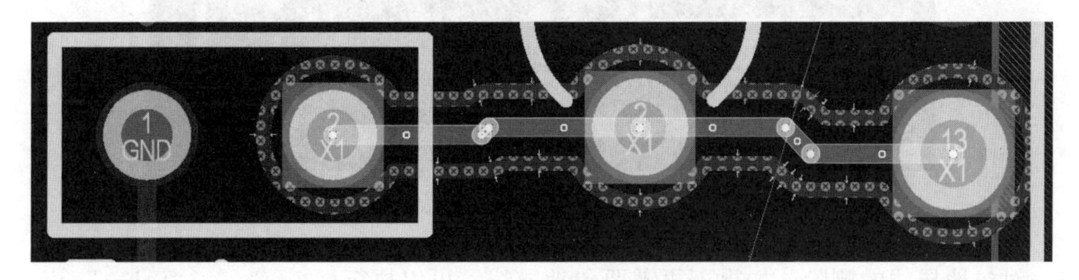

图 6-51 包地操作后效果

3）设置包地线网络为 GND。执行“Edit”→“Select”→“Connected Copper”命令选中包地导线，如图 6-52 所示。按〈Tab〉键打开“Multiple Objects”属性面板，如图 6-53 所示。在“Net”下拉列表中选择 GND，此时包地网络将全部变为 GND 网络。可双击包地网络线查看属性。

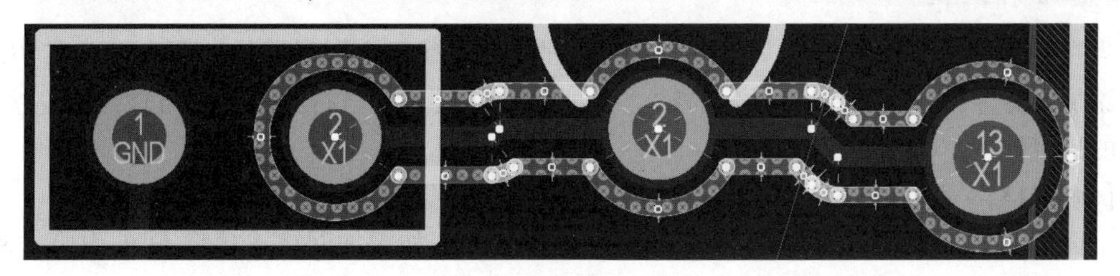

图 6-52 选中包地导线

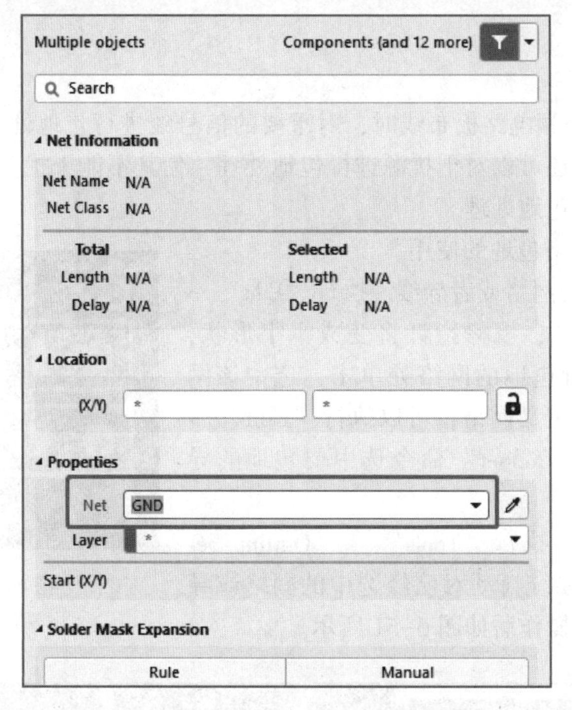

图 6-53 “Multiple Objects”属性面板

4）将包地网络覆铜。覆铜网络也设置为 GND，执行覆铜后的包地网络如图 6-54 所示。

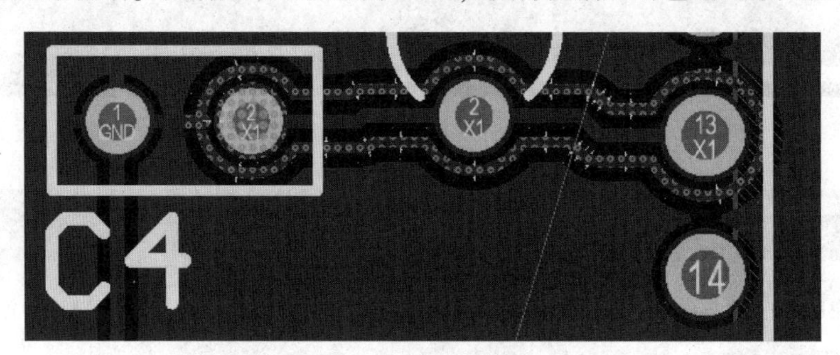

图 6-54 覆铜后的包地网络

5）对包地导线的删除。如果不再需要包地导线，可以执行“Edit”→“Select”→“Connected Copper”命令，此时鼠标指针将变成十字形状，移动鼠标指针选中要删除的包地导线，按〈Delete〉键即可删除不需要的包地导线。

6.2.4 添加网络连接

当在 PCB 中装入了网络后，如果发现在原理图中遗漏了个别元器件，那么可以在 PCB 中直接添加元器件，并添加相应网络。另外，有些网络需要用户自行添加，如与总线的连接、与电源的连接等。

【例 6-13】 完成图 6-55 中 J3 与 U7 的引脚连接。

下面以图 6-55 所示的 PCB 为例来添加网络连接，假如添加网络连接将 J3 的引脚 1 和 U7 的引脚 7 相连、J3 的引脚 2 和 U7 的引脚 6 相连。

实现网络添加有两种方法，下面分别介绍。

（1）网络表管理法

1）在打开的 PCB 文件中需要装载网络表。执行“Design”→“Netlist”→“Edit Nets”命令，系统将弹出图 6-56 所示的“Netlist Manager”对话框。

2）在“Nets in Board”列表中选择需要连接的网络，例如 A1，然后双击该网络名或者单击下面的“Edit”按钮，系统弹出图 6-57 所示的“Edit Net［mil］”对话框，此时可以选择添加连接该网络的元器件引脚，如 J3-2。

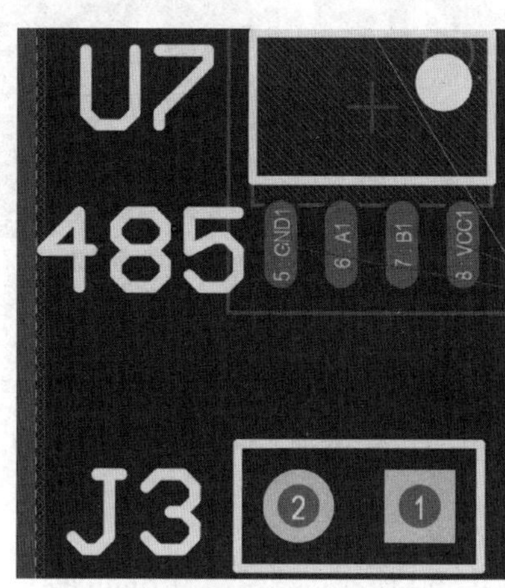

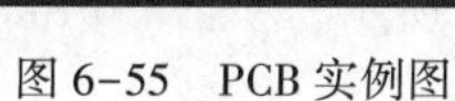
图 6-55　PCB 实例图

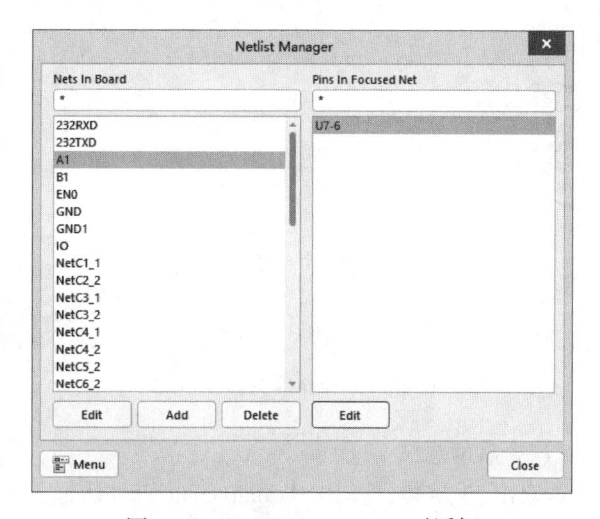

图 6-56　“Netlist Manager”对话框

3）在图 6-57 所示的“Pins in Other Nets”列表中选择“J3-2”，单击右侧的按钮，可以向 A1 网络添加新的连接引脚，单击“OK”按钮确认，此时“Netlist Manager”对话框中的“Pins In Focused Net”列表中多了“J3-2”，如图 6-58 所示。

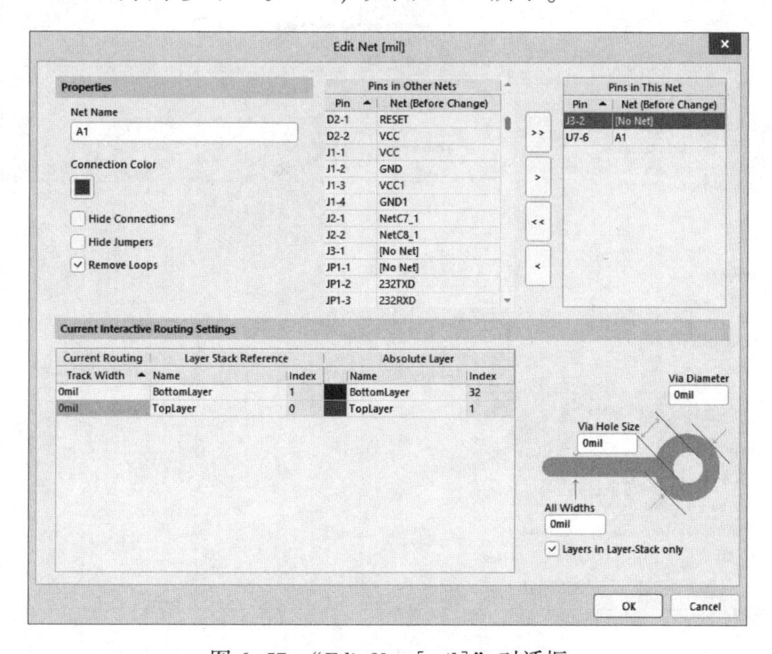

图 6-57　“Edit Net［mil］”对话框

4）单击“Close”按钮关闭“Netlist Manager”对话框，此时，网络连接已出现，如图6-59所示。

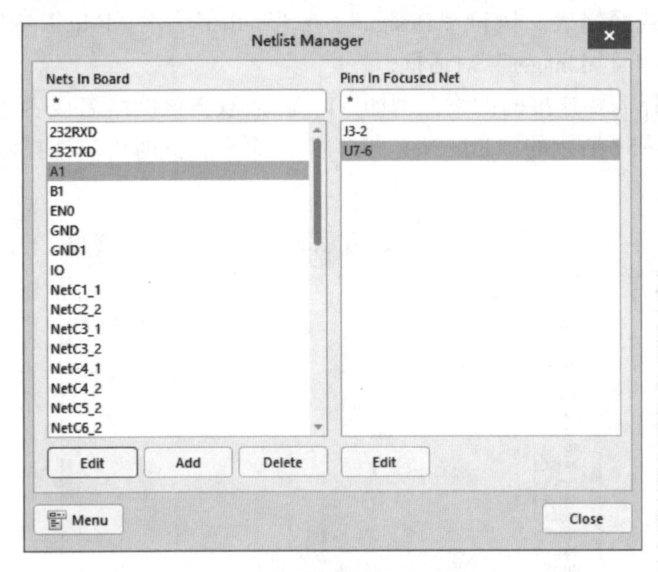

图6-58 添加连接引脚“J3-2”

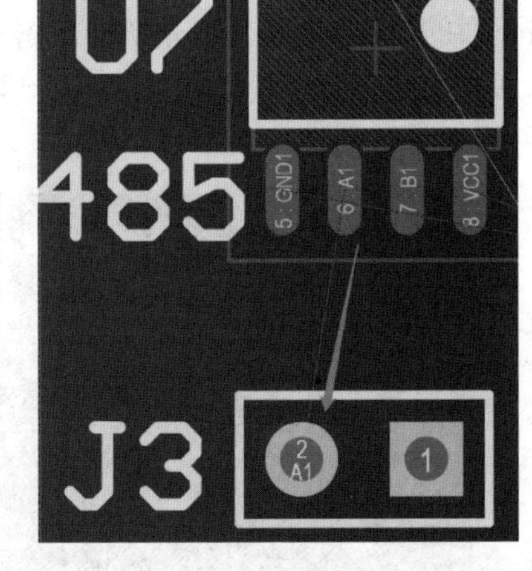

图6-59 添加连接引脚“J3-2”的PCB

（2）焊盘信息法

1）双击J3封装，弹出“Component”对话框，如图6-60所示。单击“Primitives”旁的按钮，再单击“OK”按钮，将J3封装解锁。

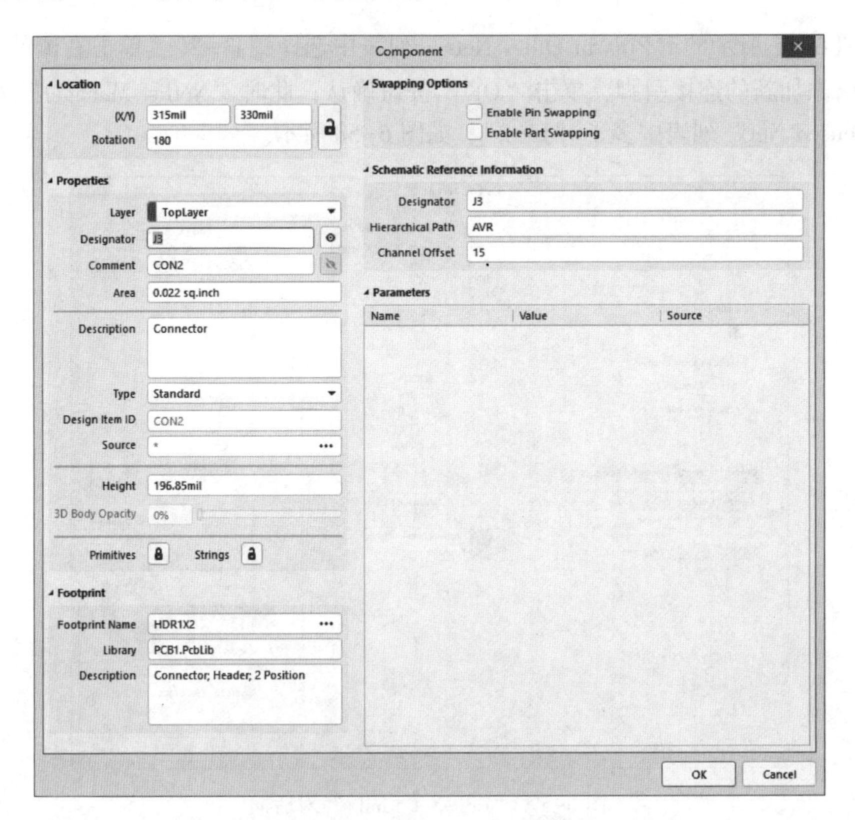

图6-60 “Component”对话框

2）双击J3的1号焊盘，弹出“Pad”属性面板，在“Properties”选项组的“Net”下拉列表中选择“B1”网络，如图6-61所示。此时PCB中网络连接已经出现。

3）添加网络后的PCB网络连接如图6-62所示。

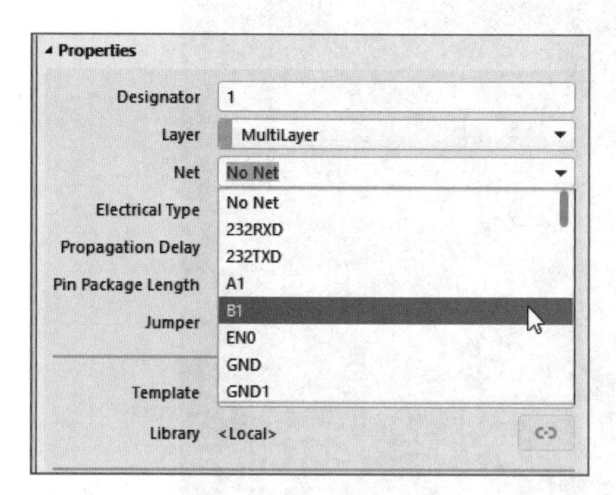

图6-61　焊盘网络设置

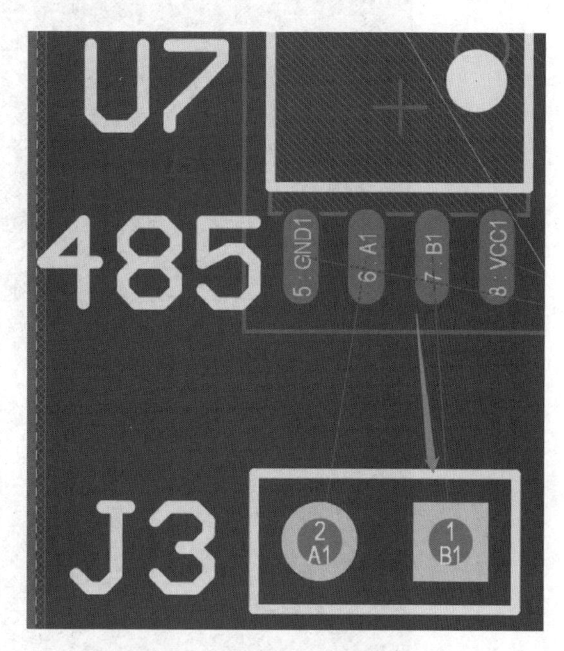

图6-62　添加连接引脚“J3-1”的PCB

6.2.5 多层板设计

多层板中的中间层（Mid-Layer）和内电层（Internal Plane）是比较重要的两层。其中中间层是用于布线的中间板层，该层所布的是导线。而内电层是不用于布线的中间板层，主要用作电源层或者地线层，由大块的铜膜所构成。

Altium Designer 20中提供了最多16个内电层，32个中间层，供多层板设计的需要。在这里以常用的四层电路板为例，介绍多层电路板的设计过程。

对于四层电路板，就是建立两层内电层，分别用作电源层和地线层。这样在四层板的顶层和底层不需要布置电源线和地线，所有电路元器件的电源和地的连接将通过盲孔、过孔的形式连接两层内电层中的电源和地。

【例6-14】新建内电层。

1）打开要设计的双面PCB电路板，进入PCB编辑状态，如图6-63所示。

2）执行“Design”→“Layer Stack Manage”命令，系统将弹出层叠管理器（Layer Stack Manager），如图6-64所示。

3）关于层叠管理在5.2.3节已经介绍。本例可以通过两种方法增加板层，一种是右键菜单添加，如图6-65所示，另一种是利用工具菜单的预设模板，如图6-66所示。

4）添加两个内层，效果如图6-67所示。

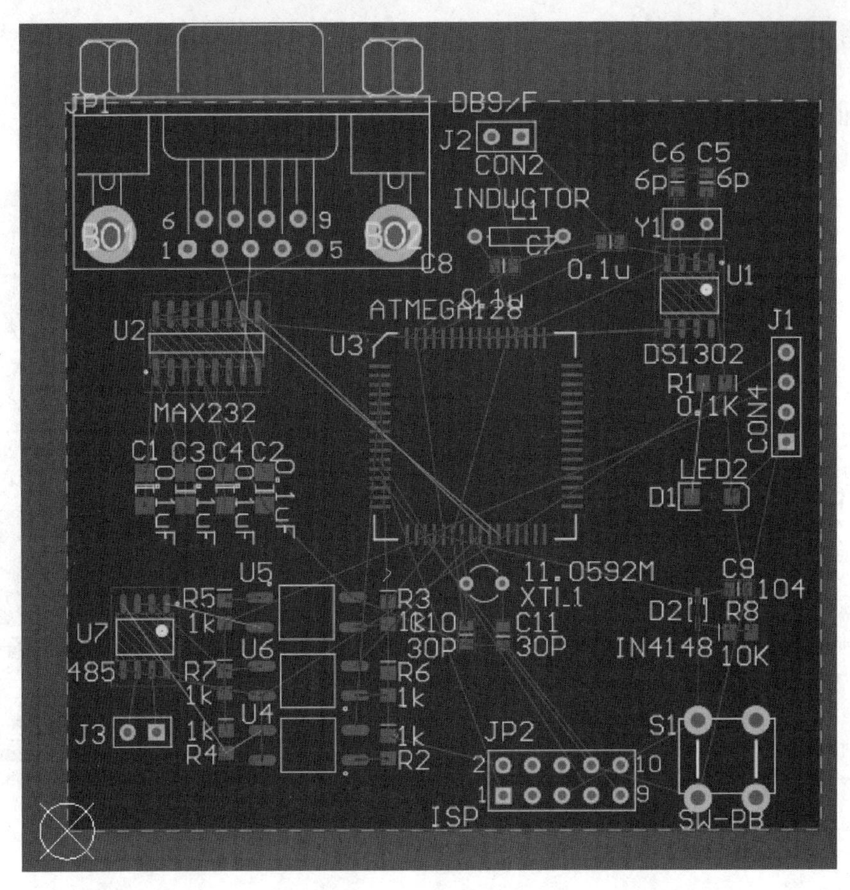

图 6-63　双面 PCB

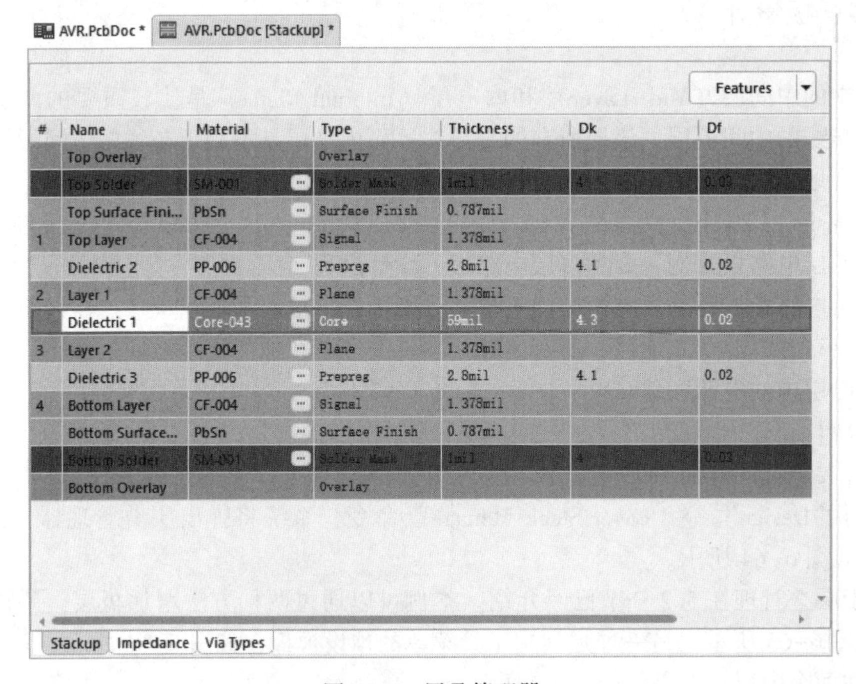
AVR.PcbDoc *　AVR.PcbDoc [Stackup] *

Features

#	Name	Material	Type	Thickness	Dk	Df
	Top Overlay		Overlay			
	Top Solder	SM-001	Solder Mask	1mil	4	0.03
	Top Surface Fini...	PbSn	Surface Finish	0.787mil		
1	Top Layer	CF-004	Signal	1.378mil		
	Dielectric 2	PP-006	Prepreg	2.8mil	4.1	0.02
2	Layer 1	CF-004	Plane	1.378mil		
	Dielectric 1	Core-043	Core	59mil	4.3	0.02
3	Layer 2	CF-004	Plane	1.378mil		
	Dielectric 3	PP-006	Prepreg	2.8mil	4.1	0.02
4	Bottom Layer	CF-004	Signal	1.378mil		
	Bottom Surface...	PbSn	Surface Finish	0.787mil		
	Bottom Solder	SM-001	Solder Mask	1mil	4	0.03
	Bottom Overlay		Overlay			

Stackup　Impedance　Via Types

图 6-64　层叠管理器

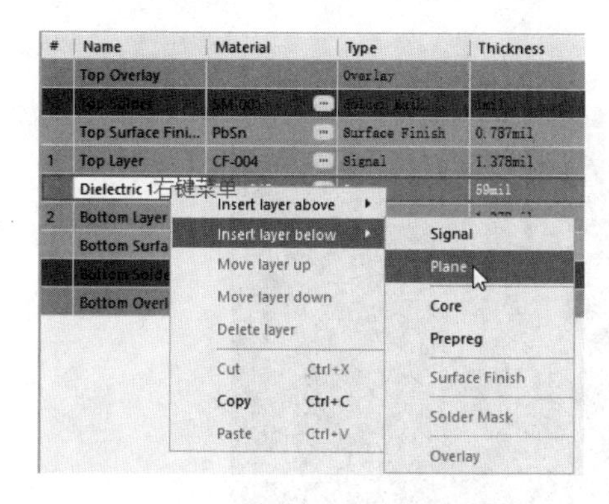

图6-65 通过右键菜单增加板层

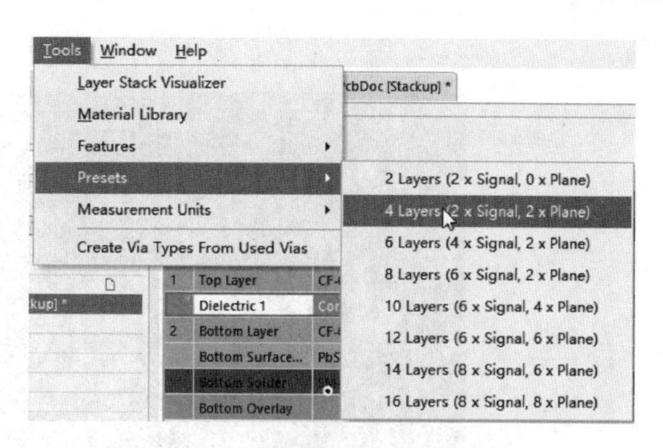

图6-66 通过预设模板增加板层

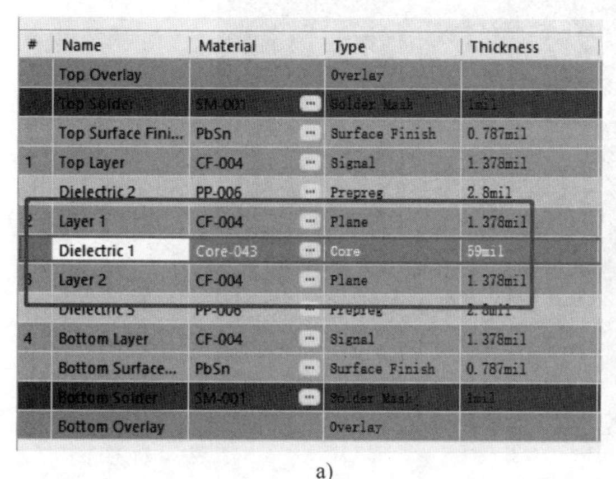

a)

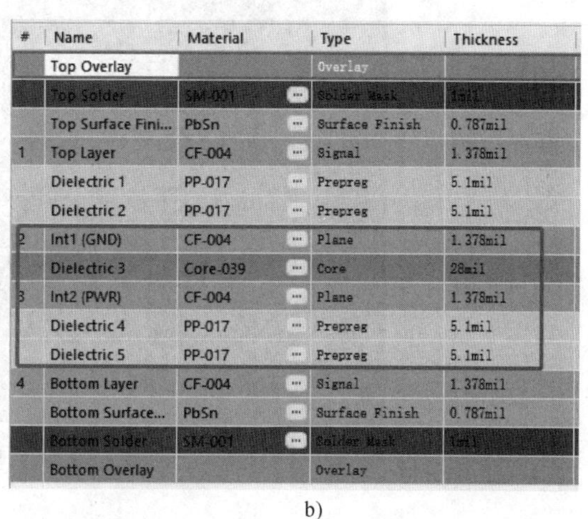

b)

图6-67 添加两个内层的结果

a）通过右键菜单添加 b）通过预设模板添加

5）若要修改一个内层，直接在需要修改的选项处双击，即可编辑该选项的内容。可编辑的内层属性选项如下。

- Name：给该内层指定一个名称。
- Material：设置该层所使用的材料的型号。
- Type：设置对应层类型。
- Thickness：设置内层铜膜的厚度，一般取默认值。

6）内层“Layer 1”的“Name”设置为“Int2（PWR)”，表示布置的是电源层。“Layer 2”的“Name”设置为“Int1（GND)”，表示是接地层。至此，两个内层的属性指定完成。

7）设置内层属性。选择PCB编辑环境下方新添加的图层图标■ [2] Int1 (GND)，双击图标弹出内层属性编辑对话框，如图6-68所示，“Net Name”选择“GND”网络。使用相同的方法，设置Int2（PWR）层的“Net Name”为“VCC”网络。

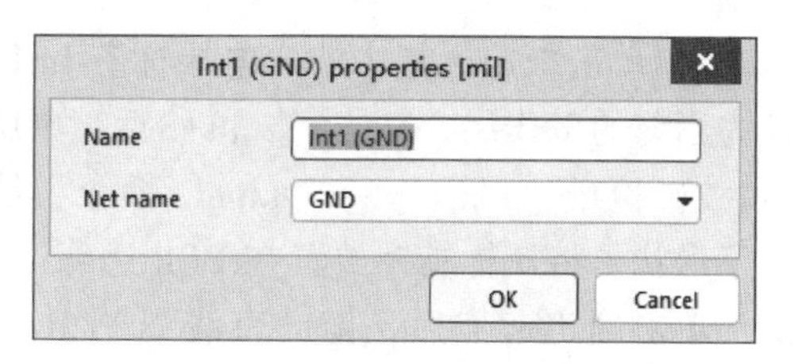

图6-68 内层属性编辑对话框

8）执行“Auto Route”→“All”命令，系统将对当前四层板进行重新布线，布线结果如图6-69

所示。

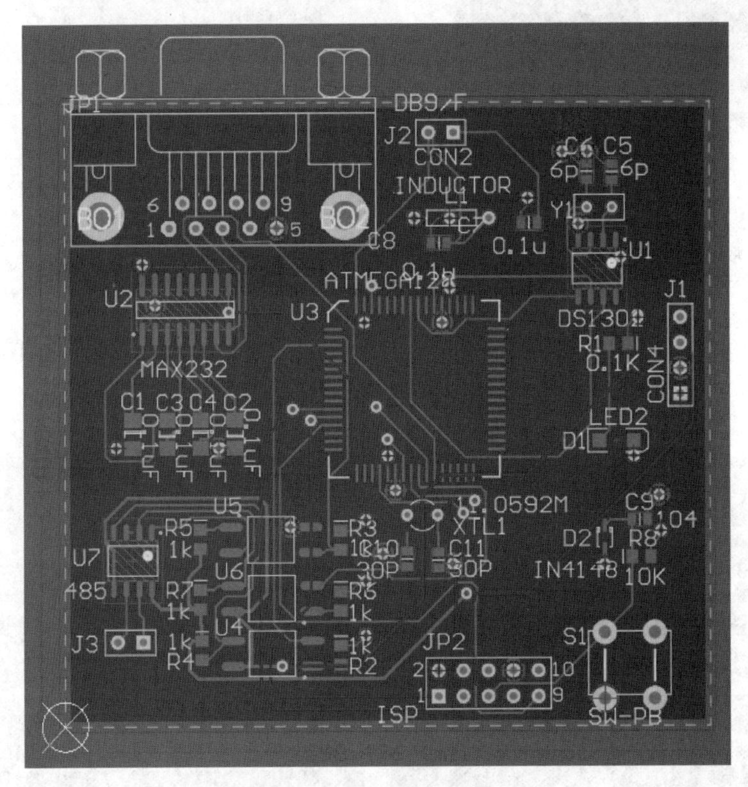

图 6-69　四层板布线结果

从图 6-69 可以看出，原来 VCC 和 GND 的接点都不再用导线相连接，它们都使用过孔与两个内层相连接，表现在 PCB 图上为使用十字符号标注。

6.2.6 分割内电层

如果在多层板的 PCB 设计中，需要用到不止一组电源或不止一组地，那么可以在电源层或接地层中使用内电层分割来完成不同网络的分配。内电层可分割成多个独立的区域，而每个区域可以指定连接到不同的网络。

可以使用绘制直线、弧线等命令来分割内电层，只要绘制的区域构成了一个独立的闭合区域，内电层即可被分割开。

【例 6-15】 将图 6-69 所示 PCB 进行内电层的分割。

1）单击板层标签中的内电层标签 Int1（GND），切换为当前的工作层，并按〈Shift+S〉键单层显示该层。

2）执行“Place”→“Line”命令，鼠标指针变为十字形状，将鼠标指针放置在 PCB 边缘“Pullback”线上，单击确定起点后，拖动直线到 PCB 对面的“Pullback”线上。在此过程中，按〈Tab〉键，可打开“Track”属性面板，如图 6-70 所示。

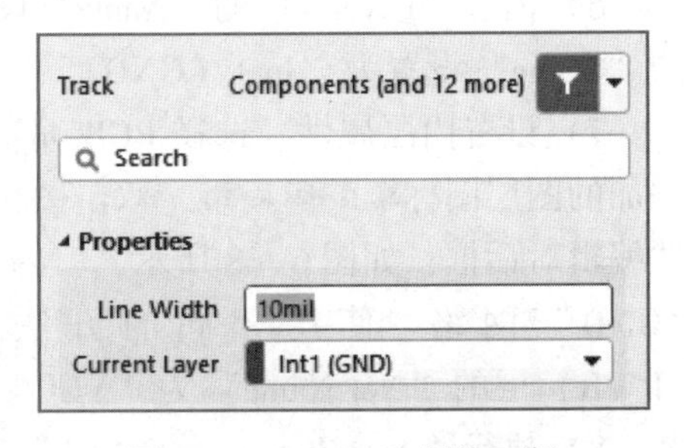

图 6-70　“Track”属性面板

3）右击退出直线放置状态，此时内电层被分割成了两个，如图6-71所示。

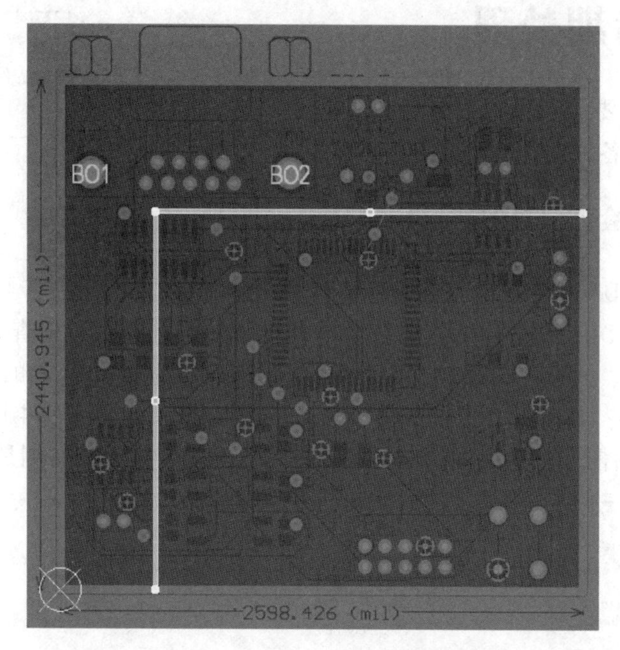

图6-71　Int1（GND）被分割为两个内电层

4）双击其中的某一区域，弹出“Split Plane”对话框，如图6-72所示，在该对话框中可为分割后的内电层选择指定的网络。此例采用双电源，分别设置连接网络“GND”和“GND1”。

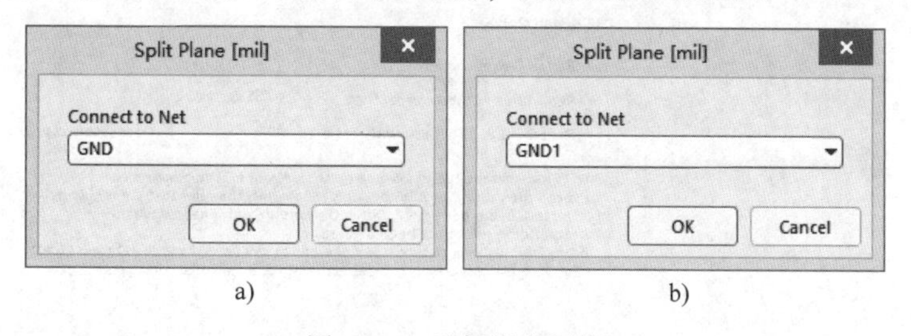

图6-72　选择指定网络
a）连接GND网络　b）连接GND1网络

5）按步骤1)~4）完成电源层的分割，进行PCB布线，结果如图6-73所示。

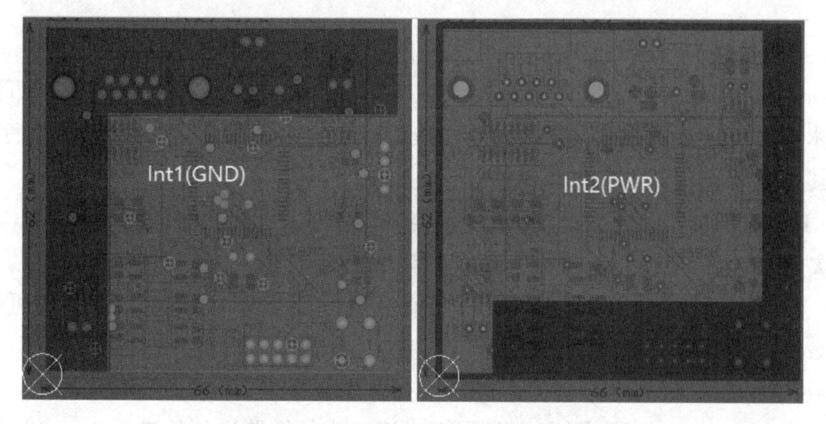

图6-73　双电源内电层分割后的布线

6.3 PCB 后期处理

PCB 后期处理

PCB 后期处理主要包括通过设计规则检查进一步确认 PCB 设计的正确性，完成各种文件的生成与整理。

6.3.1 设计规则检查（DRC）

设计规则检查（Design Rule Check，DRC）是 PCB 设计中的重要步骤，在 PCB 布线完成后，进行一次完整的 DRC 是必要的。系统会根据设置的设计规则，检查导线宽度、是否有未连接导线、安全距离、元器件间距、过孔类型等。DRC 可保障生成正确的输出文件。

执行“Tools”→“Design Rule Check”命令，系统将弹出图 6-74 所示的“Design Rule Checker [mm]”对话框。该对话框的左侧是该检查器的内容列表，右侧是其对应的具体内容。

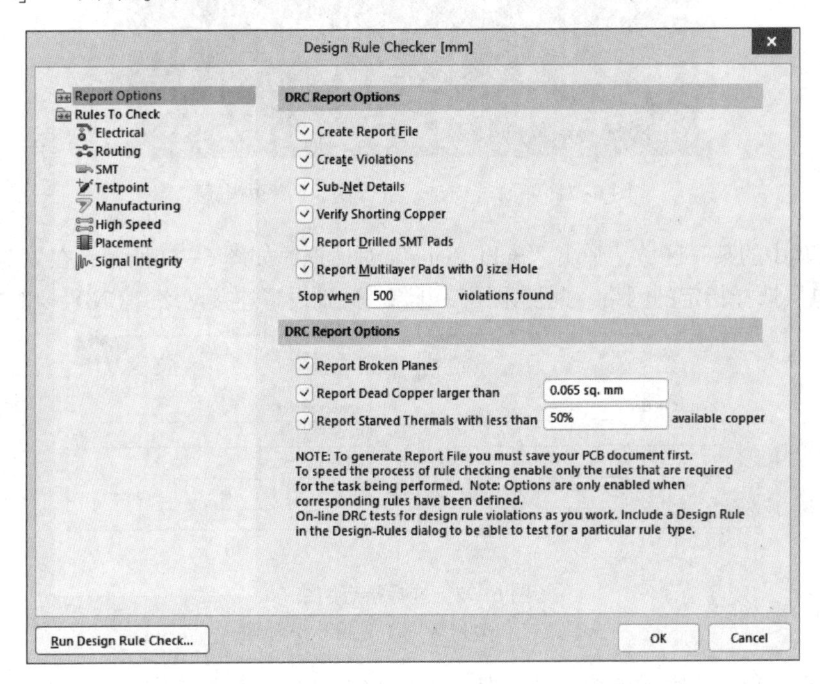

图 6-74 “Design Rule Checker [mm]”对话框

1. DRC 报告选项

单击“Design Rule Checker”对话框左侧列表中的“Report Options”选项，即显示 DRC 报告选项的具体内容。这里的选项主要用于对 DRC 报表的内容和方式进行设置，通常保持默认设置即可，其中主要选项的功能如下。

- Create Report File：运行批处理 DRC 后会自动生成“报表文件设计名.DRC”文件，包含本次 DRC 运行中使用的规则、违规数量和细节描述。
- Create Violations：能在违规对象和违规消息之间直接建立链接，使用户可以直接通过“Message”面板中的违规消息进行错误定位，找到违规对象。
- Sub-Net Details：对网络连接关系进行检查并生成报告。
- Verify Shorting Copper：对覆铜或非网络连接造成的短路进行检查。

- Report Drilled SMT Pads：报告被钻孔的贴片元器件焊盘。
- Report Multilayer Pads with 0 size Hole：报告孔径为 0 的多层焊盘。

2. DRC 规则列表

单击“Design Rule Checker”对话框左侧列表中的“Rules To Check”选项，即可显示所有可进行检查的设计规则，其中包括了 PCB 制作中常见的规则，也包括了高速电路板设计规则，如图 6-75 所示。例如，线宽设定、引线间距、过孔大小、网络拓扑结构、元器件安全距离、高速电路设计的引线长度、等距引线等，可以根据规则的名称进行具体设置。

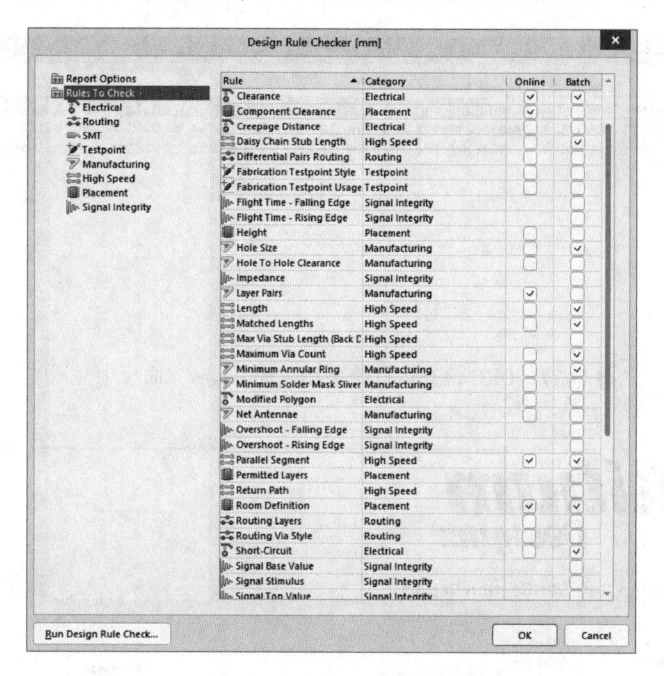

图 6-75 “Rules To Check”选项对应的设计规则

在 DRC 规则列表中，可以通过“Online”和“Batch”两个选项选择在线 DRC 或批处理 DRC。

在线 DRC 在后台运行，在设计过程中，系统随时进行规则检查，对违反规则的对象提出警示或自动限制违规操作的执行。执行“Tools”→“Preferences”命令，在弹出的“Preferences”对话框选择“PCB Editor”→“General”选项，在右窗格中可以设置是否选择在线 DRC，如图 6-76 所示。

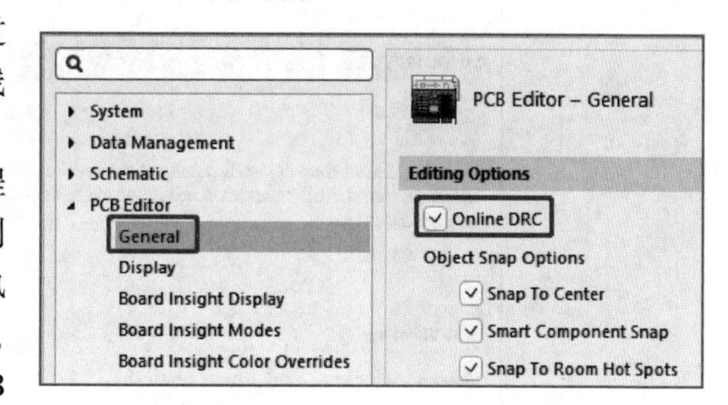

图 6-76 设置在线 DRC 检查使能

通过批处理 DRC，用户可以在设计过程中的任何时候手动一次运行多项规则检查。适用于电路板在布线完成后，进行完整的 DRC。

【例 6-16】 PCB 文件的批处理 DRC。

打开布线完成的 PCB 文件进行批处理 DRC，具体的操作步骤如下。

1）执行“Tools”→“Design Rule Check”命令，系统弹出“Design Rule Checker”对话框，如图 6-74 所示，单击左侧列表中的“Rules To Check”选项，配置检查规则。

2）必须选择的 DRC 规则包括 Clearance（安全间距）、Width（宽度）、Short-Circuit（短路）、Un-Routed Net（未布线网络）、Component Clearance（元器件安全间距）等，其他选项采用系统默认设置即可。

3）单击“Run Design Rule Check”按钮，运行批处理 DRC。

4）系统执行批处理 DRC，运行结果在“Messages”面板中显示，如图 6-77 所示，同时生成检查报告，如图 6-78 所示。对于批处理 DRC 中检查到的违例信息项，可以通过错误定位进行修改。

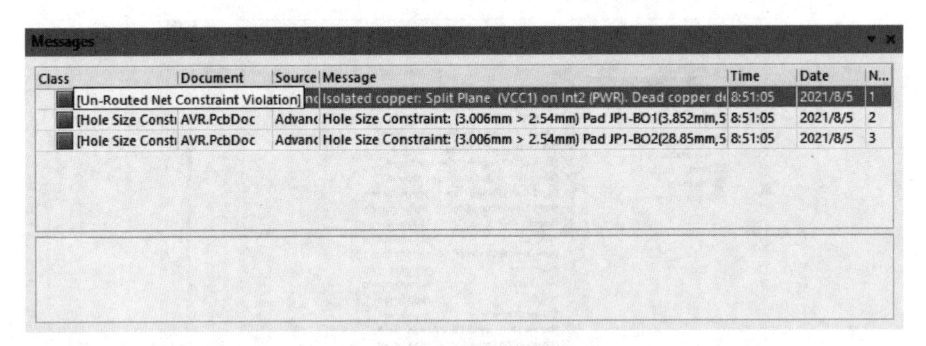

图 6-77　DRC 检查运行结果在“Messages”面板中显示

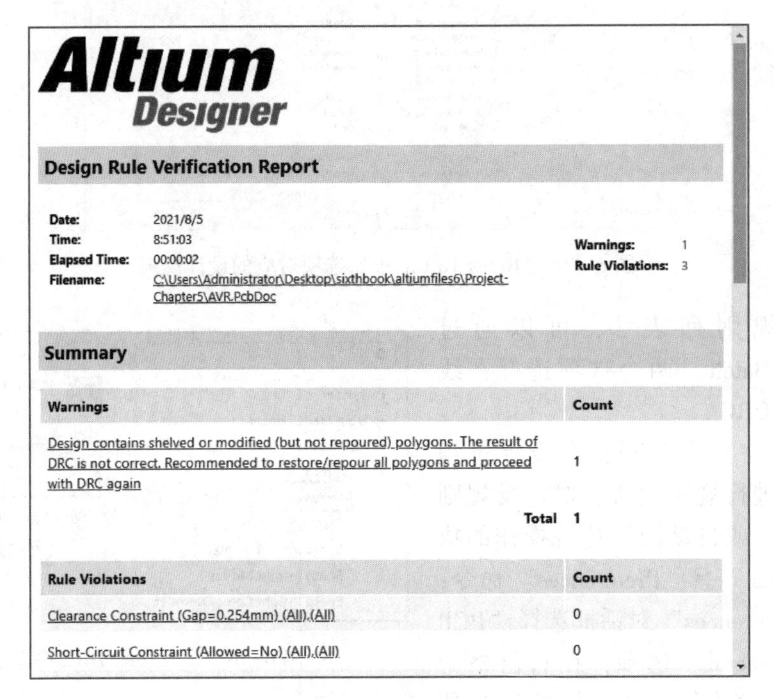

图 6-78　DRC 报告

※划重点：

DRC 是一个有效的自动检查手段。既能够检查 PCB 设计的逻辑完整性，又可以检查物理完整性。在设计 PCB 时，必须对涉及的规则进行检查，以确保设计符合安全规则，并且没有违反任何规则。

6.3.2 PCB 文档

电路板设计完成之后，要了解电路板的详细信息，可以通过生成相关的报表文件来实现，主要包括 PCB 信息报表、元器件清单报表、网络状态信息报表等。Altium Designer 20 提供了自动生成各类报表的功能，本节介绍与 PCB 相关的一些报表生成方法。

1. PCB 信息报表

PCB 信息报表为设计人员提供了一个电路板的完整信息，包括电路板的尺寸大小，电路板上焊盘、过孔的数量以及元器件标号等信息。生成 PCB 信息报表的具体步骤如下。

1）在 PCB 空白处单击，打开“Properties”面板，即可看到 PCB 信息，如图 6-79 所示。在“Properties”面板的“Board Information”选项组中包含如下内容。

- Board Size：显示 PCB 尺寸信息。
- Components：显示元器件数量，单击数字可在“PCB”面板显示设计电路板中所有元器件序号和元器件总数，以及元器件所在的层等信息。
- Layers：显示电路板层数及信号层层数。
- Nets：显示电路板中网络数量，单击数字可在“PCB”面板显示所有网络名称以连接焊盘。
- Primitives & Others：显示电路板上的一些通用性数据，包括圆弧、填充、焊盘、字符串、导线、过孔、多边形覆铜、坐标、尺寸等图件的数量，需要钻孔的孔数和违反设计规则的数目。

2）在“Properties”面板上，单击“Reports”按钮，将会弹出“Board Report”对话框，如图 6-80 所示，在该对话框中选择要生成文字报表的电路板信息选项。可以将每一个选项前面的复选框选中，也可以单击下面的“All On”按钮选取所有选项；相反如果单击“All Off”按钮，将取消所有选择；如果选中右下方的“Selected objects only”复选框，则只产生所选择对象的信息报表。

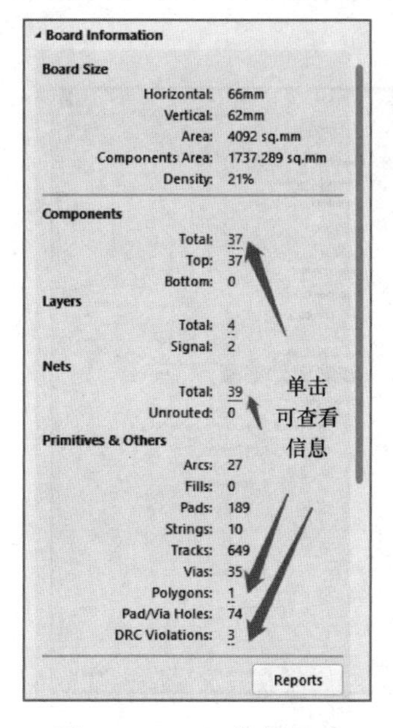

图 6-79　PCB 信息显示

图 6-80　“Board Report”对话框

3）选择完毕后，单击“Report”按钮，系统会生成电路板信息报表文件。图 6-81 所示为 Board Information Report 文件显示的部分内容。

图 6-81　PCB 信息报表

2. 元器件清单报表

元器件清单报表提供一个电路或者一个项目中所有的元器件信息，为设计者购买元器件或查询元器件提供参考。

执行“Report”→“Bill of Materials”命令，系统将会弹出“Bill of Materials for PCB Document”对话框，如图 6-82 所示。该对话框内容与原理图生成的元器件列表完全相同，这里不再赘述。

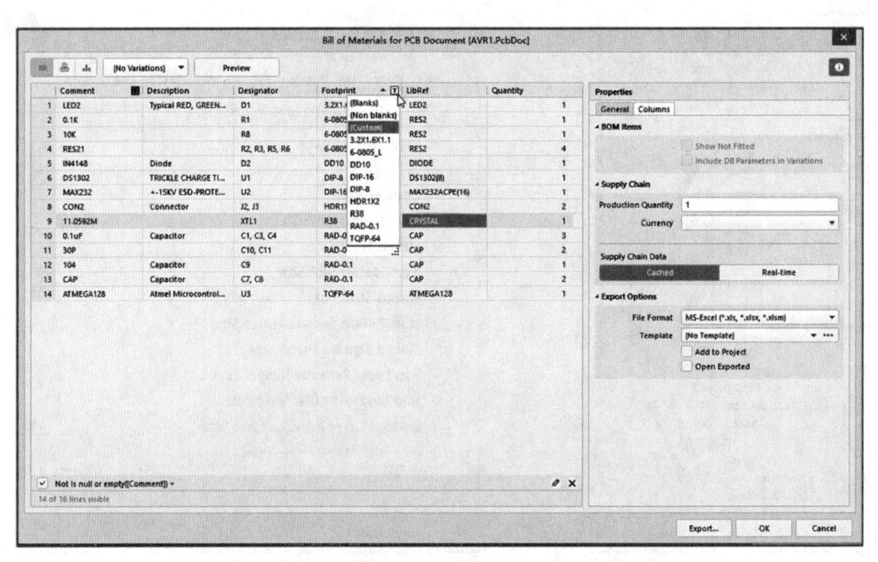

图 6-82　“Bill of Materials for PCB Document”对话框

可在“Bill of Materials for PCB Document”对话框的列表中对元器件进行分类显示，若选中哪一列为排序标准，则其选项后显示▲（升序）按钮或▼（降序）按钮，单击▲或▼按钮可进行排序切换。

鼠标指针移动到某一列，如“Footprint”列就显示[T]按钮，单击该按钮，在弹出的下拉列表中选择需要显示的类名称，则对话框仅显示该类的元器件。

要生成并保存报表文件，单击对话框中的“Export”按钮，选择保存类型和保存路径，即可生成元器件报表文件。

3. 网络表状态报表

该报表列出了当前PCB中所有的网络，并说明了它们所在工作层和网络中导线的总长度。执行“Reports”→“Netlist Status”命令，即生成Net Status Report文件，其格式如图6-83所示。

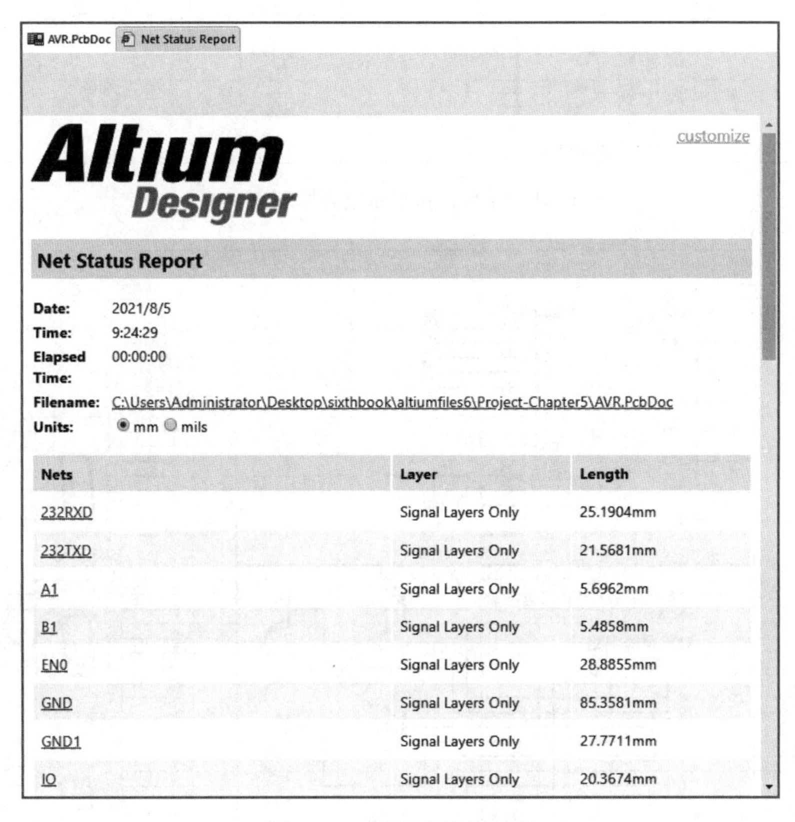

图6-83　网络表状态报表

6.4　实例：绘制51单片机显示电路PCB

1. 实例要求

本实例将绘制51单片机显示电路原理图，并进行PCB的设计，原理图如图6-84和图6-85所示。

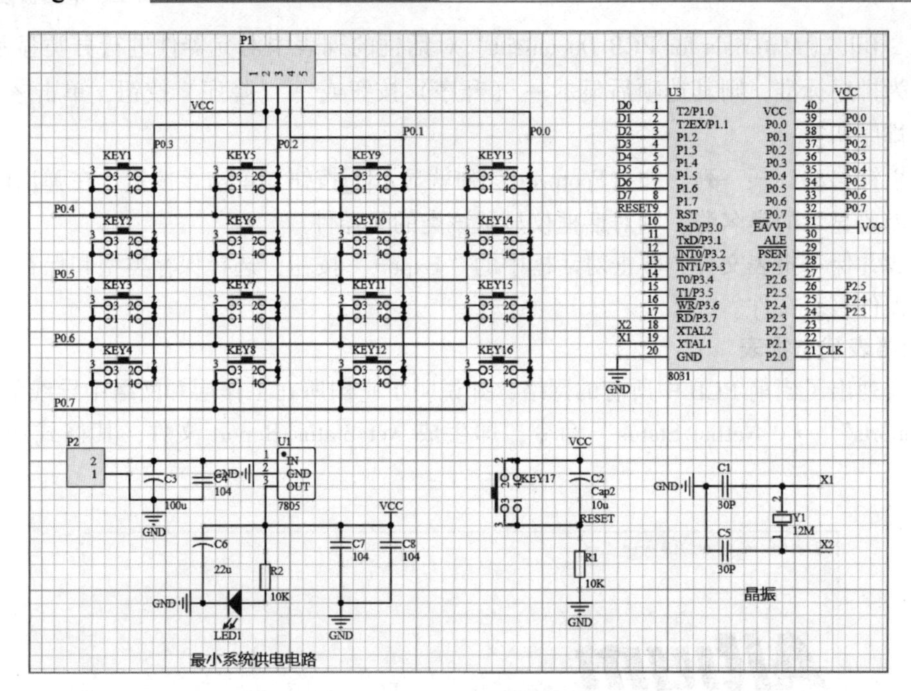

图 6-84　51 单片机显示电路原理图（A）

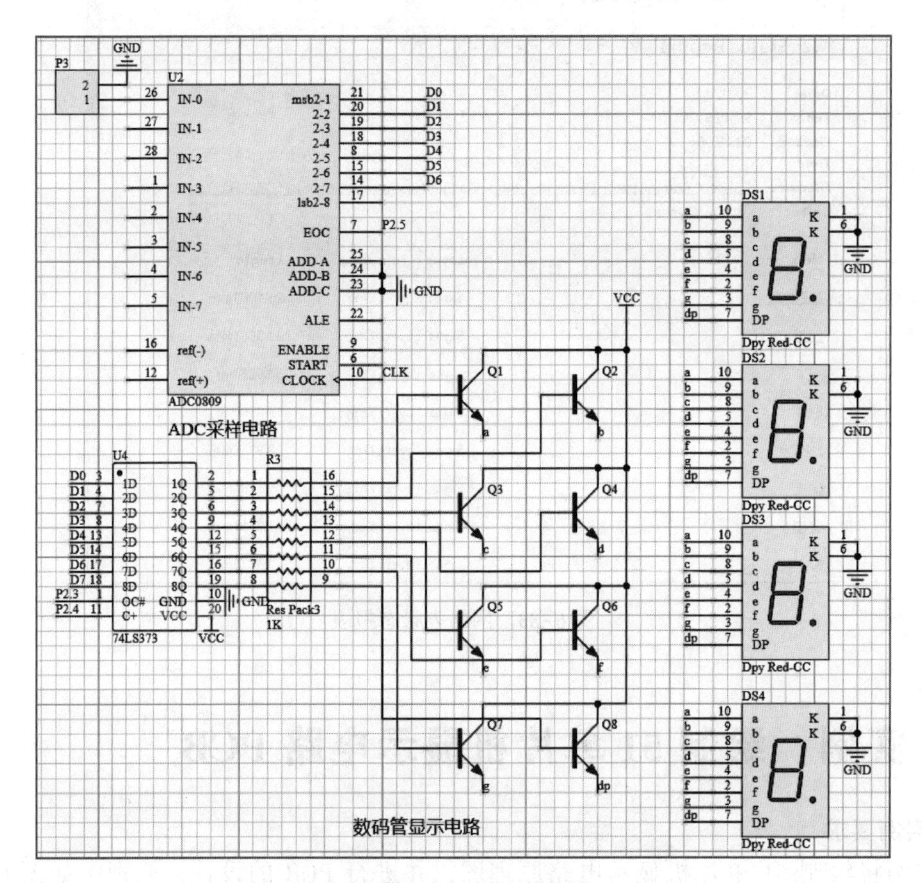

图 6-85　51 单片机显示电路原理图（B）

2. 实例操作步骤

1）启动软件，新建一个工程文件，将工程文件命名为“example6-4. PrjPcb”，在此工程下新建一个原理图文件，将该原理图文件另存为“51 单片机显示电路 . SchDoc”。

2）设计完成原理图，并对原理图进行编译、修改，直至没有错误为止。

3）在此工程下新建一个 PCB 文件，另存为“51 单片机显示电路 . PcbDoc”，设置板层为双面板，在机械层绘制电路板外框，尺寸为 3900 mil×3300 mil。

4）将原理图信息同步到 PCB 设计环境中，对加载进来的元器件进行自动布局，并手工调整。

5）设置自动布线规则，采用双层板布线策略，设置电源线、地线宽度为 30 mil，其他导线宽度 16 mil，进行自动布线，然后对不合理的地方进行手动布线调整。

6）在电路板四角的适当位置放置 4 个内外径均为 3 mm 的焊盘充当安装孔。对所有焊盘、过孔补泪滴，对 PCB 添加覆铜。

至此，51 单片机显示电路 PCB 设计完成，如图 6-86 所示。

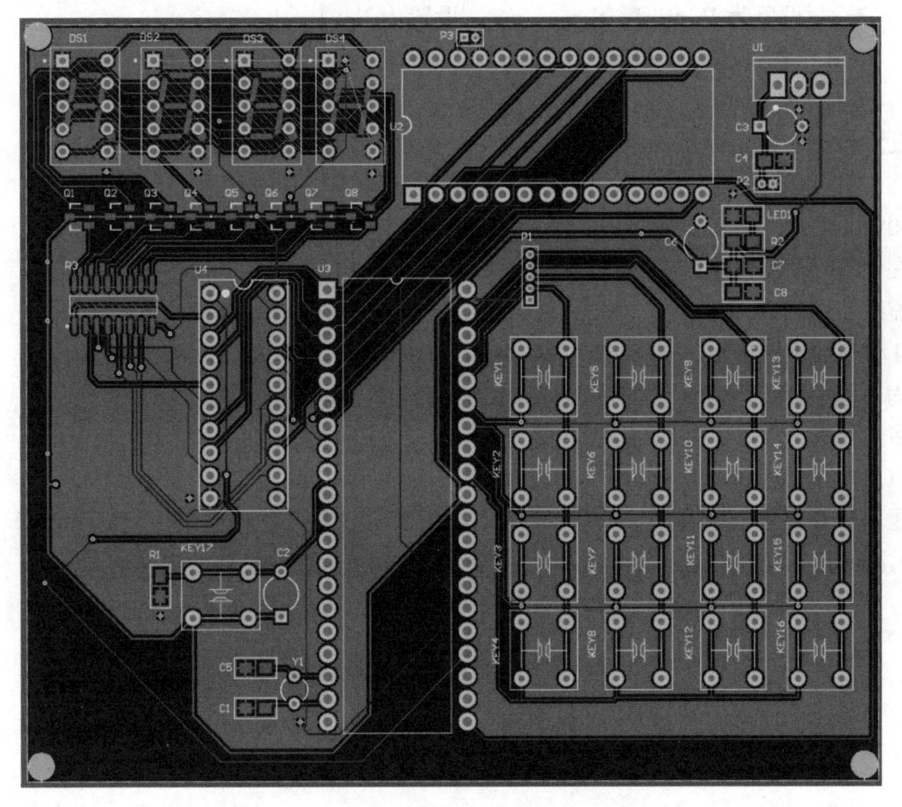

图 6-86　设计完成的 51 单片机显示电路 PCB

6.5　习题

1. 简答题

1）简述 PCB 自动布线的规则设置。

2）补泪滴有什么作用？

3）电路板为什么要进行设计规则检查？

4）焊盘和过孔有什么区别？

2. 选择题

1）在印制电路板的（　　）层绘制封闭多边形，用于定义 PCB 的电气轮廓。

A. Multi Layer　　B. Keep Out Layer　　C. Top Overlay　　D. Bottom overlay

2）在双面板设计中，不使用（　　）。

A. 内电层　　B. 顶层　　C. 禁止布线层　　D. 底层

3）决定印制导线宽度的最主要因素是（　　）。

A. 电压的高低　　B. 承载电流的大小　　C. 元件的疏密　　D. 布通率要求

4）在自动布线参数设置中，如设置为单面板布线，则应按照（　　）方式进行设置。

A. Top layer 设置为 Horizontal；Bottom layer 设置为 Any

B. Top layer 设置为 Horizontal；Bottom layer 设置为 Vertical

C. Top layer 设置为 Not Used；Bottom layer 设置为 Any

D. Top layer 设置为 Vertical；Bottom layer 设置为 Not Used

5）在 PCB 工作环境中，执行“Design”→“Rules”命令的作用是（　　）。

A. 进行自动布线　　B. 进行自动布局

C. 设置自动布线的参数　　D. 设置 PCB 环境参数

6）在设置 PCB 自动布线规则时，布线拐角的类型不包括（　　）。

A. 90°　　B. 圆　　C. 45°　　D. 135°

7）在 PCB 编辑器中，不支持（　　）。

A. 虚线布线模式　　B. 任意角度布线模式

C. 自动布线模式　　D. 垂直布线模式

8）为了增强 PCB 的抗干扰能力，在 PCB 设计时可以（　　）。

A. 多边形填充　　B. 加宽电源线　　C. 矩形填充　　D. 以上都是

9）PCB 的布线是指（　　）。

A. 元器件焊盘之间的连线　　B. 元器件的排列

C. 元器件排列与连线走向　　D. 除元器件以外的实体连接

第 7 章　创建元器件封装和集成库

Altium Designer 为 PCB 设计提供了比较齐全的各类直插元器件和 SMD 元器件的封装库，还可以不断更新元件库，能够满足一般 PCB 设计要求。但在实际 PCB 设计过程中难免会碰到这样的问题，部分元器件在封装库中没有被收录或封装库中的封装与实际元器件封装存在差异，这就需要用户自己设计 PCB 封装库。本章将结合实例介绍手工创建和利用向导创建元器件封装库的方法和技巧。用户自己建立的封装的尺寸大小也许并不一定准确，实际应用时需要根据器件制造商提供的元器件数据手册进行检查。

创建元器件封装库

7.1　创建元器件封装库

在 Altium Designer 中，封装库的扩展名为 PcbLib，它可以嵌入到一个集成库中，也可以在 PCB 编辑界面中直接调用其中的元件。

7.1.1 建立封装库文件

下面介绍创建元器件封装库的方法。

1）执行“File”→“New”→“Library”→“PCB Library”命令，新建一个 PCB 库并保存为 PcbLib1. PcbLib，如图 7-1 所示。

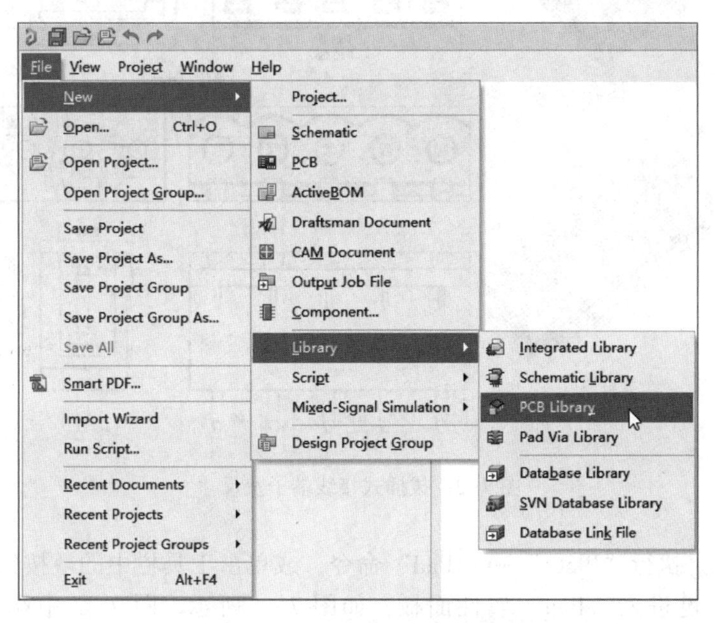

图 7-1　新建元器件封装库

2）元器件封装编辑器工作环境与 PCB 编辑器编辑环境类似，元器件封装编辑器的左侧是“Projects”面板，右侧为元件封装的绘图区。

3）在绘图区可以利用元器件封装编辑器提供的绘图工具绘制元器件。

7.1.2 手动创建元器件封装

元器件封装由焊盘和描述性图形两部分组成，此处以拔插式接线端子为例介绍手动创建元器件封装的方法。

【例 7-1】 创建拔插式接线端子封装。

图 7-2 所示为拔插式接线端子的外形尺寸，根据实际尺寸创建 4 端接线端子的封装。具体操作步骤如下。

1）执行“Tools”→“New Blank Footprint”命令，或在“PCB Library”面板中的“Footprints”列表中右击，在弹出的快捷菜单中选择“New Blank Footprint”命令，新建一个元件封装。

2）双击元件列表栏中新建元件，弹出“PCB Library Footprint”对话框，如图 7-3 所示，修改封装“Name”为“duanzi-4”。端子尺寸信息参考图 7-2 所示，直插座高度为 12.2 mm，换算为英制单位取值“480 mil”；直针座的长度为“P×5.08 mm”，P 代表的是端子数，对于 4 端子的长度为 20.32 mm，换算为英制单位取值“800 mil”；直针座的宽度为 8.40 mm，换算为英制单位取值“340 mil”。在图 7-3 中的“Height”文本框中输入“480”。

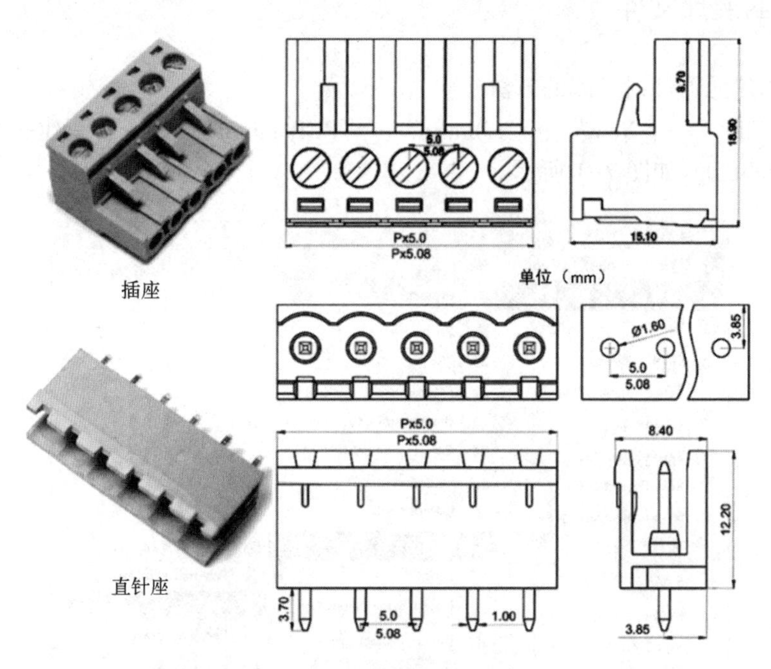

图 7-2　拔插式接线端子及尺寸

3）放置焊盘。执行“Place”→“Pad”命令，或单击工具栏中的◎按钮，放置焊盘。放置前可按〈Tab〉键进入“Pad”属性面板，如图 7-4 所示。图 7-2 中端子的引脚尺寸为“1.00 mm”，换算为英制尺寸约为“40 mil”，设计中孔的尺寸要大于这个数值取“56 mil”，焊盘尺寸在孔的基础上加 20 mil 取值“76 mil”。

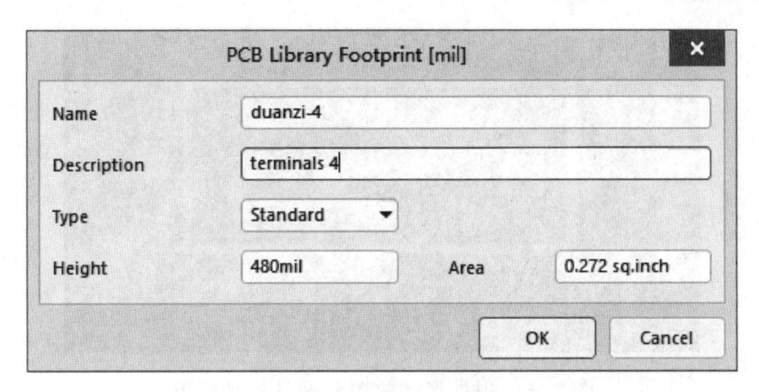

图7-3 “PCB Library Footprint”对话框

4）此处设置焊盘孔径为56 mil，圆形焊盘，焊盘外径横向与纵向设置为76 mil。设置焊盘所在的层、所属网络、电气特性、是否镀金和是否锁定等属性，如图7-4所示。

5）在绘图区连续放置4个焊盘，焊盘排列和间距要与实际的元器件引脚一致，此处可借助坐标工具或阵列粘贴工具完成。图7-2中端子引脚的中心距为“5.08 mm”换算为英制尺寸约为“200 mil”。放置好的焊盘如图7-5所示，但需要修改第1个焊盘为方形焊盘。

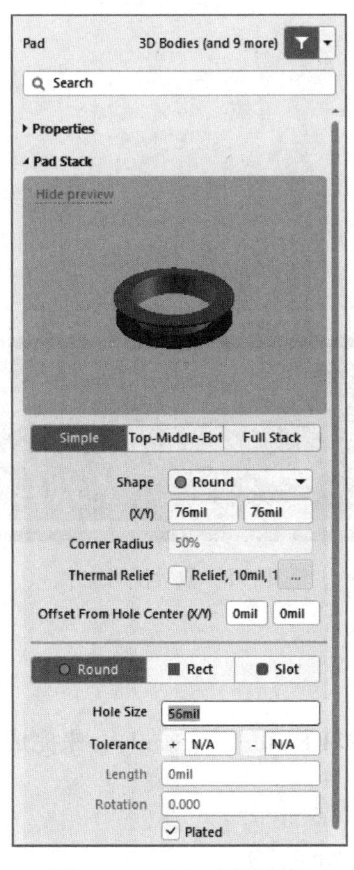

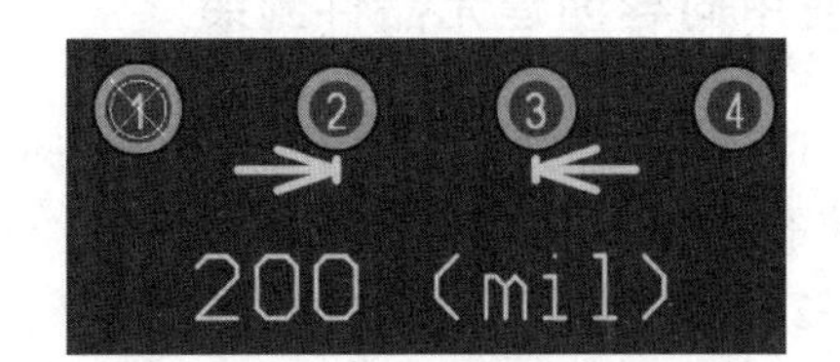

图7-4 “Pad”属性面板　　图7-5 放置好的焊盘

6）执行“Place”→“Line”命令，或单击工具栏中的按钮，在Top Overlay给焊盘添加外形，如图7-6所示。根据图7-2所示，封装的宽度为340 mil，引脚与元器件一条边（宽）的距离为“3.85 mm”，换算为英制尺寸约为“150 mil”。

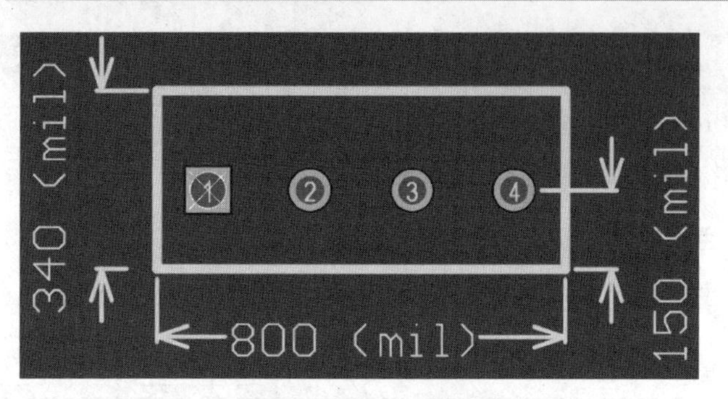

图 7-6　根据尺寸放置元器件封装外形

7）执行“Place”→“String”命令，或单击工具栏中的A按钮，在Top Overlay给焊盘添加文字。按〈Tab〉键进入“Text”属性面板，如图7-7所示，设置相应的属性。放置说明文字，如图7-8所示。

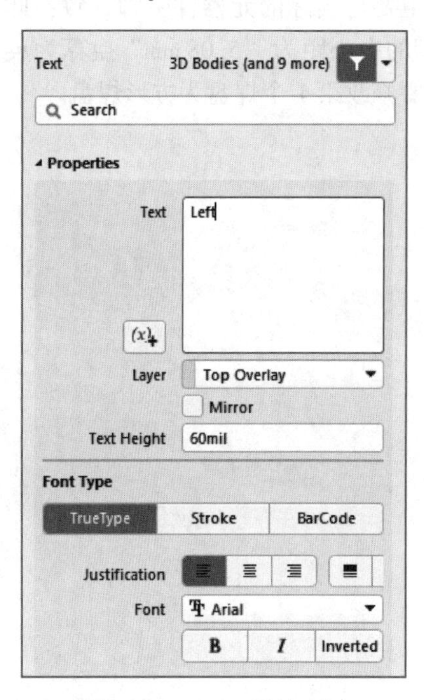

图 7-7　“Text”属性面板

图 7-8　放置说明文字

7.1.3 使用向导创建元器件封装

Altium Designer 提供了 PCB 元器件封装向导（PCB Footprint Wizard），来完成标准的 PCB 元器件封装的制作。

【例 7-2】 利用向导创建拔插式接线端子封装。

本例创建6端子接线端子封装，具体封装尺寸参照图7-2。

1）执行“Tools”→“Footprint Wizard”命令，或者直接在“PCB Library”面板的“Footprints”列表中右击，在弹出的快捷菜单中选择“Footprint Wizard”命令，弹出“Footprint Wizard”对话框，如图7-9所示。

2）单击“Next”按钮，打开模式和单位选择界面，如图7-10所示。对所用到的选项进行设置，选择“Pin Grid Arrays（PGA）”选项，单位选择“Imperial（mil）”选项。

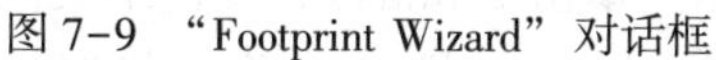
图 7-9 “Footprint Wizard”对话框

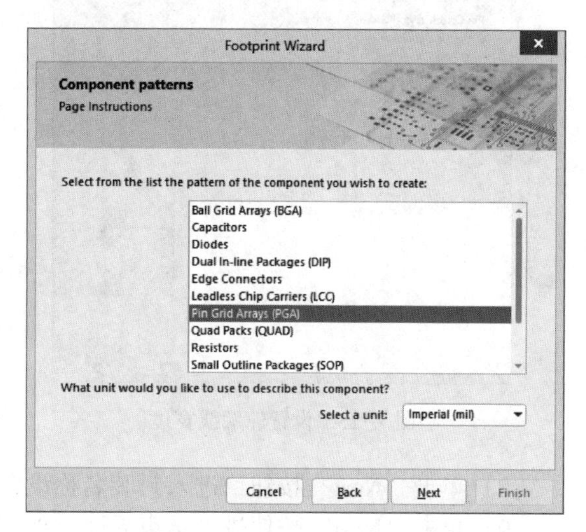

图 7-10 模式和单位选择界面

3）单击“Next”按钮，进入焊盘大小选择界面，如图 7-11 所示，设置圆形焊盘的外径为 88 mil，内径为 68 mil。

4）单击“Next”按钮，进入焊盘间距选择界面，如图 7-12 所示。焊盘间距要满足端子引脚间的距离关系，此处设置为“200 mil”。

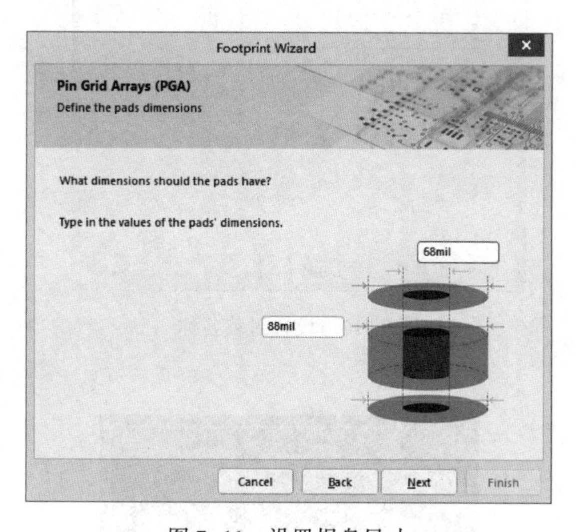

图 7-11 设置焊盘尺寸

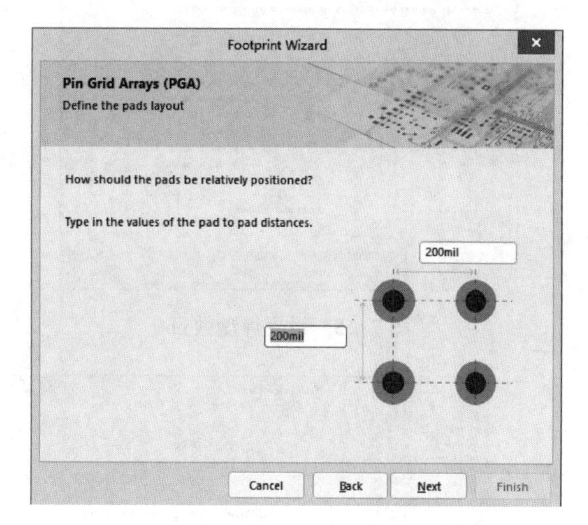

图 7-12 设置焊盘间距

5）单击“Next”按钮，指定外框的线宽，设置用于绘制封装图形轮廓线宽度，如图 7-13 所示。

6）单击“Next”按钮，打开焊盘编号形式设定界面，此处选择“Numeric”，如图 7-14 所示。

7）单击“Next”按钮，进入焊盘数目设定界面，此处选择“Rows and columns”为“6”，其他设置为“0”，如图 7-15 所示。

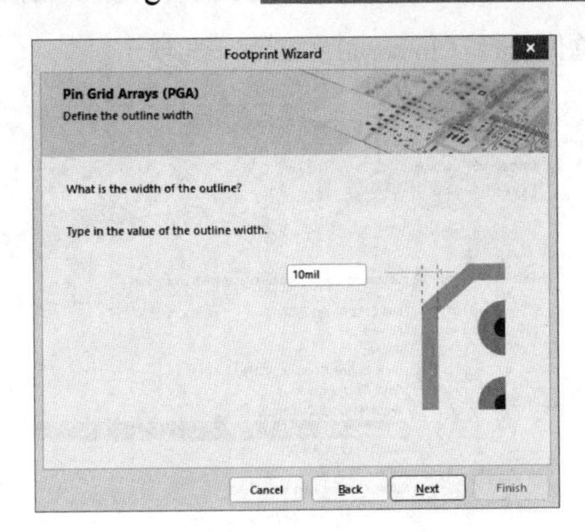

图 7-13　设置轮廓线宽度

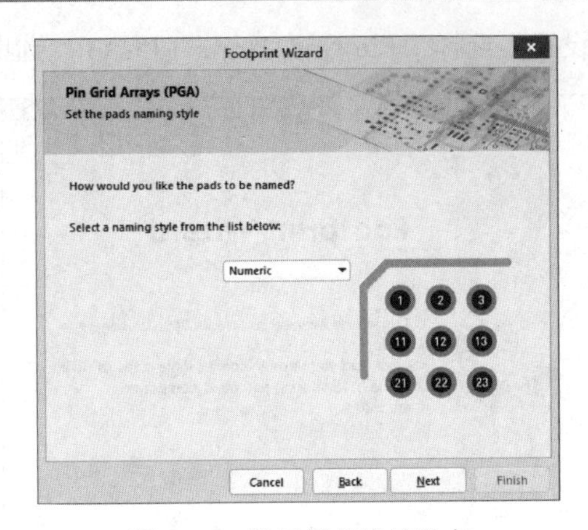

图 7-14　设置焊盘编号形式

8）单击“Next”按钮，进入封装名称设置界面，如图 7-16 所示。

9）单击“Next”按钮进入结束界面，如图 7-17 所示。单击“Finish”按钮结束向导，在“PCB Library”面板的“Footprints”列表中会显示新建的“duanzi-6”封装名，同时设计窗口会显示新建的封装，如图 7-18 所示。如有需要可以对封装进行修改。

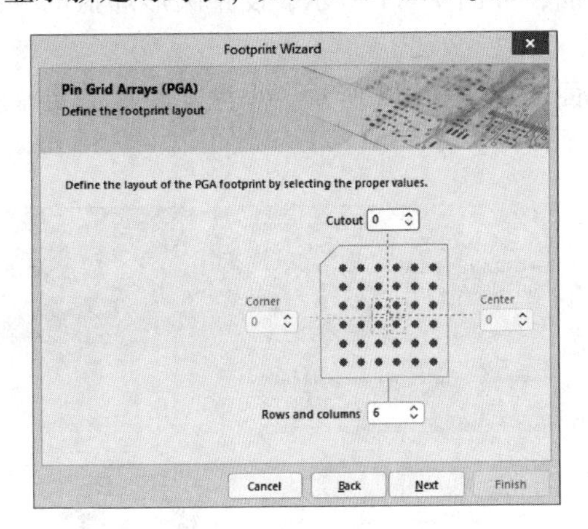

图 7-15　设置焊盘数目

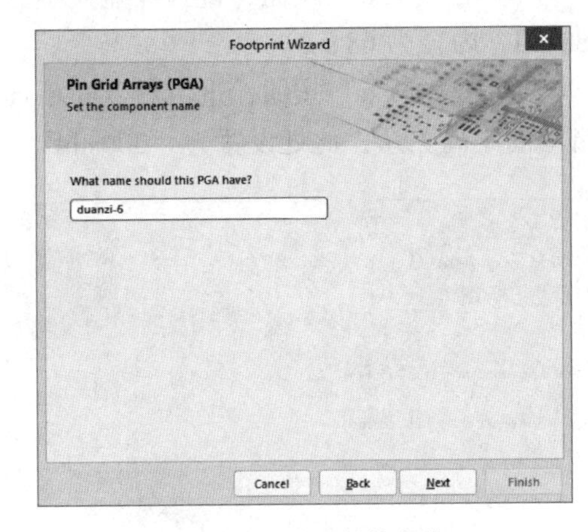

图 7-16　设置封装名称

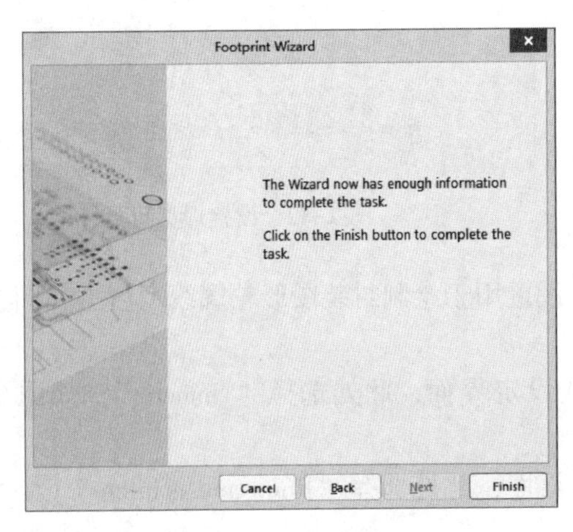

图 7-17　结束界面

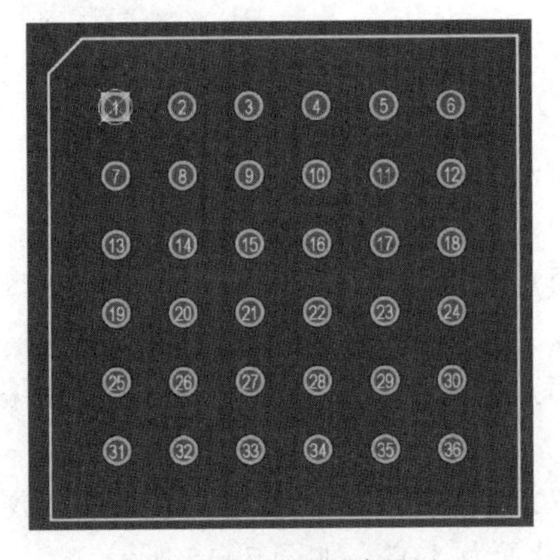

图 7-18　向导创建结果

10）修改向导创建，删除多余焊盘，并按封装尺寸设置边框。结果如图 7-19 所示。

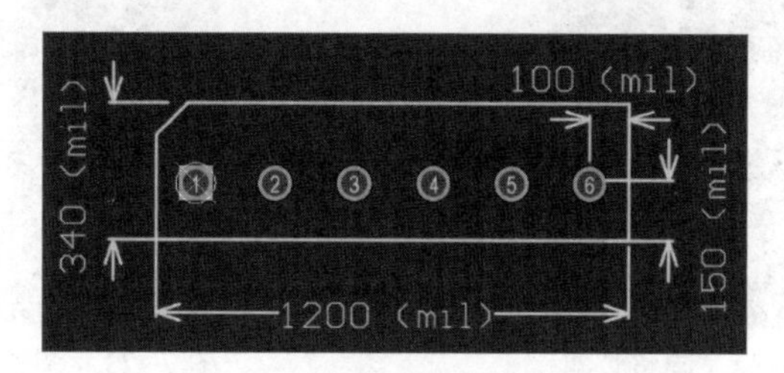

图 7-19　调整后的封装结果

7.1.4 绘制不规则封装

电子工艺的进步使得新型封装也不断出现，例如，出现了一些包含不规则焊盘的封装。针对这类封装，可使用 PCB Library Editor 来实现这类封装的设计要求。

【例 7-3】 绘制晶体管封装 SOT-23。

图 7-20 所示的封装名称为 SOT-23，其中包含 3 个焊盘。

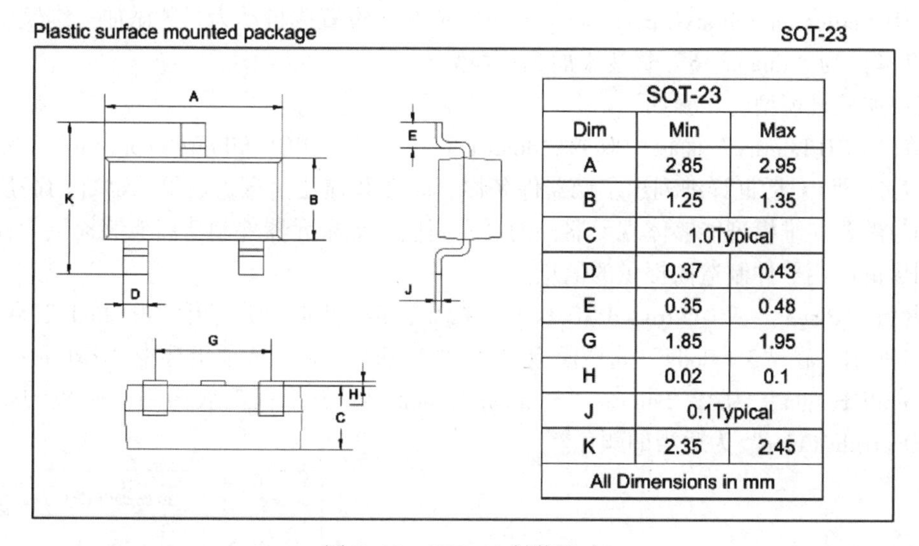

SOT-23		
Dim	Min	Max
A	2.85	2.95
B	1.25	1.35
C	1.0Typical	
D	0.37	0.43
E	0.35	0.48
G	1.85	1.95
H	0.02	0.1
J	0.1Typical	
K	2.35	2.45
All Dimensions in mm		

图 7-20　SOT-23 封装尺寸

1）利用向导生成 SOP4 的封装，焊盘为方形 0.9 mm×0.9 mm；焊盘间距分别为 1.9 mm 和 2.35 mm；修改封装名称为 SOT23-1，如图 7-21 所示。

2）调整焊盘为方形，删除一个焊盘并调整其中一个焊盘的位置，调整焊盘号，如图 7-22 所示。

3）删除原有边框，在 Top Overlay 放置新的边框和辅助标志，如图 7-23 所示。

本节利用向导新建封装，再通过手动修改的方法完成了不规则封装的绘制。也可通过手动放置焊盘的方法完成封装绘制，只不过借助向导修改的方法可以减少绘制的工作量。

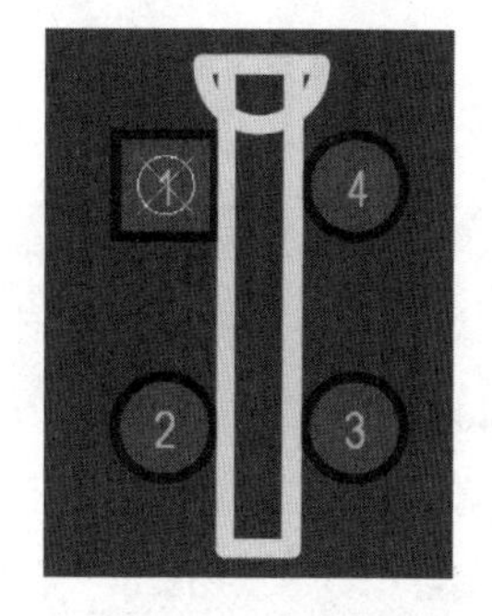

图 7-21　利用向导创建 SOT23-1 封装

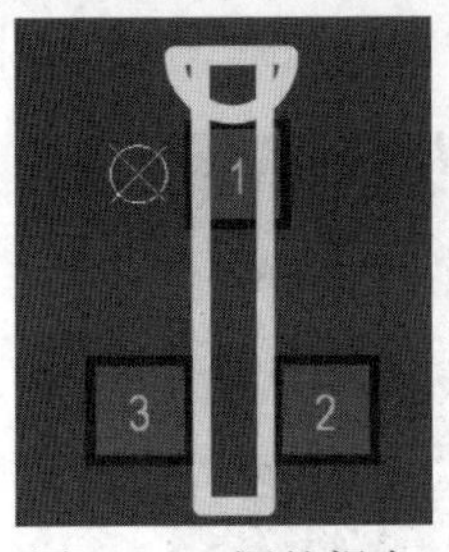

图 7-22 调整焊盘

图 7-23 调整边框

7.1.5 绘制 3D 封装

随着元器件集成度的不断提高，PCB 设计人员必须考虑元器件水平间隙之外的其他设计需求，如元器件高度的限制、多个元器件空间叠放情况。此外将最终的 PCB 转换为一种机械 CAD 工具，以便用虚拟的产品装配技术全面验证元器件封装是否合格，这已逐渐成为一种趋势。Altium Designer 具有许多功能，其中的三维模型（3D）可视化功能就是为这些需求而研发的。

执行“Place”→“Extruded 3D Body”命令可以手工放置三维模型，也可以执行“Tools”→“Manage 3D Bodies for LibraryCurrentComponent”命令，设置成自动为封装添加三维模型。

【例 7-4】为“duanzi-6”封装添加 3D 模型。

手工添加三维模型的步骤如下。

1）在“PCB Library”面板中双击“duanzi-6”，打开“PCB Library Footprint”对话框，如图 7-24 所示，该对话框详细列出了元器件名称、高度和描述信息。这里元器件的高度设置最重要，因为需要三维模型能够体现元器件的真实高度。如果元器件制造商能够提供元器件尺寸信息，则尽量使用器件制造商提供的信息。

2）执行“Place”→“Extruded 3D Body”命令，按〈Tab〉键打开“3D Body”属性面板，如图 7-25 所示。在“3D Body”属性面板的“3D Model Type”选项组选中“Extruded”选项，设置“Overall Height”为 12.2 mm，“Standoff Height”（三维模型底面到电路板的距离）为 1 mm，“Override Color”为适当的颜色。

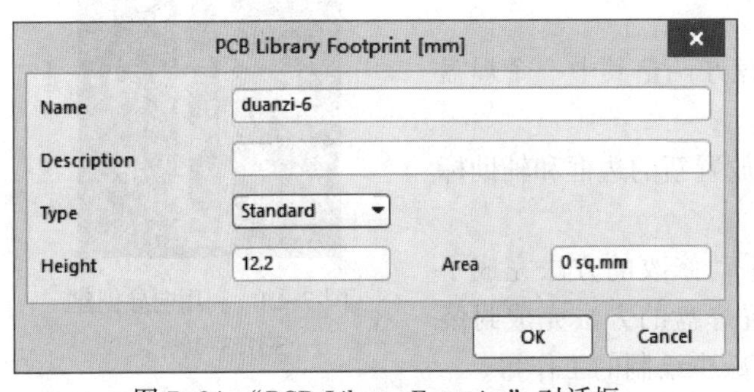

图 7-24 “PCB Library Footprint”对话框

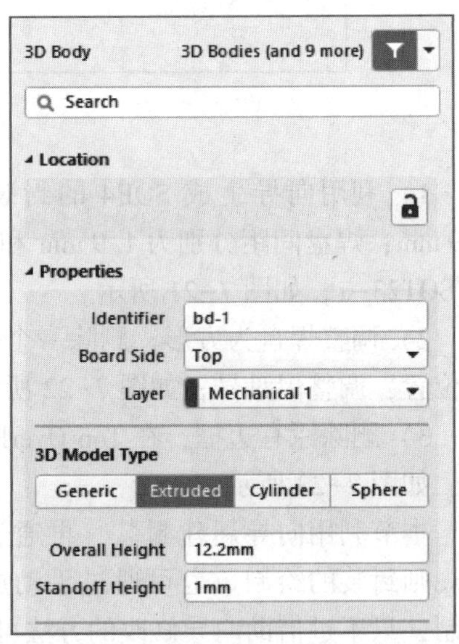

图 7-25 “3D Body”属性面板

在“3D Body”属性面板中设置“Properties”选项组中各选项，为三维模型对象定义一个名称（Identifier），以标识该三维模型；在“Board Side”下拉列表中选择“Top”，该选项将决定三维模型垂直投影到电路板的哪一个层面。

3）单击 ■ 按钮，进入放置模式，在2D模式下，鼠标指针变为十字形状，在3D模式下，鼠标指针为蓝色锥形。移动鼠标指针到适当位置，单击选定三维模型的起始点，接下来连续单击选定若干个顶点，组成一个代表三维模型形状的多边形。选定好最后一个点，右击或按〈Esc〉键退出放置模式，系统会自动连接起始点和最后一个点，形成闭环多边形，如图7-26所示。本例根据图7-2所示的直针座封装形式，放置3个三维模型形状的多边形，设置“Overall Height”分别为两侧“12.2 mm”，中间“2 mm”。3D视图如图7-27所示。

图7-26　添加了三维模型的封装

图7-27　添加模型的3D视图

4）使用交互式方式创建封装3D模型对象的方法，与手动方式类似，最大的区别是在该方法中，Altium Designer 20会检测那些闭环形状，这些闭环形状包含了封装细节信息，可被扩展成三维模型，执行“Tools”→“Manage 3D Bodies for LibraryCurrentComponent”命令，打开“Component Body Manage for component”对话框，如图7-28所示。该对话框中包括系统自动生

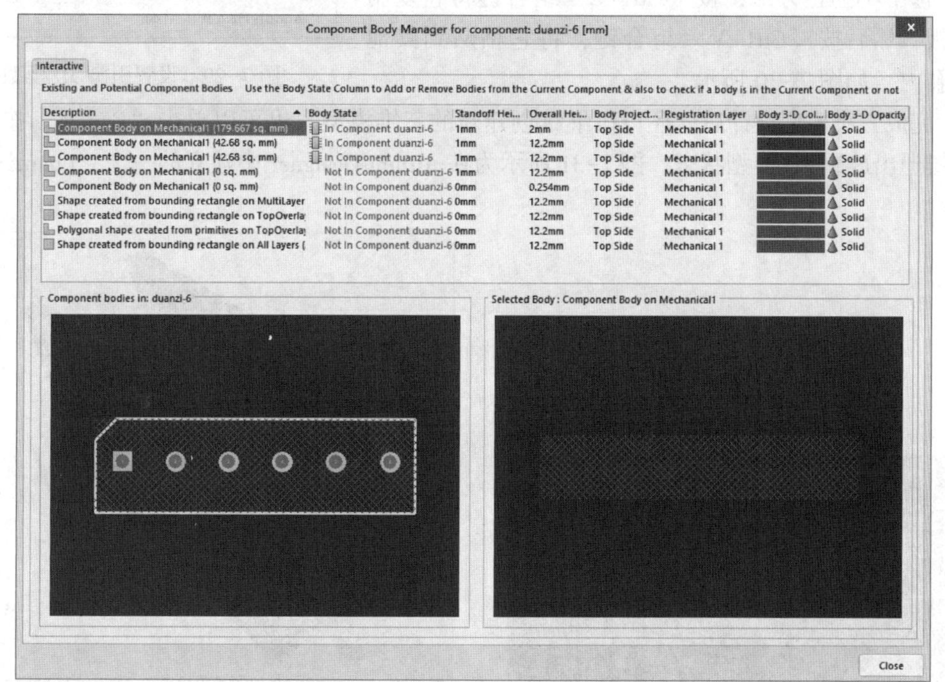

图7-28　“Component Body Manage for component”对话框

成的 3D 模型和手工制作模型，可以管理应用已经设计好的 3D 模型，在“Body State”列出现▣表示此 3D 模型已被应用，还可以修改其他相关参数。

当设计者选定一个扩展三维模型时，在该三维模型的每一个顶点会显示成可编辑点，当鼠标指针变为↖时，可单击并拖动鼠标指针到顶点位置。当鼠标指针在某个边沿的中点位置时，可通过单击并拖动的方式为该边沿添加一个顶点，并按需要进行位置调整。将鼠标指针移动到目标边沿，鼠标指针变为✥时，可以单击拖动该边沿。将鼠标指针移动到目标三维模型，鼠标指针变为✥时，可以单击拖动该三维模型。拖动三维模型时，可以旋转或翻动三维模型，编辑三维模型形状。

【例 7-5】为“duanzi-6”封装的引脚创建 3D 模型。

1）执行“Place”→“Extruded 3D Body”命令，按〈Tab〉键显示“3D Body”属性面板，设置“Properties”选项组各选项，为三维模型对象定义一个名称（Identifier），以标识该三维模型，在“Board Side”下拉列表选择“Top”。在 3D Model Type 选项组选中“Cylinder”选项，设置“Override Color”为银色（192）；“Radius”为焊盘孔径的一半，设置为 0.5 mm；“Height”为引脚的长度，本例设置为 12 mm；“Standoff Height”为-1 mm，如图 7-29 所示。

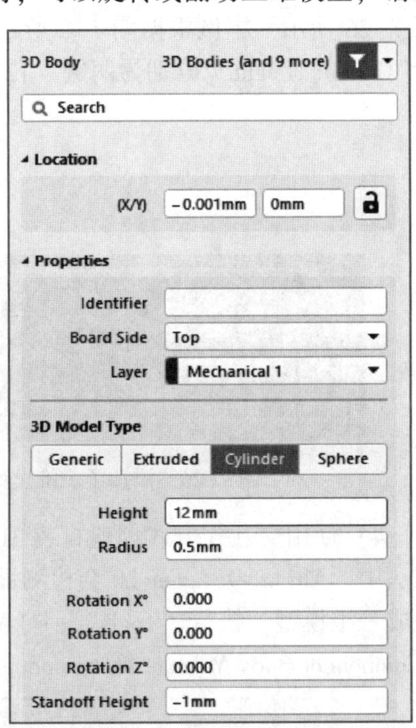

图 7-29　设置引脚 3D 模型

2）单击▣按钮，进入放置模式，在 2D 模式下，鼠标指针变为十字形状。按〈Page Up〉键，将第一个引脚放大到足够大，在第一个引脚的孔内放置设置好的三维图像。

3）选中小的正方形，按〈Ctrl+C〉组合键将它复制到剪贴板，然后按〈Ctrl+V〉组合键，将它粘贴到其他引脚的孔内，如图 7-30 所示。

4）完成三维模型设计后，还可以继续创建新的三维模型，也可以单击“Cancel”按钮或按〈Esc〉键退出放置 3D 模型状态。图 7-31 所示为在 Altium Designer 中建立的一个“duanzi-6”3D 模型。

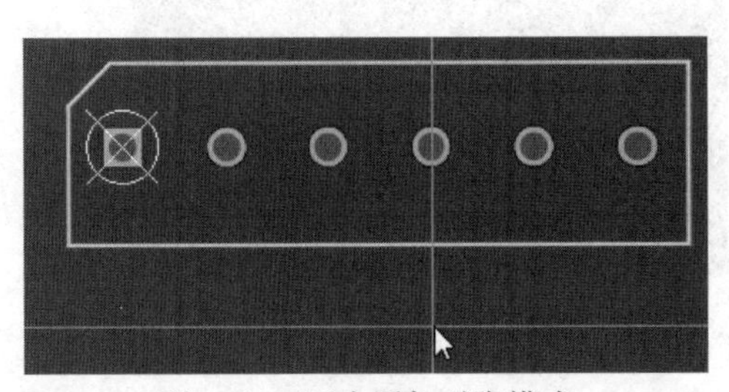

图 7-30　逐个添加引脚模式

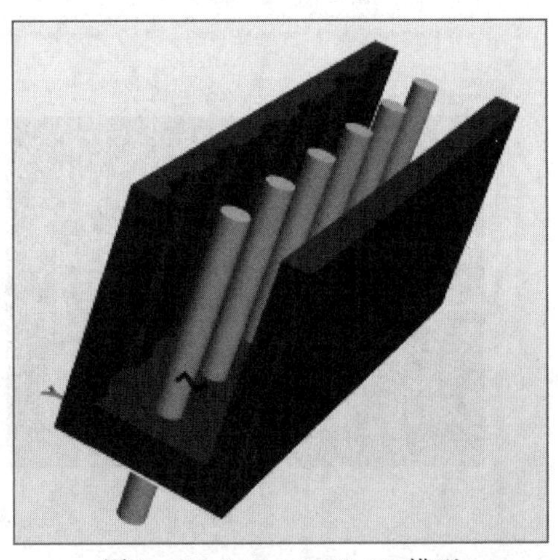

图 7-31　“duanzi-6”3D 模型

7.2 集成库的生成与维护

集成库的生成与维护

Altium Designer 20 提供的元件库为集成库，即元器件库中的元器件具有整合的信息，包括原理图符号、PCB 封装、仿真和信号完整性分析等。本节将结合实例介绍集成库的生成与维护。

7.2.1 创建集成库

Altium Designer 20 的集成库将原理图元器件及其关联的 PCB 封装方式、SPICE 仿真模型以及信号完整性模型有机结合起来，并以一个不可编辑的形式存在。所有的模型信息被复制到集成库内，存储在一起，而模型源文件的存放可以任意。如果要修改集成库，需要先修改相应的源文件库，然后重新编译集成库以及更新集成库内相关的内容。

Altium Designer 20 集成库文件的扩展名为 .INTLIB，按照生产厂家的名字分类，存放于软件安装目录 Library 文件夹中。原理图库文件的扩展名为 .SchLib，PCB 封装库文件的扩展名为 .PcbLib，这两个文件可以在打开集成库文件时被提取出来（extract）以供编辑。

使用集成库的优越在于元器件的原理图符号、封装、仿真等信息已经通过集成库文件与元器件相关联，因此在后续的电路仿真、印制电路板设计时就不需要再加载相应的库，同时为初学者提供了更多的方便。

1. 创建集成库项目

1）执行“File”→“New”→“Project”→“Intergrated Library”命令，创建一个名为“Integrated Library1”的集成库工程文件。

2）选中“Integrated Library1”集成库工程文件并右击，在弹出的快捷菜单中选择“Save Project as”命令，在弹出的对话框中输入“Integrated_Library1. LibPkg”，单击“保存”按钮，结果如图 7-32 所示。

2. 添加源文件

1）添加元器件库。选中集成库工程并右击，在弹出的快捷菜单中选择“Add Existing to Project”命令，如图 7-33 所示。在打开的对话框中找到元件库所在文件夹，选中该文件并打开。此时，将名为“Myuse. SchLib”元件库添加到了工程文件中，结果如图 7-34 所示。

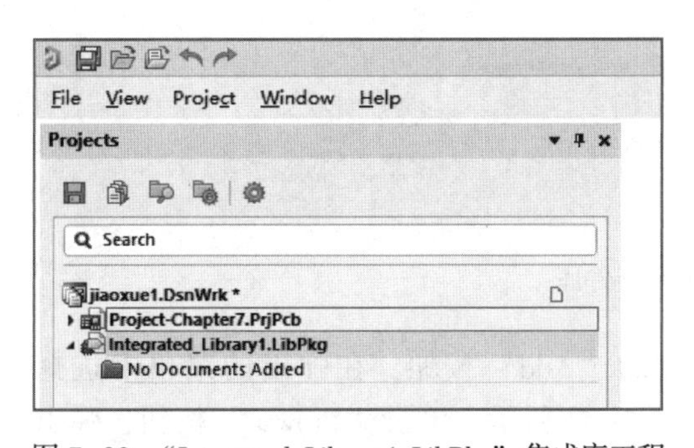

图 7-32 “Integrated_Library1. LibPkg”集成库工程

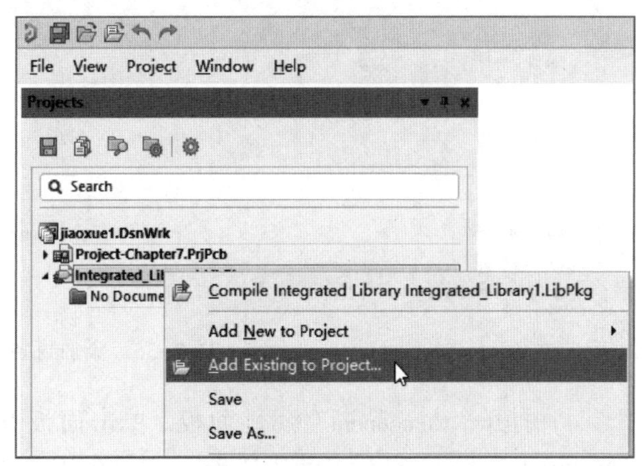

图 7-33 添加库文件命令

2）添加 PCB 封装库。可新建 PCB 封装库，并制作对应元器件的封装，然后将该封装库添加到集成库工程。如已经有对应的封装库可直接添加。按照步骤 1）的方法添加 PCB 封装库，文件名为“PcbLib1. PcbLib”，结果如图 7-35 所示。

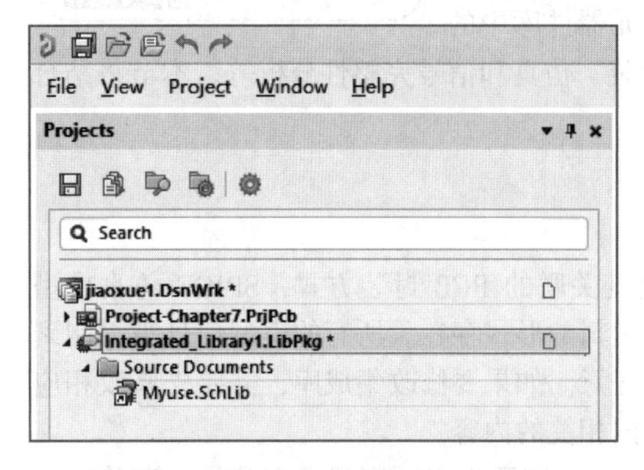

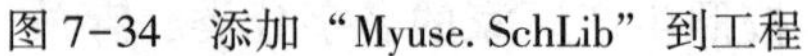
图 7-34　添加“Myuse. SchLib”到工程

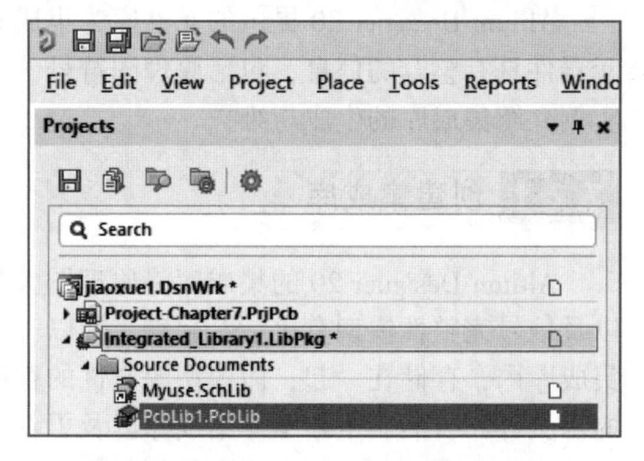

图 7-35　添加“PcbLib1. PcbLib”到工程

3）添加封装至元器件库。单击“Myuse. SchLib”元器件库，打开“SCH Library”面板，如图 7-36 所示，选择要添加封装的元器件。

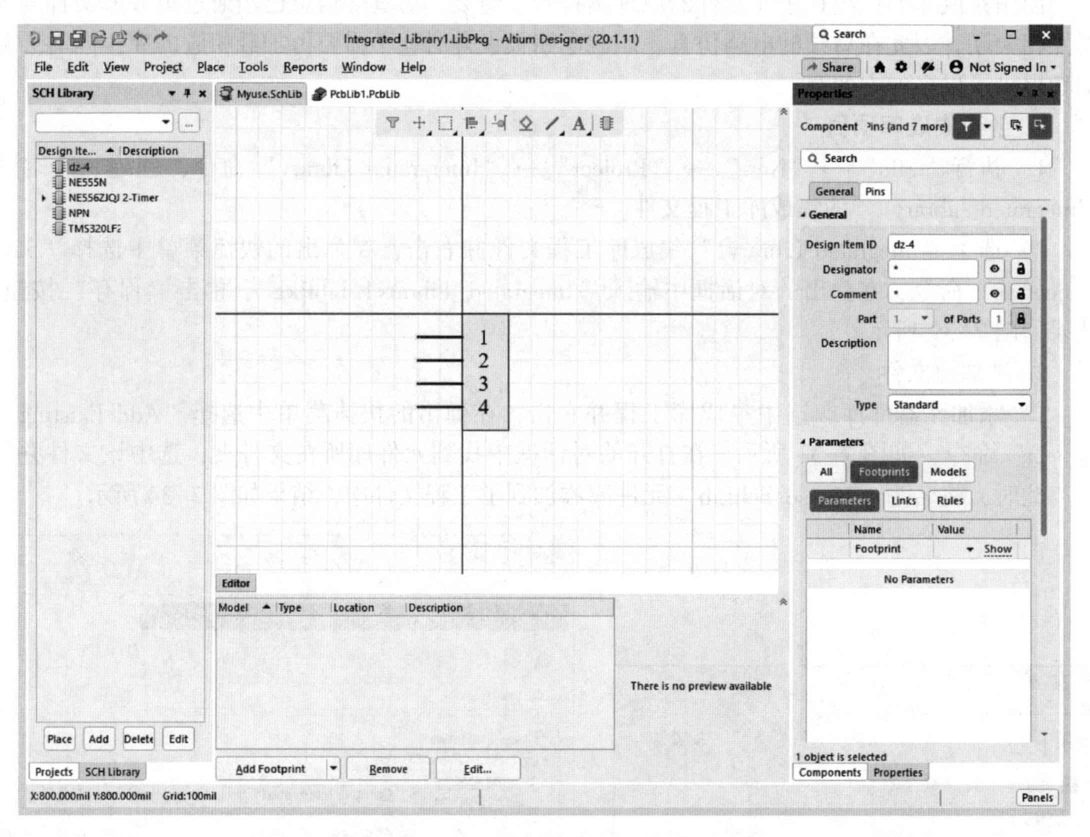

图 7-36　添加封装至元器件库

4）打开“Component”属性面板，单击面板下方的“Add”按钮，在弹出的菜单中选择“Footprint”选项，打开“PCB Model”对话框中，如图 7-37 所示，单击“Browse”按钮，弹出“Browse Libraries”对话框，如图 7-38 所示。默认的封装库为当前集成库中所包含的元件封装库，也可单击…按钮，找到封装所在位置添加。以同样的方法，添加“Myuse. SchLib”元器件库中其他元器件的封装，完成后保存库文件。图7-39所示为添加封装模型后的元器件显示状态，包括元器件封装名称、封装的图形等相关信息。单击“删除”按钮🗑可以删除封装。

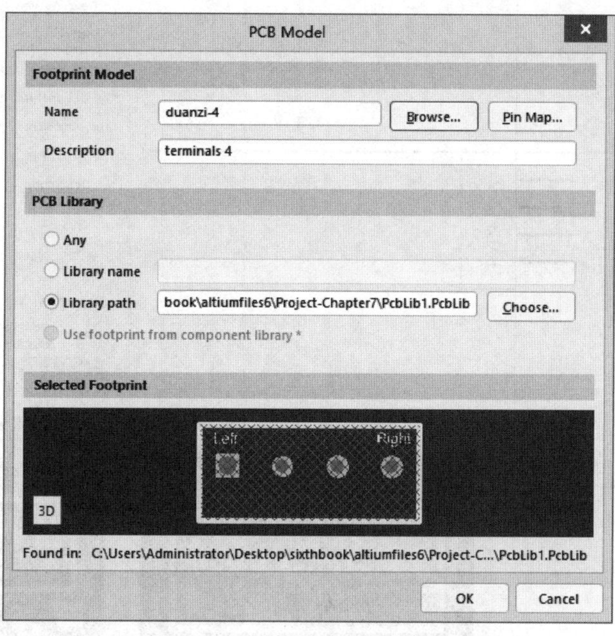

图7-37 “PCB Model”对话框

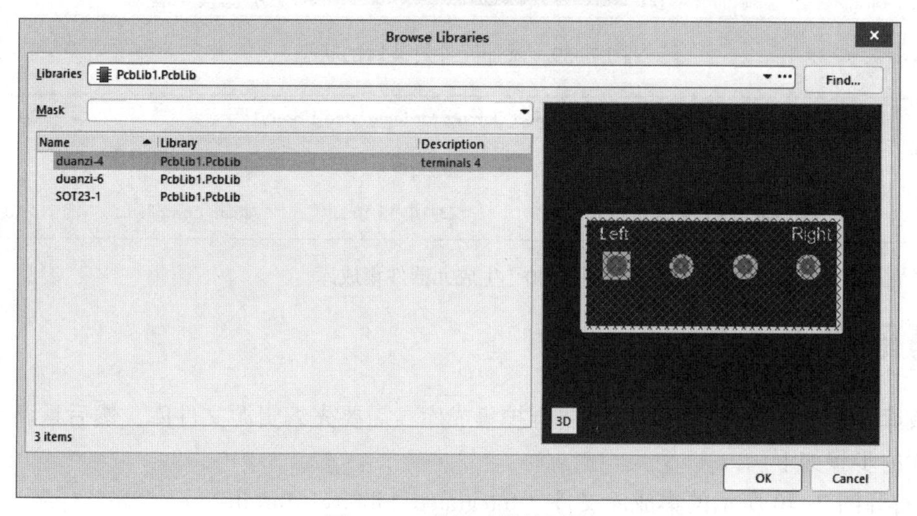

图7-38 选择元器件封装

3. 编译元器件集成库项目

对元器件集成进行编译的方法有两种。一种是执行“Project”→“Compile Integrated Library my_Inte_Lib1. LibPkg”命令；另一种是右击“Integrated_Library1. LibPkg”集成库工程，在弹出的快捷菜单中选择“Compile Integrated Library Integrated_Library1. LibPkg. LibPkg”命令。

工程编译结束后，系统将在“Integrated_Library1. LibPkg”集成库的同一个目录下建立一个Project Outputs for Integrated_Library1文件夹，打开该文件夹后可以发现已经生成了一个元器件集成库“Integrated_Library1. IntLib”，如图7-40所示。

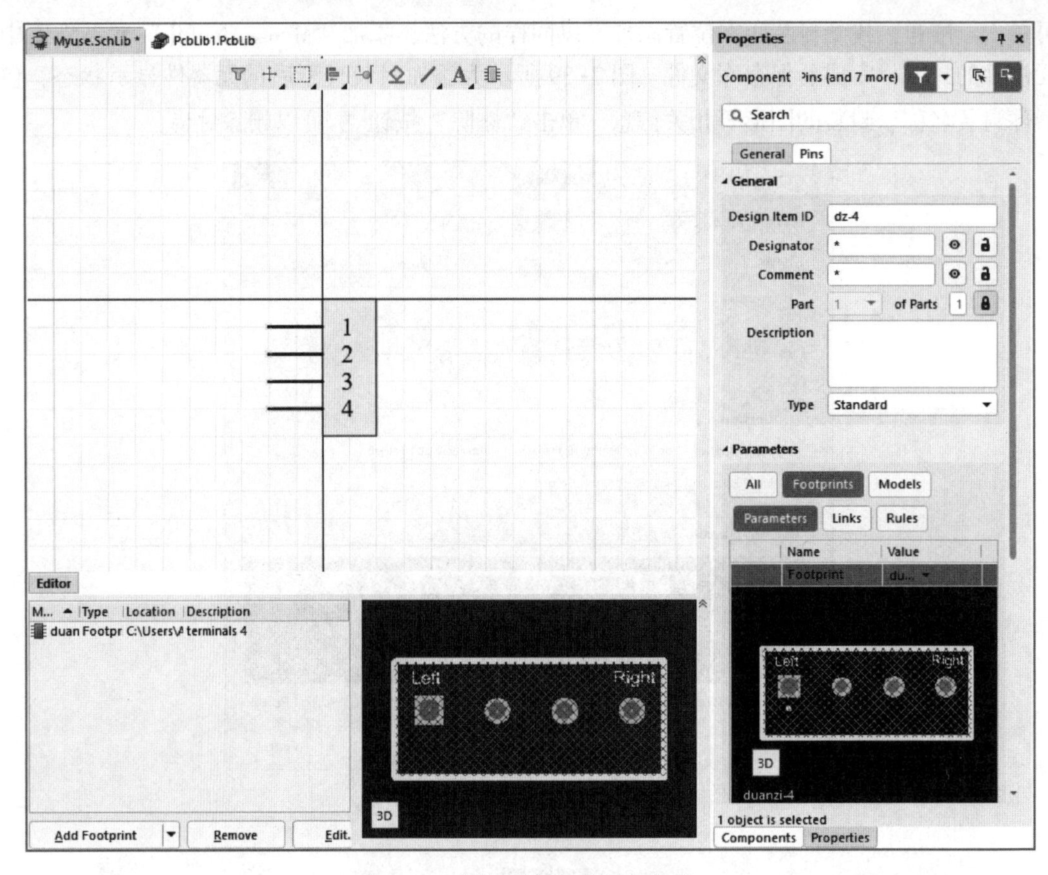

图 7-39　添加元件封装后的状态

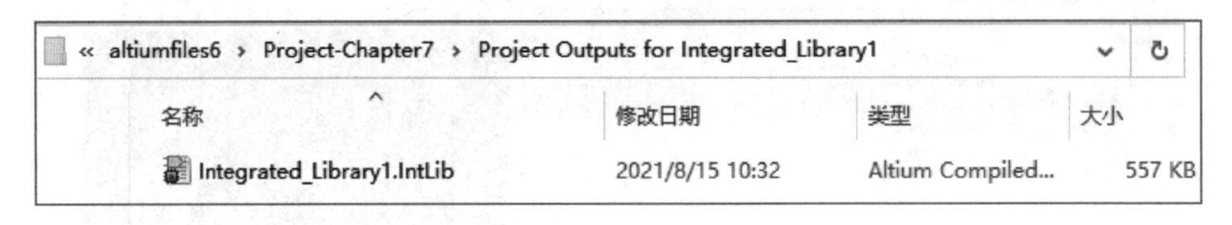

图 7-40　生成元器件集成库

7.2.2 维护集成库

集成库是不能直接编辑的，如果要维护集成库，需要先编辑源文件库，然后重新编译。维护集成库的步骤如下。

1）打开图 7-40 所示的集成库文件“Integrated_Library1. IntLib”。

2）提取源文件库。在图 7-41 所示的“Extract Sources or Install”对话框中单击“Extract Sources”按钮，此时在集成库所在的路径下自动生成与集成库同名的文件夹，并将组成该集成库的 . SchLib 文件和 . PcbLib 文件置于此处供用户修改。

3）编辑源文件。在“Projects”面板中打开原理图库文件，编辑完成后，执行“File”→“Save As”命令，保存编辑后的元器件以及库工程。

4）重新编译集成库。执行“Project”→“Compile Integrated Library”命令编译集成库工程，但编译后的集成库文件并不会自动覆盖原集成库。若要覆盖，需执行“Project”→“Project Options”命令，在打开的对话框中选择“Options”→“output path”选项，设置输出

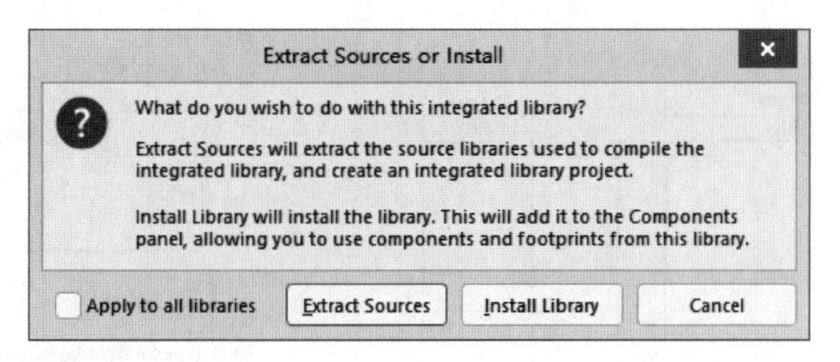

图 7-41　“Extract Sources or Install”对话框

文件保存路径，选择当前集成库“Integrated_Library1. IntLib”所在路径，如图 7-42 所示，修改即可。再次编译会弹出“Confirm”对话框，如图 7-43 所示。单击“OK”按钮，编译后的集成库文件就覆盖原集成库了。

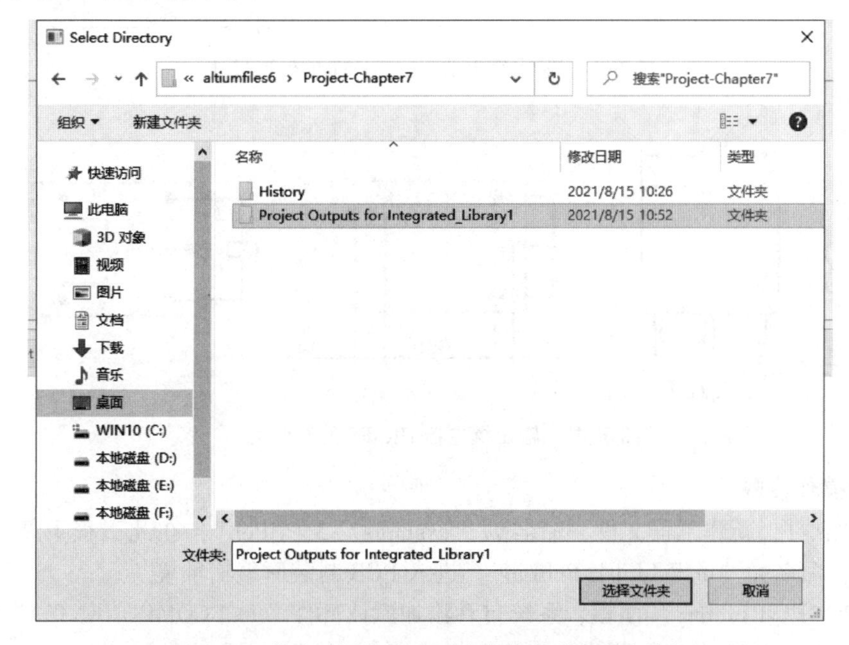

图 7-42　修改编译输出路径为当前集成库所在路径

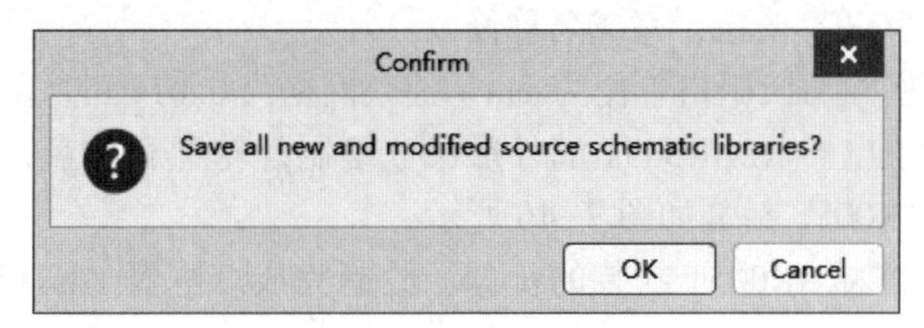

图 7-43　“Confirm”对话框

7.3　实例：制作继电器封装

1. 实例要求

1）创建一个新的 PCB 封装库。

2）能够根据输出继电器 K2AK005T 和 HK3FF 的外形尺寸（单位：mm），如图 7-44、图 7-45 所示，分别绘制出 K2AK005T 和 HK3FF 的封装。

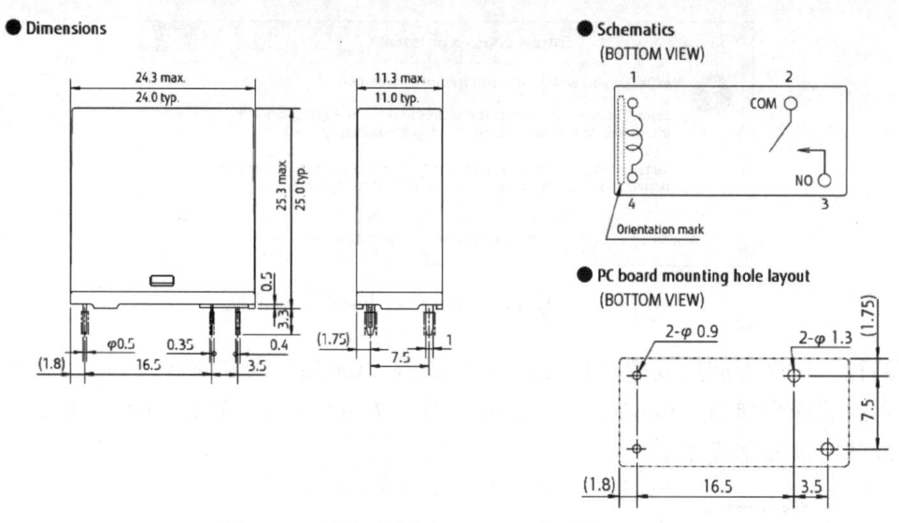

图 7-44　输出继电器 K2AK005T 的外形尺寸

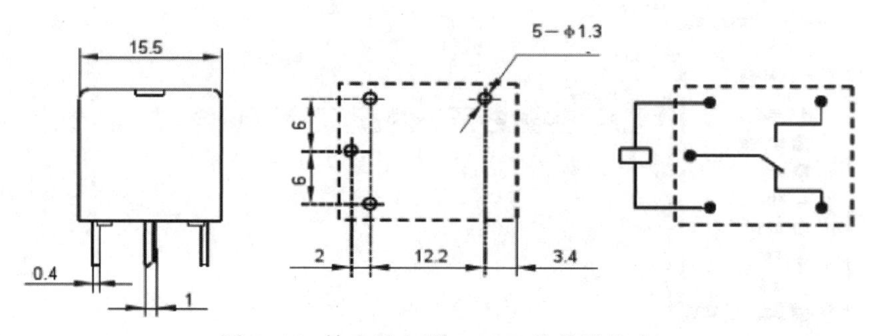

图 7-45　输出继电器 HK3FF 的外形尺寸

2. 实例操作步骤

1）启动软件，新建工程文件，命名为“example7-3. PrjPcb”，在此工程下新建一个 PCB 封装库文件，命名为“myPcbLib1. PcbLib”，进入 PCB 封装库编辑环境。

2）打开“PCB Library”面板，系统自动添加默认部件“PCBCOMPONENT_1”，双击部件名称“PCBCOMPONENT_1”，弹出“PCB Library Footprint”对话框，在“Name”文本框中输入“FTR-K2”。单击“OK”按钮，完成名称修改。

3）设置单位和网格。切换栅格单位为 mm，捕获网格为 0. 01 mm。在 Top Overlay 绘制轮廓线，根据图 7-44 所示继电器 K2AK005T 的外形尺寸绘制外轮廓和焊盘，并设置焊盘属性，最后绘制完的继电器 K2AK005T 封装如图 7-46 所示。

4）根据绘制继电器 K2AK005T 封装的步骤，绘制完成继电器 HK3FF 的封装，如图 7-47 所示。

图 7-46　继电器 K2AK005T 封装

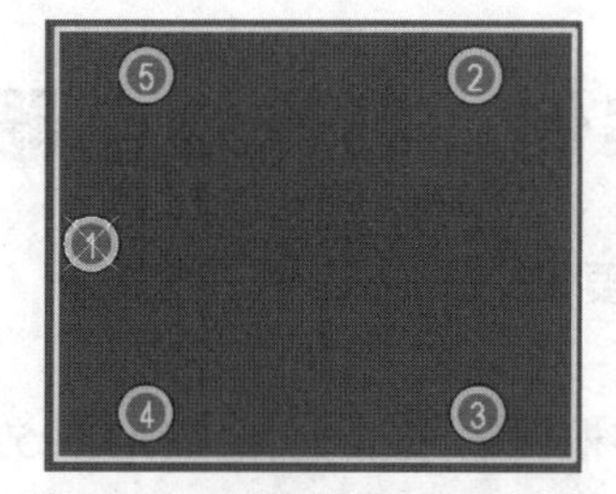

图 7-47　继电器 HK3FF 封装

7.4 习题

1. 简答题

1）简述手工绘制元器件封装的一般步骤。

2）简述将设计好的 PCB 元器件封装模型添加到原理图元器件的方法。

3）在手工创建 PCB 元件时，经常采用坐标法，说一说使用坐标法有什么好处?

2. 选择题

1）通过 PCB 元器件封装向导创建元器件封装时，球栅阵列元器件应选择（　　）。

A. PGA　　B. DIP　　C. BGA　　D. SOP

2）由于针脚式元器件封装的焊盘和过孔贯穿整个电路板，所以在“Pad”属性面板中，PCB 的层属性必须为（　　）。

A. MultiLayer　　B. Top Overlayer　　C. Top Layer　　D. Bottom Layer

3）利用 PCB 元器件封装向导创建元器件封装时，如果是双列直插元件，在选择（　　）样式。

A. Dual in-line Package　　B. Quad Package（QUAD）

C. Pin Grid Arrays　　D. Leadless Chip Carrier

4）在绘制 PCB 元器件封装时，元器件焊盘的 Hole Size（　　）。

A. 必须根据元件引脚的实际尺寸确定

B. 任何情况均可使用焊盘的默认值

C. 值大于 X-Size 的值

D. 不能为 0

5）在绘制 PCB 元器件封装时，其封装中的焊盘号（　　）。

A. 必须与原理图元器件符号中的引脚号相对应

B. 必须从 0 开始

C. 可以为任意数字

D. 必须从 1 开始

6）下列关于创建元器件封装的描述中错误的是（　　）。

A. 穿孔的焊盘，通常应放置在 Multi-Layer

B. 贴片元件的焊盘，通常应放置在 Top Layer

C. 元器件的 3D 模型放置在 Mechanical Layer

D. 元器件的外形轮廓定义在 Keepout Layer

7）设计元器件封装时，元器件的外形轮廓绘制在（　　）。

A. Multi layer　　B. Top Layer　　C. Top Overlayer　　D. Bottom Layer

8）贴片元器件封装的焊盘放置在（　　）。

A. Top Layer　　B. Multi Layer　　C. Bottom Overlayer　　D. Top Overlayer

9）在 PCB 元件库中，（　　）封装可以安装电阻。

A. DIP-14　　B. AXIAL-0.4　　C. RB.2/.4　　D. SIP-2

第 8 章　信号完整性分析

设计电路板时，要综合考虑网络阻抗、传输延迟、信号质量、反射、串扰以及 EMC 等特性。在制作 PCB 前可以先进行信号分析，确保整个 PCB 的电磁干扰在可接受的范围内。Altium Designer 20 提供了信号完整性分析的工具，系统自带的信号分析算法采用验证的方法进行计算，保证了分析结果的可靠性。对电路板进行信号完整性分析，可以尽早发现电路板的潜在问题，在设计产品投入生产之前就发现高速电路设计时比较棘手的 EMC/EMI 等问题。在 Altium Designer 20 中利用信号完整性分析获得一次性成功并消除盲目性，从而缩短研制周期和降低开发成本。

信号完整性分析基础

8.1　信号完整性分析基础

PCB 设计日趋复杂，高频时钟和快速开关逻辑意味着 PCB 设计已不仅是放置元器件和布线。网络阻抗、传输延迟、信号质量、反射、串扰和 EMC（电磁兼容）是每个设计者必须考虑的因素，因而进行制板前的信号完整性分析更加重要。

Altium Designer 包含一个高级的信号完整性仿真器，能分析 PCB 设计和检查设计参数，测试过冲、下冲、阻抗和信号斜率。如果 PCB 上任何一个设计要求（设计规则指定）有问题，即可对 PCB 进行反射或串扰分析，以确定问题所在。

Altium Designer 20 的信号完整性分析为 PCB 设计提供精确的板级分析，能检查整板的串扰、过冲/下冲、上升/下降时间和阻抗等问题。在制造 PCB 前，用最小的代价来解决高速电路设计带来的 EMC/EMI（电磁兼容/电磁抗干扰）等问题。

1）Altium Designer 20 的信号完整性分析模块具有如下特性。

- 设置简便，可以和在 PCB 编辑器中定义设计规则一样，定义设计参数（阻抗等）。
- 通过运行 DRC（设计规则检查），快速定位不符合设计要求的元器件。
- 没有特殊经验要求，可在 PCB 中直接进行信号完整性分析。
- 提供快速的反射和串扰分析。
- 利用 I/O 缓冲器宏模型即可，无须额外的 SPICE 或模拟仿真知识。
- 完整性分析结果采用示波器形式显示。
- 成熟的传输线特性计算和并发仿真算法。
- 用电阻和电容参数值对不同的终止策略进行假设分析，并可对逻辑系列快速替换。

2）Altium Designer 20 信号完整性分析模块中的 I/O 缓冲器模型具有如下特性。

- 宏模型逼近，使仿真更快更精确。
- 提供 IC 模型库，包括校验模型。
- 模型同 INCASES EMC-WORKBENCH 兼容。
- 自动模型连接。
- 支持 I/O 缓冲器模型的 IBIS2 标准子集。

- 利用完整性宏模型编辑器可方便、快速地自定义模型。
- 引用数据手册或测量值。

8.1.1 信号完整性分析模型

信号完整性分析是建立在元器件模型基础之上的，这种模型称为 Signal Integrity 模型，简称 SI 模型。

很多元器件的 SI 模型与相应的原理图符号、封装模型、仿真模型等一起，被系统存放在集成库文件中，包括 IC（集成电路）、Resister（电阻类元件）、Capacitor（电容类元件），Connector（连接器类元器件）、Diode（二极管类元器件）以及 BJT（双极性晶体管类元器件）等。进行信号完整性分析时，用户应为设计中所用到的每一个元器件设置正确的 SI 模型。

为了简化设定 SI 模型的操作，并且在进行反射、串扰、振荡和不匹配阻抗等信号完整性分析时能够保证适当的精度和仿真速度，很多厂商为 IC 类的元器件提供了现成的引脚模型供设计者选择使用，这就是 IBIS（Input/Output Buffer Information Specification）模型文件，扩展名为“ibs”。

在信号完整性分析中，目标是消除关于信号质量、串扰和定时的问题。所有这些类型的分析都需要相同类型的模型，包括驱动器和接收器、芯片封装及电路板互连（由布线及过孔、分立器件和连接器组成）的模型。驱动器和接收器模型包括关于缓冲器阻抗、翻转率和电压摆幅的信息。通常，将 IBIS 或 SPICE 模型用作缓冲器模型。这些模型与互联模型结合使用来运行仿真，从而确定接收器中的信号情况。

IBIS 模型是反映芯片驱动和接收电气特性的一种国际标准。它采用简单直观的文件格式，提供了直流的电压和电流曲线以及一系列的上升和下降时间、驱动输出电压、封装的寄生参数等信息，但并不泄露电路内部结构的知识产权细节，因而获得了很多芯片生产厂家的支持。此外，由于该模型比较简单，仿真分析时的计算量较少，但仿真精度却与其他模型（如 SPICE 模型）相当，这种优势在 PCB 的密度越来越高、需要仿真分析的设计细节越来越多的趋势下显得尤为重要。

Altium Designer 系统的信号完整性分析就采用了 IC 器件的 IBIS 模型，通过对信号线路的阻抗计算，得到信号响应及失真等仿真数据来检查设计信号的可靠性。

在系统提供的集成库中已包含了大量的 IBIS 模型，用户可对元器件添加相应的模型，必要时还可到元器件生产厂商网站免费下载相关联的 IBIS 模型文件。对于实在找不到的 IBIS 模型文件，设计者还可以采用其他的方法，如依据芯片引脚的功能选用相似的 IBIS 模型，或通过实验测量建立简单的 IBIS 模型等。

8.1.2 设定信号完整性分析环境

在复杂、高速的电路系统中，所用到的元器件数量以及种类都比较繁多，由于各种原因的限制，在信号完整性分析之前，用户未必能逐一进行相应的 SI 模型设定。因此，执行了信号完整性分析的命令之后，系统会首先进行自动检测，给出相应的状态信息，从而帮助用户完成必要的 SI 模型设定与匹配。

【例 8-1】 信号完整性分析过程中的 SI 模型设定。

1）打开一个需要进行信号完整性分析的工程。

※划重点：

信号完整性分析必须在工程下才可以进行，单一的原理图文件或者 PCB 文件是不必刻意进行信号完整性分析的。

2）在原理图编辑环境中执行“Tools”→“Signal Integrity”命令，如图 8-1 所示，或者在 PCB 编辑环境中，执行“Tools”→“Signal Integrity”命令，如图 8-2 所示。开始运行信号完整性分析器，若设计文件中存在没有设定 SI 模型的元器件，则系统会弹出错误信息提示框，如图 8-3 所示。

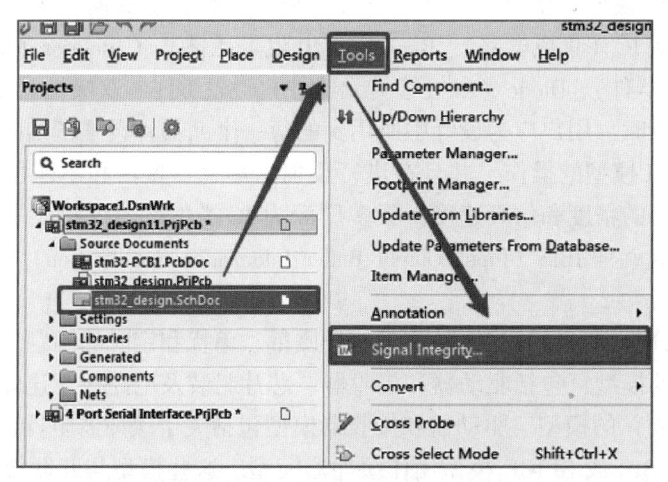

图 8-1　原理图编辑环境中的“Signal Integrity”命令

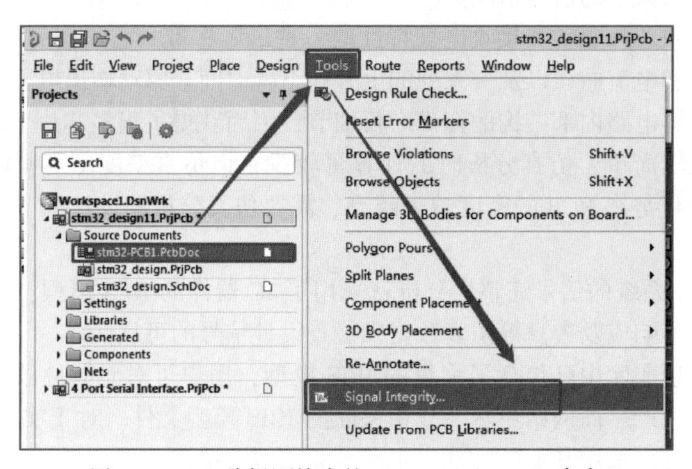

图 8-2　PCB 编辑环境中的“Signal Integrity”命令

3）单击“Model Assignments”按钮后，打开“Signal Integrity Model Assignments for sign_inte. PcbDoc”对话框，显示了原理图中所有原件的 SI 模型设定情况，供用户参考或修改，如图 8-4 所示。

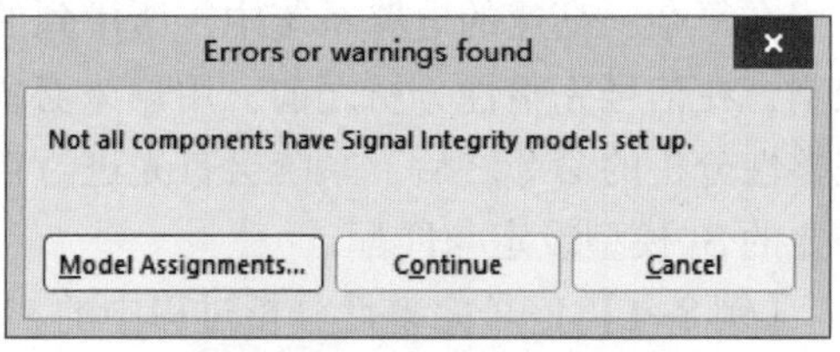

图 8-3　错误信息提示框

“Signal Integrity Model Assignments for sign_inte. PcbDoc”对话框中左侧第一列“Type”显示的是已经为元器件选定的 SI 模型的类型，用户可以根据实际的情况，对不合适的模型类型直接单击进行更改。对于 IC 类型的元器件，在对应的

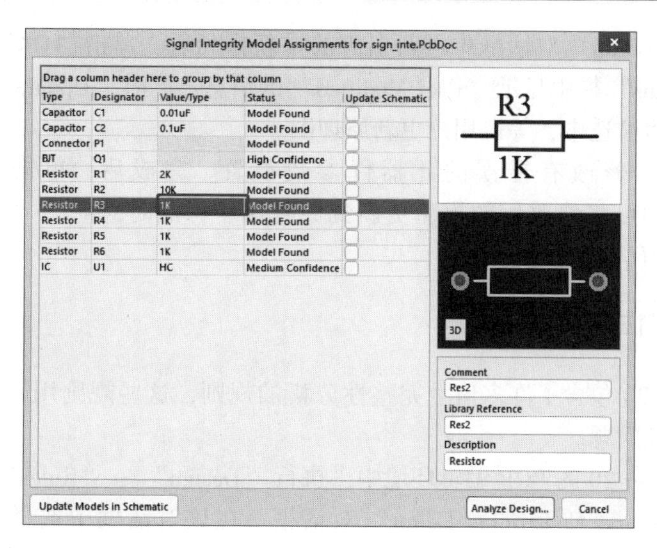

图 8-4 “Signal Integrity Model Assignments for sign_inte. PcbDoc” 对话框

“Value/Type” 列中显示了其工艺类型，该项参数对信号完整性分析的结果有着较大的影响。在 “Status” 列中，显示了当前模型的状态信息。实际上，执行 “Tools” → “Signal Integrity” 命令，开始运行信号完整性分析器时，系统就已经为一些没有设定 SI 模型的元器件添加了模型，这里的状态信息就表示这些自动加入的模型的可信程度。模型的状态信息一般有 Model Found、High Confidence、Medium Confidence、Low Confidence、No Match、User Modified 和 Model Saved。

4）双击某一元器件标识，会打开相应的 “Signal Integrity Model” 对话框，如图 8-5 所示。用户可进行元器件 SI 模型的重新设定，包括模型名称、描述、类型、技术、数值，并可编辑模型、设置元器件排列或导入 IBIS 模型文件等。

※划重点：

元器件如果被红色高亮标记的话，则意味着该元器件有错误，需要重新修改参数设置。

如果要修改元器件引脚信息，可在图 8-5 中单击 “Setup Part Array” 按钮，打开图 8-6 所示的 “Part Array Editor” 对话框，然后在该对话框中进行修改。

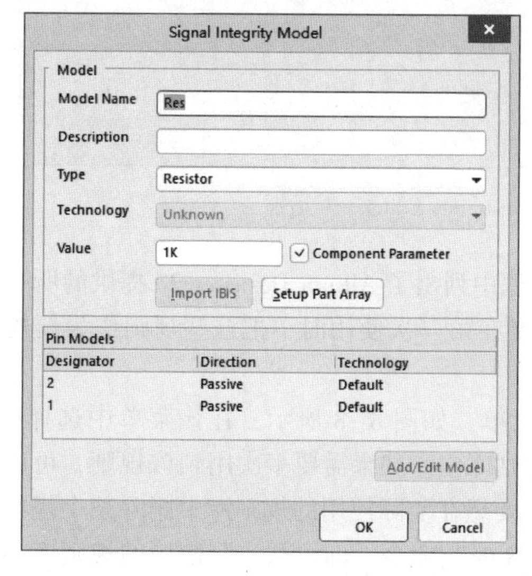

图 8-5 “Signal Integrity Model” 对话框

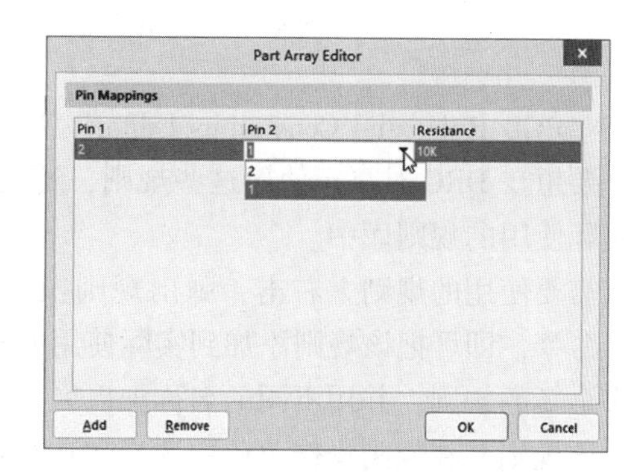

图 8-6 “Part Array Editor” 对话框

在“Part Array Editor”对话框中进行引脚的重新排列后，单击“OK”按钮返回对话框。此时，对应的“Status”栏中显示“User Modified”的信息，同时“Update Schematic”（更新原理图）列的复选框也被选中，等待用户更新原理图。

按照以上操作，修改有错误的元器件参数设置。完成后，单击“Update Models in Schematic”按钮，即可将修改后的模型更新到原理图中，此时对应的“Status”栏中会显示“Model Saved（模型已保存）”。

8.1.3 信号完整性分析规则

Altium Designer 20 包含了许多信号完整性分析的规则，这些规则用于 PCB 设计中检测一些潜在的信号完整性问题。

在 Altium Designer 20 的 PCB 编辑环境中，执行“Design”→“Rules”命令，弹出图 8-7 所示的“PCB Rules and Constraints Editor”对话框。在该对话框中选择“Design Rules”→“Signal Integrity”规则设置选项，即可看到图 8-7 所示的信号完整性分析的选项，可以根据设计工作的要求选择所需的规则进行设置。

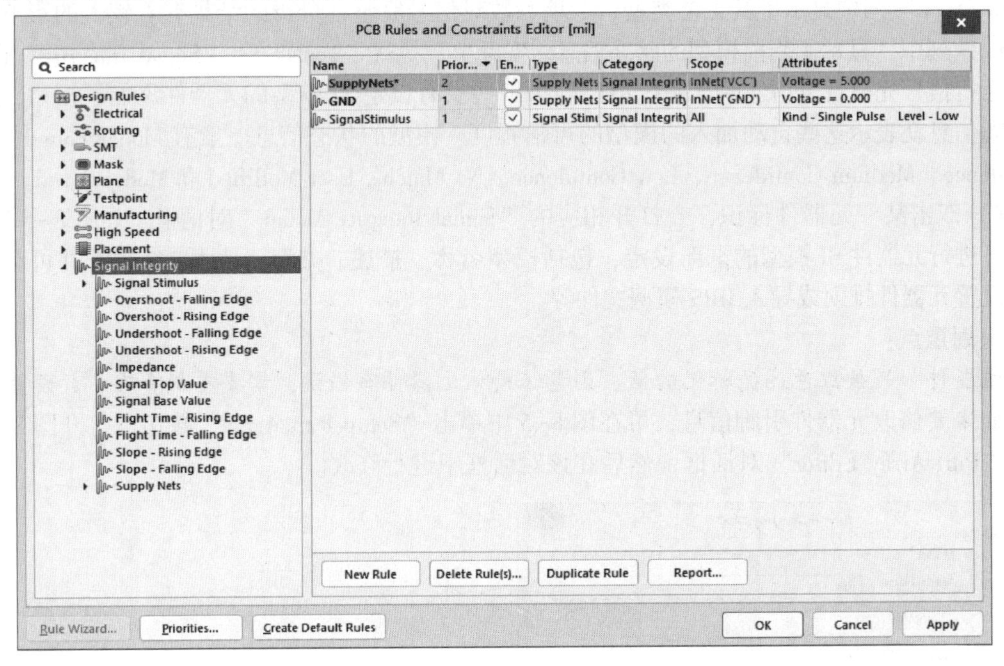

图 8-7 “PCB Rules and Constraints Editor”对话框

在“PCB Rules and Constraints Editor”对话框中列出了 Altium Designer 20 提供的所有设计规则，要想在 DRC 时真正使用这些规则，还需要在第一次使用时，把这些规则作为新规则添加到实际使用的规则库中。

在需要使用的规则上右击，弹出规则操作菜单，如图 8-8 所示，在该菜单中选择“New Rule”命令，即可把该规则添加到实际使用的规则库中。如果需要多次用到该规则，可以为它建立多个新的规则，并用不同的名称加以区别。要想在实际使用的规则库中删除某个规则，可以选中该规则并在规则操作菜单中选择“Delete Rule”命令，即可从实际使用的规则库中删除该规则。规则操作菜单中其他选项的含义如下。

- Export Rules：把选中的规则从实际使用的规则库中导出。
- Import Rules：弹出图 8-9 所示的 “Choose Design Rule Type” 对话框，从设计规则库中导入所需的规则。
- Report：为该规则建立相应的报告文件，并打印输出。

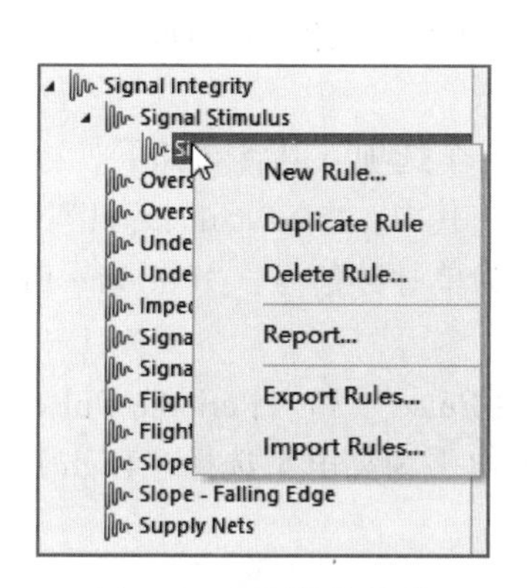

图 8-8　规则操作菜单

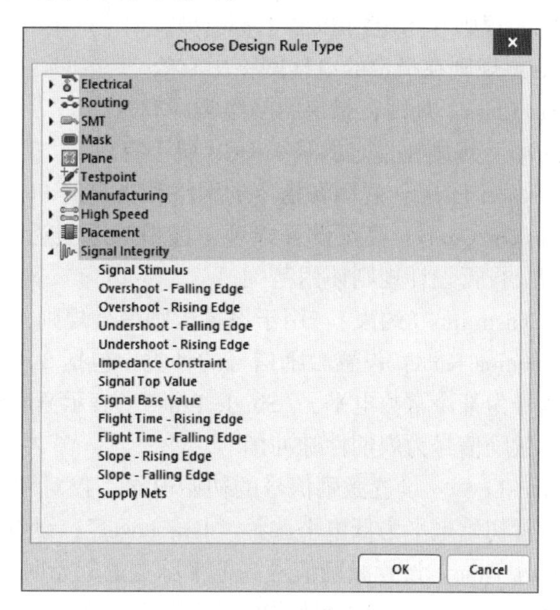

图 8-9　“Choose Design Rule Type” 对话框

在 Altium Designer 20 中包含 13 条信号完整性分析的规则，主要在图 8-7 所示的 “PCB Rules and Constraints Editor” 对话框中进行设置，下面分别进行介绍。

1. 激励信号（Signal Stimulus）规则

在 “Signal Stimulus” 上右击，在弹出的快捷菜单中选择 “New Rule” 命令，生成 “Signal Stimulus” 激励信号规则选项，单击该规则，则在 “PCB Rules and Constraints Editor” 对话框的右侧窗格出现设置激励信号的各项参数，如图 8-10 所示。

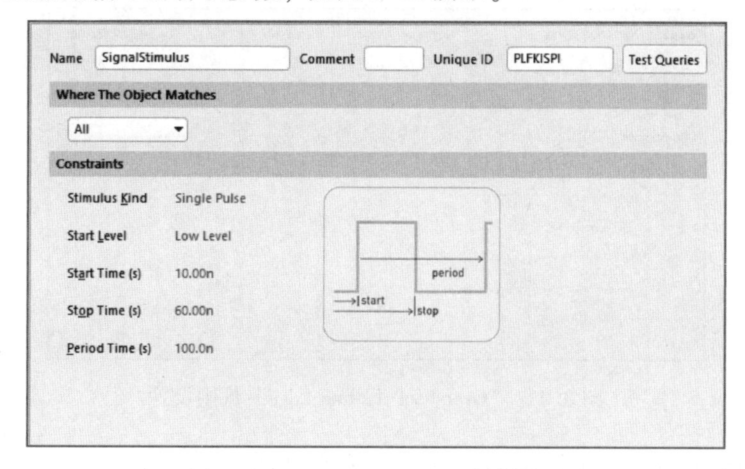

图 8-10　“Signal Stimulus” 规则设置

1）Name：参数名称，用来为该规则取一个便于理解的名字，在 DRC 校验中，当电路板布线违反该规则时，就将以该参数名称显示此错误。

2）Comment：该规则的注释说明。

3）Unique ID：为该参数提供的一个随机的 ID 号。

4）Where The Object Matches（优先匹配对象的位置）：第一类对象的设置范围，用来设置激励信号规则适用的范围，一共有 6 个选项。

- All：规则在指定的 PCB 上都有效。
- Net：规则在指定的电气网格中有效。
- Net Class：规则在指定的网络类中有效。
- Layer：规则在指定的某一 PCB 层上有效。
- Net and Layer：规则在指定的网络和指定的 PCB 层上有效。
- Custom Query：高级设置选项，选中该选项后，可以单击其左侧的“Query Builder”按钮，自行设计规则使用范围。

5）Constraints（约束）：用于设置激励信号规则，共有 5 个选项，其含义如下。

- Stimulus Kind：设置激励信号的种类，包括 3 种选项，其中，“Constant Level”表示激励信号为某个常数电平，“Single Pulse”表示激励信号为单脉冲信号，“Periodic Pulse”表示激励信号为周期性脉冲信号。
- Start Level：设置激励信号的初始电平，仅对“Single Pulse”和“Periodic Pulse”有效。设置初始电平为低电平选择“Low Level”，设置初始电平为高电平选择“High Level”。
- Start Time：设置激励信号高电平脉宽的起始时间。
- Stop Time：设置激励信号高电平脉宽的终止时间。
- Period Time：设置激励信号的周期。

※划重点：

设置激励信号的时间参数时，在输入数值的同时，要添加时间单位，以免设置出错。

2. 信号过冲的下降沿（Overshoot-Falling Edge）规则

信号过冲的下降沿定义了信号下降边沿允许的最大过冲值，即信号下降沿上低于信号基值的最大阻尼振荡，系统默认单位是伏特，如图 8-11 所示。

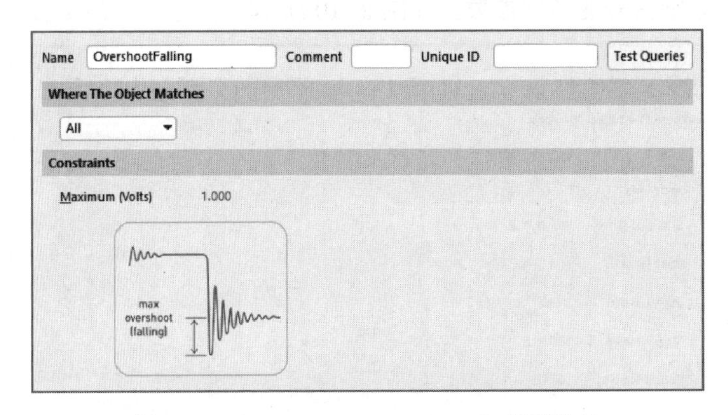

图 8-11 “Overshoot-Falling Edge”规则设置

3. 信号过冲的上升沿（Overshoot-Rising Edge）规则

信号过冲的上升沿与信号过冲的下降沿是相对应的，它定义了信号上升边沿允许的最大过冲值，即信号上升沿上高于信号上位值的最大阻尼振荡，系统默认单位是伏特，如图 8-12 所示。

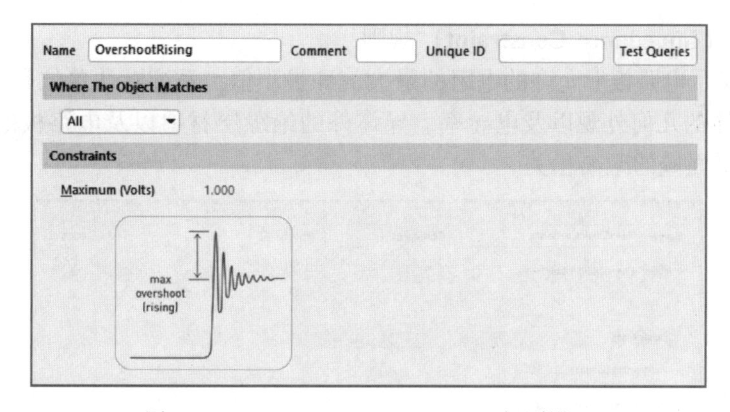

图 8-12 “Overshoot-Rising Edge” 规则设置

4. 信号下冲的下降沿（Undershoot-Falling Edge）规则

信号下冲与信号过冲略有区别。信号下冲的下降沿定义了信号下降边沿允许的最大下冲值，即信号下降沿上高于信号基值的阻尼振荡，系统默认单位是伏特，如图 8-13 所示。

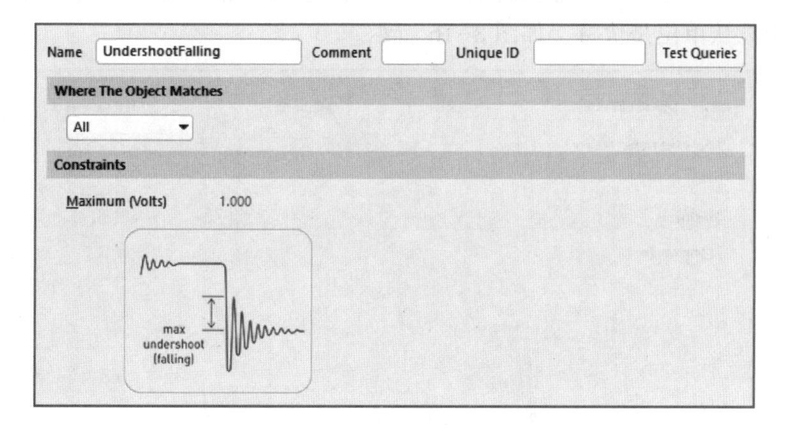

图 8-13 “Undershoot-Falling Edge” 规则设置

5. 信号下冲的上升沿（Undershoot-Rising Edge）规则

信号下冲的上升沿与信号下冲的下降沿是相对应的，它定义了信号上升边沿允许的最大下冲值，即信号上升沿上低于信号上位值的阻尼振荡，系统默认单位是伏特，如图 8-14 所示。

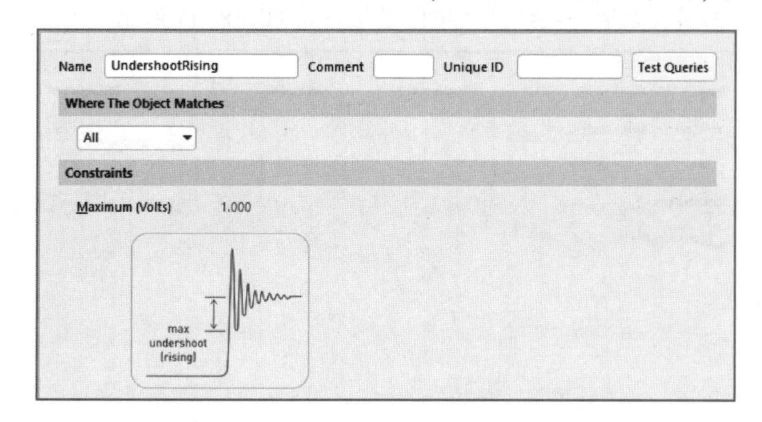

图 8-14 “Undershoot-Rising Edge” 规则设置

6. 阻抗约束（Impedance Constraint）规则

阻抗约束定义了电路板上允许的电阻的最大值和最小值，系统默认单位是欧姆，如图 8-15 所示。阻抗和导体的几何外观以及电导率、导体外的绝缘层材料以及电路板的几何物理分布，也即导体间在 z 平面域的距离相关。

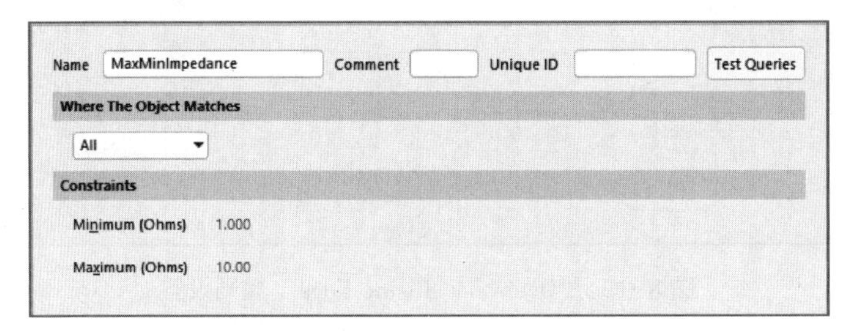

图 8-15 “Impedance Constraint”规则设置

7. 信号高电平（Signal Top Value）规则

信号高电平定义了线路上信号在高电平状态下所允许的最小稳定电压值，即信号上位值的最小电压，系统默认单位是伏特，如图 8-16 所示。

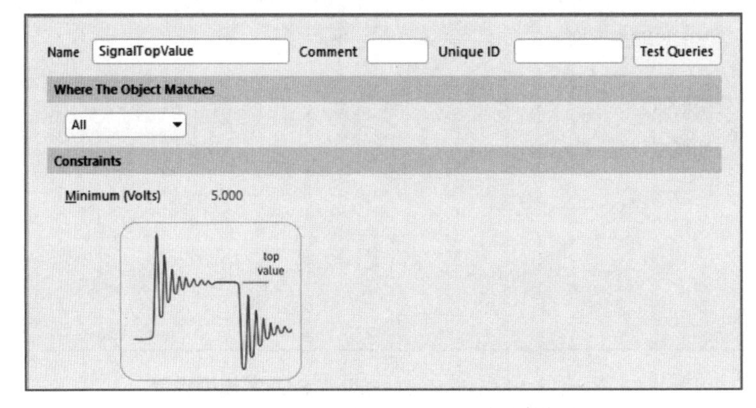

图 8-16 “Signal Top Value”规则设置

8. 信号基值（Signal Base Value）规则

信号基值与信号高电平是相对应的，它定义了线路上信号在低电平状态下所允许的最大稳定电压值，即信号的最大基值，系统默认单位是伏特，如图 8-17 所示。

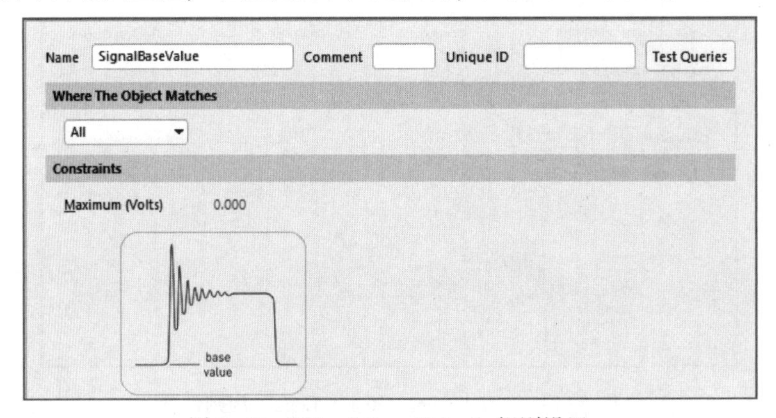

图 8-17 “Signal Base Value”规则设置

9. 飞升时间的上升沿（Flight Time-Rising Edge）规则

飞升时间的上升沿定义了信号上升边沿允许的最大飞行时间，即信号上升边沿到达信号设定值的50%时所需的时间，系统默认单位是秒，如图 8-18 所示。

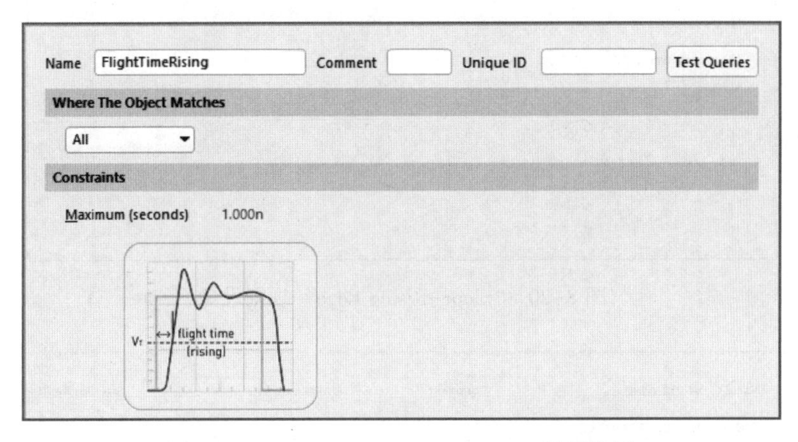

图 8-18 “Flight Time-Rising Edge”规则设置

10. 飞升时间的下降沿（Flight Time-Falling Edge）规则

飞升时间的下降沿是相互连接的结构的输入信号延迟，它是实际的输入电压到门限电压之间的时间，小于这个时间将驱动一个基准负载，该负载直接与输出相连接。

飞升时间的下降沿与飞升时间的上升沿是相对应的，它定义了信号下降边沿允许的最大飞行时间，即信号下降边沿到达信号设定值的 50%时所需的时间，系统默认单位是秒，如图 8-19 所示。

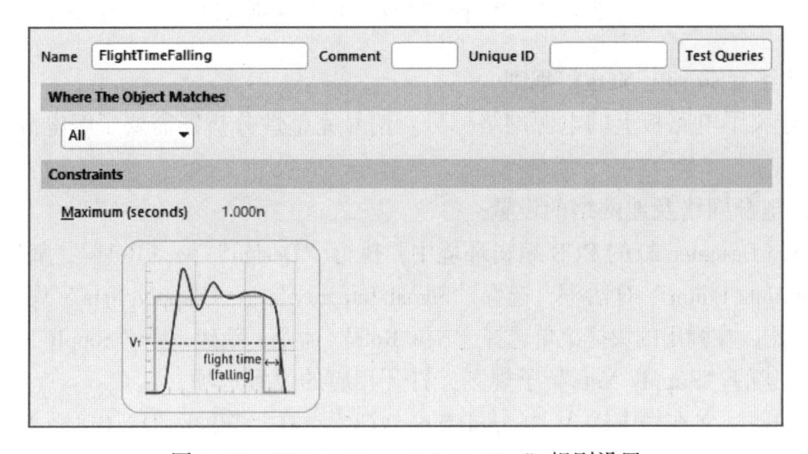

图 8-19 “Flight Time-Falling Edge”规则设置

11. 上升边沿斜率（Slope-Rising Edge）规则

上升边沿斜率定义了信号从门限电压上升到一个有效的高电平时所允许的最大时间，系统默认单位是秒，如图 8-20 所示。

12. 下降边沿斜率（Slope-Falling Edge）规则

下降边沿斜率与上升边沿斜率是相对应的，它定义了信号从门限电压下降到一个有效的低电平时所允许的最大时间，系统默认单位是秒，如图 8-21 所示。

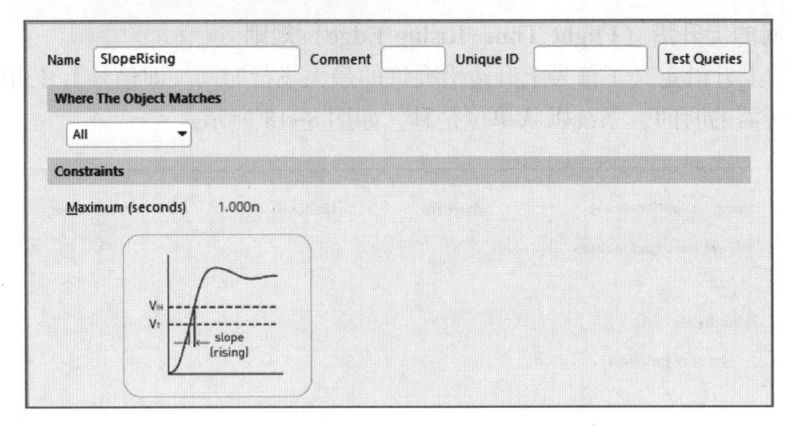

图 8-20 “Slope-Rising Edge”规则设置

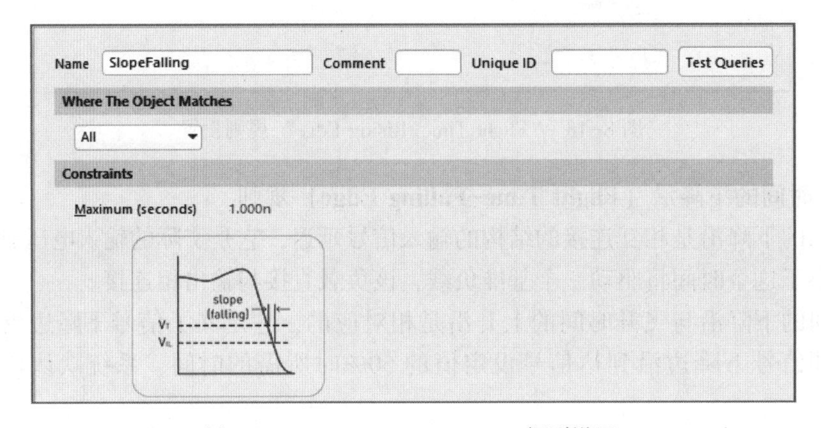

图 8-21 “Slope-Falling Edge”规则设置

13. 电源网络（Supply Nets）规则

电源网络定义了电路板上的电源网络标号。信号完整性分析器需要了解电源网络标号的名称和电压值。

【例 8-2】 电源网络及地网络的设置。

1）在 Altium Designer 20 的 PCB 编辑环境中，执行“Design”→“Rules”命令，打开“PCB Rules and Constraints Editor”对话框，选择“Signal Integrity”→“Supply Nets”规则，在“Supply Nets”规则上右击，在弹出的快捷菜单选择“New Rule”命令，新建一个“Supply Nets”子规则。

2）单击新建的“Supply Nets”子规则，打开相应的设置选项。

3）在“Name”文本框中输入“SupplyNets_VCC”，在“Where The Object Matches”下拉列表框中选择“Net”，在旁边的下拉列表框中选择“VCC”，并在“Constraints”选项组中设定“Voltage”为“5 V”，如图 8-22 所示。

4）单击“Apply”按钮，完成该规则的设置。

5）再次选中“Supply Nets”规则，新建一个“Supply Nets”子规则。

6）在“Name”文本框中输入“SupplyNets_GND”，在“Where The Object Matches”中选择“Net”，在旁边的下拉列表框中选择“GND”，并在“Constraints”选项组中设定“Voltage”为“0 V”，如图 8-23 所示。

7）单击“Apply”按钮，完成该规则的设置。

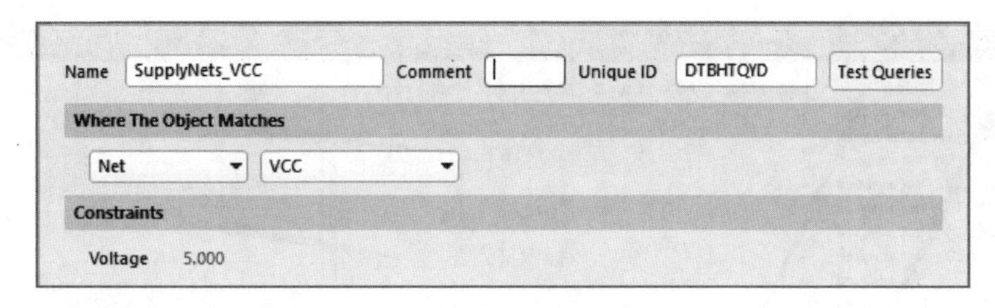

图 8-22　电源网络规则设置

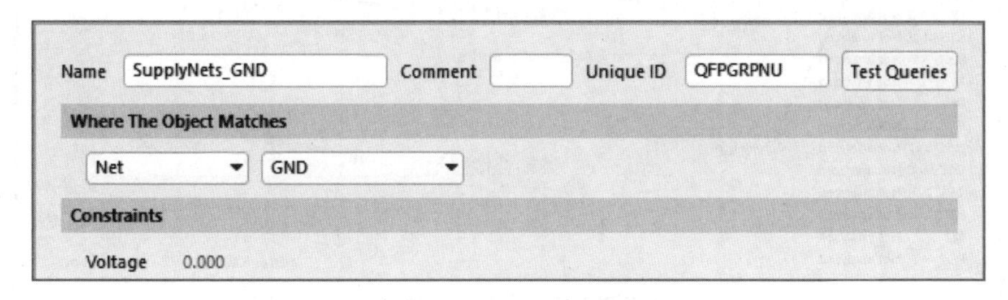

图 8-23　接地网络规则设置

设置好完整性分析的各项规则后，在工程文件中，打开某个 PCB 设计文件，系统即可根据信号完整性的规则设置进行 PCB 的板级信号完整性分析。

信号完整性分析实例

8.2　信号完整性分析实例

信号完整性分析可以分为两步进行：第一步是对所有可能需要进行分析的网络进行一次初步分析，从中可以了解到哪些网络的信号完整性最差；第二步是筛选出一些关键信号进一步的分析，已达到设计优化的目的。这两步都是在信号完整性分析器中进行的。

8.2.1　信号完整性分析器

在对信号完整性分析的有关规则，以及元件的 SI 模型设定有了初步了解后，下面介绍如何进行基本的信号完整性分析。

Altium Designer 20 提供了一个高级的信号完整性分析器，能精确地模拟、分析已布好线的 PCB，测试网络阻抗、下冲、过冲、信号斜率等，其设置方式与 PCB 设计规则一样容易实现。

打开某一项目的 PCB 文件，执行“Tools”→“Signal Integrity”命令，系统开始运行信号完整性分析器，弹出图 8-3 所示的错误信息提示对话框，单击“Continue”按钮，打开“Signal Integrity”对话框，如图 8-24 所示。

1.“Net”（网络）栏

“Net”栏（网络列表）列出了 PCB 文件中所有可能需要进行分析的网络。在分析之前，可以选中需要进一步分析的网络，单击›按钮添加到右侧的“Net”栏中。

2.“Status”（状态）栏

用来显示相应网络进行信号完整性分析后的状态，有 3 种可能。

- Passed：表示通过，没有问题。
- Not analyzed：表明由于某种原因导致对该信号的分析无法进行。
- Failed：分析失败。

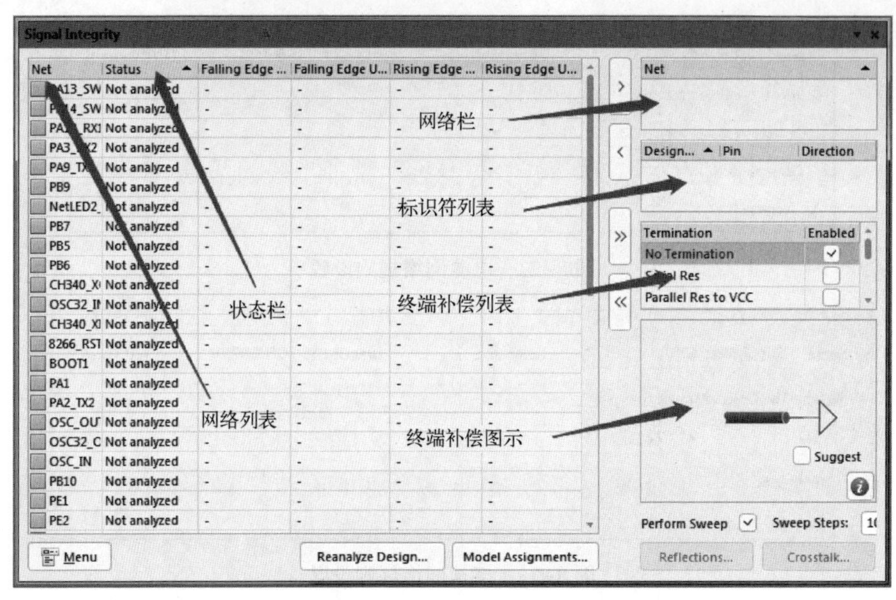

图 8-24 “Signal Integrity”对话框

3. “Designator”（标识符）列表

显示“Net”栏中所选中网络的连接元器件引脚及信号的方向。

4. “Termination”（终端补偿）列表

在 Altium Designer 20 中，对 PCB 进行信号完整性分析时，还需要对线路上的信号进行终端补偿的测试，目的是测试传输线中信号的反射与串扰，使 PCB 中的线路信号达到最优。

在“Termination”列表中，系统提供了 8 种信号终端补偿方式，相应的图示显示在其下方的图示栏中。

- No Termination（无终端补偿）：该补偿方式如图 8-25 所示，即直接进行信号传输，对终端不进行补偿，是系统的默认方式。
- Serial Res（串阻补偿）：该补偿方式如图 8-26 所示，即在点对点的连接方式中，直接串入一个电阻，以减少外来电压波形的幅值，合适的串阻补偿将使得信号正确终止，消除接收器的过冲现象。

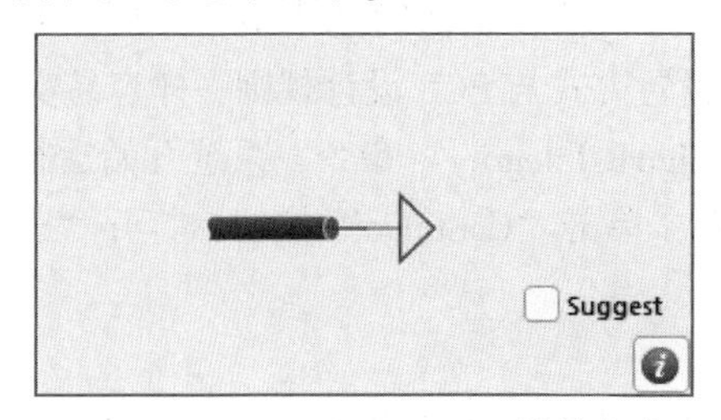

图 8-25 “No Termination”补偿方式

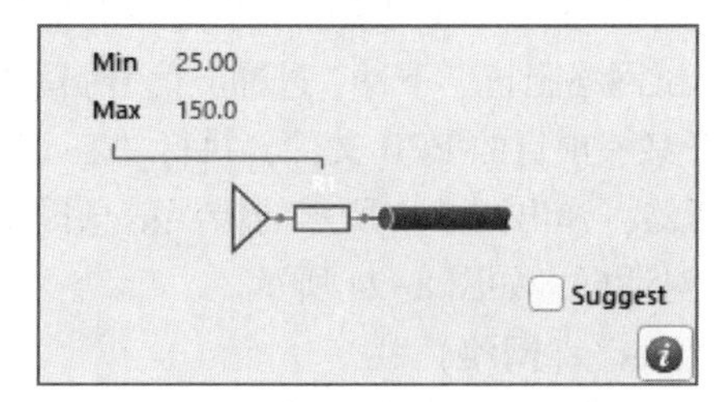

图 8-26 “Serial Res”补偿方式

- Parallel Res to VCC（电源 VCC 端并阻补偿）：在电源 VCC 输入端并联的电阻是和传输线阻抗相匹配的，对于线路的信号反射，这是一种比较好的补偿方式，如图 8-27 所示。只是由于该电阻上会有电流流过，因此，将增加电源的消耗，导致低电平阈值的升高，该阈值会根据电阻值的变化而变化，有可能会超出在数据区定义的操作条件。
- Parallel Res to GND（接地 GND 端并阻补偿）：在接地输入端并联的电阻是和传输线阻抗相匹配的，如图 8-28 所示。与电源 VCC 端并阻补偿方式类似，这也是终止线路信号反射的一种比较好的方法。同样，由于有电流流过，会导致高电平阈值的降低。

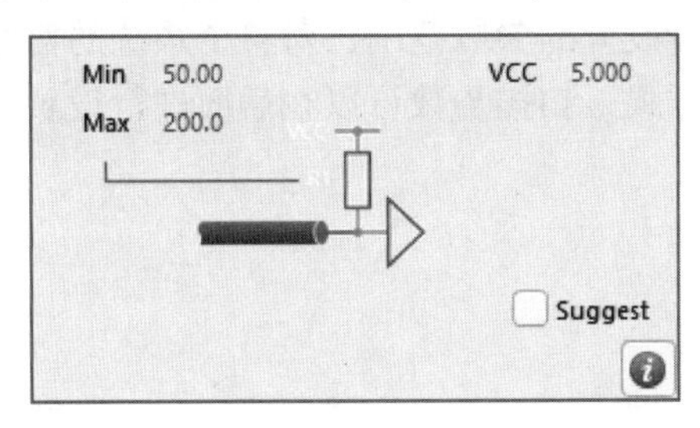

图 8-27 “Parallel Res to VCC”补偿方式

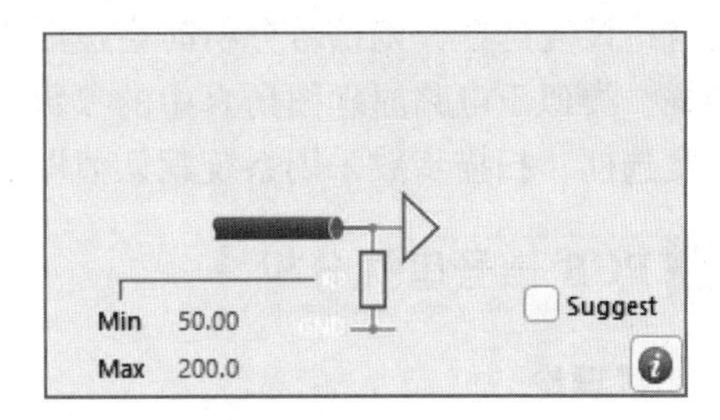

图 8-28 “Parallel Res to GND”补偿方式

- Parallel Res to VCC&GND（电源端与地端同时并阻补偿）：将电源端并阻补偿与接地端并阻补偿结合起来使用，如图 8-29 所示。这种补偿方式适用于 TTL 总线系统，而对于 CMOS 总线系统则一般不建议使用。由于该方式相当于在电源与地之间直接接入了一个电阻，流过的电流将比较大，因此，对于两电阻的阻值分配应折中选择，以防电流过大。
- Parallel Cap to GND（地端并联电容补偿）：在接收输入端对地并联一个电容，可以减少信号噪声，如图 8-30 所示。该补偿方式是制作 PCB 时最常用的方式，能够有效地消除铜膜导线在布线的拐弯处所引起的波形畸变。最大的缺点是，波形的上升沿或下降沿会变得太平坦，导致上升时间和下降时间的增加。

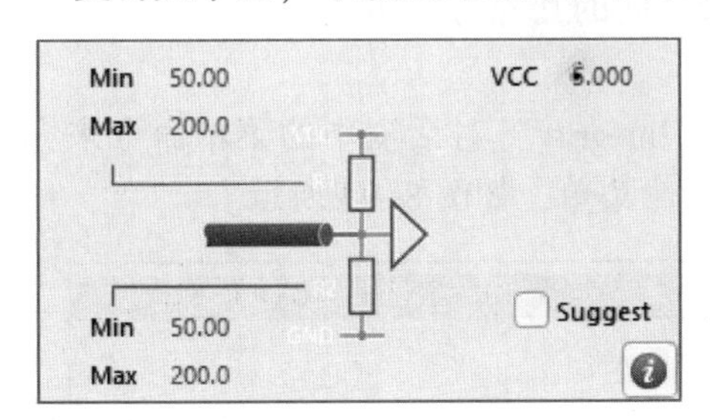

图 8-29 “Parallel Res to VCC&GND”补偿方式

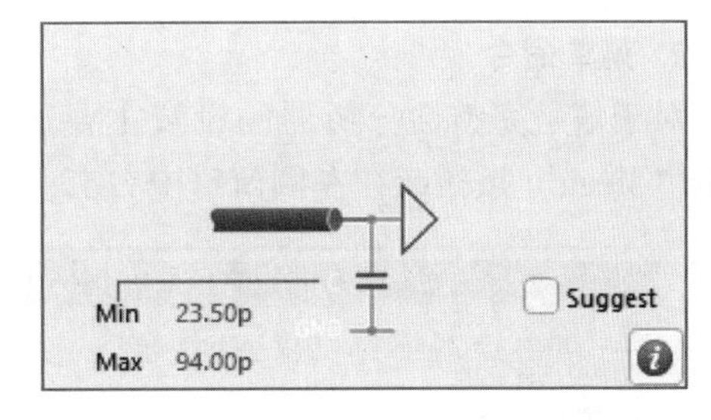

图 8-30 “Parallel Cap to GND”补偿方式

- Res and Cap to GND（地端并阻、并容补偿）：在接收输入端对地并联一个电容和一个电阻，如图 8-31 所示。与地端仅并联电容的补偿效果基本一样，只不过在终结网络中不再有直流电流流过。而且与地端仅并联电阻的补偿方式相比，能够使得线路信号的边沿比较平坦。在大多数情况下，当时间常数 RC 大约为延迟时间的 4 倍时，这种补偿方式可以使传输线上的信号被充分终止。
- Parallel Schottky Diode（并联肖特基二极管补偿）：在传输线终结的电源和地端并联肖特基二极管可以减少接收端信号的过冲和下冲值，如图 8-32 所示。大多数标准逻辑集成电路的输入电路都采用这种补偿方式。

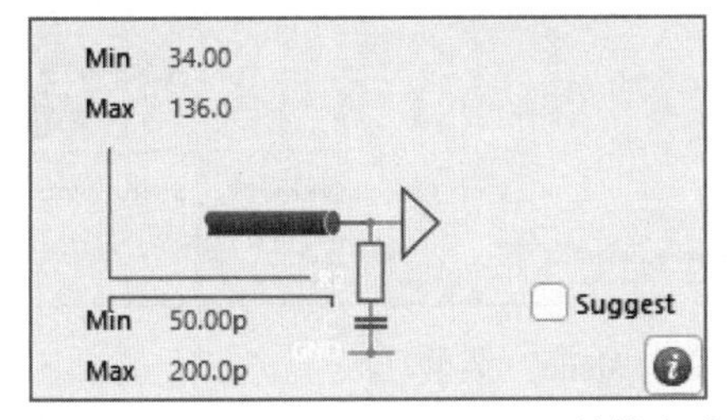

图 8-31 “Res and Cap to GND”补偿方式

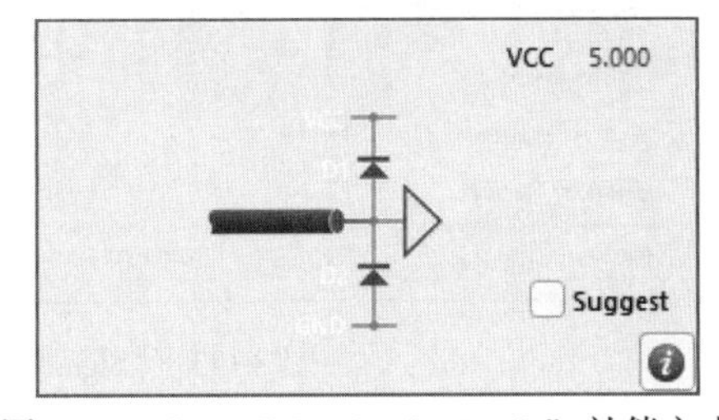

图 8-32 “Parallel Schottky Diode”补偿方式

5. “Perform Sweep”（执行扫描）复选框

若选中该复选框，则信号分析时会按照用户所设置的参数范围，对整个系统的信号完整性进行扫描，类似于电路原理图仿真中的参数扫描方式。扫描步数可以在后面进行设置，一般应选中该复选框，扫描步数采用系统默认值即可。

8.2.2 PCB 信号串扰分析

1. 串扰理论

串扰是没有电气连接的信号线之间的感应电压和感应电流所导致的电磁耦合。这种耦合会使信号线起着天线的作用，其容性耦合会引发耦合电流，感性耦合会引发耦合电压，并且随着时钟速率的升高和设计尺寸的缩小而加大。这是由于信号线上有交变的信号电流通过时，会产生交变的磁场，处于该磁场中的其他信号线会感应出信号电压。

印制电路板层的参数、信号线的间距、驱动端和接收端的电气特性及信号线的端接方式等都对串扰有一定的影响。

当信号沿传输线传播时，信号路径和返回路径之间将产生电力线；围绕在信号路径和返回路径周围也有磁力线圈。这些场并不是被封闭在信号路径和返回路径之间的空间内。相反，它们会延伸到周围的空间，把这些延伸出去的场称为边缘场。边缘场将会通过互容与互感转化为另一条线上的能量。而串扰的本质，其实就是传输线之间的互容与互感。

2. 菜单命令

对于信号完整性分析器的设置主要通过“Signal Integrity”对话框中的菜单命令来完成。单击“Menu”按钮或在左侧窗口中右击，都会打开命令菜单，如图 8-33 所示。

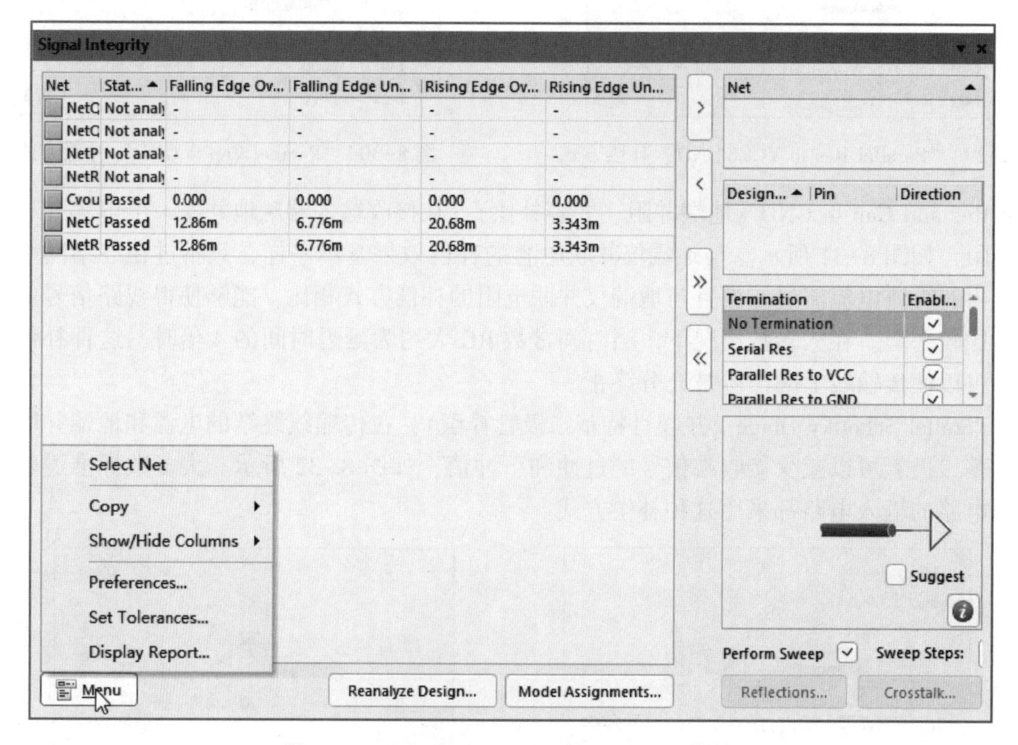

图 8-33 “Signal Integrity”的“Menu”菜单

“Menu” 菜单的主要选项说明如下。

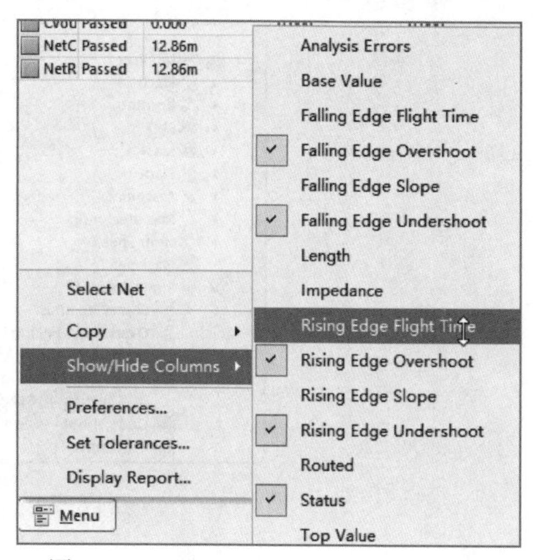

图 8-34 “Show/Hide Columns” 子菜单

- Select Net：执行该命令，会将左侧窗口中某一选中的网络添加到右侧的 “Net” 列表中。
- Copy：复制某一选中网络或全部网络。
- Show/Hide Columns：显示/隐藏纵向栏，用于选择设置左侧窗口中的显示内容。对于不需要的内容，取消选择，即可隐藏，如图 8-34 所示。
- Preferences：优先设定。执行该命令后，用户可以在打开的 “Signal Integrity Preference” 对话框中设置信号完整性分析的相关选项。该对话框中有若干选项卡，不同的选项卡中设置内容是不同的。在信号完整性分析中，用到的主要是 “Configuration” 选项卡，可设置信号完整性分析的总时间、步长以及串扰分析时传输线间相互影响的距离。
- Set Tolerances：设置容差。执行该命令后，系统会弹出 “Set Screening Analysis Tolerances”（设置扫描分析公差）对话框，如图 8-35 所示。容差也称为公差，被用于限定一个误差范围，表示允许信号变形的最大值和最小值。将实际信号与这个范围相比较，就可以确定信号是否合乎要求。
- Display Report：显示报告。执行该命令后，系统会在当前工程的 “Generated” 文件夹下生成文本形式的信号完整性分析报告，同时显示在工作窗口中。

【例 8-3】 在规则中设置容差。

在图 8-35 所示的 “Set Screening Analysis Tolerances” 对话框中添加 1 条规则，设置下降沿的下冲值为 100 mV，以便在进行信号完整性分析时，将下降沿冲值超过 100 mV 的信号选出。

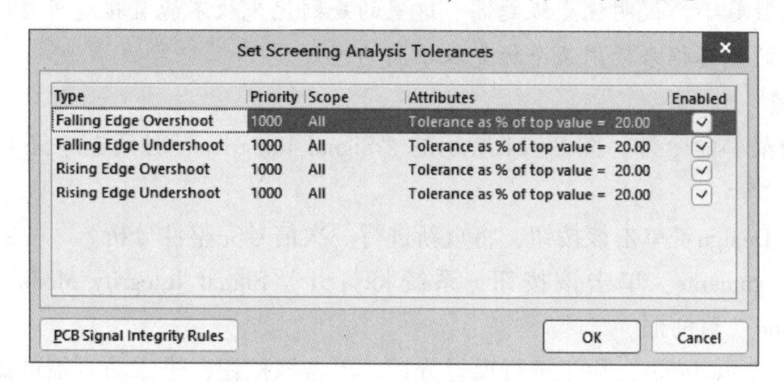

图 8-35 “Set Screening Analysis Tolerances” 对话框

1）单击 “Set Screening Analysis Tolerances” 对话框中的 “PCB Signal Integrity Rules” 按钮，打开 “PCB Rules and Constraints Editor” 对话框。

2）选中 “Signal Integrity” 下的 “Undershoot-Falling Edge” 规则，右击并在弹出的快捷菜单中选择 “New Rule” 命令，新建一个 “UndershootFalling” 子规则，并在对话框的右侧进行相应的设置，如图 8-36 所示。

3）设置完毕，返回 “Set Screening Analysis Tolerances” 对话框，可以看到所设置的规则及优先权，如图 8-37 所示。

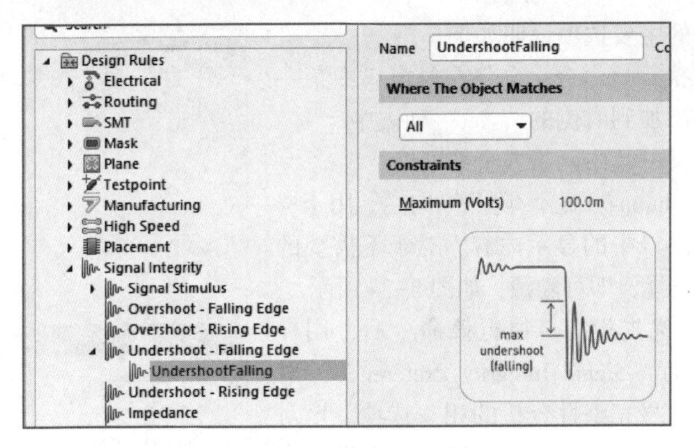

图 8-36　设置下降沿下冲的信号容差

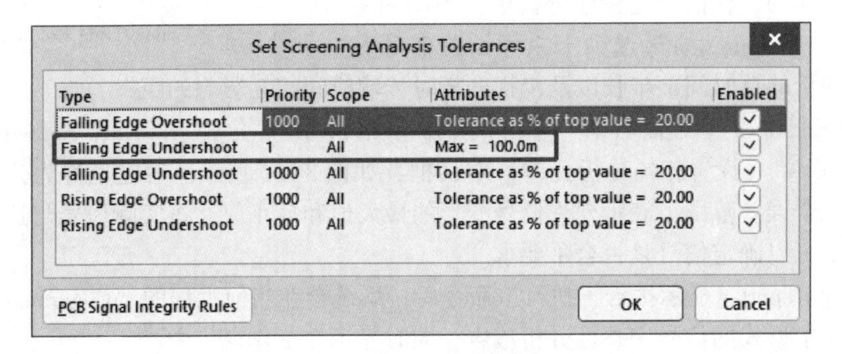

图 8-37　设置好的规则及优先权

※划重点：

规则优先权数越小，说明优先级越高。这里的规则优先权不能直接进行修改，但是可以利用取消选中右侧的复选框来禁用某个优先权较高的规则。

3. 功能按钮

除了上述的菜单命令外，图 8-24 所示的“Signal Integrity”对话框中还有若干个功能按钮，分别如下。

- Reanalyze Design：单击该按钮，将重新进行一次信号完整性分析。
- Model Assignments：单击该按钮，系统将打开“Signal Integrity Model Assignments for xxx. PcbDoc”对话框。
- Reflections Waveforms：用于进行反射分析。单击该按钮，进入仿真器的编辑环境中，显示相应的信号反射波形。
- Crosstalk Waveforms：用于对选中的网络进行串扰分析，结果同样会以波形形式显示在仿真器编辑环境中。
- Suggest：选中该复选框，有关的参数值将由系统根据实际情况进行设置，用户不能更改；若不选中，则可自由进行设定。

【例 8-4】 串扰分析的波形显示。

1）在“Signal Integrity”对话框中选择两个网络，即分别双击“NetP1_2”和“NetR1_1”，将其移入右侧的“Net”列表中。

2）在“NetR1_1”上右击，从弹出的快捷菜单中选择“Set Aggressor”命令，将其设置为串扰源，如图8-38所示。

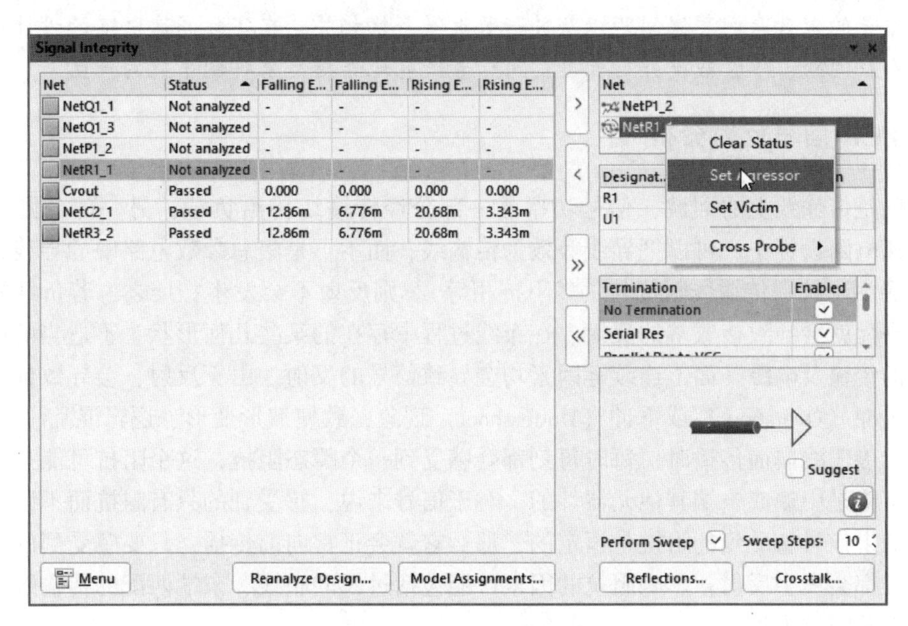

图8-38　设置串扰源

3）单击“Crosstalk Waveforms”按钮，系统开始进行串扰分析。

4）分析结束，系统自动进入仿真编辑环境中，相应串扰分析的波形如图8-39所示。

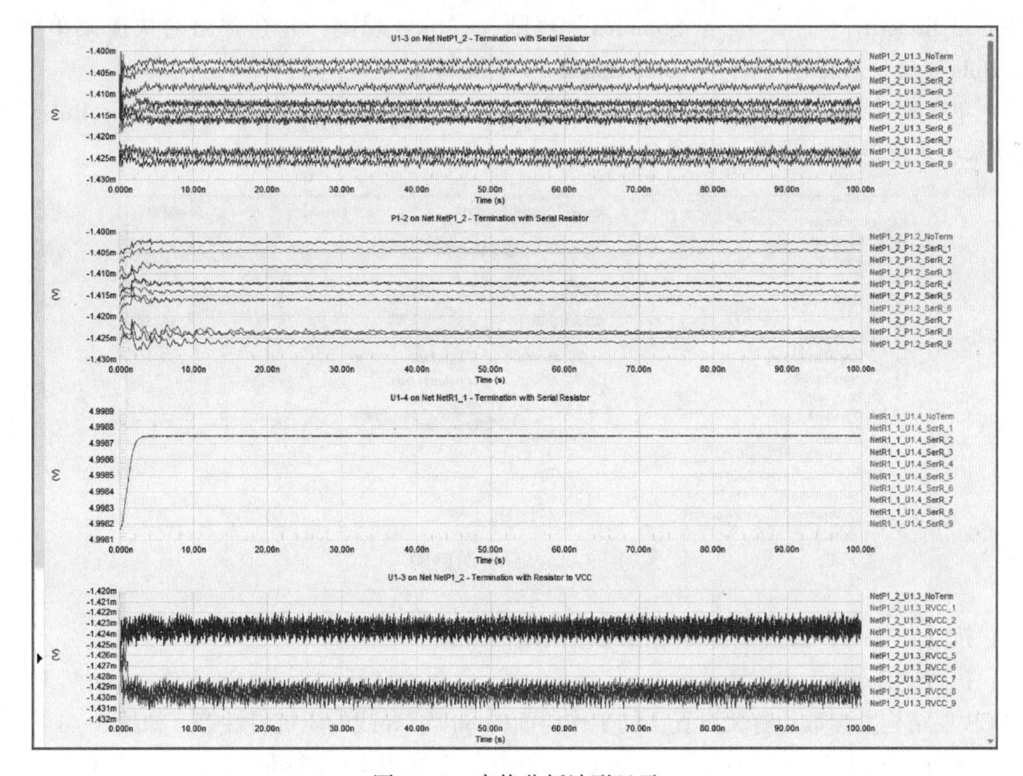

图8-39　串扰分析波形显示

※划重点：

选用不同的终端补偿策略会得到不同的分析结果，用户可以依此从中选择最佳方案。串扰的大小与信号的上升时间、线间距以及并行长度等密切相关，在实际高速电路的设计中，可以采用增加布线间距、尽量减少并行长度、对信号线包地等措施来抑制串扰的产生。

8.2.3 PCB 信号反射分析

反射就是传输线上的回波，信号功率的一部分经传输线传给负载，另一部分则向源端反射。在高速电路设计中，可以把导线等效为传输线，而不再是集总参数电路中的导线，如果阻抗匹配（源端阻抗、传输线阻抗与负载阻抗相等），则反射不会发生；反之，若负载阻抗与传输线阻抗失配就会导致接收端的反射。在布线过程中存在的某些几何形状、不适当的端接、经过连接器的传输及电源平面不连续等因素均会导致信号的反射。由于反射，会导致传送信号出现严重的过冲（Overshoot）或下冲（Undershoot）现象，致使波形变形、逻辑混乱。

信号沿传输线向前传播时，每时每刻都会感受到一个瞬态阻抗，这个阻抗可能是传输线本身的，也可能是中途或末端其他元器件的。对于信号来说，感受到的只有阻抗而不区分阻抗来自哪里。如果信号感受到的阻抗是恒定的，那么它就会正常向前传播，只要感受到的阻抗发生变化，信号都会发生反射。影响阻抗的因素可能包括过长的布线、末端匹配的传输线、过量的电容或电感及阻抗失配。

【例 8-5】 信号完整性中的反射分析。

1）打开工程中的 PCB 设计文件，进入 PCB 设计环境中。

2）执行“Tools”→“Rule”命令，打开“PCB Rules and Constraints Editor”对话框。选中“Signal Integrity”的“Signal Stimulus”规则，右击该规则，并在弹出的快捷菜单中选择“New Rule”命令，新建一个“SignalStimulus”子规则。

3）单击新建的“SignalStimulus”子规则，设置“Stimulus Kind”为“Periodic Pulse”，其他选项采用系统的默认设置，如图 8-40 所示。

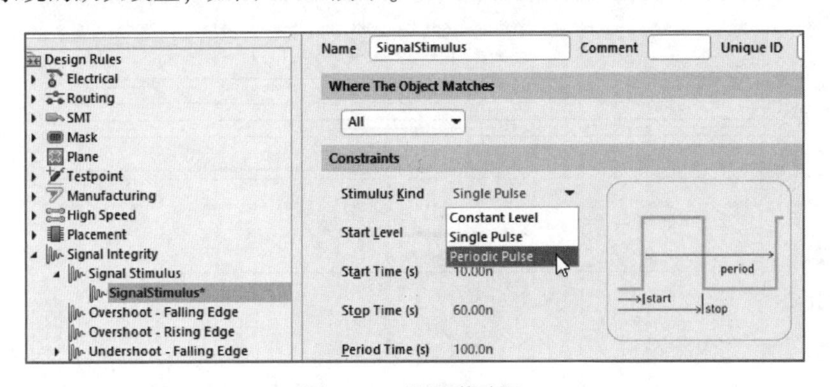

图 8-40　设置激励源

4）按【例 8-2】设置电源网络和接地网络的规则。

5）执行“Design”→“Layer Stack Manager”命令，打开“Layer Stack Manager”对话框，进行 PCB 层结构及参数的有关设置，如工作层面的厚度、导线的阻抗特性等，如图 8-41 所示。

6）执行“Tools”→“Signal Integrity”命令，系统开始运行信号完整性分析器，弹出“Errors or Warnings found”对话框。

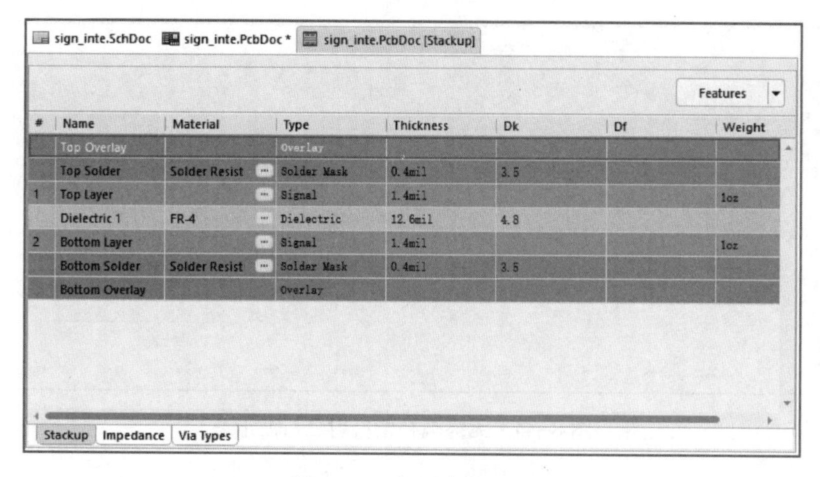

图 8-41　板层参数设置

7）单击该对话框中的“Model Assignments”按钮，打开“Signal Integrity Model Assignments for xxx. PcbDoc”对话框，进行元器件 SI 模型的设定或修改。

8）将 SI 模型的设定或修改更新到原理图之后，单击“Signal Integrity Model Assignments for xxx. PcbDoc”对话框中的“Analyze Design”按钮，打开“SI Setup Options”对话框，进行选项设定。

9）单击“SI Setup Options”对话框中的“Reanalyzed Design”按钮，系统即开始进行信号完整性分析，如图 8-42 所示。

10）分析完毕，打开“Signal Integrity”对话框。选中某一网络并右击，在弹出的快捷菜单中执行“Details”命令，可以查看相关的详细信息。

11）双击网络“NetP1_2”，将其移入右侧的“Net”列表中，设置为无终端补偿，如图 8-43 所示，单击“Reflection Waveforms”按钮，系统开始运行反射分析，结果如图 8-44 所示。

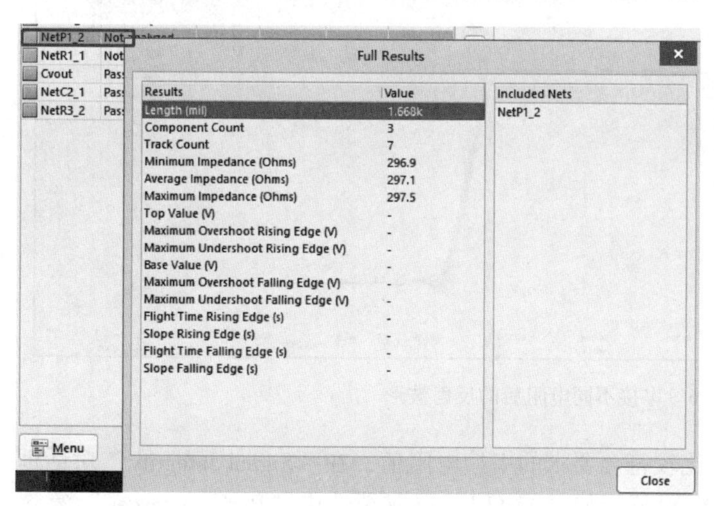

图 8-42　信号完整性初步分析

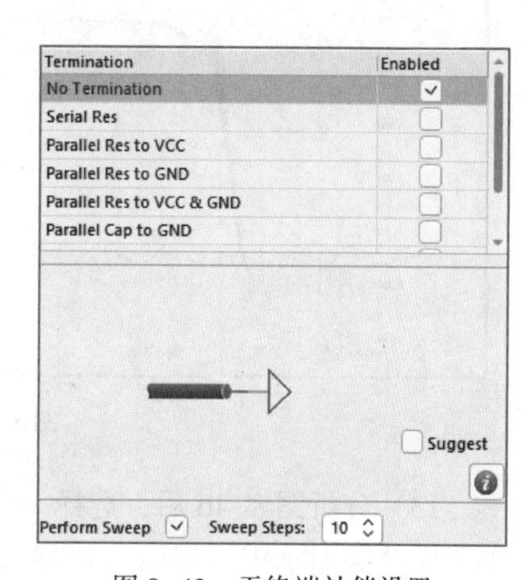

图 8-43　无终端补偿设置

12）在“Termination”列表中，选中“Serial Res”复选框，并设置电阻的阻值范围，最小为“25 Ω”，最大为“100 Ω”；选中“Preform Sweep”复选框，扫描步数采用系统的默认值“10”，如图 8-45 所示。单击“Reflection Waveforms”按钮，分析波形如图 8-46 所示。

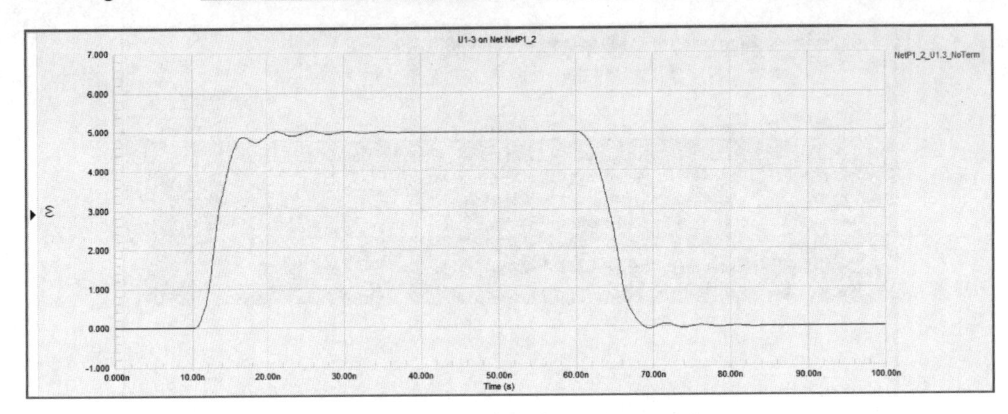

图 8-44　无终端补偿反射分析波形

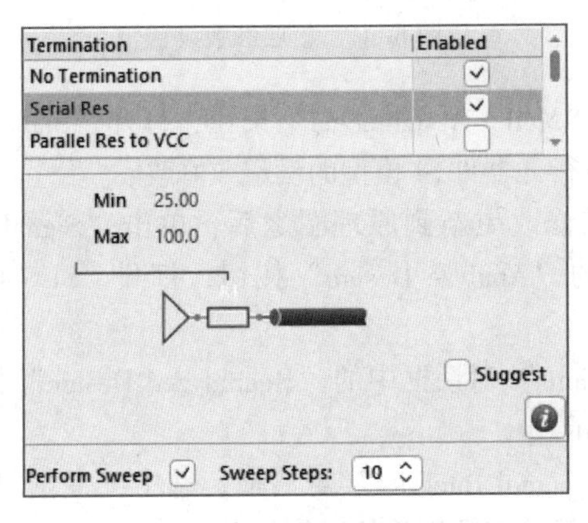

图 8-45　设置串阻补偿参数扫描

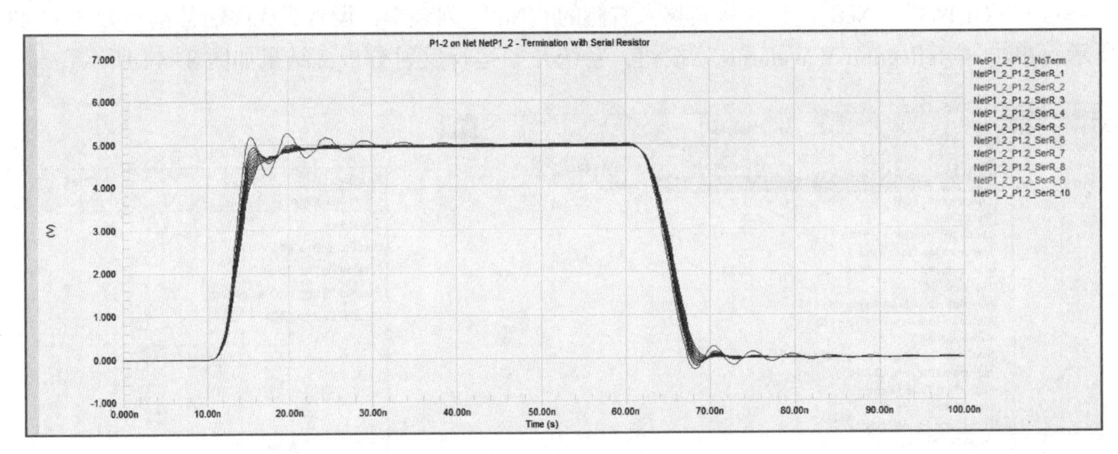

图 8-46　串接不同电阻后的反射波形

13）分析图 8-46 后，选择一个比较符合要求的串接电阻值，在“Signal Integrity”对话框的终端补偿图示中直接输入该串接电阻值，如“47 Ω”，再取消选中“Perform Sweep”复选框，以便更清楚地比较串接电阻前后的信号波形变化，结果如图 8-47 所示。

14）单击“Reflection Waveforms”按钮后，反射波形图中有两条曲线，如图 8-48 所示。浅色曲线是没有串接电阻时的波形，而深色曲线则是串接了 47 Ω 电阻后的信号波形，波形中的过充现象已明显减小，上升沿及下降沿变得平滑。因此，可以根据此阻值选择一个比较合适的电阻串接在PCB的相应网络上。

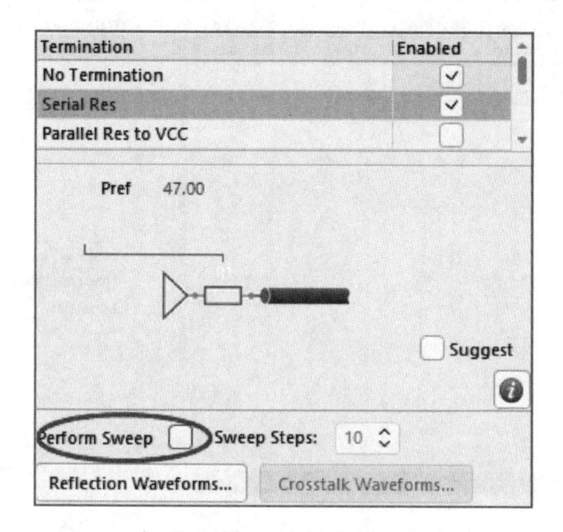

图8-47　设置串阻补偿参数不扫描方式

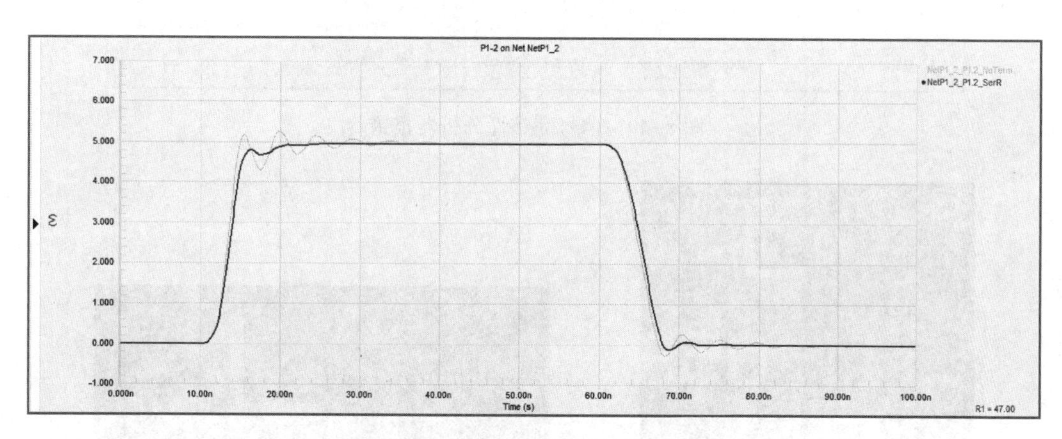

图8-48　串接电阻前后的反射波形

8.3　实例：AVR单片机最小系统信号完整性分析

1. 实例要求

1）完成5.10节实例的信号完整性分析。

2）完成信号完整性分析器报错修改，如图8-49和图8-50所示。

3）进行PCB信号串扰分析，分析串口网络“RXD1”和“TXD1”“232RXD”和“232TXD”。

4）进行PCB信号反射分析，分析串口网络“RXD0”和“TXD0”；“RXD1”和“TXD1”；“232RXD”和“232TXD”。

2. 实例操作步骤

1）对5.10节实例中的PCB完成自动布线，打开图8-49所示“Signal Integrity”对话框，查找报错信息，并进行修改，直到没有错误。

2）在“Signal Integrity”对话框中，分别双击“RXD1”和“TXD1”，将其移入右侧的“Net”列表中。

3）在“RXD1”上右击，从弹出的快捷菜单中选择“Set Aggressor”命令，将其设置为串扰源。

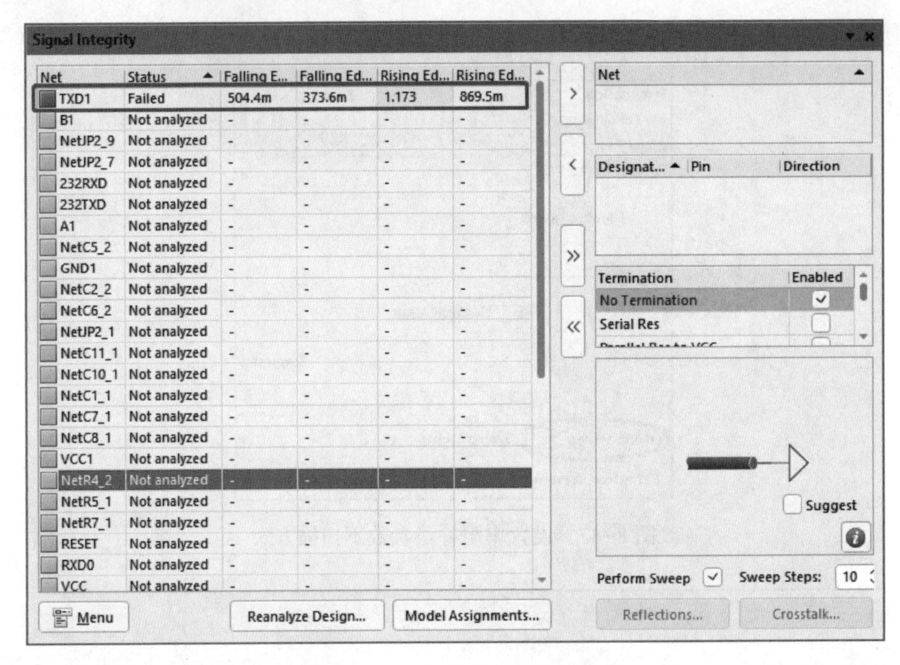

图 8-49　信号完整性分析器报错

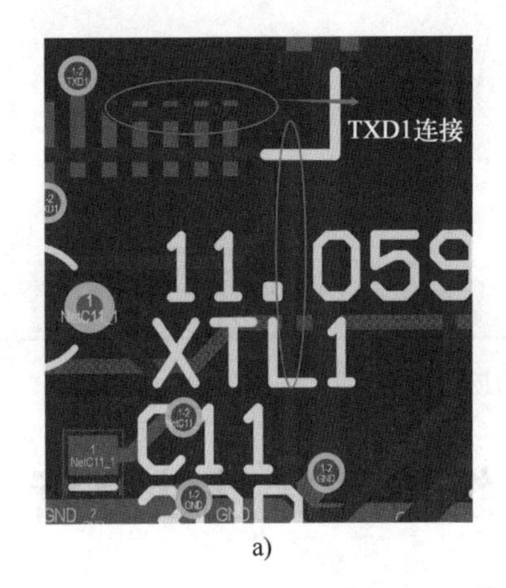

a)

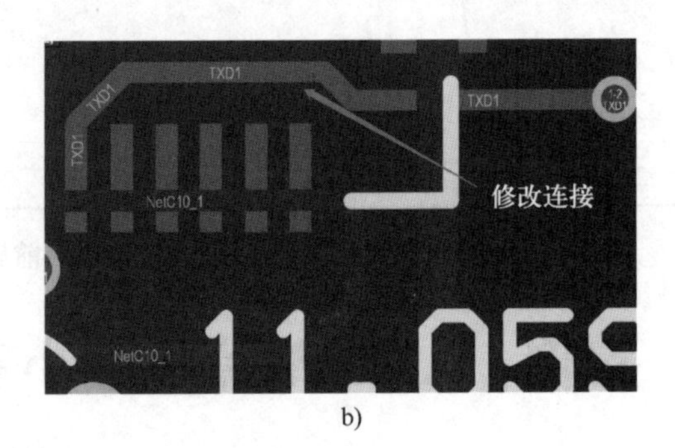

b)

图 8-50　修改 PCB 布线中的不合理之处

a）修改前　b）修改后

4）单击“Crosstalk Waveforms”按钮，系统开始进行串扰分析。

5）按照 2)~3）步骤完成“232RXD”和“232TXD”的网络串扰分析。

6）按 8.2.2 节所述完成串口网络“RXD0”和“TXD0”；“RXD1”和“TXD1”；“232RXD”和“232TXD”的信号反射分析。

8.4　习题

1. 简答题

1）常见的信号完整性问题主要有哪几种?

2）简述信号完整性分析的规则。

3）为什么要对 PCB 进行信号完整性分析？

4）什么是 PCB 导线之间的串扰？消除串扰有哪些方法？

2. 选择题

1）在信号完整性分析中，Slope Time 是（　　）。

A. 激励信号的延迟时间　　B. 线路的延迟时间

C. 线路的反应时间　　D. 激励信号灯反应时间

2）下列有关 PCB 信号完整性分析的描述中错误的是（　　）。

A. 分析电路的功能与特性　　B. 电路板的电磁波干扰分析

C. 分析线路阻抗　　D. 提供补偿方法

3）Altium Designer 软件中，信号完整性分析的英文简称是（　　）。

A. DRC　　B. DIP　　C. SI　　D. SL

4）关于 PCB 设计和布线技术中避免串扰的设计原则的论述，不正确的是（　　）。

A. 元器件远离易受干扰的区域　　B. 加大信号线到地的距离

C. 提供正确的阻抗匹配　　D. 相互串扰的传输线避免平行布线

5）【多选题】信号完整性分析设置参数项较多，主要涉及激励信号的参数，如（　　）。

A. 激励信号类型　　B. 上升沿　　C. 下降沿　　D. 过冲幅度表

6）【多选题】常见的信号完整性问题主要包括（　　）。

A. 传输延迟　　B. 串扰　　C. 反射　　D. 接地反弹

第 9 章　原理图与 PCB 综合设计实战

要真正掌握电路板设计，须通过实际制作 PCB 来实现。只有通过 PCB 制作训练，包括软件的掌握和电路设计的熟练，从失败和成功中总结经验，设计者才能不断提高 PCB 的设计能力。本章通过两个实战介绍 PCB 设计过程。

9.1　WiFi 连接器原理图与 PCB 设计

WiFi 连接器是采用无线信号进行数据传输的终端，用于接收无线 WiFi 信号，具有低功耗和小巧的外形，非常适合用于家庭自动化和安全系统、无线传感器、医疗设备、智能电器和机器到机器通信。

9.1.1 WiFi 连接器电路原理

WiFi 连接器的核心器件采用 SPWF01SA 模块，控制芯片采用 ARM 系列的嵌入式处理器 STM32F103RBT7TR，单片机还需要电源电路、时钟电路、复位电路等基本电路，嵌入式处理器芯片才可能工作。

1. 智能 WiFi 模块应用电路

SPWF01SA 智能 WiFi 模块是一款即插即用型、独立的 802.11b/g/n 解决方案，可轻松将无线互联网连接功能集成到现有或新产品中。

模块围绕带集成 PA 的单芯片 802.11 收发器和一个带广泛 GPIO 套件的 STM32 微控制器而配置，该模块配有一个嵌入式微型 2.45 GHz ISM 频段天线，还包含计时时钟和电压调节器。智能 WiFi 模块 SPWF01SA，如图 9-1 所示。

图 9-1　智能 WiFi 模块 SPWF01SA

2. 时钟电路设计

目前所有的微控制器均为时序电路，需要一个时钟信号才能工作，大多数微控制器具有晶体振荡器。简单的方法是利用微控制器内部的晶体振荡器，但有些场合（如减少功耗、需要严格同步等情况）需要使用外部振荡源提供时钟信号。

数字控制振荡器已经集成在微控制器内部，在系统中只需设计高速晶体振荡器或低速晶体振荡器两部分电路。低速晶体振荡器满足了低功耗的要求。振荡器默认工作在低频模式，高速晶振为微控制器工作在高频模式时提供时钟。WiFi 连接器电路采用高频模式，在系统中振荡器采用 24 MHz 的晶体，外接两个 22 pF 的电容和 240 Ω 电阻到微控制器，时钟芯片 FQ5032B-24，如图 9-2 所示。

图 9-2　时钟芯片 FQ5032B-24

3. 复位电路设计

为解决微控制器在上电时状态的不确定性，所有微控制器均有一个复位逻辑，它负责将微控制器初始化为某个确定的状态。这个复位逻辑需要一个复位信号才能工作。一些微控制器在上电时会产生复位信号，但大多数微控制器需要外部输入这个信号。这个信号的稳定性和可靠性对微控制器的正常工作有重大影响。

复位电路可以使用简单的阻容复位，这个电路成本低廉，但不能保证任何情况都能产生稳定可靠的复位信号，所以有些场合需要使用专门的复位芯片。

MAX809/MAX810 是一种单一功能的微处理器复位芯片，用于监控微控制器和其他逻辑系统的电源电压。它可以在上电、掉电和节电情况下向微控制器提供复位信号。当电源电压低于预设的门槛电压时，MAX809/MAX810 会发出复位信号，直到在一段时间内电源电压又恢复到高于门槛电压为止。MAX809 有低电平有效的复位输出，而 MAX810 有高电平有效的复位输出。MAX809/MAX810 使用 3 引脚的 SOT23 封装。此系统采用复位芯片 MAX809，如图 9-3 所示。

图 9-3　复位芯片 MAX809

9.1.2 WiFi 连接器原理图设计

1. 建立原理图文件

在工程列表下建立原理图文件“Connector_WiFi. SchDoc”。“Connector_WiFi. SchDoc”包括 STM32F103RBT7TR 微控制器及其时钟电路、复位电路和 WiFi 模块等，操作步骤如下。

1）添加使用的元件库 Miscellaneous Connectors. IntLib、Miscellaneous Devices. IntLib、Maxim Communication Transceiver. IntLib，所用元器件多数均可在这 3 个元件库中查找到。

2）在工程列表下建立元件库文件“WiFi_miniPCI. SchLib”，绘制 STM32F103RBT7TR 单片机等芯片，如图 9-4～图 9-7 所示。

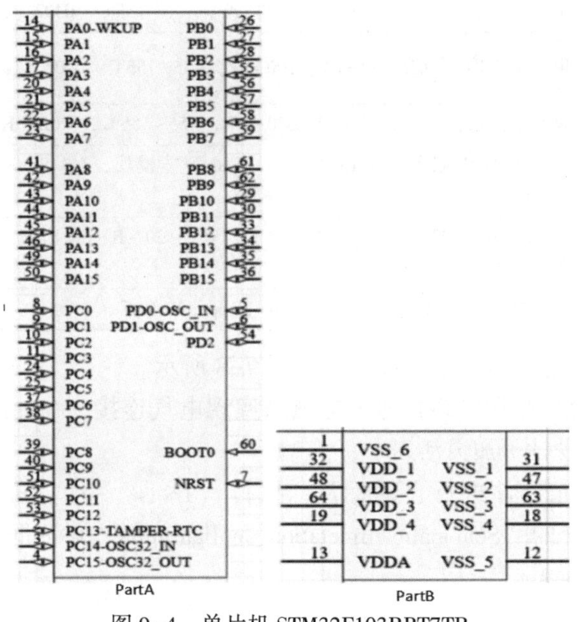

图 9-4　单片机 STM32F103RBT7TR

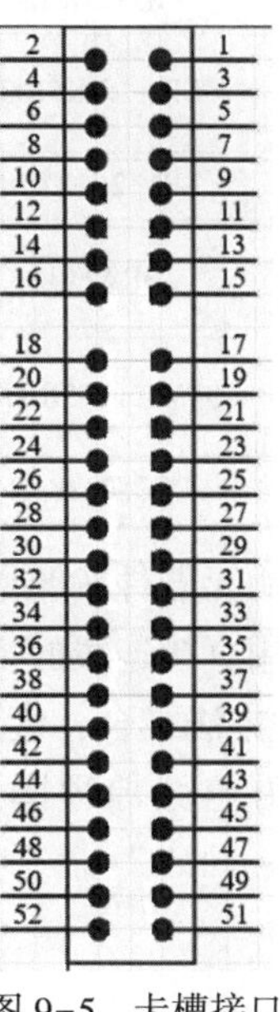

图 9-5　卡槽接口

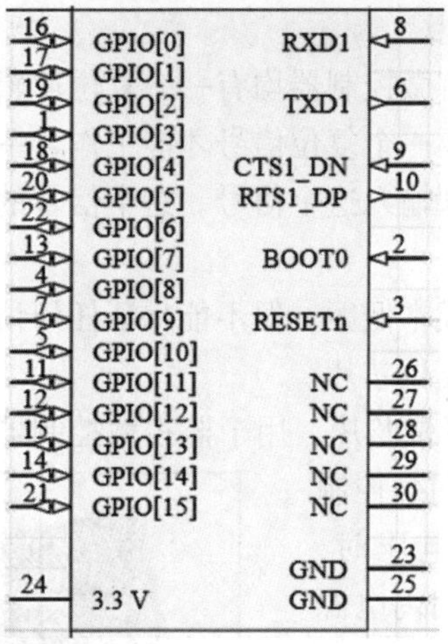

图 9-6　WiFi 模块 SPWF01S

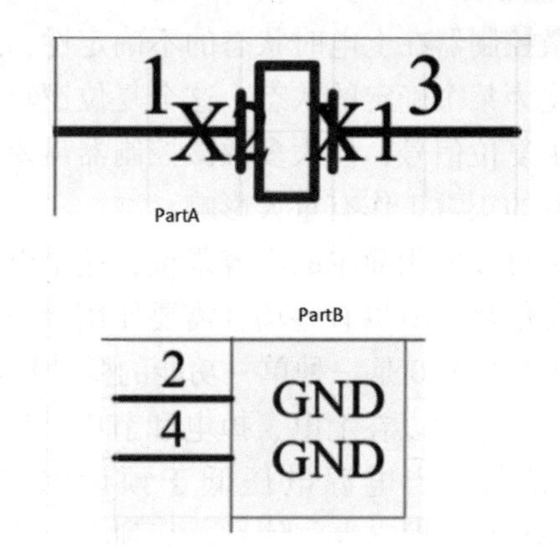

图 9-7　晶振 FQ5032B-24

3）原理图元器件及其属性如表 9-1 所示。

表 9-1　WiFi 连接器原理图元器件及其属性

编　号	元件名称	元件类型
C10	C3216X5R1A476M160AB	片式电容器，47 μF，+/-20%，10 V，-55~85℃，1206（3216 公制）
C11，C12，C13，C14，C15，C25，C37，C39	GRM033R60J104KE19D	片式电容器，100 nF，+/-10%，6.3 V，-55~85℃，0201（0603 公制）
C18，C19	C1005C0G1H220J050BA	片式电容器，22 pF，+/-5%，50 V，-55~125℃，0402（1005 公制）
C38	C2012X5R1C106K085AC	片式电容器，10 μF，+/-10%，16 V，-55~85℃，0805（2012 公制）
DS1，DS2，DS3，DS4	150060VS75000	WL-SMCW SMD 贴片 LED 顶视图单色水彩，30 mA，2 V，-40~85℃，2 引脚 SMD
R9，R11	ERJ-2RKF1002X	片式电阻器，10 kΩ，+/-1%，100 mW，-55~155℃，0402（1005 公制）
R10	ERJ-2GEJ241x	贴片电阻器，240 Ω，+/-5%，100 mW，-55~155℃，0402（1005 公制）
R12，R13，R14，R30	ERJ-2RKF1001X	贴片电阻器，1 kΩ，+/-1%，100 mW，-55~155℃，0402（1005 公制）
R15	ERJ-2RKF4701X	贴片电阻器，4.7 kΩ，+/-1%，0.1 W，-55~155℃，0402（1005 公制）
U1	SPWF01SA	串行到 WiFi 服务器 IEEE 802.11b/g/n 智能模块，3.3 V，-40~85℃，30 针 SMD
U2	STM32F103RBT7TR	ARM Cortex-M3，32 位 MCU、128 KB 闪存、20 KB 内部 RAM、51 个 I/O、64 引脚 LQFP、-40~105℃
Y1	FQ5032B-24	晶体振荡器，SMD，24 MHz，Stab = 30 ppm 20.0 pF

4）将所用元器件按照原理图功能放置到原理图中，如图 9-8 所示。

5）可采用直接连线的方法，也可采用网络标号的方法来实现电气连接。在此原理图设计中，采用两种方法结合，使原理图设计更加灵活。

6）连接好电路原理图后，对元器件进行自动标注，执行“Tools”→“Annotation”→“Annotate Schematics”命令，在打开的“Schematic Annotation Configuration”对话框中设置进行标注。

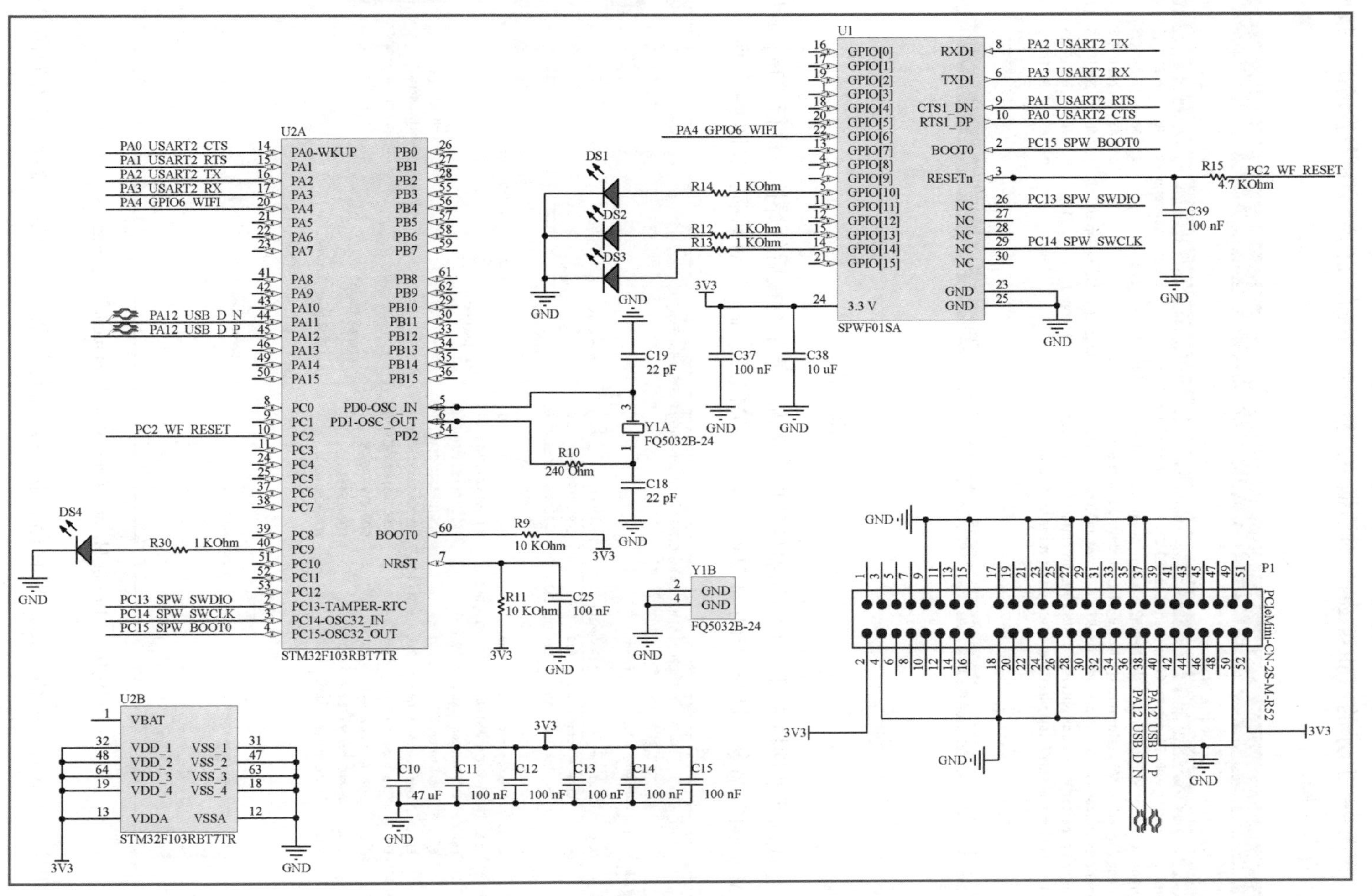

图9–8 “Connector_WiFi.SchDoc”原理图

2. 工程编译及元器件报表文件

1）执行“Project”→“Validate PCB Project WiFi_miniPCIe. PrjPcb”命令，对工程进行编译操作，在图 9-9 所示的“Messages”对话框中，显示各网络存在的错误和警告情况。按照提示修改，直至正确。

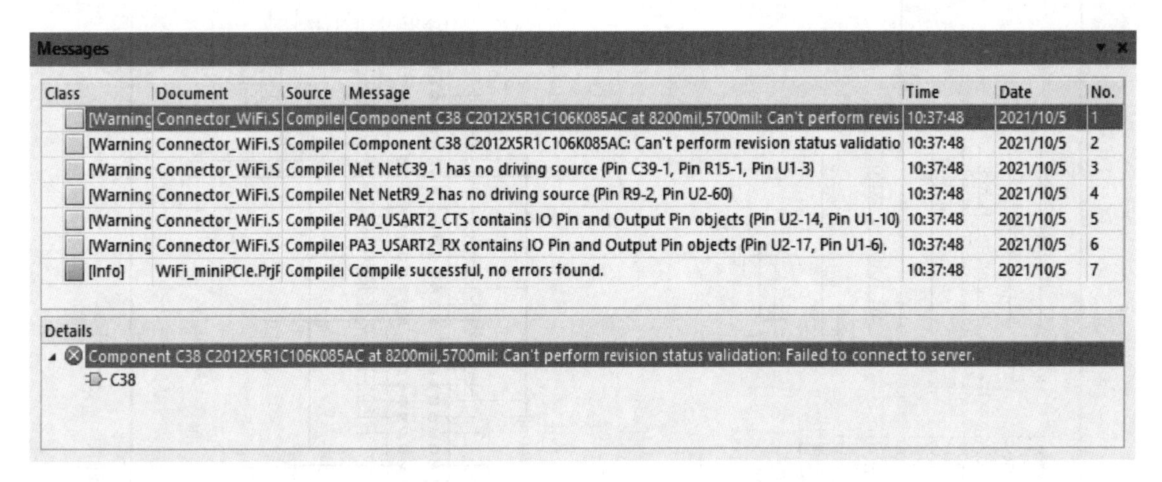

图 9-9　工程编译操作

2）生成的元器件报表可以了解元器件的使用情况，便于制板后的焊接。执行“Report”→“Bill of Material”命令，打开“Bill of Materials for BOM Document”对话框，如图 9-10 所示。

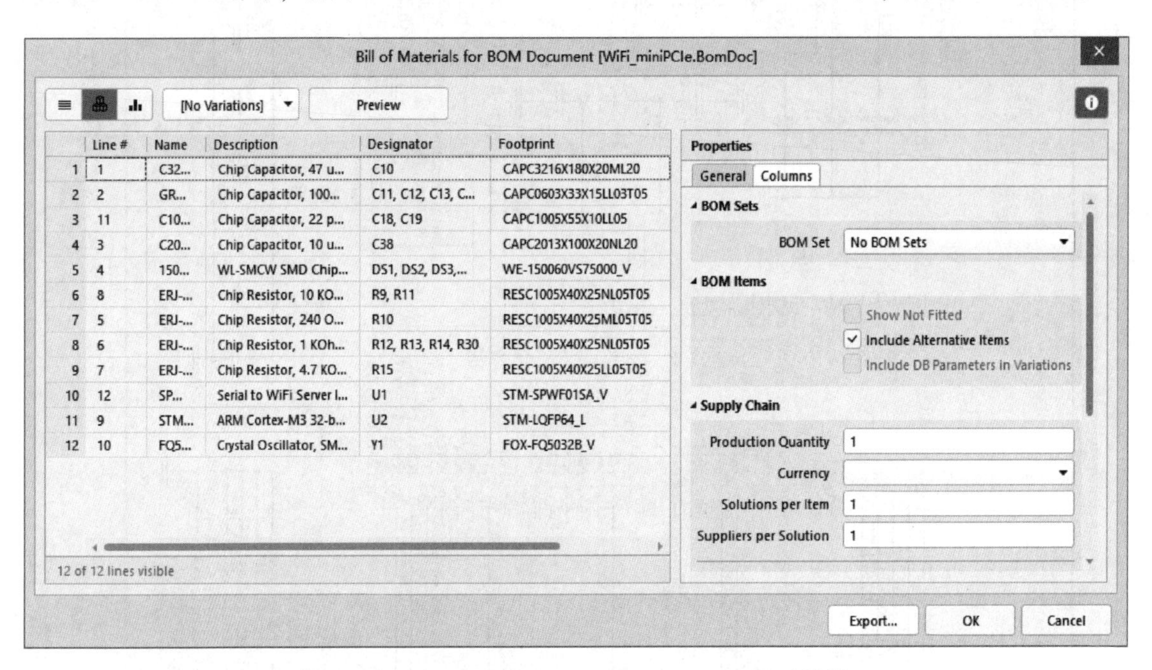

图 9-10　“Bill of Materials for BOM Document”对话框

3）单击“Export”按钮，指定保存路径保存元器件报表。生成的元器件报表如图 9-11 所示。

Line #	Name	Description	Designator	Footprint	Type (Capacitors)
1	C3216X5R1A476M160AB	Chip Capacitor, 47 uF, +/-20%, 10 V, -55 to 85 degC, 1206 (3216 Metric), RoHS, Tape and Reel	C10	CAPC3216X180X20ML20	X5R
2	GRM033R60J104KE19D	Chip Capacitor, 100 nF, +/- 10%, 6.3 V, -55 to 85 degC, 0201 (0603 Metric), RoHS, Tape and Reel	C11, C12, C13, C14, C15, C25, C37, C39	CAPC0603X33X15LL03T05	X5R
11	C1005C0G1H220J050BA	Chip Capacitor, 22 pF, +/-5%, 50 V, -55 to 125 degC, 0402 (1005 Metric), RoHS, Tape and Reel	C18, C19	CAPC1005X55X10LL05	C0G
3	C2012X5R1C106K085AC	Chip Capacitor, 10 uF, +/-10%, 16 V, -55 to 85 degC, 0805 (2012 Metric), RoHS, Tape and Reel	C38	CAPC2013X100X20NL20	X5R
4	150060VS75000	WL-SMCW SMD Chip LED Top View Monocolor Waterclear, 30 mA, 2 V, -40 to 85 degC, 2-Pin SMD, RoHS, Tape and Reel	DS1, DS2, DS3, DS4	WE-150060VS75000_V	

图 9-11　元器件报表

9.1.3 WiFi 连接器 PCB 设计

1. 规划电路板

1）自定义电路板需执行“File”→“New”命令，选择“PCB Document”，建立“WiFi.PcbDoc”文件。

2）在打开的 PCB 环境中，按〈L〉快捷键，弹出“View Configuration”对话框，可进行板层的设置操作。

3）绘制电路板框，绘制坐标。在 PCB 编辑环境下，切换到 Mechanical1 层，执行“Edit”→“Origin”→“Set”命令设置原点。

4）利用工具栏中的按钮在 Mechanical 4 层放置尺寸线，PCB 尺寸线为宽 30 mm 高 26.8 mm。

5）切换到 Mechanical 1 层，利用工具栏中的按钮放置机械层边框，如图 9-12 所示。

6）绘制切口、卡槽和安装孔，如图 9-13 所示。其中切口尺寸为 2.3 mm×3.3 mm，卡槽尺寸为 2.0 mm×4.3 mm；放置两个安装孔，安装孔距离边框为 2.9 mm×2.9 mm。

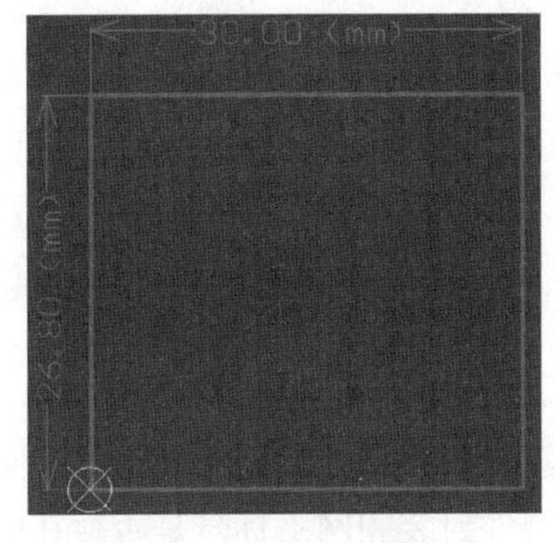

图 9-12　机械尺寸绘制

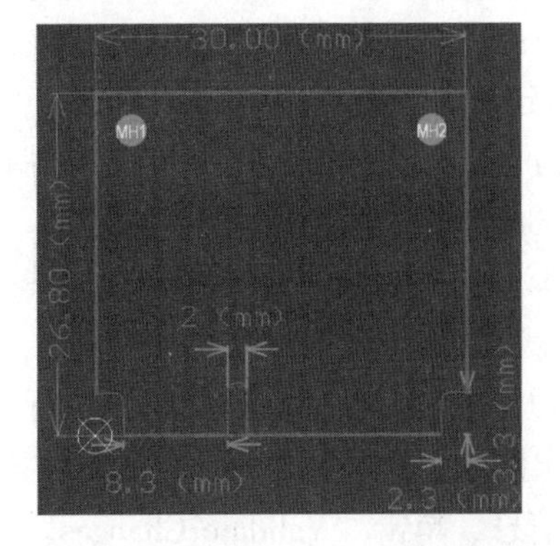

图 9-13　放置切口、卡槽和安装孔

7）选中机械尺寸的边框，执行“Design”→“Board Shape”→“Define from Selected objects”命令，生成 PCB 的物理边界，如图 9-14 所示。

图 9-14　规划完成机械尺寸

2. 建立个人封装库

1）执行“File”→“New”→“Library”→“PCB Library”命令，新建 PcbLib 封装库文件。

2）打开新建的封装库文件，执行“Tool”→“Footprint Wizard”命令，可打开元器件封装制作向导。若不用向导则单击“Cancel”按钮，单击“PCB Library”面板，新建封装进入元器件封装编辑环境。

3）为了方便使用 PCB 中的元器件封装，在制作完元器件封装后要设置元器件封装的参考点。执行“Edit”→“Set Reference”命令来设置参考点。

4）新建封装名为“FOX-FQ5032B_V”的元器件封装，参考图 9-15 所示尺寸进行封装设计，单位为 mm。按 7.1.5 节所述操作设计三维模型，封装形式为 SMT 晶振，4 引脚，主体尺寸为 5.2 mm×3.4 mm，如图 9-16 所示。

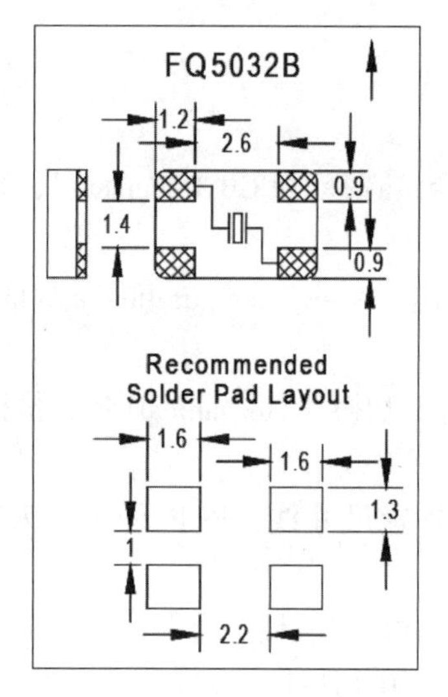

图 9-15　“FQ5032B”封装尺寸

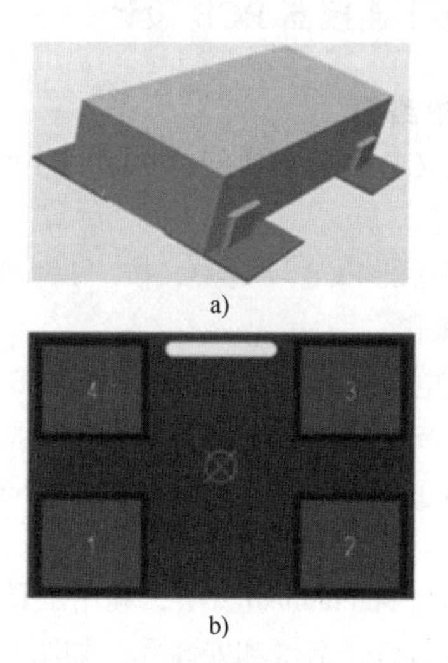

a）

b）

图 9-16　“FQ5032B”封装图

a）3D 视图　b）2D 视图

5）新建封装名为“STM-SPWF01SA_V”的元器件封装，参考图 9-17 所示尺寸进行封装设计，单位为 mm。封装形式为 SMD，30 引脚，主体尺寸为 26.924 mm×15.24 mm，间距 1.524 mm，高度 2.45 mm，如图 9-18 所示。

至此本例用到的个人封装库建立完毕。

3. 加载网络

1）打开“WiFi.PcbDoc”文件，执行“Design”→“Import Changes From Documents.PrjPcb”命令，弹出图 9-19 所示的“Engineering Change Order”对话框，其中列出了元器件封装和网络标号等信息，单击“Validate Changes”按钮检查元器件封装和网络标号是否存在问题。

2）如果出现错误，需要在原理图中修改后，重新进行上一步的操作。如果没有错误，单

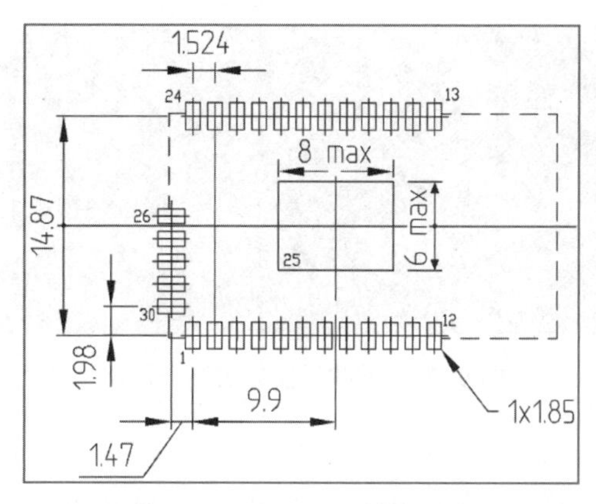

图 9-17 “SPWF01SA”封装尺寸

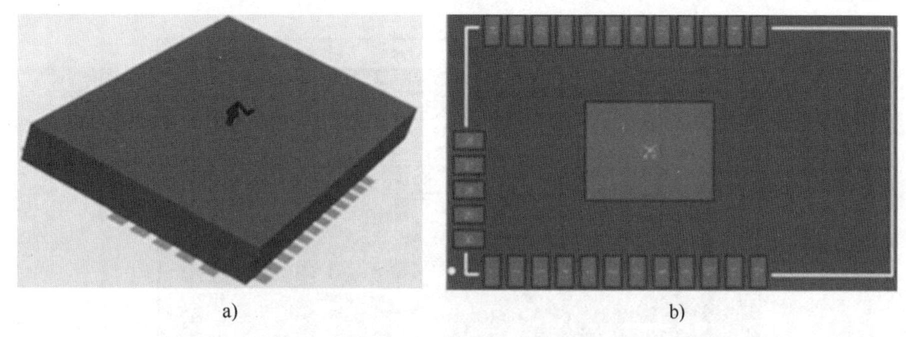

a) b)

图 9-18 “SPWF01SA”封装图

a）3D 视图 b）2D 视图

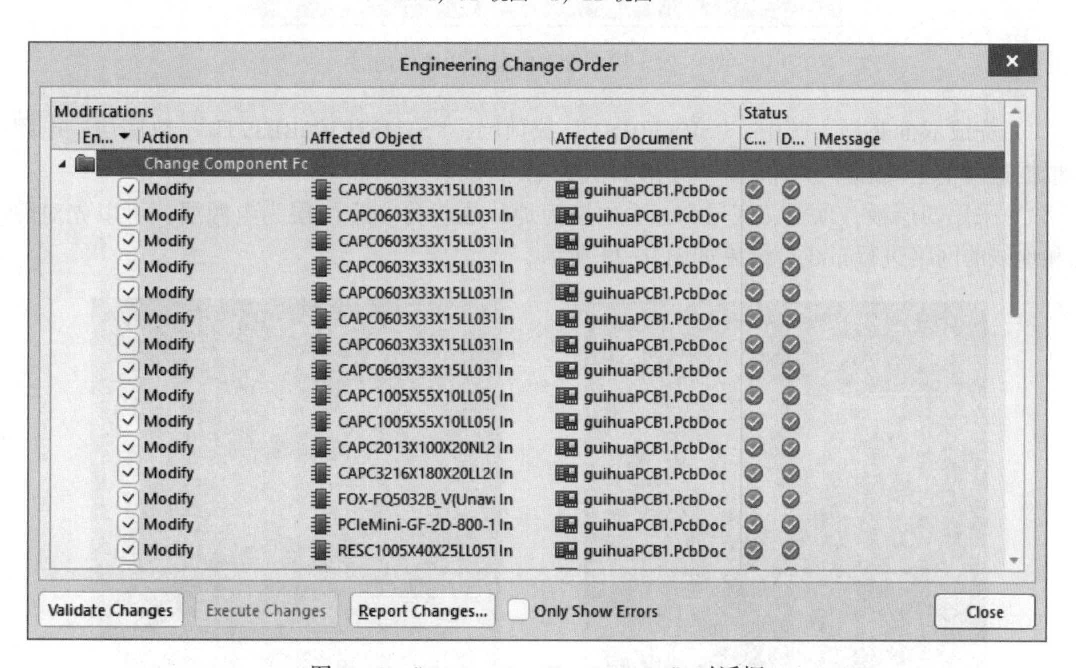

图 9-19 “Engineering Change Order”对话框

击“Engineering Change Order”对话框中的“Execute Changes”按钮便可加载元器件封装和网络，结果如图 9-20 所示。

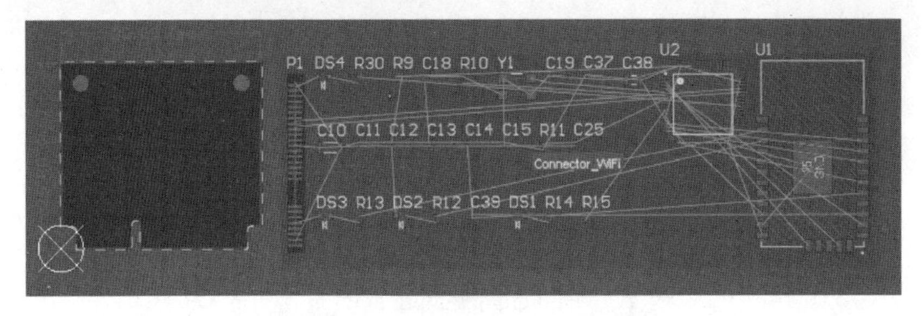

图 9-20　加载元器件封装与网络

4. 布局与布线

1）执行“Design”→“Layer Stack Manage”命令，系统将弹出层叠管理器（Layer Stack Manager）文件。在其中添加两个内层，结果如图 9-21 所示。

#	Name	Material	Type	Thickness
	TopOverlay		Overlay	
	TopSolder	Solder Resist	Solder Mask	0.025mm
1	TopLayer		Signal	0.05mm
	Dielectric1	FR-4	Core	0.36mm
2	int1_power		Signal	0.035mm
	Dielectric2	FR-4	Prepreg	0.36mm
3	int2_gnd		Signal	0.035mm
	Dielectric3	FR-4	Core	0.36mm
4	BottomLayer		Signal	0.05mm
	BottomSolder	Solder Resist	Solder Mask	0.025mm
	BottomOverlay		Overlay	

图 9-21　层叠管理内层添加两个内层

2）完成双面布局，其中，“SPWF01SA”放顶层，“STM32F103RBT7TR”放底层，电阻电容根据这两个主要芯片分别放置，结果如图 9-22 所示。

3）采用四层板，顶层、底层和一个内层为地线层，另一个内层为电源层，可以先对除电源和地线的网络进行布线，结果如图 9-23 所示。

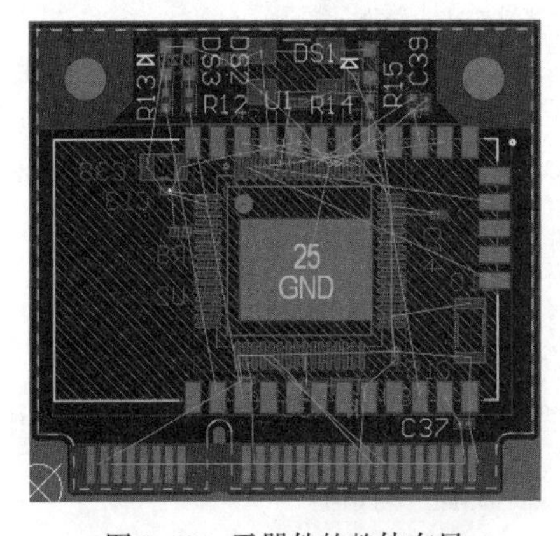

图 9-22　元器件的整体布局

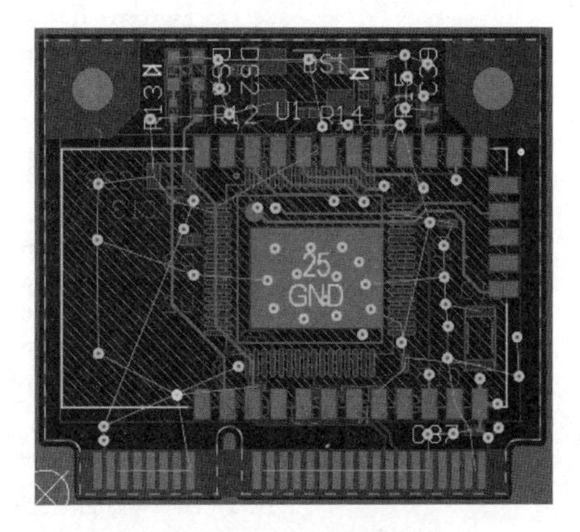

图 9-23　网络布线结果

4）放置一些过孔，分别设置网络为“GND”和“3V3”，如图 9-24 所示。

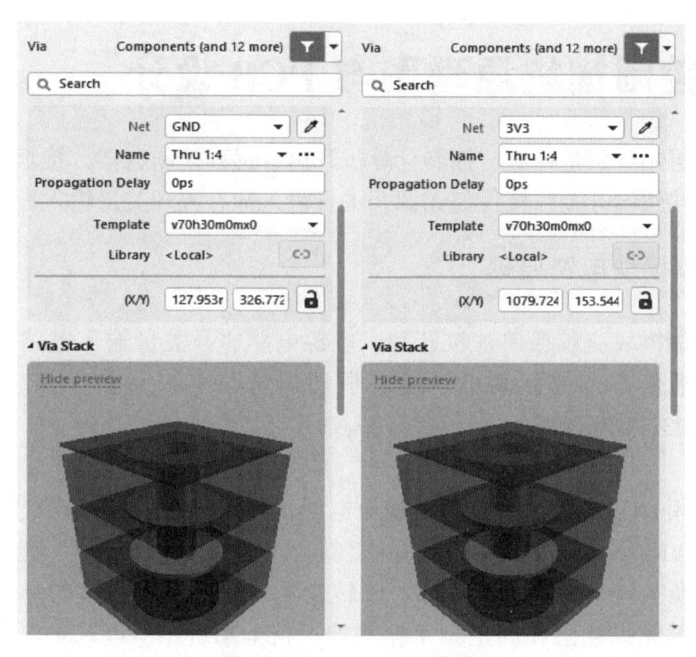

图 9-24　过孔的属性设置

5）补泪滴实际上就是将焊盘与铜膜线之间的连接点加宽，保证连接的可靠性。执行“Tools”→“Teardrops”命令后，完成相关设置。

6）在 PCB 设计中，正确的接地可防止大部分的干扰问题，而电路板中的地线与覆铜的结合使用是抗干扰的最有效手段。图 9-25～图 9-28 所示为覆铜的 PCB。

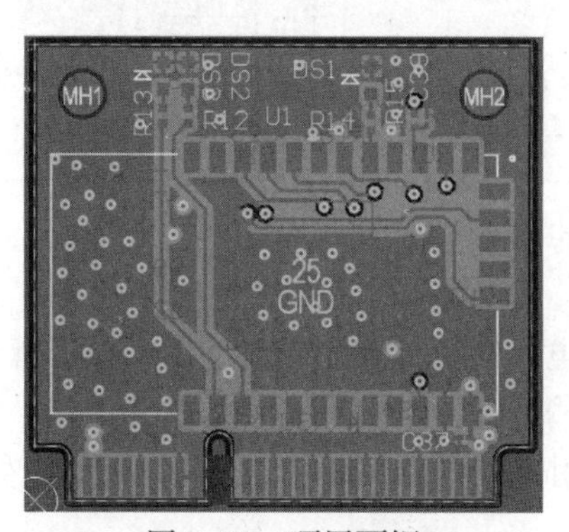

图 9-25　顶层覆铜

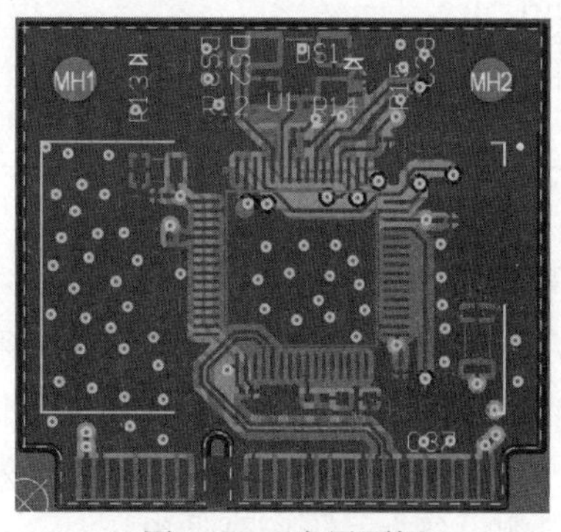

图 9-26　底层覆铜

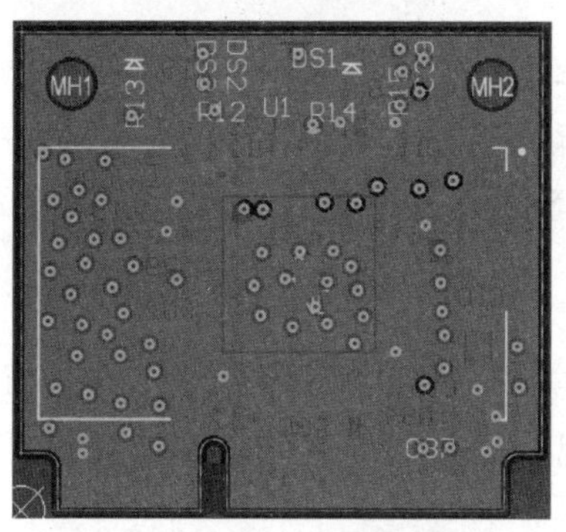

图 9-27　内层电源层覆铜

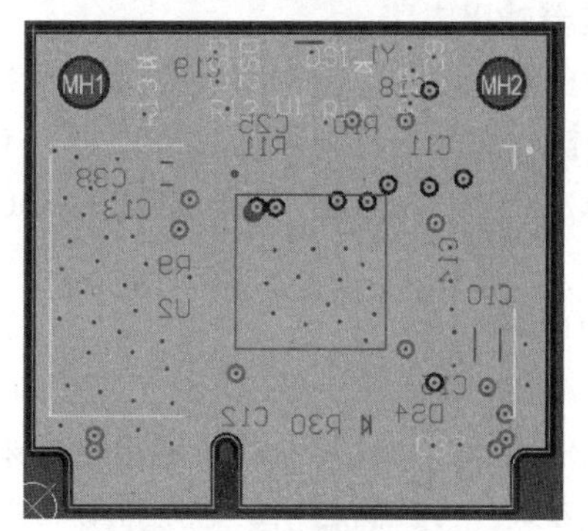

图 9-28　内层接地层覆铜

9.2 智能控制模块原理图与 PCB 设计

智能控制模块可用于门禁控制、控制计算机开启、远程控制电器、接烟雾报警器输出、接人体红外器输出、接按键开关、接任何无源开关量输入和有源开关量输入等。

9.2.1 智能控制模块电路原理

一个典型的智能模块应包括单片机芯片、电源电路、开关量输入电路、继电器输出电路等。考虑到与 PC 通信的需要，最小系统一般还需增添串口通信电路。本控制模块采用 STM32F 系列的 STM32F030K6T6。

1. 电源电路

本系统需要使用+5 V 和+3. 3 V 的直流稳压电源，其中 XL1509-ADJE1 为降压直流转换器。XL1509 是一款 150 kHz 固定频率脉宽调制降压（降压）DC/DC 转换器，能够以高效率、低纹波和出色的线路和负载调节驱动 2 A 负载。该转换器只需要最少数量的外部元器件，使用简单，而且其包含内部频率补偿和固定频率振荡器。在本系统中，以+24 V 直流电压为输入电压，+3. 3 V 由+5 V 直接线性降压。电源电路原理图如图 9-29 所示。

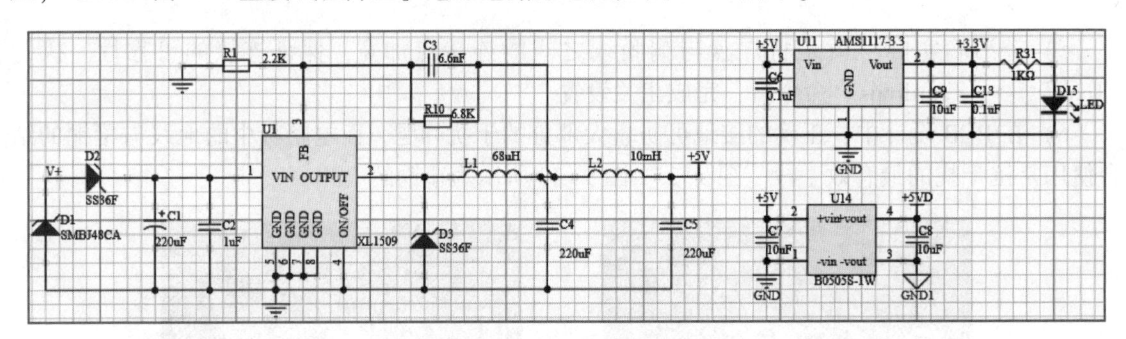

图 9-29 电源电路原理图

2. 开关量输入电路

光电耦合器的结构相当于把发光二极管和光电晶体管封装在一起。发光二极管把输入的电信号转换为光信号传给光电二极管转换为电信号输出，由于没有直接的电气连接，这样既耦合传输了信号，又有隔离作用。图 9-30 所示为采用光电耦器 EL817 实现开关量的采集。EL817 主要应用于电源设备上，隔离高低电压。

3. 继电器输出电路

在很多自动化设备中，电路最终都需要对一些执行部件（如电动机、电磁铁）实施控制，电路对这些执行部件的控制可通过继电器、双向晶闸管、晶体管等开关元器件进行。图 9-31 所示为 K2AK005T（一常开）和 HK3FF-DC5V-SHG（一常开，一常闭）两种继电器输出电路。

4. 串口电路

RS485 通信接口如图 9-32 所示，此接口电路采用了光耦隔离的方式，所以电路需要增加光电耦合器来完成，并且需要两个隔离电源来实现+5 V 和+3. 3 V。在很多工程应用中通信采用光耦隔离的方式，可提高通信的稳定性和可靠性。

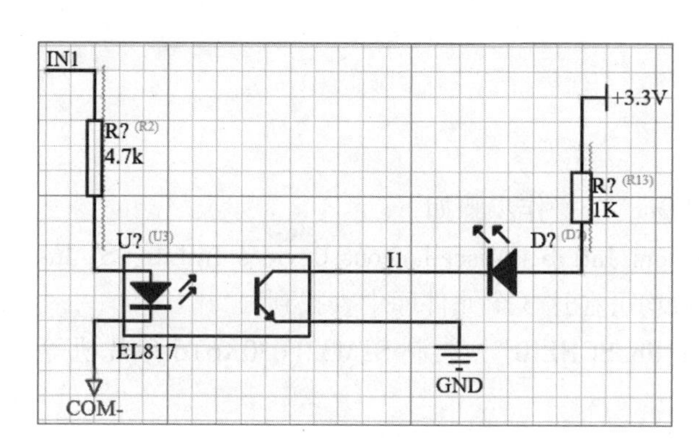

图 9-30　开关量采集电路

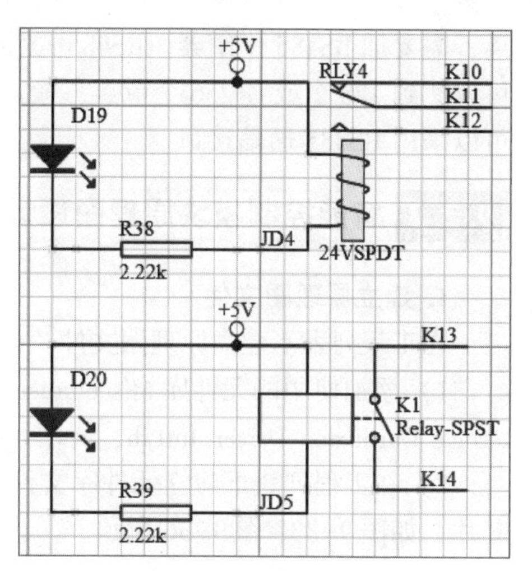

图 9-31　继电器输出电路

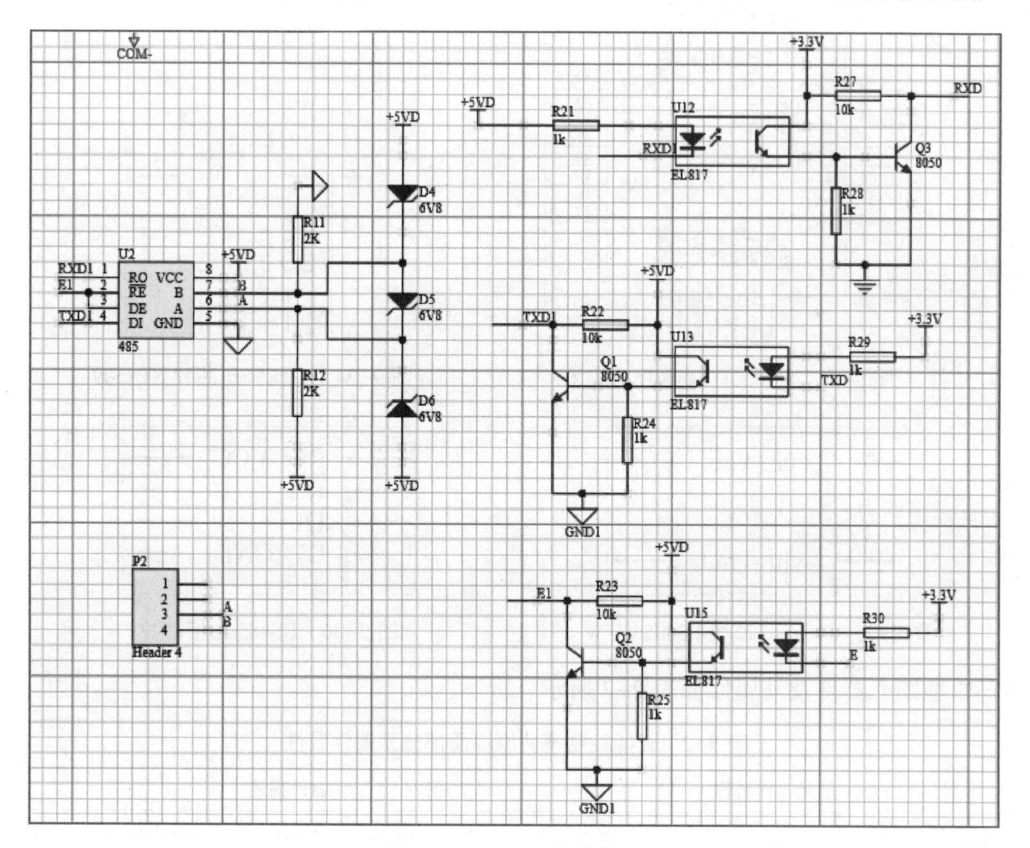

图 9-32　RS485 通信接口

RS485 采用差分信号负逻辑，逻辑“1”以两线间的电压差为-(2~6) V 表示；逻辑“0”以两线间的电压差为+(2~6) V 表示。接口信号电平比 RS232 降低了，就不易损坏接口电路的芯片，且该电平与 TTL 电平兼容，可方便与 TTL 电路连接。RS485 的数据最高传输速率为 10 Mbit/s。RS485 接口是采用平衡驱动器和差分接收器的组合，抗共模干扰能力增强，即抗噪声干扰性好。RS485 最大的通信距离约为 1219 m，最大传输速率为 10 Mbit/s，传输速率与传输距离成反比，在 100 Kbit/s 的传输速率下，才可以达到最大的通信距离，如果需传输更长的距离，需要加 RS485 中继器。RS485 总线一般最大支持 32 个节点，如果使用特制的 RS485 芯片，可以达到 128 个或者 256 个节点，最大的可以支持到 400 个节点。因此，在进行远距离通信是可以采用 RS485 通信接口。

9.2.2 智能控制模块原理图设计

1. 建立原理图文件

在工程列表下建立原理图文件“switch. SchDoc”，操作步骤如下。

1）添加使用的元件库 Miscellaneous Connectors. IntLib、Miscellaneous Devices. IntLib、ST Interface Darlington Driver. IntLib，所用元器件多数均可在这 3 个元件库中查找到。

2）在工程列表下建立元件库文件“Switch_lib. SCHLIB”，绘制 STM32F030K6T6 单片机等芯片，如图 9-33~图 9-36 所示。

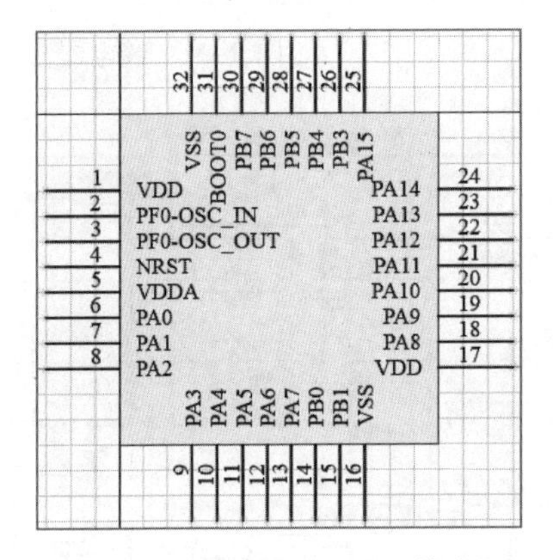

图 9-33　STM32F030K6T6 单片机

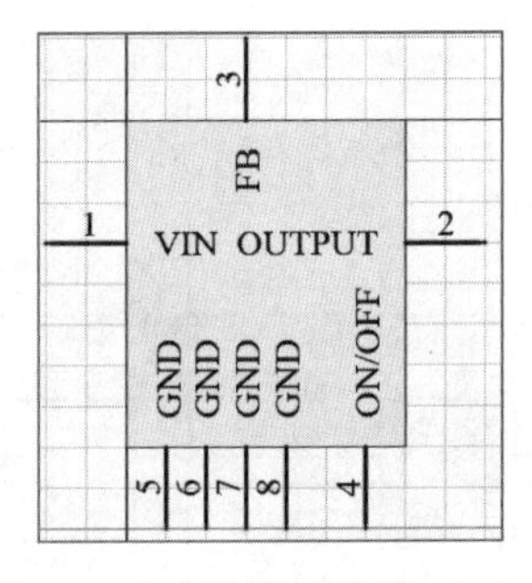

图 9-34　直流降压芯片 XL1509

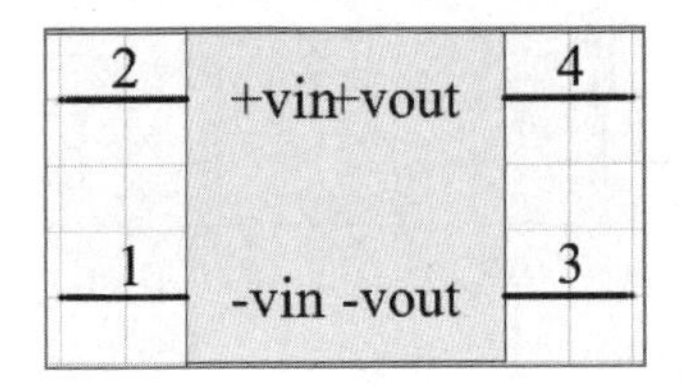

图 9-35　DC/DC 模块 B0505S-1W

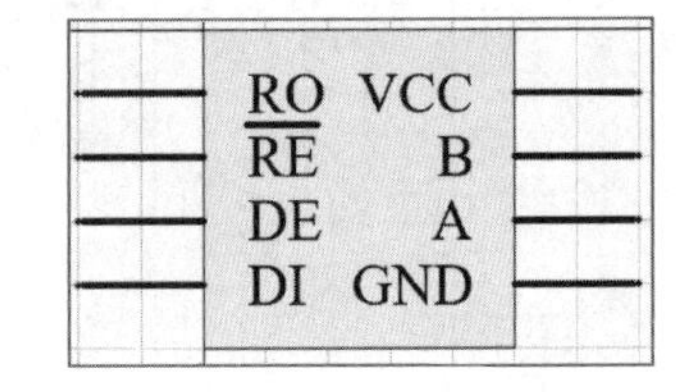

图 9-36　RS485 通信芯片

3）原理图元器件及其属性如表 9-2 所示。

表 9-2　智能控制模块原理图部分元器件属性

编　　号	元器件名称	元器件描述
U11	AMS1117-3. 3	输出电压为 3. 3 V 的正向低压降稳压器，工作温度为 0~125℃，输入电压 4. 75~15 V，焊接温度 265℃，稳压精度 3%
U14	B0505S-1W	1 W 单输出 DC/DC 电源模块，工作温度为-40~85℃，额定功率 0. 1~1 W
U16	STM32F030K6T6	基于 ARM Cortex-M 内核 STM32 系列的 32 位的微控制器，程序存储器容量是 64 KB，需要电压 2~3. 6 V，工作温度为-40~85℃
U17	BL24C04A-RRRC	4 KB 串行 EEPROM 存储器，工作电压为 1. 8~5. 5 V 双向数据传输协议，512×8（2 Kbits）1000000 次写周期保证，可保存数据 100 年，工作温度为-40~85℃

（续）

编　号	元器件名称	元器件描述
U18	ULN2803A	达林顿晶体管矩阵，驱动器数：8位，晶体管极性NPN，峰值直流集电极电流0.5A，工作温度为-20~85℃
U3，U4，U5，U6，U7，U8，	EL817	线性光耦，工作温度为-55~+110℃
U1	XL1509	电源芯片，8~30V宽工作电压输入，输出1.8~28V可调电压，高达90%的效率，可编程软启动
RLY1，RLY2，RLY3，RLY4	24VSPDT	一常开，5V DC，4脚，最大切换电压16A，最大切换电压250V AC/30V DC
K1，K2，K3，K4	Relay-SPST	一常开，一常闭，最大切换电压10A，最大切换电压250V AC/30V DC

4）将所用元器件按照原理图功能放置到原理图中，如图9-37所示。

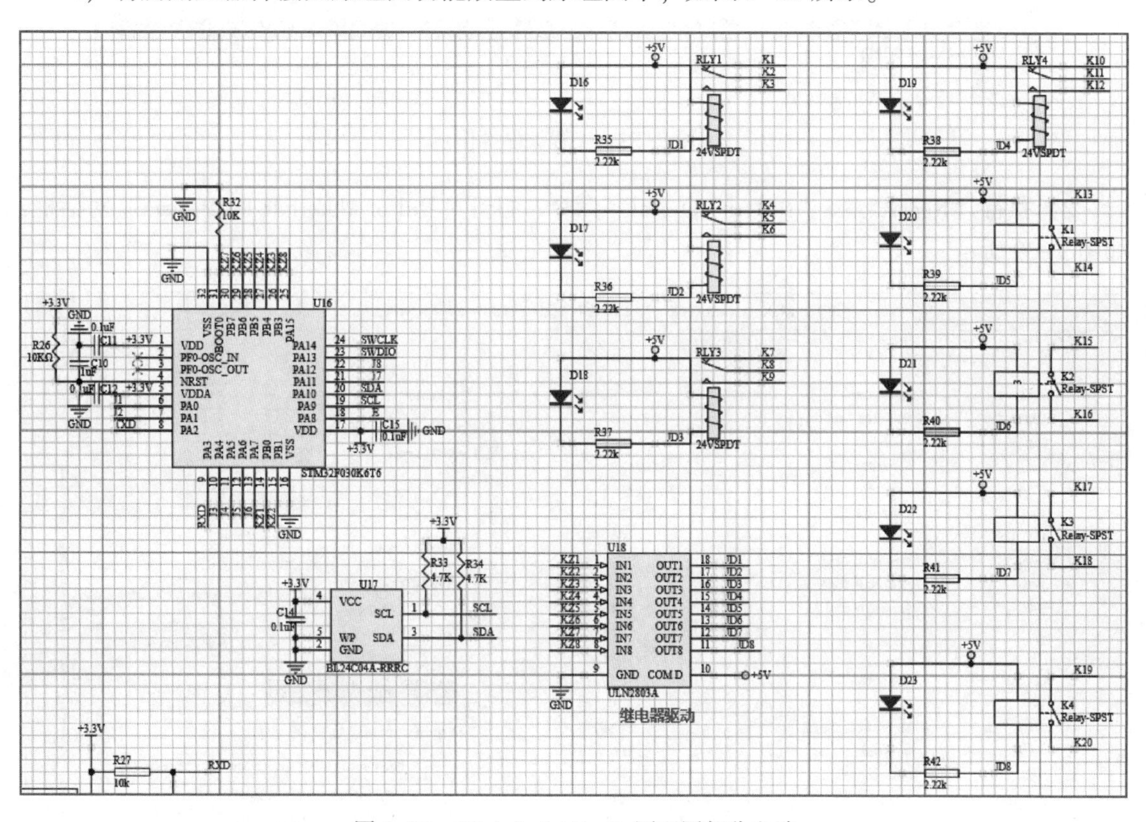

图9-37　“Switch.SchDoc”原理图部分电路

5）采用直接连线的方法或网络标号的方法实现电气连接。在此原理图设计中，采用两种方法结合，可使原理图设计更加灵活。

6）连接好电路原理图后，对元器件进行自动标注，执行“Tools”→“Annotation”→“Annotate Schematics”命令，打开“Schematic Annotation Configuration”对话框，在该对话框中进行标注。

2. 工程编译及元器件报表文件

1）执行“Project”→“Validate PCB Project switch.PrjPcb”命令，进行工程编译操作，

打开图 9-38 所示的“Messages”对话框，其中显示了各网络存在的错误和警告情况。按照提示修改，直至正确。

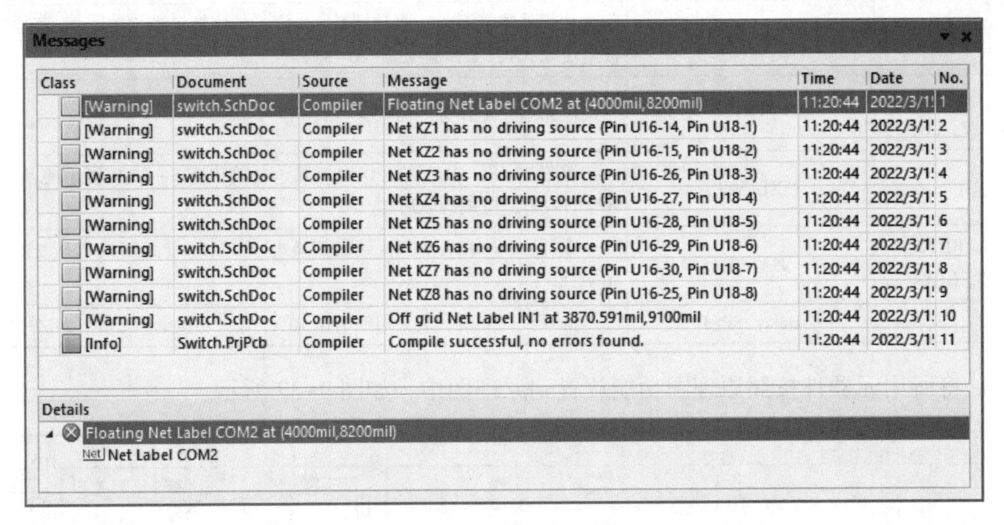

图 9-38 工程编译操作

2）执行“Report”→“Bill of Material”命令，打开“Bill of Materials for Project”对话框，如图 9-39 所示。

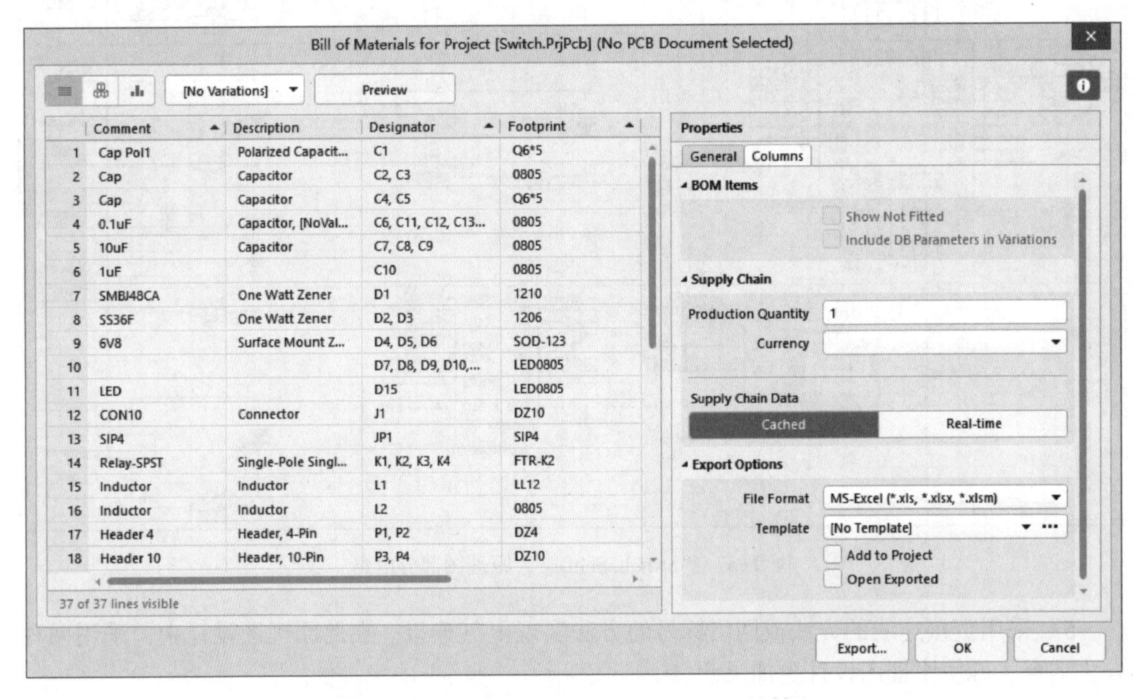

图 9-39 “Bill of Materials for Project”对话框

3）单击“Export”按钮，指定保存路径保存元器件报表。生成的元器件报表如图 9-40 所示。

C30 'RLY1, RLY2, RLY3, RLY4

	A	B	C	D	E	F	G
1	Comment	Description	Designator	Footprint	PartType	PackageDescription	LibRef
2	Cap Pol1	Polarized Capacitor (Radial)	C1	Q6*5	Cap Pol1	Polarized Capacitor (Radial); 2 Leads	Cap Pol1
3	Cap	Capacitor	C2, C3	0805	Cap	Radial Cap, Thru-Hole; 2 Leads; 0.3 in Pin Spacing	Cap
4	Cap	Capacitor	C4, C5	Q6*5	Cap	Radial Cap, Thru-Hole; 2 Leads; 0.3 in Pin Spacing	Cap
5	0.1uF	Capacitor, [NoValue]	C6, C11, C12, C13, C14, C15	0805	0.1uF		Cap
6	10uF	Capacitor	C7, C8, C9	0805	10uF		Cap
7	1uF		C10	0805	1uF		CAP
8	SMBJ48CA	One Watt Zener	D1	1210	SMBJ48CA		1N4741A
9	SS36F	One Watt Zener	D2, D3	1206	SS36F		1N4741A
10	6V8	Surface Mount Zener Diode	D4, D5, D6	SOD-123	6V8		BZT52C6V8
11			D7, D8, D9, D10, D11, D12, D13, D14, D16, D17, D18, D19, D20, D21, D22, D23	LED0805			LED
12	LED		D15	LED0805	LED		LED
13	CON10	Connector	J1	DZ10	CON10		CON10
14	SIP4		JP1	SIP4	SIP4		4PIN
15	Relay-SPST	Single-Pole Single-Throw Relay	K1, K2, K3, K4	FTR-K2	Relay-SPST		Relay-SPST
16	Inductor	Inductor	L1	LL12	Inductor	Chip Inductor	Inductor
17	Inductor	Inductor	L2	0805	Inductor	Chip Inductor	Inductor
18	Header 4	Header, 4-Pin	P1, P2	DZ4	Header 4		Header 4
19	Header 10	Header, 10-Pin	P3, P4	DZ10	Header 10		Header 10

图 9-40 元器件报表

9.2.3 智能控制模块 PCB 设计

1. 规划电路板

1）自定义电路板需执行“File”→“New”命令，选择“PCB Document”命令，建立“switch88. PcbDoc”文件。

2）在 PCB 环境下，按快捷键〈L〉，弹出“View Configuration”对话框，可进行板层的设置操作。

3）绘制电路板框，绘制坐标，在 PCB 编辑环境下，切换到 Mechanical1 层。使用工具条绘制线≈绘制坐标设置原点，需执行“Edit”→“Origin”→“Set”命令进行设置。

4）利用工具栏中的按钮在 Mechanical 4 层放置尺寸线，PCB 尺寸线宽 122 mm 高 87 mm，如图 9-41 所示。

5）切换到 Mechanical 1 层，利用工具栏中的按钮放置机械层边框，放置 4 个安装孔，孔距离边框为 4 mm×4 mm，如图 9-41 所示。

图 9-41 机械尺寸和安装孔绘制图

6）选中机械尺寸的边框，执行“Design”→“Board Shape”→“Define from Selected objects”命令，生成 PCB 的物理边界。

2. 建立个人封装库

1）执行“File”→“New”→“Library”→“PCB Library”命令，新建 PcbLib 封装库文件。

2）新建继电器（K2AK005T，一常开）封装名为“FTR-K2”的元器件封装，参考图 9-42 所示尺寸进行封装设计，单位为 mm。设置孔径 1.5 mm、焊盘直径 2.0 mm 和孔径 1.0 mm、焊盘直径 1.5 mm 的两种焊盘，完成的继电器“K2AK005T”封装如图 9-43 所示。

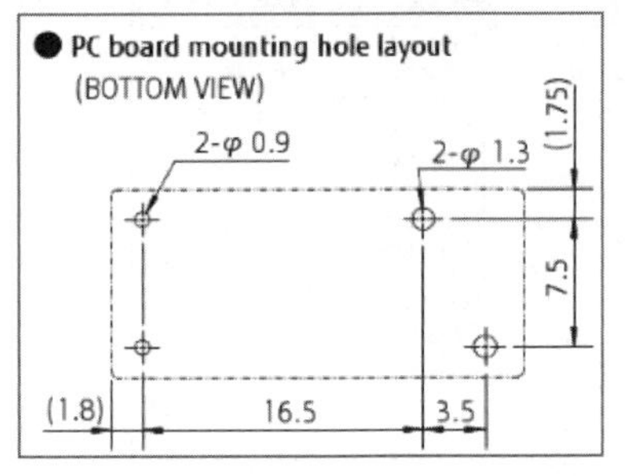

图 9-42　继电器“K2AK005T”封装尺寸

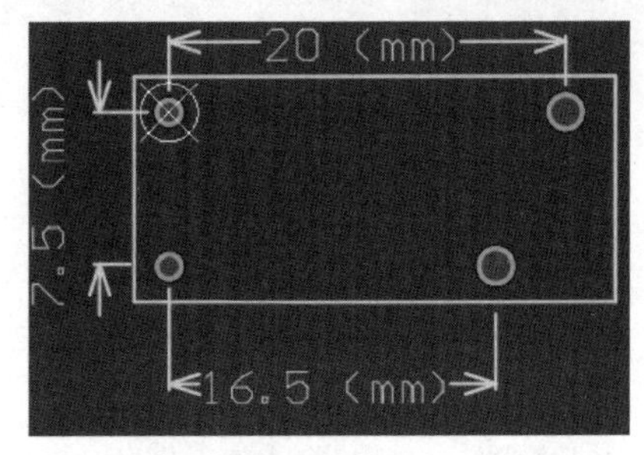

图 9-43　继电器“K2AK005T”封装图

3）新建继电器（HK3FF-DC5V-SHG，一常开，一常闭）封装名为“HK-3FF”的元器件封装，参考图 9-44 所示尺寸进行封装设计，单位为 mm。设置孔径 1.5 mm、焊盘直径 2.0 mm 的焊盘，制作的封装如图 9-45 所示。

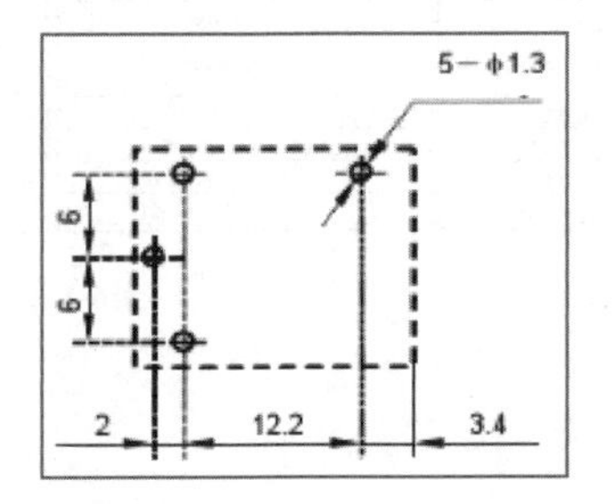

图 9-44　继电器“HK3FF-DC5V-SHG”封装尺寸

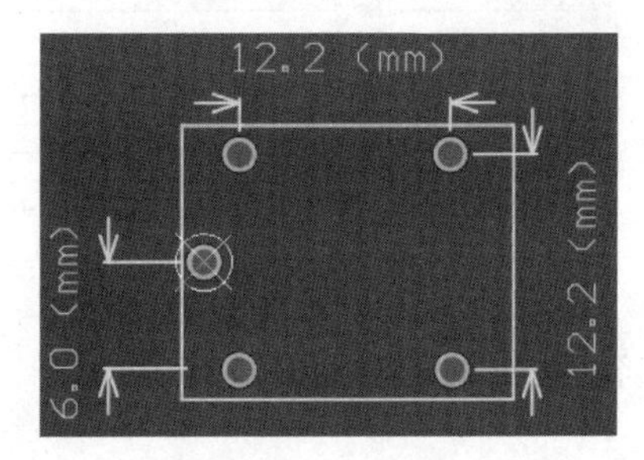

图 9-45　继电器“HK3FF-DC5V-SHG”封装图

3. 加载网络

1）参考 9.1.3 节方法检查元器件封装和网络标号是否存在问题，若有错误则进行修改。

2）如果没有错误，单击“Engineering Change Order”对话框中的“Execute Changes”按钮便可加载元器件封装和网络，如图 9-46 所示。

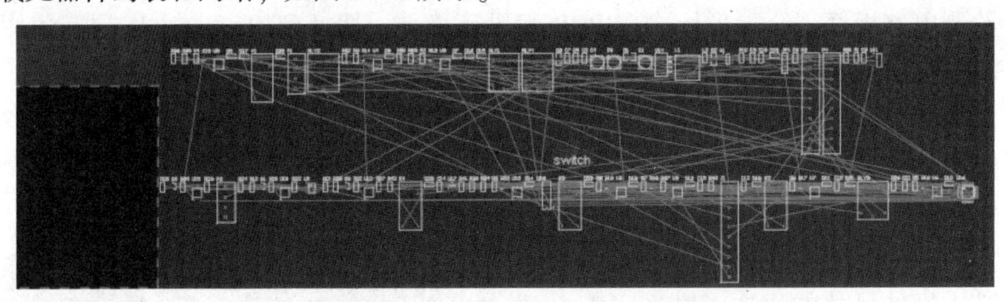

图 9-46　元器件封装与网络加载

4. 布局与布线

1）完成双面布局，本例为插针元件与贴片元件混合布局，按 5.6 节的布局规范采用模块化布局的方法实现电路整体布局，如图 9-47 所示。

2）设置布线规则，电源和地线线宽设置为 40 mil，其他布线为 12 mil。执行“Route”→“Auto Route”→“Setup”命令，打开“Situs Routing Strategies”对话框，选中其中的“Lock All Pre-routes”选项，采用手动模块化布线，分别对电源模块、继电器驱动输出模块、通信模块、开关量输入模块和单片机主控模块分别布线。

3）电源模块布线原则是根据原理中信号的流向进行连线。图 9-48 所示为“NetC1_1”网络连接原理图，实现了 D2、U1、C1、C2 四个元器件的连接，在 PCB 布线中可以有 4 种结构实现，如图 9-49 所示。根据信号流向连接的原则可采用图 9-49 中的（a）和（b）两种形式实现布线。

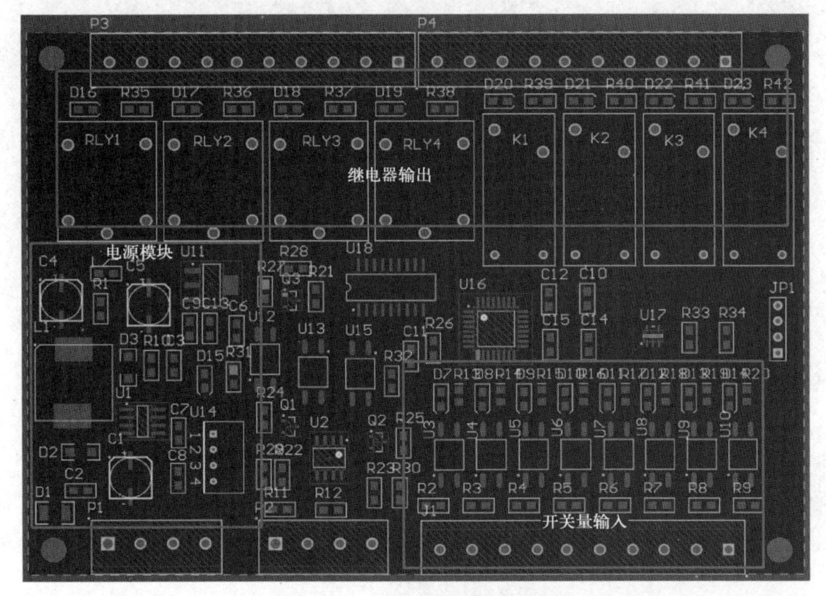

图 9-47　元器件的整体布局

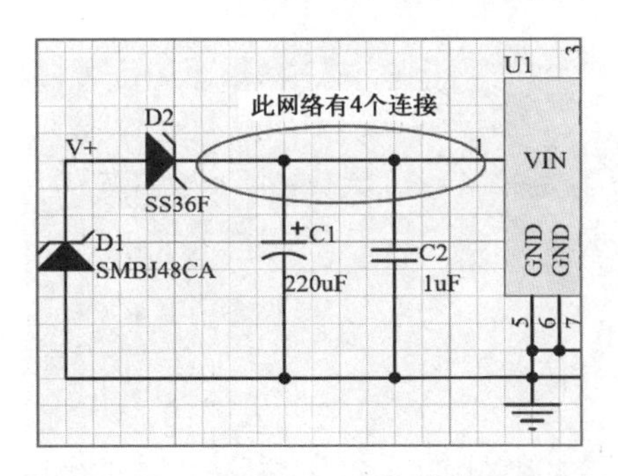

图 9-48　“NetC1_1”网络连接原理图

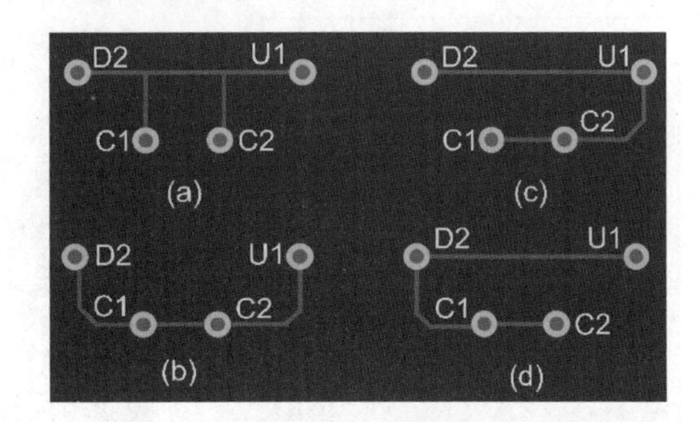

图 9-49　“NetC1_1”网络布线方式

4）电源模块的布线结果如图 9-50 所示，接地网络没有布线，通过后边的覆铜网络实现。

5）布线过程要根据实际电路的连接和布线的方便性进行布局的调整。图 9-51 所示为最终的布线图，其中将单片机和继电器驱动芯片进行位置和方向的调整，便于布线的完成。

6）放置一些过孔，分别设置网络为“GND”和“GND1”，如图 9-52 所示。图 9-53 所示为放置过孔和补泪滴后的 PCB 效果。

7）对 PCB 进行覆铜，结果如图 9-54 所示。PCB 的 3D 效果图如图 9-55 所示。

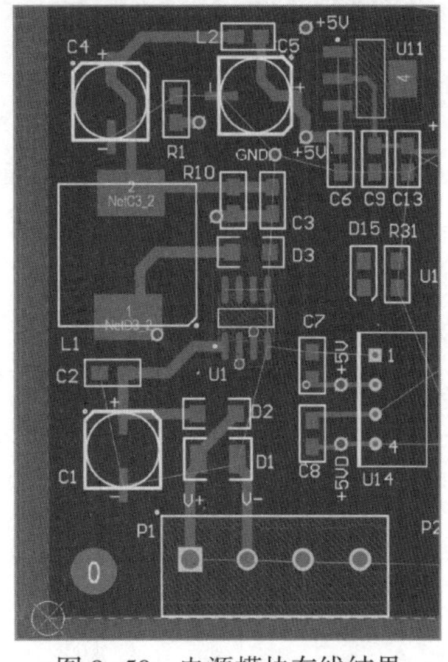

图 9-50　电源模块布线结果

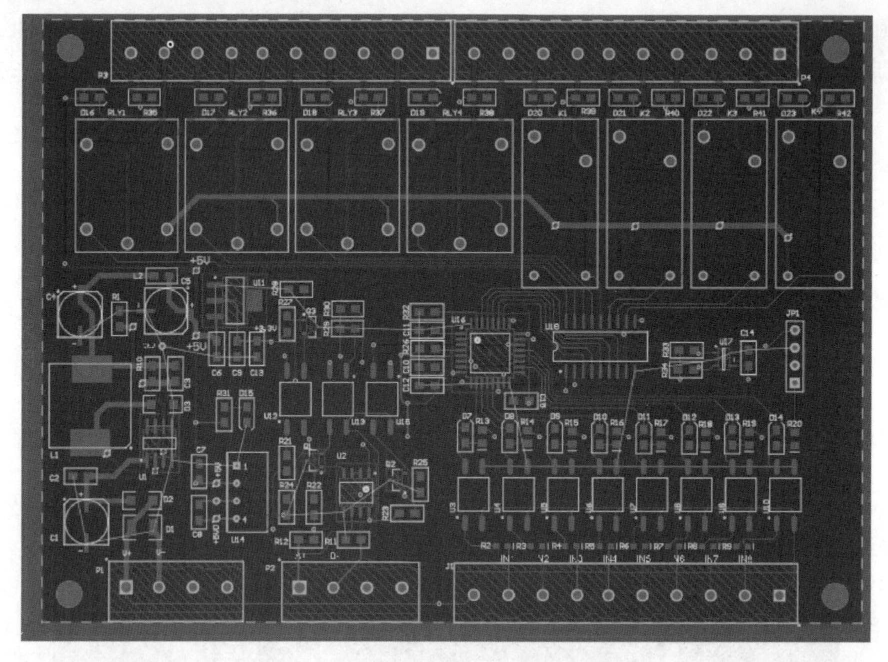

图 9-51　整体布线结果

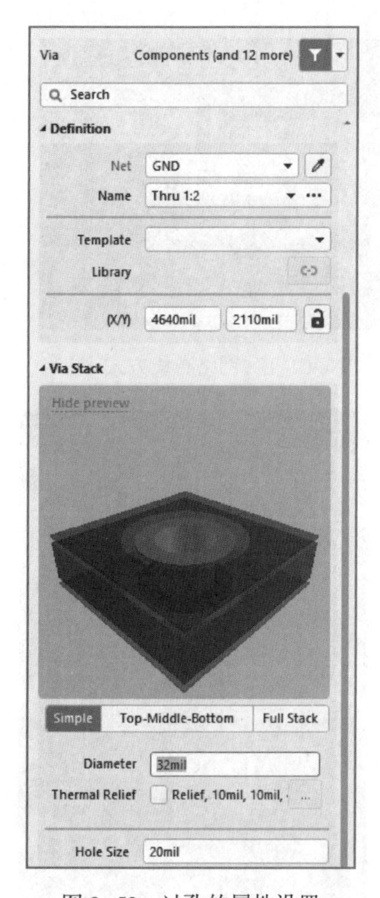

图 9-52　过孔的属性设置

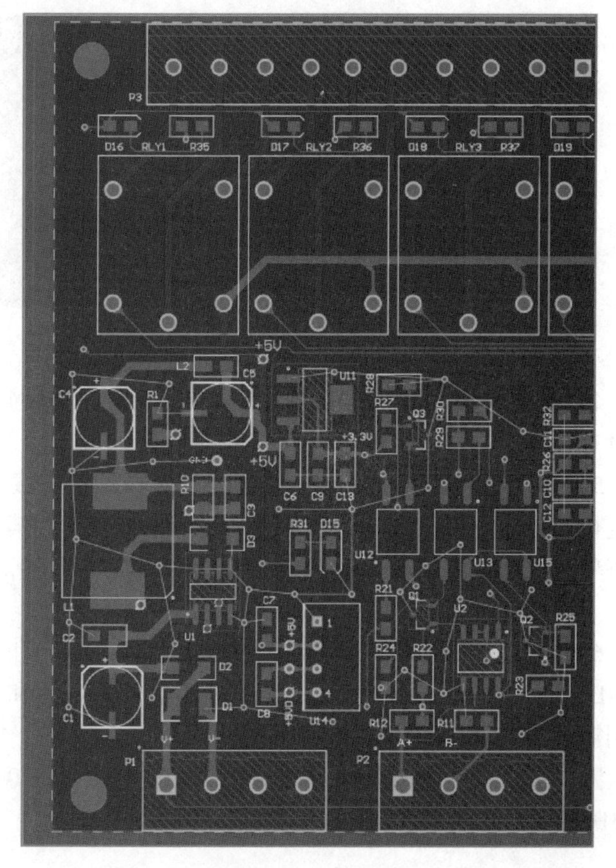

图 9-53　放置过孔和补泪滴后的 PCB

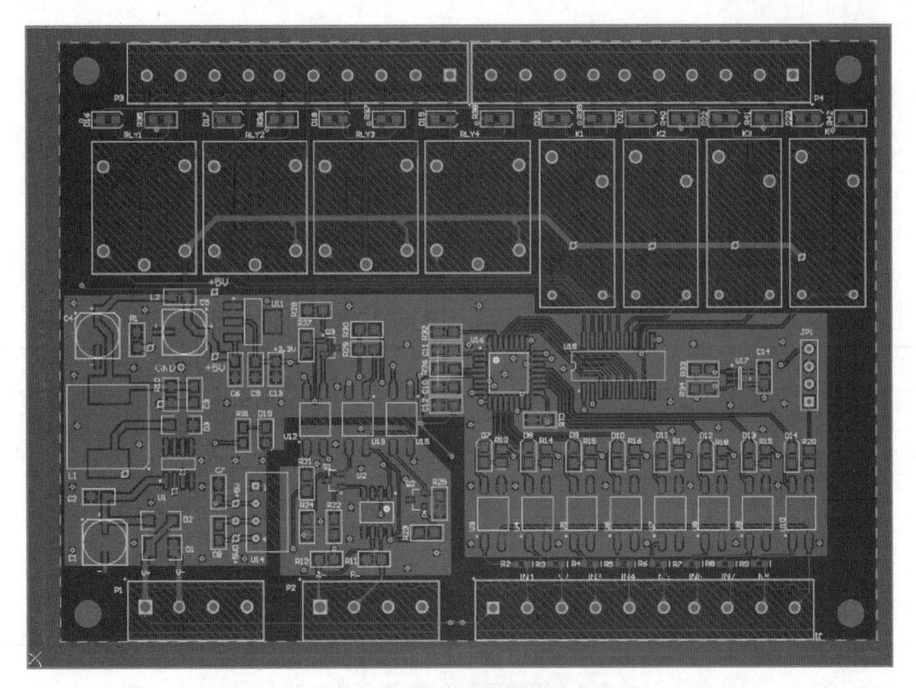

图 9-54　PCB 覆铜

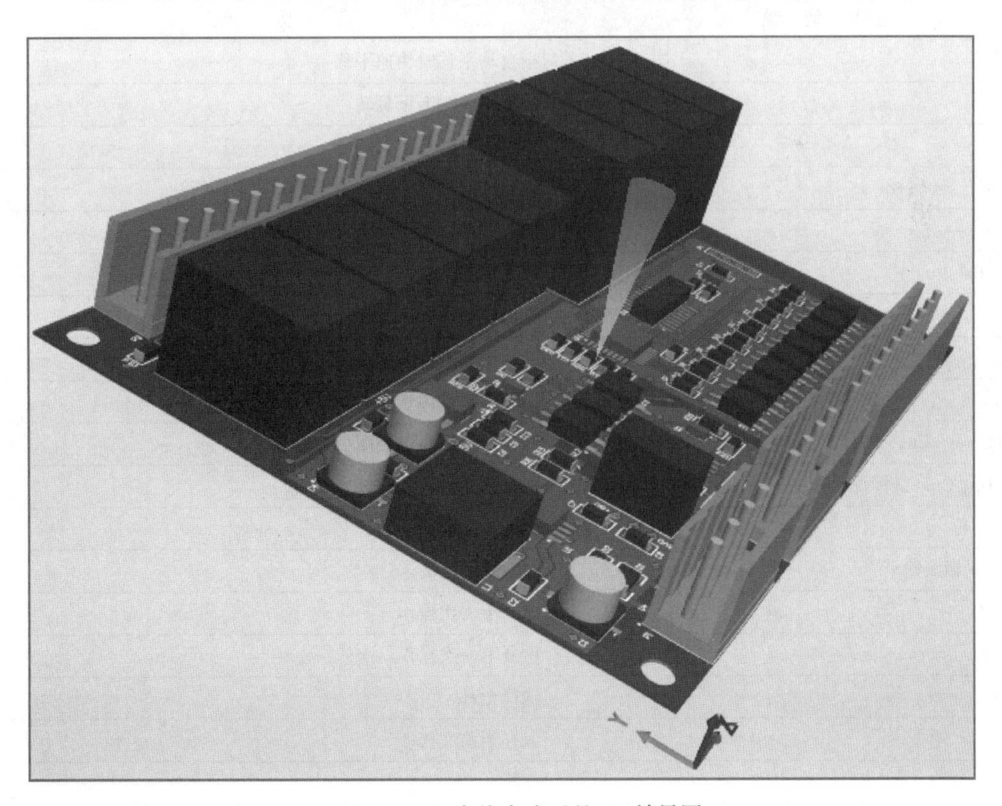

图 9-55　PCB 布线完成后的 3D 效果图

附录　Altium Designer 快捷键

附表 1　设计浏览器快捷键

快　捷　键	功　　能
鼠标左击	选择鼠标位置的文档
鼠标双击	编辑鼠标位置的文档
鼠标右击	显示相关的快捷菜单
Ctrl+F4	关闭当前文档
Ctrl+Tab	循环切换所打开的文档
Alt+F4	关闭设计浏览器

附表 2　原理图和 PCB 通用快捷键

快　捷　键	功　　能
Shift	当自动平移时快速平移
Y	放置元件时上下翻转
X	放置元件时左右翻转
Shift+↑↓←→	箭头方向以十个网格为增量移动鼠标指针
↑↓←→	箭头方向以一个网格为增量移动鼠标指针
SpaceBar	放弃屏幕刷新
Esc	退出当前命令
End	屏幕刷新
Home	以鼠标指针为中心刷新屏幕
PageDown，Ctrl+鼠标滚轮	以鼠标指针为中心缩小画面
PageUp，Ctrl+鼠标滚轮	以鼠标指针为中心放大画面
鼠标滚轮	上下移动画面
Shift+鼠标滚轮	左右移动画面
Ctrl+Z	撤销上一次操作
Ctrl+Y	重复上一次操作
Ctrl+A	选择全部
Ctrl+S	保存当前文档
Ctrl+C	复制
Ctrl+X	剪切
Ctrl+V	粘贴
Ctrl+R	复制并重复粘贴选中的对象

（续）

快　捷　键	功　　能
Delete	删除
V+D	显示整个文档
V+F	显示所有对象
X+A	取消所有选中的对象
单击并按住鼠标右键	显示滑动小手并移动画面
单击鼠标左键	选择对象
单击鼠标右键（右击）	弹出快捷菜单或取消当前命令
右击并在弹出的快捷菜单中选择“Find Similar”	选择相同对象
单击鼠标左键并按住拖动	选择区域内部对象
单击并按住鼠标左键	选择对象并移动
双击鼠标左键	编辑对象
Shift+单击鼠标左键	选择或取消选择
Tab	编辑正在放置对象的属性
Shift+C	清除当前过滤的对象
Shift+F	可选择与之相同的对象
Y	弹出快速查询菜单
F11	打开或关闭“Inspector”面板
F12	打开或关闭“List”面板

附表 3　原理图快捷键

快　捷　键	功　　能
Alt	在水平和垂直线上限制对象移动
G	循环切换捕捉网格设置
空格键（Spacebar）	放置对象时旋转 90°
空格键（Spacebar）	放置电线、总线、多边形线时激活开始/结束模式
Shift+空格键（Spacebar）	放置电线、总线、多边形线时切换放置模式
退格键（Backspace）	放置电线、总线、多边形线时删除最后一个拐角
单击并按住鼠标左键+Delete	删除所选中线的拐角
单击并按住鼠标左键+Insert	在选中的线处增加拐角
Ctrl+单击并拖动鼠标左键	拖动选中的对象

附表 4　PCB 快捷键

快　捷　键	功　　能
Shift+R	切换 3 种布线模式
Shift+E	打开或关闭电气网格
Ctrl+G	弹出捕获网格对话框
G	弹出捕获网格菜单
N	移动元器件时隐藏网状线
L	镜像元器件到另一布局层（编辑状态）
退格键（Backspace）	在覆铜线时删除最后一个拐角

（续）

快 捷 键	功 能
Shift+空格键（Spacebar）	在覆铜线时切换拐角模式
空格键（Spacebar）	在覆铜线时改变开始/结束模式
Shift+S	切换打开/关闭单层显示模式
O+D+D+Enter	选择草图显示模式
O+D+F+Enter	选择正常显示模式
O+D	显示/隐藏“Preferences”对话框
L	显示“Board Layers and color”对话框
Ctrl+H	选择连接铜线
Ctrl+Shift+Left-Click	打断线
+	切换到下一层（数字键盘）
-	切换到上一层（数字键盘）
*	下一布线层（数字键盘）
M+V	移动分割平面层顶点
Alt	避开障碍物和忽略障碍物之间切换
Ctrl	布线时临时不显示电气网格
Ctrl+M	测量距离
Shift+空格键（Spacebar）	顺时针旋转移动的对象
空格键（Spacebar）	逆时针旋转移动的对象
Q	米制和英制之间的单位切换